Le Mis de Montfermeil.

LA

GNOMONIQUE

PRATIQUE.

XII

LA GNOMONIQUE PRATIQUE,

OU L'ART DE TRACER

LES CADRANS SOLAIRES

AVEC LA PLUS GRANDE PRÉCISION,

Par les méthodes qui y ſont les plus propres, & le plus ſoigneuſement choiſies en faveur principalement de ceux qui ſont peu ou point-verſés dans les Mathématiques.

Par Dom FRANÇOIS BEDOS DE CELLES, *Bénédictin de la Congrégation de S. Maur, de l'Académie Royale des Sciences de Bordeaux, & Correſpondant de celle des Sciences de Paris.*

SECONDE ÉDITION.

Neuf livres, relié en veau.

A PARIS,

Chez DELALAIN, rue de la Comédie Françoiſe.

M. DCC. LXXIV.

AVEC APPROBATION ET PRIVILÉGE DU ROI.

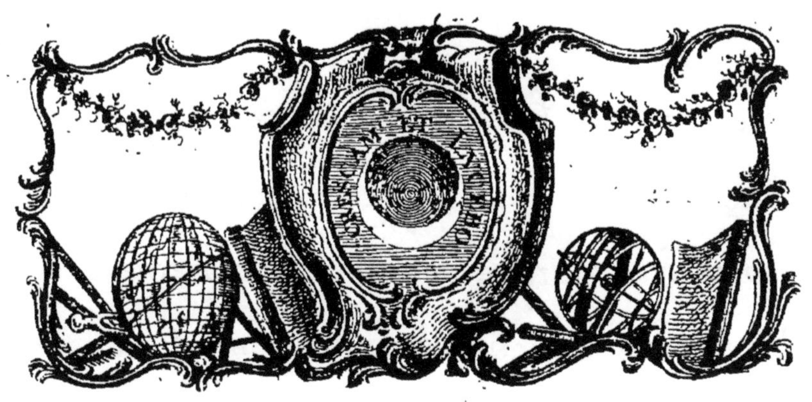

A MESSIEURS
DE
L'ACADÉMIE ROYALE
DES
BELLES-LETTRES, SCIENCES ET ARTS DE BORDEAUX.

MESSIEURS,

Le droit que vous m'avez donné à votre protection en m'associant à vos travaux, me fait espérer que vous recevrez avec bonté l'Ouvrage que j'ai l'honneur de vous offrir, comme une premiere marque de mon empressement à répondre à votre choix. Je me suis proposé de traiter la Gnomonique d'une maniere universellement utile, de dégager cette Science d'une théorie abstraite & profonde, qui l'avoit rendue inaccessible au plus grand nombre de ceux qui, quoique peu versés dans les Mathématiques, font presque tous les Cadrans solaires. Ai-je rempli mon objet? Le Public, qui dans ces matieres se décide toujours d'après ceux qu'il y reconnoît pour ses Maîtres, prendra, MESSIEURS, votre jugement pour la regle du sien. S'il reçoit favorablement ce premier fruit de mon travail, j'en serai bien moins redevable à mes foibles talens, qu'à votre approbation. Puissé-je la mériter & vous convaincre de ma reconnoissance, ainsi que du profond respect avec lequel je suis,

MESSIEURS,

Votre très-humble & très-obéissant Serviteur,
D. FRANÇOIS BEDOS.

PRÉFACE.

ON sera sans doute surpris qu'après ce qu'ont écrit sur la Gnomonique MM. de la Hire (*a*), Ozanam (*b*), Deparcieux (*c*), Rivard (*d*), &c, pour

---

(*a*) La Gnomonique de M. de la Hire, est un *in*-12, petit format, de 274 pages, & la Préface 22, avec 10 planches linéaires. Il n'enseigne presque par-tout qu'à tracer géométriquement les Gadrans par quantité de lignes, quoiqu'il improuve en général cette méthode dans la Préface. Il est fort exact à donner les démonstrations de toutes les pratiques. Il parle d'abord du Cadran vertical déclinant, & il donne un bon nombre de méthodes pour tracer chaque ligne de construction. Il enseigne à faire quelques Cadrans par la réflexion d'un petit miroir. Il enseigne à tracer géométriquement le Cadran horisontal, avec quelques Cadrans portatifs. Il donne enfin une Addition à la fin pour enseigner à faire des Cadrans par le calcul, en 6 pages. Tout est savamment traité, & il faut, pour l'entendre, bien connoître la Sphere, être Géométre, & savoir les deux Trigonométries.

(*b*) Il fait dans la Préface l'Histoire de la Gnomonique, qu'il fait remonter aux temps les plus reculés : il donne ensuite un nombre de théorêmes, de lemmes & de problêmes, pour l'intelligence desquels il suppose toujours qu'on soit Géométre. Il donne ensuite quantité de problêmes d'Astronomie, où il enseigne à calculer beaucoup de Tables, comme celles des Amplitudes pour différentes latitudes, celles de la déclinaison du Soleil, &c. Cet Ouvrage est très-savant & fort estimé, mais il faut être bon Mathématicien pour l'entendre. Il traite de toutes les espéces de Cadrans, même de ceux qui ne sont que curieux sans être utiles. Tout l'Ouvrage ne contient que 182 pages, quoique la théorie & toutes les démonstrations y soient. On peut juger combien la pratique est abrégée. Il n'enseigne point non plus à se servir d'autres instrumens que de la regle & du compas. Ce Traité paroît plus propre à faire connoître théoriquement la Gnomonique, qu'à donner les moyens de la pratiquer. Il y a 30 planches linéaires

(*c*) L'on peut dire que M. Deparcieux est le pere & le restaurateur de la Gnomonique. C'est lui qui le premier a enseigné à faire les Cadrans avec la plus grande justesse, par le choix des bonnes méthodes, & sur-tout par l'invention des instrumens, sans lesquels l'on conçoit qu'il n'a jamais été possible de tracer des Cadrans avec précision. Son Traité de Gnomonique est assez court : il est *in*-4° de 110 pages, avec 58 pages de Tables. Il ne traite que du Cadran horisontal, des Cadrans verticaux déclinans, & des Méridiennes tant simples que du temps moyen; c'est-à-dire, qu'il ne parle que de ce qu'il y a de plus utile dans la Gnomonique. Tout est bien savamment traité avec les démonstrations, mais il suppose toujours qu'on est Géométre, qu'on entend bien les deux Trigonométries, & qu'on connoît bien la Sphere. Il entre toujours beaucoup dans la théorie. Il y a 13 planches

(*d*) Son Ouvrage est excellent; il démontre dans sa Préface l'utilité

ne parler que des modernes & des plus célébres ; j'ose présenter au Public un nouveau Traité sur cette matiere, comme si je croyois pouvoir enchérir sur ce qu'ont fait ces hommes si habiles. Rien ne fut plus éloigné de ma pensée : mais on me permettra de dire que leurs Traités, que j'admire plus que personne, & qui méritent les plus grands éloges, ne sont à la portée que des Savans, de ceux qui pour l'ordinaire n'en font presqu'aucun usage dans la pratique, & qu'ils ne peuvent être d'aucun secours à ceux qui n'étant pas Mathématiciens, sont comme en possession de faire tous ces Cadrans qui se rencontrent par-tout en si grand nombre. Faut-il donc s'étonner qu'il soient mauvais pour la plupart, puisque leurs auteurs ne pouvant atteindre à la théorie de ces grands hommes, n'en sauroient appliquer les principes à leurs opérations? Un bon Géométre, un homme au fait du calcul, qui entendra bien les deux Trigonométries, qui aura certaines notions de l'Astronomie, & qui connoîtra bien la Sphere, trouvera abondamment dans les Ouvrages de ces Savans, toutes les lumieres nécessaires pour faire un Cadran parfait ; mais combien est petit le nombre de ceux qui sont doués de ces connoissances, en comparaison de ceux qui ne les ont pas? Parmi ceux-ci il y a beaucoup d'Amateurs, d'Artistes, un grand nombre de gens curieux de la Gnomonique dans tous les états, qui desirent depuis long-temps un Ouvrage

---

& même l'absolue nécessité de la Gnomonique. Il entre davantage dans les instructions sur la pratique que M. Ozanam ; mais il suppose toujours qu'on est Géometre, qu'on est au fait de la Trigonométrie, & qu'on connoît bien la Sphere ; il en avertit dans sa Préface. Il donne un nombre de méthodes pour chaque objet, & il ne manque pas d'en donner les démonstrations. Il ne traite pas de toutes sortes de Cadrans, mais seulement de ceux qui sont les plus utiles & qui sont le plus susceptibles de justesse. Cet Ouvrage est un *in*-8° de 4?6 pages. Ceux qui seront curieux de la théorie & des démonstrations, ne sauroient mieux choisir que ces deux derniers Auteurs. Il y a 12 planches, qui sont simplement linéaires.

à leur portée sur la Gnomonique, & qui cependant contienne des méthodes sûres & infaillibles d'opérer avec autant de justesse & de succès que le peuvent faire les Mathématiciens les plus éclairés. C'est ce qu'ils trouveront dans le Traité que je leur offre. Je n'ignore point qu'il en a paru d'autres composés exprès pour eux; mais les méthodes en sont si défectueuses, qu'en les suivant on ne trouvera que des à peu près, & l'on ne parviendra jamais à faire un bon Cadran solaire : il y faut nécessairement employer les méthodes mêmes dont se servent les vrais Mathématiciens. Il s'agit donc de les mettre à la portée de ceux qui ne le sont pas, de façon qu'ils puissent facilement les entendre & les pratiquer; c'est là tout mon but.

Dans cette vue, n'ayant à parler qu'à ceux ci, & ne voulant traiter la Gnomonique, pour ainsi dire, que méchaniquement, j'ai cru devoir en supprimer presque toute la théorie, & n'ai donné les démonstrations d'aucune pratique. Ceux qui voudront se procurer la satisfaction de les voir, pourront recourir aux Ouvrages des grands Maîtres que je viens de leur indiquer. Celui-ci au reste ne sera pas tellement propre à ceux pour qui je l'ai fait principalement, qu'il ne puisse être de quelqu'utilité aux Savans, ne fût-ce qu'en les dispensant d'employer une partie considérable du temps qui leur est si cher, à l'étude théorique de la Gnomonique, lorsqu'ils voudront donner quelques momens de leur loisir à la composition d'un Cadran, souvent fort nécessaire.

Je n'ai rien négligé pour applanir toutes les difficultés qui arrêtent ordinairement les Commençans, qui n'ont aucune teinture des Mathématiques : comme c'est à eux sur-tout que je parle, j'ai préféré au style sec & concis de cette Science, le style familier & celui de la conversation; l'ouvrage en est à la vérité plus long; mais l'avantage de me faire mieux entendre, m'a décidé dans le choix du langage. Par ce même motif, je me suis permis des répétitions, qui dans un Ouvrage d'une autre destination, seroient un véritable défaut. Enfin je n'ai employé que le moins que j'ai pu, des termes extraordinaires à la façon de parler la plus commune, qu'au défaut d'autres plus clairs & plus intelligibles.

On n'est plus aujourd'hui dans le goût d'embarrasser les Cadrans solaires, & d'y jetter de la confusion, en les chargeant d'une quantité de lignes, telles que les Azimuts, les heures Italiques, Babyloniques, Judaïques, antiques, les arcs diurnes, les arcs de signes, &c. Ces choses étant plus curieuses qu'utiles, on a pris le parti de les retrancher, & l'on fait grace quelquefois aux seuls arcs des signes du Zodiaque; mais comme on en remarque de plus en plus l'inutilité, on peut conjecturer qu'ils auront le même sort que les autres. Si néanmoins quelqu'un étoit curieux de les y placer, il trouvera de quoi satisfaire son goût particulier dans le Chapitre IX.

J'ai supprimé aussi les Cadrans purement curieux, tels que ceux qui marquent l'heure par la réfraction, ou par la réflexion des miroirs, les Azimutaux, les paraboliques, les hyperboliques, parce qu'ils n'ont d'autre mérite que leur singularité. Je n'ai rien dit, par la même raison, de la maniere de tracer les Cadrans sous l'équateur, ou sous les poles, ni des Cadrans lunaires & aux étoiles; je me suis borné aux plus néceſſaires, à ceux qui sont le plus en usage, & les plus susceptibles de justesse & de précision.

Pour parvenir à ce but, je présente ordinairement deux méthodes. Un plus grand nombre mettroit le Lecteur dans l'embarras de faire un choix, & lui occasionneroit une étude superflue, quelquefois capable de le rebuter. Peu au fait de cette matiere, comme je le suppose, il risqueroit de se déterminer pour la plus difficile, souvent pour la moins bonne.

De ces deux méthodes, l'une eſt géométrique où graphique; elle opere avec la ſimple regle & le compas; l'autre s'exécute par le calcul. Celle-ci eſt proprement la meilleure, & celle des Mathématiciens; la premiere eſt pour ceux qui ne veulent ou ne peuvent entrer dans la ſeconde. Je ne ſaurois trop exhorter le Lecteur à donner ſon attention & ſon étude à la méthode par le calcul : je l'ai le plus ſimplifié qu'il m'a été poſſible. On s'effraye mal-à-propos à la vûe d'une Table de ſinus, de tangentes, &c; cette quantité de chiffres étonne au point qu'on s'imagine n'y pouvoir rien entendre; mais quelques heures d'application ſuffiſent pour mettre le Lecteur au fait, pour lui en donner la clef. On ſera ſurpris même de voir qu'au moyen des tologarithmes, dont le terme ſeul avoit peut-être rebuté, on fera avec la plus grande facilité des calculs qui deviendroient immenſes, je dirois, preſqu'impratiquables, ſans ce ſecours. J'ai donc lieu de me flatter, qu'en menant, pour ainſi dire, le Lecteur par la main, il parviendra à l'intelligence de ce qui ſembloit d'abord être réſervé aux vrais Mathématiciens.

La méthode géométrique qui conſiſte à tirer un grand nombre de lignes pour trouver les lignes horaires, devient très-imparfaite dans la pratique. Rien de ſi difficile que d'opérer en ce genre avec juſteſſe, ſur des ſurfaces ordinairement peu unies & pas aſſez planes. Par exemple, pour un ſimple Cadran horiſontal, il y a dix opérations à faire toutes dépendantes & à la ſuite les unes des autres; de ſorte que l'erreur inſéparable de la pratique, ſe tranſmettant d'une opération à l'autre, groſſit toujours, & enfin devient ſi conſidérable ſur la derniere qui donne les lignes horaires, qu'il ſe trouve bien ſouvent juſqu'à pluſieurs minutes d'erreur. Que ſera-ce en certains autres Cadrans, où les opérations ſont en plus grand nombre?

Cette ſucceſſion d'erreurs ne ſe trouve point dans la méthode par le calcul. Indépendante d'une autre, chaque opération, même imparfaite, ne communique point ſon défaut à celle qui la ſuit; l'exécution demande moins d'adreſſe de la main, & il en réſultera toujours un Cadran moins imparfait, ou bien autrement juſte que par la méthode géométrique.

Quelques Auteurs, même les plus partiſans du calcul, le font ſervir à trouver les points horaires ſur l'équinoxiale ou ſur l'horiſontale. Cette méthode demande pluſieurs opérations dont on peut ſe paſſer, car il faudroit tirer cette équinoxiale ou cette horiſontale à la ſuite de pluſieurs autres lignes. J'ai pris une route moins compliquée. Perſuadé que plus on tirera de lignes de conſtruction, plus on riſquera de s'écarter de la juſteſſe à laquelle il faut s'attacher: j'enſeigne à tracer ſimplement les angles & les lignes horaires, ſans en trouver les points ſur l'équinoxiale, qu'on ſupprime abſolument. Le calcul en devient, à la vérité, un peu plus long, puiſqu'il faut répéter autant de fois la même analogie qu'il y a d'angles horaires: mais ce calcul eſt aiſé; & ne vaut-il pas mieux employer un jour de plus, & avoir la ſatisfaction de conſtruire un Cadran plus parfait?

Ce Traité contient treize Chapitres: les trois premiers ſervent d'introduction aux ſuivans. Le premier renferme les notions préliminaires, ou l'explication de certains termes généraux, & de ceux qui ſont propres à la Gnomonique; on y trouve les principales opérations qu'il faut ſavoir faire ſur les lignes droite & circulaire, avec quelques inſtructions ſur la Sphere. Le ſecond donne la deſcription des inſtrumens convenables pour tracer les Cadrans, & apprend à les faire ſoi-même, au beſoin. On y indique ceux qui ſe font à moins de frais. Le Public eſt redevable à feu M. Deparcieux, de l'Académie

Royale des Sciences de Paris, de l'invention des principaux de ces inſtrumens, tels que les faux ſtyles, la double & la triple équerre pour poſer les axes des Cadrans verticaux, & ſur-tout de la conſtruction & de l'uſage du compas à verge, ſi utile, ſi commode & ſi néceſſaire pour opérer avec la plus grande préciſion. Il avoit eu la bonté de me faire voir ceux dont il ſe ſervoit : c'eſt d'après ceux-là que je les ai décrits, deſſinés & même exécutés. On ne comprend pas qu'on ait pû, avant l'invention de ces inſtrumens, faire des Cadrans avec juſteſſe; peut-être même n'en exiſte-t-il aucun qui ait la préciſion convenable faute de ces inſtrumens ; ou s'il en exiſte quelqu'un, il faut qu'on ait trouvé de grandes difficultés pour l'exécution. Le troiſieme Chapitre met au fait du calcul néceſſaire à la Gnomonique. On y trouve l'intelligence & l'uſage des Tables des ſinus & des tangentes, des logarithmes, des échelles de parties égales & de cordes. Dans le quatrieme, l'on donne la deſcription bien détaillée du Cadran horiſontal. J'ai choiſi, entre les méthodes géométriques, la plus ſimple & la plus commode. On y donne la maniere de poſer l'axe & d'orienter le Cadran. Le cinquieme concerne particuliérement les Cadrans qu'on appelle *réguliers*, dont l'uſage eſt très-rare, n'étant pas ordinaire de trouver des plans fixes parfaitement orientés. Il eſt cependant néceſſaire de connoître ces Cadrans, leur intelligence étant d'une grande utilité pour ceux qui les ſuivent.

J'ai donné plus d'étendue au Chapitre ſixieme ; il eſt en effet le plus intéreſſant & le plus d'uſage : on y voit la maniere de tracer les Cadrans verticaux déclinans. Trouver la déclinaiſon des plans, c'eſt-à-dire, leur aſpect par rapport au Méridien, ou au premier vertical, eſt la principale difficulté qui ſe préſente dans la conſtruction de ces ſortes de Cadrans. Il importe beaucoup de déterminer cette déclinaiſon avec la derniere préciſion : j'ai donné deux méthodes pour cet effet ; la premiere très-ſimple, mais la ſeconde meilleure & infaillible, qui s'opere par le calcul. Je ſuis entré dans un détail qui leve toutes les difficultés. Je donne dans ce Chapitre deux exemples de ce calcul, dont l'un fait voir une très-petite déclinaiſon : il en réſulte de l'autre une conſidérable ; par-là aucun cas n'embarraſſera. Nous rejettons à cet effet tout uſage de la Bouſſole, comme une méthode trop incertaine ; ceux qui l'employent doivent être aſſurés de faire un mauvais Cadran. Nous n'approuvons pas plus l'uſage de divers inſtrumens, comme déclinatoires de quelqu'eſpéce qu'ils ſoient, quoique très-ingénieuſement imaginés, on n'auroit certainement que des à peu près. L'objet eſſentiel des Cadrans verticaux étant de bien poſer l'axe, j'en ai extrêmement détaillé la maniere.

Il s'agit dans le Chapitre ſeptieme des Cadrans verticaux ſans centre : ils ſont fort en uſage. Le huitieme eſt conſacré aux Cadrans inclinés ; ce ſont les plus difficiles & les moins uſités. Depuis quelque temps le goût s'eſt déclaré pour les Méridiennes. Celle du temps moyen, inventée par M. Grandjean de Fouchy, de l'Académie Royale des Sciences, eſt ſi curieuſe, & en même-temps ſi utile, que j'ai cru faire plaiſir au Public d'expliquer fort au long, dans le Chapitre neuvieme, tout ce qui concerne cette matiere.

Dans le dixieme Chapitre, je traite des Cadrans portatifs. Ils ont leur utilité, & la matiere eſt intéreſſante & du goût de bien des perſonnes. Dans le grand nombre de ceux que l'on fait ordinairement, j'ai choiſi les meilleurs & les moins compoſés.

Il eſt peu de perſonnes au fait des bonnes méthodes de régler les montres & les pendules. Il eſt cependant très-difficile d'en tirer une utilité ſatisfaiſante, ſi on ne peut s'aſſurer de leur exactitude. C'eſt ce ce qui m'a engagé à donner des obſervations convenables pour apprendre à régler les horloges. J'en ai aſſez détaillé la méthode dans le Chapitre onzieme.

J'enſeigne dans le Chapitre douxieme les principaux uſages du compas de proportion pour faire certaines opérations de la Gnomonique. Le Chapitre treizieme contient un nombre conſidérable de Deviſes ou Sentences que pluſieurs perſonnes ſont dans le goût de mettre aux Cadrans ſolaires. Chacun choiſira celle qui lui conviendra le mieux. J'ai enfin donné la recette & l'uſage du Vernis Anglois, pour appliquer ſur le cuivre. J'ai été obligé de la mettre vers la fin de l'Ouvrage, en forme d'*Addition*, n'en ayant fait la découverte qu'après l'impreſſion de preſque tout l'Ouvrage.

Pour la commodité de ceux qui n'auront pas le temps de faire certains calculs de Gnomonique, j'ai donné un nombre de Tables précédées de leur explication.

On trouvera à la fin de cet Ouvrage une Table des Matieres, par ordre alphabétique, qui pourra ſervir d'addition, & de Dictionnaire de tous les termes dont nous nous ſervons, & qui ne ſont pas expliqués en leur lieu.

Les Planches ont été deſſinées & gravées avec beaucoup de ſoin. Les Figures en ſont aſſez juſtes, parmi leſquelles on verra trois modeles de Cadrans ornés, ſur-tout le troiſieme, pour donner une idée de ce genre de décoration. J'ai fait deſſiner exprès & graver une Carte de la France très-exacte, & la plus détaillée qu'il a été poſſible pour ſa grandeur, en faveur de ceux qui ne ſont pas à portée de s'en procurer une bonne. Au moyen de cette Carte, dont on enſeigne l'uſage, on pourra connoître la latitude de pluſieurs lieux qui ne ſe trouvent point dans la Table *des longitudes & des latitudes des principaux lieux de la Terre.*

Enfin je n'ai rien négligé ni rien omis de tout ce qui m'a paru néceſſaire pour la commodité & l'agrément du Lecteur. Je me ſuis donné tous les ſoins convenables, ayant lû, choiſi & puiſé dans tous les meilleurs Auteurs, principalement dans les Gnomoniques de MM. Deparcieux, Rivart & de la Hire, tout ce que j'ai trouvé de plus clair, de plus précis & de plus ſimple.

Quoique mon but ne ſoit pas de traiter de la théorie de la Gnomonique, comme je l'ai dit ci-devant; cependant, en faveur de ceux qui ſeront curieux d'en avoir quelque connoiſſance, j'expoſerai ici ſuccintement, tel que M. Deparcieux l'explique dans ſon Traité de Gnomonique, pag. 4 & ſuiv., le principe général ſur lequel eſt fondé tout l'art de tracer les Cadrans ſolaires.

Il faut regarder le bout d'un ſtyle planté dans le mur, ou le trou de la plaque, comme le centre de la terre, & en même-temps le centre de tous les mouvemens céleſtes. Quoiqu'abſolument cela ſoit faux, puiſque le bout d'un ſtyle, qui marque les heures, eſt éloigné du centre de la terre d'un demi-diametre; cependant, quelque grande que ſoit cette diſtance, elle n'eſt pas ſenſible à l'égard de l'éloignement immenſe du Soleil. Suppoſons une Sphere garnie de tous les cercles dont il eſt parlé Chap. I, Sect. III, qui ſoit poſée ſur ce ſtyle devant la ſurface du Cadran, qui ſera, par exemple, un mur bien plan; que cette Sphere ſoit ſituée de maniere que ſon centre ſoit au ſommet du ſtyle ou au trou de la plaque qui doit marquer les heures; que cette Sphere ſoit orientée ſelon le lieu où l'on eſt, c'eſt-à-dire, que ſon Méridien ſoit dans le plan du Méridien du lieu; que ſon horiſon ſoit parallele au vrai horiſon; que ſes poles ſoient directement tournés vers les poles du Monde. Alors l'équateur de cette Sphere ſera parallele à l'équateur du Ciel; ſon orient ſera tourné vers le vrai orient, & l'occident vers le vrai occident; son zénit vers le zénit, & son nadir vers le nadir, &c. Cette Sphere étant ainsi orientée, sans s'être embarrassé de la situation de la muraille sur laquelle doit être le Cadran, ne faisant pas même attention qu'il y en ait une; si on conçoit alors que l'axe & tous les cercles de cette Sphere soient prolongés ou agrandis, jusqu'à ce qu'ils touchent la muraille & la traversent, l'on verra naître un Cadran des communes sections, ou de la trace de tous ces cercles avec la muraille. Le centre du Cadran sera le point où l'axe prolongé de la Sphere aura touché la muraille. Le Méridien de la Sphere aura tracé la ligne de midi. L'horison aura tracé l'horisontale; l'équateur aura tracé l'équinoxiale. Celui des Méridiens, qui se trouvera perpendiculaire au plan, aura tracé la soustylaire. Celui des verticaux, qui est perpendiculaire à la muraille, aura tracé la verticale du plan, & enfin les cercles horaires auront tracé les lignes horaires.

Si l'on conçoit ensuite que tous les cercles de cette Sphere disparoissent, en sorte qu'il n'en reste que leurs traces sur la muraille & le centre de la Sphere, c'est-à-dire, le bout du style ou le trou de la plaque, & que le Soleil vienne à éclairer ce Cadran, l'ombre du centre de la Sphere fera connoître dans quel cercle de la Sphere est le Soleil; car ce centre étant dans le plan de tous les grands cercles, lorsqu'il sera arrivé, par son mouvement autour de la terre, au plan d'un grand cercle quelconque, l'ombre du centre de la Sphere suivra le plan du même cercle, du côté opposé au Soleil, & rencontrant la surface du Cadran, se peindra là où la muraille est traversée par le cercle où est le Soleil, soit qu'il se trouve dans un cercle horaire, ou dans un vertical, ou à l'équateur, &c.

S'il ne s'agit que de l'heure, on peut concevoir

que l'axe de la Sphere reste tout entier, lequel étant dans le plan de tous les cercles horaires, lorsque le Soleil sera arrivé dans le plan d'un cercle horaire, l'ombre de l'axe suivra le plan du même cercle du côté opposé au Soleil, & rencontrant la muraille, cette ombre s'y peindra le long de la commune section du cercle horaire avec la muraille, c'est-à-dire, le long de la ligne horaire, supposé que cet axe soit un corps capable de faire ombre.

Il faut concevoir dans la Sphere naturelle du Monde tous les cercles indiqués dans la troisieme Section du Chapitre I, immobiles autour de la terre, & placés comme ils doivent l'être, eu égard au lieu où l'on est: s'imaginer ensuite être au centre de la terre, que nous supposons toujours être au bout du style, & que delà on regarde le Soleil passer successivement par tous les cercles.

Voilà l'idée qu'on doit avoir de la formation d'un Cadran. Le but de la Gnomonique est de mener sur toutes sortes de surfaces les lignes qui représentent tous ces différens cercles, ou plutôt, qui en sont les communes sections avec le plan, afin de connoître les instans auxquels le Soleil arrive à tous ces cercles. On peut voir dans les Sections IIIe & IVe du Chapitre premier, l'explication des termes dont nous venons de nous servir. On consultera aussi, si l'on veut, la Table des Matieres.

AVIS DU LIBRAIRE

SUR

CETTE SECONDE ÉDITION.

LA satisfaction avec laquelle le Public a accueilli la Gnomonique de Dom Bedos, m'a fait penser à en donner une seconde édition, la premiere étant épuisée. J'en ai fait la proposition à l'Auteur, qui, à ma sollicitation, a bien voulu travailler pendant près d'une année à perfectionner son Ouvrage. Il l'a augmenté d'environ 100 pages, & il y a fait beaucoup de changemens : il l'a presque tout refondu. Il a profité de quantité de lettres qu'on lui a écrites en différens temps, & des lumieres de plusieurs Savans de ses amis qui l'ont aidé dans ce travail. Pour satisfaire là-dessus la curiosité du Lecteur, je donnerai ici une idée abrégée de ces augmentations & changemens.

1. L'on explique plus au long & plus en détail ce que c'est que les sinus & les tangentes, pag. 8, 9, 10 ; & l'on y donne à cet effet de nouvelles figures.

2. On détaille beaucoup plus, pag. 34 & suiv. la main-d'œuvre pour faire le Compas à verge, avec la maniere de bien polir le cuivre. L'on donne la composition de la soudure pour le cuivre, qui est bien plus propre & plus forte pour ce métal.

3. L'on verra, pag. 62 & suiv. une explication pour se servir des logarithmes des nombres au-dessus de 10000 ; ou pour savoir à quel nombre au-dessus de 10000 appartient un logarithme.

4. Une méthode plus courte de faire les calculs, & cela par les complémens arithmétiques des logarithmes, pag. 67 & suiv.

5. Une plus ample explication, pag. 122 & 123, de ce que c'est que la déclinaison des plans verticaux, & l'on donne expressément de nouvelles figures.

6. Deux différentes manieres de marquer avec plus de précision le point de lumiere venant du trou de la plaque, lorsqu'il s'agit de trouver la déclinaison des plans verticaux, pag. 133 & 134; ce qui sera aussi très-utile pour tracer une grande Méridienne horisontale.

7. Toute la Section quatrieme du Chapitre VI, des premieres & dernieres heures, &c, pag. 172 & suiv.

8. L'on donne, pag. 183, les plus agréables proportions des chiffres horaires pour tous les Cadrans.

9. L'on décrit, pag. 190 & 191, une maniere plus facile & plus expéditive de poser l'axe des grands Cadrans verticaux.

10. On trouvera, page 251 & 252, plus court le calcul pour savoir l'heure qu'il est par l'observation de la hauteur du Soleil. L'on y a mis une seconde Analogie, en faveur de ceux qui entendent la Trigonométrie Sphérique; mais ceux qui ne l'entendent pas, peuvent n'y faire aucune attention, & s'en tenir littéralement à la marche, pour ainsi dire, méchanique de ce calcul.

11. On a mis dans un ordre plus naturel, page 277 & 278, aussi bien que pag. 289 & 290, les Signes du Zodiaque dans la Table de l'équation du temps aux degrés de l'écliptique, comme représentant la marche naturelle du Soleil lorsqu'il les parcourt; ce qui sera plus clair pour ceux qui trouvoient

de la difficulté à poser ces signes dans l'ordre qu'il faut autour de la Méridienne du temps moyen.

12. L'on donne, pag. 309 & 310, des réflexions sur la Méridienne du temps moyen.

13. Une différente maniere de calculer les Tables de la hauteur du Soleil aux différentes heures.

14. L'on donne, pag. 338 & suiv. la méthode de faire l'analemme par le calcul, pour la construction du Cadran analemmatique ; ce qui donnera bien plus de précision.

15. L'on enseigne, pag. 340, un moyen facile de transporter du papier sur le cuivre, le Cadran analemmatique, & tous les autres qui se tracent sur des plaques.

16. A ce propos, on enseigne, pag. 341 & suiv. à les graver à l'eau-forte, par le Vernis des Graveurs, dont on donne la composition, telle que les Graveurs la pratiquent à Paris.

17. L'on a changé, pag. 345 & suiv. l'insuffisante description de l'Anneau astronomique, pour y en substituer une d'un autre Anneau astronomique perfectionné.

18. L'on donne, pag. 356 & suiv. la description d'un excellent Cadran portatif, dont la composition & l'arrangement sont nouvellement inventés par Dom Monniotte, Confrere de l'Auteur, & savant Mathématicien.

19. L'on a donné, pag. 371 & suiv. les quatre Tables *du temps moyen au midi vrai*, en 16 pages.

20. Tout le Chapitre XII, pag. 392 & suiv. de l'usage du Compas de proportion concernant la Gnomonique.

21. Tout le Chapitre XIII, pag. 396 & suiv. contenant un nombre considérable de Devises ou Sentences pour les Cadrans solaires.

22. Une addition, pag. 400 & suiv. contenant

la recette de l'excellent Vernis Anglois, pour être appliqué ſur le cuivre poli ; ce qui ſera bien utile, non-ſeulement pour les inſtrumens à tracer les Cadrans, mais encore pour les Cadrans portatifs.

23. Un grand nombre d'Analogies ont été changées, avec la plupart de leurs explications.

24. On trouvera preſqu'à chaque page de petites augmentations, des changemens, des corrections, des définitions plus exactes, des inſtructions plus préciſes & plus claires, &c.

25. Toutes les planches ont été non-ſeulement regravées, mais encore leurs deſſeins ont été corrigés & rectifiés. L'on y a ajouté quantité de nouvelles figures.

26. Il y a quatre planches d'augmentation, dont une eſt la figure, dans toutes ſes proportions, du grand Cadran vertical de l'Abbaye de S. Denis en France, conſtruit par l'Auteur.

27. Pluſieurs planches ont été ſupprimées pour y en ſubſtituer d'autres.

28. La Carte de France a été regravée & corrigée en cinquante & quelques endroits.

29. La plupart des Tables ont été renouvellées, & pluſieurs ont été calculées exprès de nouveau par les plus habiles gens.

30. Enfin, c'eſt tout un autre Ouvrage que je préſente au Public. Je n'ai rien épargné, ni ſoin ni dépenſe, pour lui procurer une bonne & exacte Gnomonique, qui puiſſe lui être la plus agréable & la plus utile.

Il ne faut pas confondre la préſente Gnomonique, avec une autre qui a preſque le même titre, imprimée à Marſeille, & compoſée par M. Garnier. Elle paroît depuis peu. Les Papiers publics en ont fait l'éloge, & avec raiſon. Cet Ouvrage eſt effectivement très-bon pour le très-grand nombre de ceux qui font des Cadrans ſolaires, & qui n'en font pas. Ces faiſeurs, pour la plupart, ne ſe piquent point d'une exacte préciſion dans leurs opérations, & ſe contentent d'un à peu près. Pourvu qu'ils aient *fait un Cadran dans une demi-heure de temps*, peu leur importe qu'il ſoit faux de quelques minutes, d'un demi quart-d'heure, & même plus; qu'il avance en certains temps de l'année, & retarde dans d'autres; qu'il ne marque point toutes les heures d'une durée égale entr'elles, & qu'il ait d'autres défauts auſſi eſſentiels, inſéparables du manque de juſteſſe dans la façon de prendre la déclinaiſon du plan, de faire les angles horaires & de poſer l'axe. Ils veulent de la promptitude & de la facilité dans l'exécution; & l'Ouvrage de M. Garnier a pour cela tout ce qu'il leur faut. Mais s'agit-il de donner à leur travail cette juſteſſe, cette préciſion, qui doit faire ſeule tout le mérite d'un bon Cadran ſolaire, & faire eſtimer cet art, c'eſt à quoi la Gnomonique de M. Garnier eſt inſuffiſante. Les Gens de l'Art & l'Auteur lui-même en ſeront convaincus par les remarques ſuivantes.

Remarques ſur la Gnomonique de M. Garnier.

1°. Pag. 2; pour tracer une ligne méridienne ſur un plan horiſontal, l'Auteur n'exige qu'*un pied en quarré*, & il propoſe *une aiguille ou cheville de fer, dont la pointe ſoit émouſſée.* Outre que cette opération ſur un ſi petit plan, & faite *par deux ou trois cercles concentriques* ſeulement, ne peut donner aucune préciſion, l'on a reconnu depuis long-temps le peu d'exactitude que peut donner l'ombre d'une pointe; c'eſt ce qui a déterminé tous les Gnomoniſtes à rejetter ces pointes, & à y ſubſtituer des plaques percées.

2°. *Ibid.* L'Auteur prend la Méridienne par des hauteurs correſpondantes, ſans parler des corrections qu'il y a à faire hors le temps des ſolſtices, à raiſon du changement de la déclinaiſon du Soleil, ſelon la ſaiſon & l'intervalle du temps d'une obſervation à l'autre. Quelle juſteſſe peut avoir une Méridienne ainſi traitée?

3°. L'Auteur ſe contente de prendre l'angle de la déclinaiſon d'un plan vertical avec un compas, qui porte à une de ſes jambes un quart de cercle ſans *nonius*; ce qui ne peut donner aucune préciſion. Il eſt vrai qu'il promet de donner dans la déſcription de ce quart-de-cercle le moyen d'y marquer les degrés & les minutes. Il la donne, pag. 13, fig. A; mais nous verrons plus bas, n°. 7, combien elle eſt fautive.

4°. Pag. 4 & 5, l'Auteur propoſe un déclinatoire pour trouver la déclinaiſon des plans verticaux. Il ne prend aucune précaution, aucune meſure pour déterminer au juſte cette déclinaiſon. 1°. Il ſuppoſe qu'on ſait l'heure qu'il eſt, ſans donner aucune méthode ſûre de la trouver. 2°. C'eſt un Cadran horiſontal exécuté ſelon ſa méthode, qui ne donne aucune préciſion. 3°. C'eſt toujours avec ſon quart-de-cercle mal diviſé. Or, rien n'empêche que la ſuppoſition qu'on ſait l'heure qu'il eſt, ne ſoit fauſſe, que le Cadran ne ſoit mal diviſé, auſſi bien que le quart-de-cercle. On eſt autoriſé à le croire ainſi par le peu d'exactitude répandue dans les principes de la pratique de toute cette Gnomonique. L'Auteur dit bien qu'on connoîtra l'heure qu'il eſt par une montre bien réglée. Mais la queſtion eſt d'avoir une excellente montre; & quand on l'aura, ce qui eſt difficile, il faut la mettre exactement à l'heure, &c; & ſur quoi? Par quel moyen? C'eſt ce qu'il ne dit pas.

5°. Pag. 10, vers la ſin; *Tirez du centre du Ca-*

dran une ligne qui fasse avec la Méridienne l'angle de 5 degrés 10 minutes. Pag. 13, lig. 3, *un quart-de-cercle... gradué par degrés & minutes*, &c. L'Auteur dit toujours de faire des angles qui ayent tant de degrés & tant de minutes, & ne donne jamais la façon de les faire qu'avec des instrumens qui n'y sont nullement propres, comme on va le voir aux numéros suivans.

6°. Pag. 13, lig. 17; *Pour diviser un degré en 60 minutes, tirez une ligne.... divisez cette ligne en six parties égales*, &c. Pour diviser ainsi les degrés en minutes, il ne faut pas que ces parties soient égales: celles qui sont plus près du centre doivent être plus petites que celles qui en sont plus éloignées; il n'y en a pas une qui doive être égale à l'autre, comme on peut s'en convaincre par le calcul. D'ailleurs on ne diviseroit le degré que de 10 en 10 minutes, comme l'Auteur en convient lui-même, *ce degré sera divisé de* 10 *en* 10. Pourquoi donc conclure comme il fait, *ce qui donnera* 60 *minutes pour chaque degré?*

7°. Pag. 14, lig. 8; *Pour connoître les degrés d'un angle, appliquez ce compas gradué sur l'angle, le clou* A *sur la pointe de l'angle, & vous aurez sur le quart-de-cercle le nombre de degrés & de minutes que cet angle aura.* Quelle précaution pour trouver les degrés & les minutes d'un angle, de mettre sur sa pointe un clou qui a pour le moins une ligne de diametre!

8°. Depuis la page 15 jusqu'à la 17e, l'Auteur décrit sa maniere de tracer un Cadran vertical, qui ne peut être que bien sensiblement faux, puisque la déclinaison du plan a été prise d'une façon si incertaine, & que les angles horaires ont été faits avec si peu de précision.

9°. Pag. 17, l'Auteur appelle *quart-de-cercle as-*

tronomique, un petit Cadran décrit par les hauteurs du Soleil ſur un quart-de-cercle. Il ignore donc que le quart-de-cercle aſtronomique eſt un grand inſtrument d'Aſtronomie de la plus grande conſéquence, de grand prix, qui ſert principalement pour prendre la hauteur des Aſtres, & pour faire d'autres obſervations aſtronomiques. Celui qu'il décrit ne peut être nommé qu'un Cadran portatif ſur un quart-de-cercle, ou un petit quart-de-cercle gnomonique & non aſtronomique ; attendu que ce terme eſt particulierement & excluſivement conſacré pour dénommer le grand & preſque le principal inſtrument d'Aſtronomie, dont il n'eſt pas néceſſaire de faire ici la deſcription ; cela nous meneroit trop loin.

10°. Pag. 22 ; *Puiſqu'à cet inſtrument, on voit toutes les heures & hauteurs du Soleil de toute l'année, on peut, par ſon ſecours, décrire ſur les Cadrans verticaux méridionaux & déclinans, tous les arcs des Signes du Zodiaque, &c.... ſans calcul ni autre choſe inutile, qu'on eſt obligé de faire par d'autres méthodes ; CE QUI N'A PAS BESOIN DE PLUS GRANDE EXPLICATION*. Il eſt certain que cela auroit beſoin non-ſeulement d'une très-grande explication, mais encore de correction ; car il ſera toujours inconcevable, comment, avec un pareil Cadran, on peut tracer les arcs des ſignes.

11°. L'Auteur prétend enſeigner dans le Chapitre VI, depuis la page 23 juſqu'à la 32e, c'eſt-à dire, en 7, 8 ou 9 pages, tous les calculs pour trouver les hauteurs du Soleil à toutes les heures du jour ſous différentes latitudes : tous ceux qui regardent les angles fondamentaux & les horaires des Cadrans verticaux déclinans ; en un mot, à calculer preſque toutes les Tables qui rempliſſent ſon volume. Mais il eſt plus que douteux ſi ceux qui n'entendent pas bien les deux Trigonométries, trouveront ces inſtructions ſuffiſantes, attendu qu'il ne donne aucune explication, qu'il ne donne aucune connoiſſance des Tables des ſinus & tangentes, &c; aſſurément ceux qui ne ſont pas Mathématiciens, ne trouveront pas claire cette courte deſcription.

12°. *Ibid.* lig. 8; *Ayant trouvé le premier arc, on cherchera le ſecond par cette méthode : 1°. depuis l'équinoxe du printemps*, &c; ce n'eſt point-là la méthode de trouver ce ſecond arc, qui n'eſt point applicable dans tous les cas. Ce ſecond arc eſt la différence ou la ſomme du premier & de la diſtance du Soleil au pole élevé. Il eſt la différence pour les heures qui ne ſont pas éloignées de midi de plus de 90 degrés; & la ſomme pour celles qui en ſont plus éloignées. Dans la méthode de M. Garnier, il n'eſt pas fait mention de cette diſtance du Soleil à midi.

13°. Pag. 30 & 31, l'Auteur ne propoſe que deux cas pour trouver les angles horaires ſur des verticaux déclinans. Le premier cas eſt pour les angles horaires qui ſont au-delà de la ſouſtylaire par rapport à la Méridienne. Le ſecond cas eſt pour les heures qui ſont au-delà de la Méridienne, par rapport à la ſouſtylaire. Il y a un troiſieme cas qu'il ne falloit pas omettre; c'eſt pour les heures qui ſont entre la Méridienne & la ſouſtylaire. Il n'en dit mot.

14°. Pag. 35, lig. 28; *Comme 10 ou 12 minutes, tant en latitudes qu'en déclinaiſon, ne peuvent produire aucune erreur ſenſible ſur un Cadran*, &c. Il donne enſuite des préceptes ſur cette ſuppoſition haſardée. Une erreur ou un défaut d'exactitude qui va juſqu'à 10 ou 12 minutes, peut rendre faux certains Cadrans d'un demi-quart-d'heure, ou même plus. Cela joint à l'incertitude de l'angle de la vraie déclinaiſon du plan, peut aller encore plus loin.

15°. La fig. A, planche 3, eſt graduée contre toutes les regles, comme nous l'avons dit, n°. 6. C'eſt cependant l'inſtrument dont ſe ſert M. Garnier pour faire tous ſes angles, ſoit les horaires, ſoit pour l'axe. Quelle juſteſſe peut-il en réſulter dans les opérations ?

16°. Les Tables, qui ſont en grand nombre pour les verticaux déclinans, ne ſont pas d'une grande utilité. 1°. N'étant calculées que de degré en degré, tant pour les différentes latitudes que pour les différens degrés de déclinaiſon des plans verticaux, l'on eſt obligé de faire d'auſſi grands calculs pour les angles, ſoit fondamentaux, ſoit pour les horaires, que ſi l'on faiſoit une Table entiere. Ce cas doit avoir lieu preſque toujours ; étant rare que la déclinaiſon d'un plan, ou une latitude ſoit préciſément d'un certain nombre de degrés ſans fraction de minutes, & bien ſouvent d'un nombre qui n'a point de parties aliquotes. En ce dernier cas, il faut faire une regle de proportion pour chaque angle. Quel travail ! L'on auroit plutôt fait de faire toute la Table, comme on vient de le dire ; ce qui aſſurément n'eſt pas plus difficile. 2°. Elles ne ſont preſque jamais applicables, par l'incertitude qui réſulte de ſes méthodes & de ſes inſtrumens, qui font qu'on ne peut avoir la véritable déclinaiſon du plan. Au reſte, les deſſeins & la gravure des cinq ſeules planches qu'il y a dans ce Livre, ſont aſſortis à tout le reſte de l'Ouvrage.

Parmi un grand nombre d'autres endroits qu'il faudroit relever, on ſe borne à ce peu de remarques ſuccintes ; parce qu'on n'a voulu que donner une idée de l'Ouvrage de M. Garnier. C'en eſt plus qu'il n'en faut aux perſonnes éclairées, pour juger que ſon Traité, bien loin de perfectionner la Gnomonique, en facilitant la multiplication des Cadrans, ramene au contraire ce bel art à l'état d'imperfection où il étoit aux premiers ſiecles de ſon invention. Par ſon moyen, à la vérité, l'on aura par-tout un très-grand nombre de Cadrans, & à peu de frais; en cela l'Auteur a droit à la reconnoiſſance du Public. Mais ceux qui dans le même Village, dans la même Ville, & ſi l'on veut, dans la même rue, (il y en aura vraiſemblablement par-tout) régleront, chacun ſur ſon Cadran, leur Montre ou leur Pendule, ſeront bien ſurpris de ſe trouver dans l'erreur, les uns en avance, les autres en retard, ſouvent de 5, 10, ou peut-être juſqu'à 15 minutes entr'eux. C'eſt alors qu'ils les apprécieront leur juſte valeur, & ils reconnoîtront que de Cadrans expédiés dans *une demi-heure de temps*, ſelon les méthodes de M. Garnier, ne peuvent avoir aucune juſteſſe. Cependant, il faut l'avouer, il leur reſtera toujours l'agréable ſatisfaction d'être ſervis promptement & à bon marché.

AVIS AU LECTEUR

Sur l'étude de cette Gnomonique.

Il est absolument essentiel de lire le présent Traité, la plume à la main, & les Tables des sinus devant soi. On fera toutes les opérations de calcul à mesure qu'elles seront indiquées, comme si on vouloit en vérifier la justesse. On ne se contentera pas de cela; on se proposera d'autres exemples, sur lesquels on fera les mêmes opérations. C'est le seul moyen d'entendre facilement le calcul, qui fait l'objet le plus essentiel de la Gnomonique, lorsqu'on veut se servir des meilleures méthodes.

Un autre avis non moins essentiel, c'est de lire de suite, en sorte qu'on posséde bien ce qui précéde, avant que de passer à autre chose. Sans cela, il ne faudroit pas être surpris si l'on ne comprenoit point certains Chapitres ou certains articles, qui supposent toujours qu'on a conçu ce qui a été enseigné auparavant. Si l'on vouloit, par exemple, commencer la lecture de ce Traité par le Chapitre sixieme, & qu'on n'eût aucune connoissance du troisieme, on pourroit être assuré de n'y rien entendre.

TABLE
DES
CHAPITRES ET SECTIONS
Contenus en ce Volume.

CHAPITRE PREMIER.

CHAPITRE II.

CHAPITRE III.

CHAPITRE IV.

CHAPITRE V.

CHAPITRE VI.

CHAPITRE VII.

CHAPITRE VIII.

CHAPITRE IX.

CHAPITRE X.

CHAPITRE XI.

CHAPITRE XII.

CHAPITRE XIII.

EXPLICATION DES TABLES.

SUIVENT LES TABLES.

Fin de la Table des Chapitres & Sections.

LA

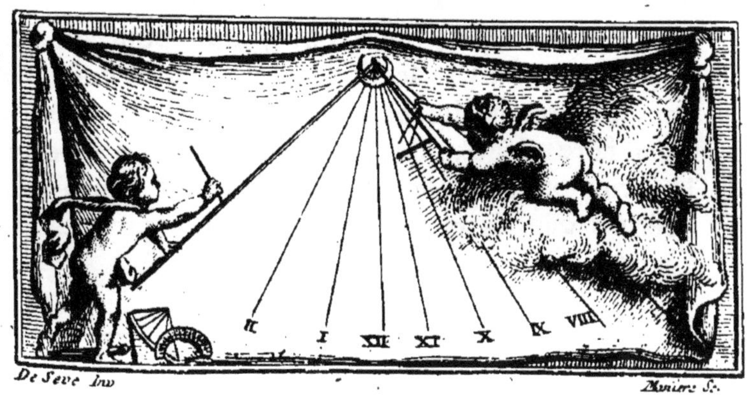

LA GNOMONIQUE PRATIQUE,

Ou l'art de tracer les Cadrans ſolaires.

CHAPITRE PREMIER.

Notions préliminaires.

CE Chapitre, auſſi-bien que les deux ſuivans, ne ſont qu'une introduction à la Gnomonique; ils en contiennent les préliminaires, dont il faut être inſtruit avant d'apprendre à tracer les Cadrans ſolaires. Il eſt néceſſaire de connoître les termes de cet art, de ſavoir tracer des lignes, d'avoir au moins quelqu'idée de la Sphere, &c. Nous diviſerons donc ce Chapitre en quatre ſections. La premiere renferme l'explication des termes généraux, qui n'appartiennent pas proprement & uniquement à la Gnomonique, mais qui y ſont pourtant fort néceſſaires ; dans la ſeconde ſection nous enſeignerons à tracer les lignes & les figures dont nous devons faire uſage ; dans la troiſieme nous donnerons les principales notions de la Sphere ; & nous expliquerons dans la quatrieme les termes propres aux Cadrans ſolaires.

SECTION PREMIERE.

Termes généraux qui n'appartiennent pas uniquement à la Gnomonique.

Art. I. HORISONTAL, ou parallele à l'Horiſon, ſignifie qui eſt de niveau, qui n'eſt pas plus élevé d'un côté que de l'autre ; de ſorte que ſi l'on jettoit de l'eau ſur une ſurface bien Horiſontale ou de niveau, elle ne couleroit pas plus d'un côté que de l'autre, mais elle ſe répandroit par-tout également.

2. *Perpendiculaire*, ſe dit d'une ligne qui tombant ſur une autre, n'incline ni d'un côté ni de l'autre, ce qui ſignifie toujours à angles droits ou à l'équerre. Il ne faut jamais confondre le mot *Perpendiculaire* avec le mot *Vertical* ; ce dernier ſignifie toujours à plomb, c'eſt-à-dire, de haut en bas, comme la ligne que forme le fil d'un plomb ſuſpendu librement. La ligne perpendiculaire ſe trouve quelquefois horiſontale, quelquefois oblique ou en pente, & quelquefois auſſi verticale ; mais elle eſt toujours à l'équerre ou à angles droits ſur une autre ; c'eſt préciſement ce qui la fait appeller *perpendiculaire.* Une ligne parfaitement horiſontale ou de niveau, eſt perpendiculaire à l'égard de la verticale, & réciproquement la verticale eſt perpendiculaire à l'égard de l'horiſontale.

3. *Parallele*, ſignifie qui eſt également éloigné

d'un bout à l'autre, ou qui se trouve toujours à égale distance d'un bout à l'autre. Par exemple, deux lignes, quelque longues qu'elles soient, éloignées entr'elles d'un pouce, ou d'une toise, ou d'une lieue, ou de 1000 lieues, &c. si elles sont paralleles, se trouveront par-tout, & d'un bout à l'autre à la même distance entr'elles.

4. Le *Cercle* est une figure plate & ronde, terminée par une seule ligne courbe ou circulaire, nommée *Circonférence*, au milieu de laquelle est un point nommé *Centre*, sur lequel on a posé une pointe du compas, pour décrire avec l'autre cette ligne courbe. Toutes les lignes menées du centre du Cercle à la circonférence, sont égales entr'elles. Par le mot *Cercle* nous entendrons le plus ordinairement la seule ligne courbe qui le termine, à moins que nous ne disions expressément *le plan d'un cercle*, pour lors il faut entendre qu'il s'agit de son étendue ou de sa surface.

5. En général il faut toujours concevoir le Cercle, tant grand que petit, divisé en 360 parties, que l'on appelle *Degré*; le degré est divisé en 60 *minutes*, la minute en 60 *secondes*, la seconde en 60 *tierces*, &c. Ordinairement on n'écrit pas le mot *degré* dans les calculs, ni le mot *minute*, ni celui de *seconde*; mais on écrit ainsi 48°, $36'$, $24''$, ce qui signifie 48 degrés, 36 minutes, 24 secondes. Nous nous servirons presque toujours de cette maniere.

6. Le *Diametre* du Cercle est une ligne droite, qui passe par le Centre du Cercle, & se termine de part & d'autre à la circonférence. Cette ligne divise le Cercle en deux parties égales, qui se trouvent de 180° chacune; si on tire une perpendiculaire sur le milieu de cette ligne, le Cercle se trouvera divisé en quatre parties égales de 90° chacune. Ce qui fera au centre du Cercle, quatre angles droits ou à l'équerre.

7. Le *Rayon*, ou demi-diametre du Cercle, est

PL. I. une ligne droite, qui va du centre, se terminer à la circonférence.

8. Un *Arc* est une ligne courbe qui fait partie de la circonférence du Cercle.

9. Un *Angle* est la rencontre de deux lignes en un
Fig. I. point; ainsi l'ouverture formée par les lignes BA & BC qui se touchent au point B, forme un Angle, dont la pointe B s'appelle le *Sommet*.

10. Les *Côtés* d'un Angle sont les deux lignes qui le forment; ainsi les lignes BA & BC sont les côtés de l'Angle B.

11. On indique ordinairement un Angle par trois lettres : celle du milieu dénote toujours le *sommet* de l'Angle dont on parle. Par exemple, on dit l'Angle
Fig. I. CBA ou ABC, c'est la lettre B qui désigne le *sommet* de l'angle dont il s'agit (*a*).

12. Lorsqu'on parle d'un Angle, on suppose toujours son *sommet* au centre du Cercle, & ses deux côtés sont regardés comme des rayons du même Cercle : l'Arc qui se trouve entre ces deux côtés ou rayons, désigne la valeur de l'Angle, c'est-à-dire, le nombre des degrés qu'il contient. Par exemple, l'an-
Fig. 2. gle EBD a son sommet B au centre du Cercle, & l'Arc ED qui contient un certain nombre de degrés, est la mesure de sa valeur. On voit par-là que la valeur d'un Angle ne dépend pas de la longueur de ses côtés; si longs ou si courts qu'ils soient, la valeur de l'Angle est la même, parce qu'un grand Cercle & un petit sont toujours également divisés en 360°.

13. On dit qu'un Angle est *Aigu*, lorsqu'il a moins de 90°; s'il en a plus, il s'appelle *Obtus*; mais s'il a 90° juste, c'est pour lors un Angle *Droit* ou à l'équerre; & la partie du Cercle comprise entre ses côtés est le quart du Cercle, qui a 90°.

(*a*) Ce n'est pas à dire qu'on n'indique bien souvent un Angle par une seule lettre, lorsqu'il ne peut y avoir aucune équivoque.

14. Le *Triangle* eſt une figure terminée par trois lignes, qui forment trois Angles & trois côtés; ainſi les fig. 3, 4, 5 & 13 ſont chacune un triangle. Si les lignes qui forment le Triangle, ſont droites, on l'appelle *Rectiligne;* ſi elles ſont trois Arcs de grands Cercles de la Sphere, c'eſt un Triangle *Sphérique.* PL. 1.

15. Un Triangle *Rectangle* eſt celui qui a un de ſes Angles droit, ou de 90°, ou à l'équerre. Le mot *Rectangle* ſignifie toujours à angle droit. La fig. 3 eſt un Triangle rectangle à cauſe que ſon Angle C eſt droit, ou à l'équerre.

16. On nomme *Hypothénuſe* le côté d'un Triangle rectangle oppoſé à l'Angle droit; ainſi le côté AB eſt l'Hypothénuſe du Triangle ABC. *Fig.* 3.

17. Un Triangle *Equilatéral* eſt celui qui a les trois côtés égaux, & par conſéquent les trois Angles auſſi égaux. La figure 13 eſt un Triangle équilatéral. *Fig.* 13.

18. Un Triangle *Iſoſcele* eſt celui qui a deux côtés égaux, & deux Angles auſſi égaux. La fig. 4 eſt un Triangle iſoſcele. *Fig.* 4.

19. Un Triangle *Scalene* eſt celui qui a les trois côtés inégaux, & par conſéquent les trois Angles auſſi inégaux. La fig. 3 eſt un Triangle Scalene, comme la fig. 5. *Fig.* 3.

20. Il faut bien ſe ſouvenir de ce principe général, qui eſt d'un uſage très-fréquent dans la Gnomonique; *les trois Angles de quelque Triangle rectiligne que ce ſoit, additionnés enſemble, valent toujours deux Angles droits*, ou deux fois 90°, c'eſt-à-dire 180°; d'où s'enſuit cette autre propoſition, qui eſt auſſi un principe général: *dans quelque Triangle rectiligne que ce ſoit, lorſque l'on connoît deux Angles, on connoît néceſſairement le troiſieme.* Ainſi en ſuppoſant que dans un Triangle il y a deux Angles connus, dont l'un ſera de 76° 12′, &

Pl. 1. l'autre de 43° 35', il faut les additionner ainſi;

76° 12'
43° 35'
Somme 119° 47' qu'il faut ſouſtraire de 180°
119° 47'
Reſte 60° 13'

c'eſt la valeur du troiſieme Angle.

21. Il ſuit de cette propoſition, 1°. que dans un Triangle rectangle un des Angles aigus eſt toujours complément de l'autre. 2°. Que dans un Triangle iſoſcele ABC, ſi on connoît l'Angle ABC oppoſé
Fig. 4. à la baſe AC, on trouvera facilement les autres Angles ACB & BAC. Par exemple, ſuppoſons que l'Angle connu ABC ſoit de 42°, il faut ſouſtraire ces 42° de 180°, puiſque les trois Angles de tout Triangle valent 180° (20), il reſtera 138°; mais comme dans un Triangle Iſoſcele les côtés BC & BA ſont égaux, de même que les Angles BCA & BAC (18); il s'enſuit qu'en partageant en deux également la ſomme ci-deſſus 138° dont la moitié eſt 69°, la valeur des Angles BCA & BAC eſt de 69° chacun. Le Triangle équilatéral eſt auſſi Iſoſcele, mais il a ſes trois Angles de 60° chacun.

22. La *Corde* d'un Arc, ou qui ſoutient un Arc, ou la *Soutendante* d'un Arc, eſt une ligne droite qui ſe termine aux deux extrêmités de cet Arc, ainſi la
Fig. 2. ligne AF eſt la Corde de l'Arc AF. La corde qui paſſeroit par le centre du cercle, ſeroit ſon Diametre.

23. Le *Complément* d'un Angle ou d'un Arc, (car c'eſt la même choſe), eſt ce qu'il lui faudroit ajouter pour avoir un quart de Cercle ou un Angle droit, ou
Fig. 6. 90°; ainſi l'Arc IF eſt le Complément de l'Arc BF, & réciproquement l'Arc BF eſt le Complément de l'Arc IF. Prenez garde de ne jamais confondre le terme *Complément* avec *Supplément*.

24. On appelle *Supplément* d'un Angle ou d'un Arc, ce qu'il lui faudroit ajouter pour avoir un demi-Cercle ou 180°: l'Arc AE est le Supplément de l'Arc EDC, & l'Arc EDC est le Supplément de l'Arc AE. PL. 2. Fig. 2.

25. On appelle *Sinus* d'un Angle ou d'un Arc, une ligne droite abaissée de l'une des extrêmités de cet arc perpendiculairement sur le Rayon qui passe par l'autre extrêmité du même Arc. La ligne FH est le Sinus de l'Arc BF, ou de l'Angle BAF; de même la ligne FG est le Sinus de l'Arc FI, ou de l'Angle FAI. Fig. 6.

26. Le *Sinus d'un Arc est la moitié de la Corde d'un Arc double;* ainsi FH est la moitié de FD, qui est la corde de l'Arc FBD, double de l'Arc FB. Il faut bien se souvenir de cette proposition, nous en en ferons un grand usage. Fig. 6.

27. Le *Cosinus* d'un Angle ou d'un Arc est le Sinus du Complément de cet Arc; GF est le Cosinus de l'Arc BF. Fig. 6.

28. La *Tangente* d'un Angle ou d'un Arc est une ligne perpendiculaire à l'extrêmité du Rayon qui passe par une des extrêmités de l'Arc, & est terminée à la rencontre du Rayon prolongé qui passe par l'autre extrêmité du même Arc. La *Cotangente* est la Tangente de Complément de cet Arc; ainsi la ligne BC est la Tangente de l'Arc BF, & la ligne IE est sa Cotangente ou la Tangente de son Complément IF.

29. La *Sécante* d'un Angle ou d'un Arc est le Rayon prolongé jusqu'à la rencontre de la Tangente. La ligne AC est la Sécante de l'Arc BF, & la ligne AE est la Sécante de l'Arc IF. Pour simplifier davantage, nous éviterons de nous servir des Sécantes.

30. Il faut remarquer que le *Sinus total* n'est autre chose que le *Rayon* du Cercle. On le suppose divisé en 1000, ou 10000, ou 100000 parties, ou même davantage. Le Sinus total étant le Rayon du Cercle, il se trouve le Sinus d'un Angle ou d'un Arc

Pl. 1. Fig. 6. de 90°: comme AB est le Rayon ou Sinus total, & par conséquent le Sinus de l'Angle BAI, ou de l'Arc BFI de 90°. Tous les autres Sinus vont toujours en se raccourcissant ou diminuant.

Pl. 35. Fig. 80. 31. Pour entendre plus facilement les six articles précédens, nous avons fait exprès la fig. 80, pl. 35, d'une grandeur suffisante pour qu'il n'y ait rien de confus, ABC est un quart de Cercle, dont A est le centre; on peut imaginer le cercle entier, quoique nous ne l'ayions divisé que de 5 en 5 degrés, pour éviter la confusion, rien n'empêche qu'on ne le conçoive divisé non-seulement en tous ses degrés, mais encore chaque degré en 60 minutes, &c. AB ou AC est le Rayon d'un Cercle, c'est ce qu'on appelle aussi *Sinus total*, ou le Sinus de 90 degrés. Ce Sinus total ou Rayon est supposé divisé dans les Tables en 10000000, ce qui veut dire en dix millions de parties. Notre pied de Roi est divisé en 12 pouces, le pouce en 12 lignes, & la ligne en 12 points. Supposons donc que ces dix millions de parties soient de ces points, ce Rayon AB aura dans ce cas 964 toises & demie de longueur; ce qui feroit un Cercle de 1929 toises de diametre, ou plus de trois quarts de lieue. On conçoit qu'on pourroit diviser son arc CB, non-seulement en tous ses 90 degrés, mais encore chaque degré en 60 minutes, & chaque minute en 60 secondes; il seroit assez grand pour cela.

Il faut se représenter cet arc CB divisé en 5400 parties, qui seront toutes les minutes contenues dans 90 degrés, & que de chaque point de division *a*, *b*, *c*, *d*, *e*, *f*, *g*, &c. on ait abaissé sur le rayon AB, des perpendiculaires *a* 5, *b* 10, *c* 15, *d* 20, *e* 25, *f* 30, *g* 35, &c. Toutes ces perpendiculaires seront les Sinus de tous les Arcs du quart de Cercle. Par exemple, le Sinus de l'Arc B*a*, est *a* 5; le Sinus de l'Arc B*b*, est *b* 10; le Sinus de l'Arc B*c*, est *c* 15; ainsi des autres.

La ligne BQ eſt une Tangente que la petiteſſe de ce format n'a pas permis de prolonger davantage. Les lignes AQ, AP, AO, AN, AM, AL, & les autres juſqu'à AE, ſont les Sécantes qui viennent ſe terminer à la rencontre de la Tangente BQ; & celle-ci ſe termine elle-même à la rencontre de chaque Sécante. Il faut ſe repréſenter que chaque Arc a ſon Sinus particulier, ſa Tangente & ſa Sécante particulieres.

Il faut préſentement s'imaginer que les lignes AE, AF, AG, &c. que nous ſuppoſons en auſſi grand nombre qu'il y a de minutes dans le quart de Cercle, ſont terminées ſur la courbe de l'Arc CB, elles formeront avec le Rayon AB autant d'Angles qu'il y a de minutes dans le quart de Cercle, c'eſt-à-dire, 5400 Angles, qui ont chacun en particulier leur Sinus, leur Tangente & leur Sécante. Ainſi le Sinus de l'Angle BA*a*, eſt *a* 5; le Sinus de l'Angle BA*b*, eſt *b* 10; le Sinus de l'Angle BA*c*, eſt *c* 15; le Sinus de l'Angle BA*d*, eſt *d* 20; le Sinus de l'Angle BA*e*, eſt *e* 25; le Sinus de l'Angle BA*f*, eſt *f* 30, &c. car ce ſont réellement des Angles de 5, 10, 15, 20, 25, 30, &c. degrés.

Il en eſt de même des Tangentes, car la Tangente de l'Angle BA*a*, eſt BE; la Tangente de l'Angle BA*b*, eſt BF; la Tangente de l'Angle BA*c*, eſt BG; la Tangente de l'Angle BA*d*, eſt BH; la Tangente de l'Angle BA*e*, eſt BI, &c.

Chaque Angle a auſſi ſa Sécante, car la Sécante de l'Angle BA*a*, eſt AE; la Sécante de l'Angle BA*b*, eſt AF; la Sécante de l'Angle BA*c*, eſt AG; ainſi des autres.

32. On remarquera dans cette figure, que les Sinus, les Tangentes & les Sécantes vont toujours en augmentant en longueur, à commencer par l'Angle BA*a* ou BAE, juſqu'à BAC, ſelon une certaine gradation. C'eſt cette gradation, qu'on a calculée, & dont on a fait des Tables, qu'on appelle les Tables

des Sinus, Tangentes & Sécantes. On y trouvera, par exemple, que ſuppoſant le Rayon ou Sinus total diviſé en 10000000 parties, le Sinus de 5 degrés, qui eſt celui de l'Angle BA*a*, ſera de 871557 parties; le Sinus de l'Angle de 10 degrés, qui eſt *b* 10, ſera de 1736482 parties; le Sinus de 15 degrés, qui eſt *c* 15, ſera de 2588190; celui de 60 degrés, qui eſt *m* 60, ſera de 8660254 parties; le Sinus de 85 degrés, ſera de 9961947 parties; ainſi des autres. On trouvera de même que le Sinus de l'Angle d'une minute eſt de 2909 parties; celui de 20 minutes eſt de 58177 parties, &c. Tout ce que nous venons de dire des Sinus, doit s'entendre auſſi des Tangentes & des Sécantes, qui vont toujours en augmentant depuis une minute juſqu'à 90 degrés, comme les Sinus. On voit par-là que les Sinus ſont imaginés pour trouver ou pour faire les Angles avec beaucoup de préciſion & de facilité; ces parties peuvent repréſenter des pouces, ou des lignes, ou des toiſes, &c. Selon l'uſage que nous en ferons, nous concevrons ces parties aſſez petites, comme des ſixiemes de ligne ou environ, puiſque un pouce & demi ou 18 lignes contiendront 100 de ces parties. D'autres les font plus petites, en diviſant chaque pouce en 100 parties. Nous ferons voir l'uſage de tout ceci dans la ſuite. Sans entrer dans une plus ample explication ſur la théorie, attendu que ceci regarde la Trigonométrie, dont nous ne ſuppoſons pas ici la connoiſſance abſolument néceſſaire, puiſque nous en donnerons toujours les Analogies toutes dreſſées, nous nous contenterons d'ajouter ſeulement une explication de la figure 81, planche 35, pour donner un plus grand jour à quelques-uns des articles précédens, ſur-tout aux 12, 25, 28 & 29.

33. Le Triangle ABC eſt appellé *Obliquangle*, parce qu'il n'a aucun de ſes Angles qui ſoit droit ou de 90 degrés. Le ſommet de chacun de ſes Angles,

savoir celui de l'Angle A, de l'Angle B, & de l'Angle C, est toujours regardé comme étant le centre d'un Cercle. Chacun a son Sinus, sa Tangente & sa Sécante; le tout pour en déterminer la valeur. Le Sinus de l'Angle A, est *ab*; *dc* est sa Tangente, & A*c* sa Sécante. Le Sinus de l'Angle B est *qp*; *mr* est sa Tangente, & B*r* est sa Sécante. Le Sinus de l'Angle C, est *ih*; *gf* est sa Tangente, & C*f* est sa Sécante. Pl. 1.

34. Il faut remarquer que le Sinus, la Tangente & la Sécante de chaque Angle peuvent se prendre de deux façons, on en verra un exemple dans l'Angle B; car *mo* est aussi-bien le Sinus de l'Angle B que *qp*: & *pn* est sa Tangente comme *mr*; c'est selon qu'on prend B*p*, ou B*m*, pour Rayon ou Sinus total. Ainsi si B*m* est regardé comme Rayon, *qp* sera le Sinus de l'Angle B, *mr* sa Tangente, & B*r* sa Sécante. Si l'on regarde B*p* comme Rayon, *om* sera le Sinus de l'Angle B, *pn* sa Tangente, & B*n* sa Sécante. Il faut en dire de même des Angles A & C du même Triangle.

SECTION II.

Construction de quelques Figures, ou Principales opérations à faire sur les lignes droite & circulaire.

35. DIVISER en deux parties égales une ligne droite AB.

Des extrêmités A & B comme centres, & avec une ouverture de compas telle qu'il vous plaira, mais plus grande que la moitié de la ligne AB, décrivez deux Arcs qui se coupent en C; faites-en de même de l'autre côté au point D: tirez par les points d'intersection C & D la droite CD, le point E où cette *Fig.* 7.

PL. I. ligne coupe la ligne AB, eſt juſtement le milieu de la ligne AB.

36. D'un point donné ſur une ligne droite élever une perpendiculaire.

Fig. 8. Suppoſons que le point C eſt celui ſur lequel doit tomber la perpendiculaire EC. On ouvrira le compas à volonté, & l'on marquera ſur la ligne AB les points D & F également éloignés du point C. On ouvrira davantage le compas, & des points D & F on décrira deux Arcs qui ſe coupent au point E; de ce point d'interſection E des deux Arcs menez au point C la ligne EC, ce ſera la perpendiculaire.

37. D'un point donné hors d'une ligne droite, abaiſſer une perpendiculaire à cette ligne.

Fig. 9. Le point C eſt celui d'où il faut abaiſſer la perpendiculaire ſur la ligne AB. Du point C pris pour centre, & avec une ouverture du compas qui puiſſe couper la droite AB, décrivez un Arc qui coupe en deux points D & E cette ligne AB, que vous prolongerez s'il eſt néceſſaire. Des points D & E, où l'Arc a coupé la ligne AB pris pour centres, & avec un même Rayon, décrivez deux Arcs qui ſe coupent au point F. Du point C tirez une ligne CG telle que, ſi elle étoit prolongée, elle paſsât par le point F; cette ligne CG ſera la perpendiculaire ſur AB.

38. Elever une perpendiculaire à l'extrêmité d'une ligne.

Fig. 10. Le point H ſera le point de la ligne GH, ſur lequel il faut élever la perpendiculaire. Marquez un point Q, à volonté, au-deſſus de la ligne GH; de ce point Q pris pour centre, & de l'intervalle QH, décrivez un demi-cercle qui coupe la ligne GH aux points G & H: du point G tirez par le centre Q le diametre GI, & de ſon extrêmité I menez au point H la droite IH; cette ligne ſera la perpendiculaire élevée à l'extrêmité H de la ligne GH.

39. Mener une ligne parallele à une autre.

On suppose qu'il faut mener une parallele à la ligne BC. Vers les extrêmités de la ligne EC posez une pointe de compas, & d'une ouverture convenable à la distance que vous voulez donner à la parallele, décrivez deux Arcs A & G, & menez la parallele DF qui touche les deux Arcs A & G. Pl. 1. *Fig.* 11.

40. Faire un Angle égal à un Angle donné.

On se propose de faire au point A de la ligne AB, un Angle égal à l'Angle donné FDG. D'une ouverture quelconque de compas décrivez des points A & D, les Arcs NO & FG; prenez la distance FG, & portez-la de N en O; tirez la droite AO, & l'Angle BAO sera égal à l'Angle FDG. *Fig.* 14.

41. Trouver le centre d'un Arc de Cercle, ou par trois points donnés faire passer une circonférence; pourvû que ces trois points ne soient pas en ligne droite.

Marquez trois points à volonté A, B, C, sur l'Arc CBA. Ouvrez le compas un peu plus de la moitié de la distance de A à B; posez une pointe sur le point A, & décrivez deux Arcs en E & en D. Posez encore la pointe du compas sur le point B, & conservant la même ouverture, décrivez deux autres Arcs qui coupent les deux premiers en E & en D, & tirez par leurs intersections la droite ED. Du même point B décrivez deux autres Arcs vers P & G; du point C décrivez-en deux autres qui les coupent en P & en G; menez par ses intersections la droite PG, elle coupera ED au point T, qui sera le centre de l'Arc proposé. *Fig.* 12.

42. Il faut s'accoutumer à opérer avec justesse & précision. Lorsqu'on tirera une ligne, on tiendra la plume ou le crayon, ou la pointe toujours dans la même situation le long de la regle, sans pencher plus d'un bout que de l'autre; & afin que la ligne passe toujours au milieu des points, après avoir posé la regle auprès des points, on présentera doucement la

plume, ou le crayon, ou la pointe sur les points, pour éprouver si en tirant la ligne, elle passera exactement sur les points. On maniera toujours le compas fort légerement, le tenant seulement par la tête sans en toucher les jambes : on ne le fera point tourner ou rouler sur une de ses pointes, pour aller d'un point à un autre; mais on le levera à chaque point, pour porter la pointe au suivant, & on fera les points fort petits à la surface sur laquelle on fera quelqu'opération.

SECTION III.

Principales notions de la Sphere.

43. En général on appelle *Sphere*, un corps rond de toutes parts, comme une boule. Mais ce que nous entendons ici par Sphere, c'est tout l'Univers, dont la terre est supposée le centre.

Comme on a imaginé plusieurs Cercles dans le Ciel, pour représenter le cours du Soleil & des autres Astres, on a aussi imaginé un Instrument qu'on appelle *Sphere artificielle* ou *armilliaire*, pour représenter l'apparence de tous les Cercles imaginés soit dans le Ciel ou sur la Terre. *Voyez Plan.* 2, *Fig.* 10. En voici l'explication.

44. On appelle *Zénit*, le point du Ciel qui répond perpendiculairement sur notre tête, & le *Nadir*, celui qui est au-dessous, diamétralement opposé au Zénit. On change de Zénit toutes les fois que l'on va d'un lieu à un autre, parce que le Zénit est toujours au-dessus de soi en quelque lieu de la Terre que l'on se trouve.

45. On appelle *grands Cercles* dans la Sphere, ceux dont le plan passe par le centre de la Sphere, c'est à-dire, qui sont aussi grands que le diametre entier de

la Sphere, ou dont le diametre est le diametre de la Sphere. Il y en a six principaux : *l'Horison*, le *Méridien*, l'*Equateur*, le *Zodiaque* & les deux *Colures*. PL. 2.

46. Les *Pôles* sont les deux points A & B, où va aboutir la ligne qui traverse le centre de la Sphere ou de la Terre C. C'est sur cette ligne que tout l'Univers semble tourner, c'est pourquoi on l'appelle l'*Axe* de la Terre ou du Monde, qui veut dire *essieu* de la Terre ou du Monde. Ces deux Pôles ont chacun un nom particulier; le supérieur, par rapport à nous, comme A, s'appelle le Pôle *Arctique*, ou *Septentrional*, ou du *Nord*, ou *Boréal*; & le Pôle B, s'appelle le Pôle *Antarctique*, ou *Austral*, ou du *Sud*, ou *Méridional*. Par rapport à nous, le premier est le *Pôle élevé*, & l'autre est le *Pôle abaissé*. *Fig.* 10.

47. L'*Horison* HH est un grand cercle de la Sphere qui la partage en deux parties égales, dont l'une est exposée à nos yeux, & l'autre est au-dessous de nous. La partie que nous voyons, s'appelle *Hémisphere supérieur*, ou notre *Hémisphere*, & l'autre est appellée *Hémisphere inférieur*.

48. Le *Méridien* MZM est un grand cercle qui passe par les deux Pôles du Monde, de même que par le Zénit & le Nadir; il divise la Sphere en deux hémispheres, dont l'un est appellé *Oriental*, & l'autre *Occidental*. Ce cercle se nomme *Méridien*, parce que le Soleil y étant parvenu, il est Midi pour tous ceux qui sont sous le même Méridien. Il s'ensuit delà, qu'un homme qui s'en va droit d'un Pôle à l'autre, répond toujours au même Méridien; mais s'il va de l'Orient à l'Occident, il change de Méridien à chaque pas qu'il fait : par conséquent, il y a des Méridiens sans nombre, mais il y a encore plus d'Horisons. Quoiqu'il y ait un si grand nombre de Méridiens, il n'y en a pourtant qu'un à l'endroit où l'on est, celui qui passe par le Zénit & le Nadir.

49. L'*Equateur* où l'*Equinoxial* EE est un grand

PL. 2. Fig. 10. cercle qui divise la Sphere en deux hémispheres; dont l'un est appellé *Septentrional*, ou *Boréal*, ou *Nord*; & l'autre *Méridional*, ou *Austral*, ou *Sud*. On appelle ce cercle *Equateur*, parce que lorsque le Soleil paroît se mouvoir sur ce cercle, le jour est égal à la nuit, par-tout où le Soleil se leve & se couche; ce qui arrive deux fois l'année, l'une vers le 21 Mars, & l'autre le 23 Septembre, qui sont les deux Equinoxes. Les deux points où l'Equateur coupe l'Horison, s'appellent l'*Est* & l'*Ouest*, ou l'*Orient* & l'*Occident vrais*. Le jour des Equinoxes le Soleil se leve & se couche aux points où l'Equateur coupe l'Horison.

50. On conçoit tous les cercles de la Sphere divisés en 360 parties, que l'on appelle degrés, le degré en 60 minutes, & la minute en 60 secondes.

51. L'*Ecliptique* est un grand cercle, qui représente le mouvement propre du Soleil, ou la trace qu'il suit toute l'année: il coupe obliquement l'*Equateur*, en faisant avec lui un Angle de 23 degrés environ 28 minutes.

Comme les autres Astres, & sur-tout la Lune, s'écartent de l'*Ecliptique*, on a imaginé, pour marquer leurs écarts, un grand anneau de 16 degrés de largeur environ, au milieu duquel est l'*Ecliptique*. On appelle cet anneau *Zodiaque*.

52. L'Ecliptique étant obliquement posée sur l'Equateur, s'en éloigne de chaque côté de 23° 28' ou environ, & va toucher du côté du Midi un autre cercle TT parallele à l'Equateur, que l'on appelle le *Tropique* du *Capricorne*, ou *Tropique d'hiver*; & de l'autre côté opposé elle touche un autre cercle semblable TT, que l'on nomme également *Tropique*; c'est le *Tropique de l'Ecrevisse*, ou *Tropique d'été*. Celui-ci est le cercle que le Soleil décrit dans le plus long jour de l'été; & l'autre Tropique est celui qu'il décrit dans le jour le plus court de l'hiver.

53. On partage la circonférence du Zodiaque & de l'Ecliptique en 12 parties égales, que l'on appelle *Signes*, & chaque ſigne en 30°, qui font la douzieme partie de 360°. Les noms de ces 12 ſignes ſont, le *Bélier*, le *Taureau*, les *Gémeaux*, l'*Ecreviſſe*, le *Lion*, la *Vierge*, la *Balance*, le *Scorpion*, le *Sagittaire*. le *Capricorne*, le *Verſeau* & les *Poiſſons*.

54. Le *Bélier* & la *Balance* ſe trouvent ſur l'Equateur, & ſont les points où l'Ecliptique le coupe ; ainſi ils ſont diamétralement oppoſés. Lorſque le Soleil y eſt arrivé, ce ſont les Equinoxes ; le premier au mois de Mars, & le ſecond au mois de Septembre. Le commencement de l'*Ecreviſſe* & du *Capricorne* ſont au point d'attouchement de l'Ecliptique avec les Tropiques. Lorſque le Soleil s'y trouve ; ce ſont les Solſtices ; le premier eſt du côté du Septentrion, & c'eſt le Solſtice d'été ; le ſecond eſt du côté du Midi, & c'eſt le Solſtice d'hiver. Le premier arrive environ le 21 du mois de Juin, & le ſecond environ le 21 du mois de Décembre.

55. L'Ecliptique & le Zodiaque étant coupés par l'Equateur en deux parties égales, une moitié des Signes eſt au-deſſus vers le Septentrion, c'eſt pourquoi on les appelle *Septentrionaux* ; & l'autre moitié au-deſſous de l'Equateur, vers le Midi ou le Sud, c'eſt ce qui les fait appeller *Méridionaux*.

Les Signes Septentrionaux ſont les ſix premiers, ſavoir, le *Bélier*, le *Taureau*, les *Gémeaux*, l'*Ecreviſſe*, le *Lion* & la *Vierge*. Les ſix Méridionaux ſont la *Balance*, le *Scorpion*, le *Sagittaire*, le *Capricorne*, le *Verſeau* & les *Poiſſons*.

56. Il y a ſix Signes que l'on appelle *Aſcendans*, & ſix autres que l'on nomme *Deſcendans*. Les Aſcendans ſont ceux que le Soleil parcourt lorſqu'il monte, c'eſt-à-dire, lorſqu'il s'approche de plus en plus de notre Zénit à Midi ; ce ſont le Capricorne, le Ver-

ſeau, les Poiſſons, le Bélier, le Taureau & les Gémeaux. Les ſix autres ſont appellés Deſcendans, parce que le Soleil les parcourt, lorſqu'il deſcend vers le Tropique d'hiver : ce ſont l'Ecreviſſe, le Lion, la Vierge, la Balance, le Scorpion & le Sagittaire.

57. On déſigne les 12 Signes du Zodiaque par les caracteres ſuivans, on les voit placés ſur les mois qui leur conviennent.

Le Bélier,	*le Taureau*,	*les Gémeaux*,	*l'Ecreviſſe*;
♈	♉	♊	♋
MARS.	AVRIL.	MAI.	JUIN.
le Lion,	*la Vierge*,	*la Balance*,	*le Scorpion*,
♌	♍	♎	♏
JUILLET.	AOUST.	SEPTEMBRE.	OCTOBRE.
le Sagittaire,	*le Capricorne*,	*le Verſeau*,	*les Poiſſons.*
♐	♑	♒	♓
NOVEMBRE,	DÉCEMBRE.	JANVIER.	FÉVRIER.

58. Les *Verticaux*, ou autrement appellés les *Azimuts*, ſont de grands cercles qui ſe coupent tous au Zénit & au Nadir, & paſſent par l'Horiſon, qui les coupe tous à angles droits.

59. Entre les Verticaux, il y en a un remarquable que l'on appelle le *Premier Vertical ;* il paſſe par le Zénit & le Nadir, & par les points de l'Horiſon, qui ſont le vrai Orient & le vrai Occident. Ce cercle eſt conçu toujours fixe, aux points du vrai Orient & du vrai Occident : mais on le conſidere comme changeant de place au Zénit & au Nadir, par rapport à nous, toutes les fois que nous changeons de Zénit. Ceux qui ſont ſous l'Equateur, ayant leur Zénit à l'Equateur même, regardent le premier Vertical comme n'étant point différent de l'Equateur, parce

que l'Equateur passe par leur Zénit & par les points du vrai Orient & du vrai Occident (49). Le Méridien peut être regardé comme un des Verticaux qui coupe le premier Vertical à angles droits.

60. On appelle *Vertical du Soleil*, celui des Verticaux dans lequel le Soleil se trouve au moment où l'on observe sa hauteur, ou auquel on marque un point d'ombre sur un plan: on peut dire, plus généralement, que le Vertical du Soleil est celui qui passe par son centre, à quelque moment que ce soit.

61. La *Hauteur du Pôle* est la distance depuis l'Horison jusqu'au Pôle. Les degrés de l'élévation du Pôle se comptent sur le Méridien, en commençant à l'Horison. La Latitude, qui est la distance du Zénit à l'Equateur, étant toujours égale à la hauteur du Pôle, on se sert indifféremment de ces deux termes, *Hauteur du Pôle* & *Latitude*, pour exprimer la même chose.

62. On appelle la *Déclinaison du Soleil*, sa distance à l'Equateur. Les degrés de la Déclinaison du Soleil se comptent sur le Méridien : sur quoi il faut remarquer que les degrés du Méridien ne suivent pas ceux de l'Ecliptique, parce que l'Ecliptique est dans une situation oblique par rapport au Méridien; aussi le Soleil, en parcourant l'Ecliptique, passe les degrés du Méridien plus rapidement, lorsqu'il est près de l'Equateur, & sa marche devient toujours plus lente par rapport au Méridien, à mesure qu'il s'éloigne de l'Equateur. C'est ce que l'on pourra observer par les Tables de la Déclinaison du Soleil, que l'on trouvera à la fin de ce Traité.

L'on peut regarder les degrés de l'Ecliptique, par rapport au Méridien, comme une vis dont les filets ou les pas sont écartés vers l'Equateur, & qui vont en se serrant de plus en plus, vers les deux Solstices, où cette prétendue vis a ses filets fort fins. Aussi l'on voit dans les Tables susdites, que la Déclinaison du Soleil change fort sensiblement d'un jour à l'autre, lorsque cet Astre est près de l'Equateur ; mais ce changement de Déclinaison devient toujours moins considérable, plus le Soleil approche des Solstices.

63. Le lieu du Soleil est le point, ou, le degré de l'Ecliptique où il se trouve. On dit, par exemple, que le Soleil est au 12e degré du Lion ou de la Vierge, &c. mais ce n'est pas à dire que sa Déclinaison soit de 12°, la Déclinaison du Soleil ne se comptant que sur les degrés du Méridien. Il faut toujours savoir vis-à-vis quel degré du Méridien se trouve le 12e degré du Lion, de la Vierge, &c. & pour lors on connoît sa Déclinaison.

64. On appelle *la Hauteur du Soleil*, le nombre des degrés dont il est élevé au-dessus de l'Horison, lesquels se comptent sur le cercle Vertical qui passe par le milieu du Soleil.

65. *La Hauteur Méridienne du Soleil* est le nombre des degrés dont il est élevé sur l'Horison au moment de midi. Cette hauteur se trouve, en ajoutant la Déclinaison du Soleil, si elle est Septentrionale, avec le complément de la latitude ; & si la Déclinaison est Méridionale, on retranche la Déclinaison du complément de la hauteur du Pôle, ou de la Latitude.

66. *L'Angle du Vertical du Soleil avec le Méridien* est celui qui est formé au Zénit & au Nadir, par le cercle Vertical où il se trouve, & par le Méridien du lieu. Son ouverture est mesurée par l'Arc de l'Horison terminé par ces deux cercles.

67. *L'Angle du Vertical du Soleil avec le plan du Cadran Vertical* est un Angle Horisontal, qui peut être considéré comme étant formé par la ligne Horisontale du Cadran, & par celle dans laquelle le Vertical où se trouve le Soleil, coupe l'Horison. L'ouverture de cet Angle se compte par l'Arc de l'Hori-

ſon, compris entre ce Vertical du Soleil, & le point où le plan prolongé juſqu'à l'Horiſon iroit aboutir.

68. La *Diſtance du Soleil au Pôle élevé* eſt toujours le complément de ſa Déclinaiſon, quand elle eſt Septentrionale ; ou la ſomme de ſa Déclinaiſon & 90°, ſi elle eſt Méridionale.

69. La *Diſtance du Soleil au Zénit* eſt toujours le complément de ſa hauteur. La *Diſtance du Pôle au Zénit* eſt le complément de l'élévation du Pôle, & par conſéquent égale à la hauteur de l'Equateur.

SECTION IV.

Explication des termes propres & particuliers aux Cadrans.

70. LA *Gnomonique* eſt l'art de tracer des Cadrans ſolaires ſur toutes ſortes de ſurfaces.

71. Un *Plan*, en Gnomonique, eſt une ſurface ſur laquelle on trace un Cadran ſolaire ; de ſorte qu'un Cadran ſolaire n'eſt autre choſe que cette ſurface même ſur laquelle on a tracé, ſelon les regles de la Gnomonique, des lignes qui marquent la marche du Soleil, par l'ombre d'un Style ou d'un Axe ; par ce moyen on y voit l'heure qu'il eſt.

72. Le *Style* eſt une verge de fer inſérée dans le plan du Cadran, dont le ſommet ou l'extrêmité ſupérieure montre les heures par ſon ombre. Quelquefois on attache une plaque percée au bout du Style ; pour lors le rayon de lumiere qui paſſe par le trou de la plaque montre auſſi les heures. C'eſt toujours également un Style. On l'appelle auſſi un *Gnomon*.

73. On appelle *Pied du Style* le point du plan du Cadran, qui répond perpendiculairement ou à angles droits au ſommet du Style, ou au centre du trou

de la plaque. Ainſi le pied du Style, ſur un plan Horiſontal, eſt un point qui ſe trouve au moyen d'un plomb terminé en pointe dans ſa partie inférieure, & que l'on ſuſpend avec un fil au centre du trou de la plaque, ou au ſommet du Style ; (nous ſuppoſons que le Style eſt courbe) : le point où touche la pointe du plomb, eſt le pied du Style. Mais pour le plan Vertical, le pied du Style eſt un point où iroit aboutir une ligne horiſontale tirée du centre du trou de la plaque, ou du ſommet du Style, laquelle ligne tomberoit perpendiculairement en tout ſens ſur le plan du Cadran. Nous dirons dans la ſuite comment il faut faire pour trouver exactement le pied du Style ſur le plan Vertical.

74. L'*Axe du Cadran* eſt une verge de fer ou d'autre matiere, qui marque l'heure par toute la longueur de ſon ombre ; à la différence du Style, qui ne montre l'heure que par l'ombre de ſon extrêmité ſupérieure.

75. L'*Horiſontale du plan* paſſe par le pied du Style ſur un plan vertical. Il faut s'aſſurer que cette ligne ſoit bien horiſontale par le moyen d'un bon niveau ; elle eſt d'un grand uſage dans les Cadrans qui ne ſont point Horiſontaux.

76. La *Verticale du plan* eſt une ligne exactement à plomb, qui paſſe par le pied du Style, & eſt perpendiculaire à la ligne Horiſontale ; elle eſt la trace du cercle Vertical perpendiculaire au plan. On la tire au moyen d'un plomb ſuſpendu à un fil. Cette ligne eſt auſſi d'un grand uſage dans les Cadrans Verticaux & dans les Cadrans inclinés.

77. Le *Centre diviſeur* eſt un point hors d'une ligne droite, au moyen duquel on la diviſe en degrés du cercle. Comme nous indiquerons dans chaque cas où il faut placer ce point pour s'en ſervir, nous n'en dirons pas autre choſe pour le préſent.

78. La *Méridienne*, dans toutes ſortes de Cadrans,

eſt la ligne qui déſigne le vrai Midi. Dans les Cadrans Verticaux, cette ligne eſt à plomb ; mais elle ne l'eſt pas toujours dans les Cadrans inclinés.

79. La *Souſtylaire* eſt une ligne ſur laquelle on place toujours le Style, ou l'Axe. Dans les Cadrans Horiſontaux, elle n'eſt pas différente de la Méridienne, comme dans les Verticaux ou Inclinés non Déclinans : mais dans les Déclinans, la Souſtylaire devient une autre ligne que la Méridienne, & fait toujours un Angle avec elle, qui ne peut pas être plus grand dans les Cadrans Verticaux, que le complément de l'élévation du Pôle. La Souſtylaire eſt ſouvent appellée la *Méridienne du plan ;* mais il ne faut pas la confondre avec la Méridienne qui marque 12 heures, qui s'appelle la *Méridienne du lieu.* Du reſte, la Souſtylaire paſſe toujours par le Centre du Cadran & le pied du Style. Elle eſt la trace du Méridien qui ſe rencontre perpendiculaire au plan.

80. Le *Centre du Cadran* eſt le ſommet de tous les Angles horaires ; c'eſt donc un point où vont aboutir toutes les lignes horaires, de même que l'Axe. Quelquefois ce Centre ſe trouve hors du plan, comme nous le verrons dans la ſuite.

81. L'*Equinoxiale* eſt une ligne droite qui repréſente l'Equateur, & qui dans tous les Cadrans, fait toujours un Angle droit avec la Souſtylaire. Comme l'Equateur eſt la meſure & la regle du temps ; c'eſt auſſi ſur cette ligne que l'on commence à trouver les points horaires. Cette ligne eſt d'un grand uſage dans la conſtruction des Cadrans.

82. Le *Rayon Equinoxial* ou de l'*Equateur*, eſt une ligne droite, menée de l'extrêmité du Style au point où la ligne Equinoxiale rencontre la Souſtylaire.

83. On trace pluſieurs eſpéces de Cadrans ſur des ſurfaces planes ; ils peuvent ſe réduire à trois eſpéces principales, le Cadran *Horiſontal*, le *Vertical* & l'*Incliné*.

84. Le *Cadran Horiſontal* eſt celui que l'on décrit ſur un plan parallele à l'Horiſon. Comme ce Cadran peut être éclairé tout le temps que le Soleil demeure ſur notre Horiſon, il peut marquer les heures pendant toute la journée : auſſi ſon uſage eſt-il plus étendu que celui de tous les autres.

85. Le *Cadran Vertical* eſt celui que l'on trace ſur un plan Vertical, comme eſt un mur à plomb. Entre les Cadrans Verticaux, il y en a quatre qu'on appelle *Réguliers*, parce qu'ils ſont tournés directement vers un des quatre points cardinaux, ſavoir, le *Midi* ou le *Sud*, le *Nord* ou le *Septentrion*, l'*Eſt* ou l'*Orient*, & l'*Oueſt* ou l'*Occident*. Ces quatre eſpéces de Cadrans ſont le *Méridional*, tourné vers le Midi ; le *Septentrional*, vers le Nord ou le Septentrion ; l'*Oriental*, vers l'Orient, & l'*Occidental*, qui eſt tourné vers l'Occident.

86. Les autres Cadrans Verticaux ſont appellés *Déclinans*, parce qu'ils ſont tournés obliquement vers le Midi ou le Septentrion. Si la face du mur, ſur lequel on veut tracer le Cadran, eſt obliquement tournée du Midi vers l'Orient, on dira que c'eſt un Cadran Déclinant du Midi à l'Orient. Si le plan du mur regarde obliquement l'Occident, & que ſa face ſoit tournée quelque peu vers le Midi, ce ſera un Cadran Déclinant du Midi vers l'Occident. Il faut en dire de même des plans Déclinans du Septentrion. Les Cadrans Orientaux & Occidentaux ne ſont jamais Déclinans, car ils ne ſeroient plus regardés comme Orientaux ou Occidentaux, mais comme Méridionaux ou Septentrionaux Déclinans de 90°.

87. La *Déclinaiſon d'un plan* conſiſte en ce que le plan fait des Angles obliques avec le plan du premier Vertical. On peut s'imaginer que le mur eſt prolongé de part & d'autre juſqu'à l'extrêmité de l'Horiſon : & ſuppoſant une ligne droite tirée du point de l'Orient vrai, au point de l'Occident vrai, qui traverſe

le milieu du plan, cette ligne comparée avec la face du mur, formera l'Angle de la *Déclinaison* du plan. Les degrés de Déclinaison se comptent sur l'Horison depuis le point du vrai Orient ou Occident, jusqu'au point de l'Horison, où iroit toucher le plan, s'il étoit prolongé à l'infini. Nous expliquerons ceci un peu plus en détail au commencement du Chapitre 6, article 228.

88. Le *Cadran Incliné* est celui qui fait deux Angles obliques avec l'Horison, l'un aigu & l'autre obtus. Le Cadran incliné est *Supérieur* ou *Inférieur*. Le Supérieur est celui qui regarde le Ciel, & l'Inférieur regarde la terre. Parmi les Cadrans Inclinés, il y en a deux principaux, l'*Equinoxial* & le *Polaire*.

89. Le *Cadran Equinoxial* est celui dont le plan est parallele à l'Equateur, & fait par conséquent avec l'Horison, un Angle aigu égal à l'élévation de l'Equateur sur l'Horison. Cette élévation de l'Equateur est toujours le complément de l'élévation du Pôle. Le Cadran Equinoxial supérieur est tourné du côté du Septentrion, & l'Inférieur vers le Midi.

90. Le *Cadran Polaire* est celui qui se fait sur un plan parallele à l'Axe de la Terre, & qui coupe perpendiculairement le Méridien du lieu. Le plan de ce Cadran fait avec l'Horison un Angle égal à l'élévation du Pôle à l'égard de ce lieu. On appelle en général *Cadrans Polaires* tous ceux dont les plans sont paralleles à l'Axe, quoiqu'ils ne soient pas perpendiculaires au Méridien. Tous les Cadrans paralleles à l'Axe de la Terre, ne peuvent pas avoir de Centre; les Cadrans Orientaux & Occidentaux sont aussi censés paralleles à l'Axe; ainsi ils n'ont point de Centre.

CHAPITRE II.

Instrumens nécessaires à la construction des Cadrans solaires.

91. ON ne parviendra jamais à construire, comme il faut, un Cadran solaire sans instrumens, quelque science & quelqu'adresse que l'on ait. Nous indiquerons, dans ce Chapitre, ceux que l'on doit se procurer. Nous faisons connoître la construction des plus parfaits & des plus commodes, & qui sont par conséquent les plus chers. Nous en décrivons d'autres qui se font à moindres frais, pour ceux qui seront bien aises de ne pas dépenser beaucoup, ou qui ne voudront faire qu'un Cadran. Il est cependant certain que plus les instrumens seront parfaits, plus les opérations seront exactes. La justesse d'un Cadran dépend beaucoup de celle des instrumens.

92. L'étui ordinaire de Mathématiques est fort utile, du moins le compas de proportion qu'il contient, & dont nous donnerons l'usage dans la suite pour les Cadrans solaires. L'on y trouve un compas ordinaire en cuivre, de 6 pouces de longueur & à pointes fines. Si l'on ne veut point faire la dépense de l'étui entier, on pourroit se procurer seulement ces deux instrumens, c'est-à-dire, le compas de proportion & le compas ordinaire de 6 pouces. On peut encore absolument se servir d'un compas de fer, tel que ceux dont les Menuisiers font usage, en le choisissant bien coulant. Ces sortes de compas sont ordinairement fort imparfaits, parce qu'ils ont la tête mal faite. On pourra la faire démonter par un Serrurier : on en fera limer les lames, pour les rendre bien planes, & d'une épaisseur égale, on remontera

le compas, comme auparavant, y mettant un clou bien rond, qu'on rivera doucement ſur une virole de chaque côté à l'ordinaire. On fera chauffer un peu la tête, & on y fera fondre un peu de cire à compas, pour en adoucir, en égaliſer le mouvement, ou le rendre plus uniforme. Pour préparer cette cire, on prendra de la plus pure cire blanche, on la fera fondre dans une cuiller; & auſſi-tôt qu'elle ſera fondue, l'on y jettera environ une huitieme partie d'huile d'olive qu'on mêlera, en remuant avec un petit bâton, & auſſi-tôt on retirera du feu la cuillier, de peur que la compoſition ne rouſſiſſe. On la laiſſera refroidir, & elle ſera prête à être employée. On aura ſoin de rendre les pointes de compas bien fines. Pl. 3.

93. Un autre compas de cuivre, d'un pied de longueur, eſt encore fort néceſſaire; mais ceux de cette eſpece ſont chers. Si l'on ne veut point en faire la dépenſe, on pourra y ſuppléer par une eſpece de compas de fer, tel que ceux dont ſe ſervent les Tailleurs de pierre & les Charpentiers, qu'ils nomment *fauſſes-équerres*. Les Serruriers les font. On en peut voir la forme, *Planc.* 3, *fig.* 16. On mettra à ſa tête de la cire à compas. *Fig.* 16.

Quoiqu'on ait ſouvent beſoin de prendre de grandes meſures, & que de plus grands compas fuſſent d'une néceſſité indiſpenſable; cependant, comme ils deviendroient fort peſans, difficiles à manier, & par conſéquent peu propres à opérer avec juſteſſe; il faudra ſe procurer un ou deux compas à verge, tel que nous le décrirons vers la fin de ce Chapitre.

94. Il faut avoir grand ſoin de ſe procurer des regles bien droites, & de pluſieurs grandeurs. Les plus grandes de 8 à 10, ou 12 pieds de longueur, doivent avoir au moins 4 pouces de largeur, ſur 6 à 7 lignes d'épaiſſeur, & les plus courtes à proportion. Elles doivent être également larges & épaiſſes d'un bout à l'autre. On ſe ſouviendra toujours de

Pl. 3. faire repaſſer les regles par un bon Menuiſier, avant de s'en ſervir. Ces longues regles ſont ſujettes à ſe fauſſer, ſur-tout par la pluie, le Soleil, &c. il faut les en garantir : leur propre poids les gâte, quand on les fait porter à faux. Quelquefois elles ne ſont plus droites après un ou deux jours. Le ſapin eſt le bois le plus léger & le plus commode pour les grandes regles. On pourra faire les petites en bois plus ſolide.

95. Un bon niveau d'air eſt d'un grand ſecours pour tracer des lignes Horiſontales, & pour poſer un Cadran Horiſontal bien de niveau. *Voyez la*
Fig. 17. *fig.* 17. Il eſt certain qu'avec un niveau de cette eſpece, quand il eſt bien ajuſté, on travaille avec une grande préciſion. Ceux qui ne voudront pas ſe le procurer, pourront ſe ſervir d'un niveau ordinaire de bois. On obſervera ſeulement qu'il ſoit récemment fait, que ſa ligne à plomb ſoit très-fine ; & au lieu d'une ficelle pour ſuſpendre le plomb, on employera un fil de ſoie très-fin. On le fera faire plus élevé qu'à l'ordinaire, afin qu'il ſoit plus ſenſible à la vue lorſqu'on s'en ſert ; mais quelque ſoin que l'on prenne, ces ſortes de niveaux ne ſont pas long-temps juſtes, & rarement le ſont-ils aſſez pour faire les opérations avec préciſion.

96. On ne peut ſe paſſer d'un plomb de cuivre, dont l'extrêmité inférieure ſoit terminée en pointe, qui ſoit d'acier. Il doit être fait au tour, afin que ſa pointe ſoit exactement au centre de ſa peſanteur, & qu'elle ſe trouve dans la même ligne que la ſoie qui le ſuſpend. On peut le faire en étain ou en plomb, pourvu que ſa pointe ſoit toujours d'acier, & qu'il
Fig. 18. ſoit fait au tour. *Voyez la fig.* 18.

97. Il eſt néceſſaire d'avoir un *faux Style* pour
Fig. 19. prendre la Déclinaiſon des plans Verticaux. La fig. 19 le repréſente. La partie DE eſt la pointe que l'on enfonce dans le mur à coup de marteau, en frappant ſur la tête F. Cette pointe doit avoir environ 6 pou-

tes de longueur de D à E, ſur 10 lignes en quarré vers la partie la plus groſſe. La branche DKLI doit être ſoudée à la partie DFE, & porter deux couliſſes I & L, avec la vis V. La branche CGL entre en forme triangulaire dans les deux couliſſes I, L. A l'extrêmité C de la branche LGC, on attache une plaque de cuivre de 9 à 10 pouces de diametre, avec un trou de 3 lignes & demie de diametre ou environ. L'extrêmité C de la branche LGC ſe terminera en pointe aſſez déliée, & d'acier : on fera un petit trou ſur le bout de cette pointe, qui aboutira au centre du trou de la plaque, laquelle ſe poſera par-deſſus le pli ou la courbure du bout de la branche, & s'y fixera avec deux vis. La plaque ſera tant ſoit peu cambrée ou creuſe, & poſée à peu près parallelement au mur. CH eſt parallele à VK, & DH eſt perpendiculaire à CH. Depuis la partie D juſqu'à H, on donnera 8 à 9 pouces ; & depuis H juſqu'à C, 15 à 20 pouces. On ne manquera pas d'ôter la plaque lorſqu'on enfoncera le Style dans le mur, pour ne pas riſquer de rompre tout. Au reſte, tout cet inſtrument doit être fait en fer, excepté la plaque qui ſera mieux en cuivre.

98. On peut attacher autrement la plaque au bout du faux Style : on rivera à un ou deux pouces du trou de la plaque, & en-deſſous un piton, dont le trou d'environ trois ou quatre lignes de diametre, ſoit taraudé en vis, & aſſez épais pour contenir 12 ou 15 filets, ou pas de vis fort fins. Le bout ou une partie de la tige CG du faux Style ſera rond & taraudé en vis, pour entrer bien juſte & ſe viſſer dans le trou du piton ; ainſi on introduira le bout du faux Style (qui doit ſe terminer en pointe) dans le trou du piton, en faiſant tourner la plaque, juſqu'à ce que la pointe C du faux Style arrive au centre du trou de la plaque. Par cette maniere d'attacher la plaque au bout du faux Style, on peut la faire tour-

ner, pour la mettre perpendiculaire au Méridien du lieu, ou parallele au mur, comme on le jugera à propos.

99. Voici encore une autre maniere de disposer le bout du faux Style. Le bout C entrera à vis dans un piton, comme nous venons de le dire, mais il ne sera point terminé en pointe, & il n'atteindra point jusqu'au trou de la plaque. On ajustera au-dedans du trou, & au-dessus de la plaque, un morceau de cuivre, en maniere de bouchon, qu'on arrêtera au moyen d'une vis, en sorte que ce bouchon rase le dessous de la plaque. On donnera un coup de poinçon bien aigu au milieu du dessous du bouchon, pour en marquer le centre. On se sert de ce petit trou du bouchon, comme centre, pour appuyer la pointe de fer d'une baguette, & par ce moyen faire les opérations nécessaires pour trouver le pied du Style. Ces trois manieres de disposer le bout du faux Style, sont également bonnes. Chacun choisira celle qui lui conviendra le mieux.

100. Telle est la construction du faux Style le plus commode. On peut le faire avec moins de façon & de dépense, en retranchant les coulisses, & faisant toutes les parties d'une seule piece, excepté la plaque, qui peut être de fer-blanc.

Pour en faire un à moins de frais encore, il faudroit le fabriquer en bois, avec un empatement, pour l'arrêter contre le mur avec des clous, ou quelque pate de fer ; mais il est à craindre que le Soleil ne fasse tourmenter le bois, après que l'on aura marqué le pied du Style ; en ce cas toutes les opérations étant défectueuses, on n'auroit pas la véritable Déclinaison du plan. Une verge de fer, comme celle des vitres, un peu courbée vers le bout, & terminée en pointe émoussée, pourra suffire. On la scellera dans le mur par l'autre extrémité, & on se servira de son sommet, comme du trou de la plaque.

101. Un autre faux Style est nécessaire pour tracer une Méridienne Horisontale. Ce faux Style doit pouvoir se tenir debout ou verticalement sur un plan horisontal ; c'est pourquoi on y fera, dans la partie inférieure, un empatement suffisant, pour qu'il puisse se soutenir ; on pourra faire trois ou quatre trous sur cet empatement ou plaque, afin de l'arrêter, s'il est besoin ; du reste on le fera à coulisse ou sans coulisse, comme l'on voudra, on sent assez qu'étant à coulisse, il est bien plus commode. Le bout supérieur sera recourbé pour porter horisontalement sa plaque percée, qui pourra avoir 5 à 6 pouces de diametre, avec un trou d'une ligne ou une ligne & demie de diametre. Ce faux Style aura 12 à 15 pouces de haut : il doit être tout en fer, excepté la plaque percée. *Voyez la fig.* 20. PL. 3. *Fig.* 20.

102. On peut faire construire ce faux Style en bois, & faire la plaque percée en étain ou en fer-blanc : mais le bois peut se tourmenter pendant l'opération. Cependant si on le faisoit bien fort, il n'y auroit pas tant à craindre. On fera, si l'on veut, ce faux Style avec une verge de fer, à pointe émoussée & recourbée. On peut le faire tenir sur un pied de bois, ou le ficher dans le plan. On pourroit ajuster à son extrêmité supérieure, une plaque, ou de fer fort mince, ou de fer-blanc, ou même de plomb. Les opérations sont plus justes, quand on se sert d'une plaque percée, qu'en prenant des points d'ombre d'une pointe émoussée.

103. La figure 21 représente une *Double équerre* de bois qui est absolument nécessaire pour poser les Axes des Cadrans Verticaux. AB est une regle d'environ 3 pieds de longueur, sur 3 ou 4 pouces de largeur, à laquelle est assemblée la regle CD, qui aura 3 ou 4, ou 5 pieds, ou même davantage de hauteur ; on y assemblera une écharpe de chaque côté, pour que la regle CD ne penche ni d'un côté, *Fig.* 21.

Pl. 3. Fig. 21. ni d'autre. On tracera la ligne CD parfaitement à angles droits sur la ligne AB, qui est la base. L'on mettra deux ou trois pointes de fer de 3 ou 4 lignes de saillie dans la vive arrête du bord antérieur de la base AB, à égale distance de C. Il faudra couder ces pointes, afin qu'elles se trouvent précisément sur le Fig. 23. bord. Elles servent pour empêcher l'instrument de glisser, lorsqu'on l'applique contre la muraille. Tout le bois aura environ un pouce d'épaisseur, le sapin est fort propre pour cela. On peut faire la double équerre plus petite ou plus grande, selon que le Cadran où l'Axe sera grand ou petit.

Fig. 22. 104. La figure 22 représente une *Triple équerre* de bois, pour servir à poser les Axes des Cadrans Verticaux sans Centre. La figure fait assez voir sa construction. On mettra également deux pointes coudées à sa partie antérieure aux endroits A & B, & une autre sur le derriere en E. On fera attention que la ligne CD soit parfaitement perpendiculaire à la ligne AB de la base, & à CE.

105. L'instrument le plus commode & même le plus essentiel pour travailler avec toute la précision, la facilité & la diligence que l'on peut souhaiter, est un *Compas à verge*, dont nous allons donner la consPl. 4. truction assez détaillée pour le faire bien entendre. Fig. 23. *Voyez-en la forme*, *pl.* 4, *fig.* 23.

Sa principale piece est une regle de laiton de 4 ou 5 pieds de longueur, de 3 lignes d'épaisseur, sur environ 8 lignes de largeur; mais l'on fait presque toujours cette regle en bois, on lui donne 7 à 8 lignes d'épaisseur, sur 15 à 16 lignes de largeur, d'un bois bien sec & d'un grain très-fin, comme de poirier, cormier, ébene, ou d'autres bois de l'Amérique, qui sont très-durs & non poreux; le buis est encore fort bon pour cela. Cette regle doit être bien dressée, & sur-tout exactement égale d'un bout à l'autre. On garnira les deux bouts d'une frette de de cuivre bien arrêtée avec des rivures, ou mieux d'une boîte de cuivre également arrêtée, pour que le bois ne s'écorne point. Cette garniture ne doit point excéder la grosseur de la regle, afin que les boîtes mobiles puissent couler aisément par-dessus. Ce compas à verge, ayant sa regle en bois, sera bien plus commode, étant plus leger, & sur-tout ayant une dimension assez grande pour y pouvoir tracer, sur ses quatre faces, les échelles que nous décrirons bientôt. Pl. 5.

106. On fera deux boîtes de cuivre jaune ou laiton, d'environ 3 pouces de longueur de A en B. La fig. 24 représente ces boîtes dans toute leur grandeur. Il est essentiel que la partie antérieure EMPD soit exactement à Angles droits avec le fond, ou la base inférieure MN; de sorte que la regle étant dans les deux boîtes, & les approchant l'une de l'autre, elles se touchent dans toute leur partie antérieure, depuis E jusqu'à D. On pose un ressort dans le dedans de la partie supérieure EG, & dans toute la largeur de la boîte, lequel sera arrêté par le bout E, au moyen d'une vis dont la tête sera mise en dehors, de sorte que le ressort faisant une ligne courbe, comme on l'apperçoit en L, se redresse quand la regle est dans la boîte, & il a la liberté de s'allonger par le bout G. Il doit être fort, afin qu'il tienne toujours le fond intérieur MN de la boîte bien appliqué contre la regle. Ce ressort sera de laiton comme la boîte, mais bien *écroui*. Dans la partie supérieure de la boîte il y aura une éminence O de laiton, où il y aura un trou taraudé pour recevoir la vis H, laquelle pressera sur le ressort pour arrêter la boîte, lorsqu'il en sera besoin. En général toutes les vis doivent être d'acier. *Fig. 24.*

107. La pointe D sera d'acier, & insérée dans le massif de laiton P, dans lequel il y aura un trou triangulaire, dont une face regardera la vis K; par consé-

PL. 5. *Fig.* 24. quent la pointe D aura ſon tenon I également triangulaire dans toute ſa longueur. Vis-à-vis de l'endroit où la vis K fait ſa preſſion ſur le tenon, on fera un commencement de trou dans le tenon, afin que la pointe D ſoit bien fixe dans ſa place. Le bout de la pointe D ſera trempé, pour qu'il ne s'émouſſe pas aiſément; il faut faire attention que les boîtes ſoient bien ajuſtées ſur la regle, qu'elles coulent aiſément ſans balloter. On fera deux garnitures de pointes, dont une paire ſera fine & déliée pour travailler ſur le papier, ou pour faire des diviſions exactes; & l'autre paire ſera plus forte pour s'en ſervir ſur le mur ou ſur le plancher, lorſqu'il en ſera beſoin. Le laiton dont on conſtruira ces boîtes, doit avoir une demi-ligne d'épaiſſeur tout fini & travaillé.

108. Il faut remarquer que les dimenſions que nous venons de donner, telles que la figure les repréſente, ne ſont propres qu'aux boîtes de cuivre des compas à verge dont la regle eſt de bois. Mais ſi la regle eſt de cuivre, les boîtes doivent être bien plus petites, & proportionnées à la regle de cuivre, qui devant être ſuffiſamment legere, pour être maniée avec facilité, ne peut être qu'aſſez déliée.

109. Voici deux mots d'inſtruction pour ceux qui feront bien aiſes d'exécuter eux-mêmes ces boîtes. On commencera par faire un modele en bois, qui aura 6 pouces 3 lignes de longueur, en forme de tuyau quarré long, qui aura en-dedans 15 lignes en un ſens, ſur 7 à 8 lignes dans l'autre ſens. Pour faire ce tuyau avec facilité, on aura une piece de bois de 8 pouces de longueur, de 15 lignes de largeur, ſur 7 à 8 lignes d'épaiſſeur, laquelle ſera bien dégauchie, également large & épaiſſe d'un bout à l'autre, & exactement à l'équerre. Cette piece de bois ſervira de moule pour former le tuyau de bois: on la frottera avec du ſuif, afin que la colle n'y prenne point. On appliquera par-deſſus quatre petits ais de bois,

d'une bonne ligne d'épaiſſeur, un à chaque face, en ſorte qu'ils forment le tuyau dont nous venons de parler. On obſervera de ne mettre de la colle que ſur les bords des ais; on liera le tout, & on le laiſſera ainſi juſqu'à ce que la colle ſoit ſéche. On collera aux deux bouts & en dehors, & du même côté, les deux maſſifs P, auſſi-bien que les deux éminences O dans leur place convenable, le tout en bois. La colle étant ſéche, on finira le tout en dedans & en dehors, ſoit avec des limes ou autrement, en ſorte que tout ſoit bien uni, bien net, & à l'équerre. On pourroit faire ce modele en plomb ou en étain. Le modele étant fini & bien perfectionné, on le donnera à un Fondeur qui le moulera dans le ſable de Fondeur, avec le noyau dedans. Il ôtera enſuite ce modele, il en ôtera le noyau, & il moulera ledit noyau à part, & il ſe ſervira de ce ſecond moule pour mouler un noyau compoſé de terre & de ſable. Ce noyau étant ſec, il le placera dans le premier moule, & il fondra la piece toute creuſe, en bon laiton bien doux & jaune, de la meilleure qualité. Celui que l'on achete en gros fil, eſt le meilleur. Ayant retiré la piece de chez le Fondeur, & après qu'on aura bien limé le dedans de la boîte, pour en ôter toutes les aſpérités & les impreſſions du feu & du ſable de la fonte, on y introduira à force & à bon coups de marteau, une regle de fer qu'on appelle un *Mandrin*, de 7 à 8 pouces de longueur, & de la même épaiſſeur que celle de bois; du reſte limée bien plat, à l'équerre & bien dreſſée; on frottera d'huile ce mandrin de fer, afin qu'il entre plus facilement. On fera bien de ne faire la regle de bois qu'après que les boîtes ſeront finies; on s'épargnera par-là bien du travail; attendu qu'il eſt bien plus facile d'ajuſter la regle dans les boîtes, que de ſe conformer à la regle en faiſant les boîtes. Quand le mandrin ſera entiérement dans la boîte, on l'écrouira d'un bout

Pl. 5. *Fig.* 24.

Pl. 5. Fig. 24. à l'autre ſur les quatre faces, prenant bien garde de ne pas gâter les parties O & P. Quand la boîte ſera écrouie par-tout, on ôtera le mandrin, & on le remettra dans la boîte dans un autre ſens. On le forcera ainſi à entrer dans la boîte en pluſieurs ſens différens, afin que le dedans ſoit bien dreſſé & régulier. Il eſt néceſſaire qu'il ſoit ainſi, parce qu'on eſt obligé de changer ſouvent la ſituation des boîtes ſur la regle. En remettant pluſieurs fois le mandrin dans la boîte, il ne faut plus frapper deſſus; on rendroit par-là ſon dedans irrégulier.

110. La boîte étant bien écrouie, & ſon dedans bien dreſſé par l'opération précédente, on la ſciera en travers au milieu pour en faire les deux boîtes. On fera un trou, au moyen d'un foret, dans le maſſif P, qui doit être percé entiérement juſqu'au dedans de la boîte. Le trou étant fait, on le rendra triangulaire, en le limant avec une lime à tiers-point; enſuite on y introduira à coups de marteau, un mandrin d'acier trempé & triangulaire, de 12 à 15 lignes de longueur, en obſervant qu'une arrête du triangle regarde la partie antérieure P de la boîte, & une face du même triangle ſera du côté de la vis; & de peur qu'en introduiſant ainſi à force ce petit mandrin, (qui ſera tant ſoit peu plus gros du bout qui ſupporte les coups de marteau que de l'autre) la boîte ne ſe fauſſe, on mettra dans la boîte le gros mandrin, en l'introduiſant par le bout GN, & obſervant de ne le faire arriver que juſqu'au bord du trou triangulaire, lorſque le petit mandrin triangulaire ſera près de traverſer en dedans. On aura ſoin de mettre de l'huile au petit mandrin, lequel on retirera pluſieurs fois, & on le remettra en changeant toujours ſa ſituation, l'enfonçant peu à peu. Le trou triangulaire étant fait, on ajuſtera la pointe D, & on limera ſon tenon pour qu'il aille bien juſte dans ſon trou, & que la pointe joigne bien tout-autour de ſon aſſemblage.

111. Cela étant fait, on retirera la pointe, & on fera le trou en vis au derriere du massif, & la vis étant faite, on remettra la pointe dans sa place, & on enfoncera la vis K, qui fera une marque sur le tenon I de la pointe D. On retira un peu la vis; on ôtera la pointe, & on commencera un trou sur l'endroit du tenon I, que la vis aura marqué, & encore tant soit peu plus bas, afin que l'effort de la vis attire toujours la pointe vers son assemblage. Pl. 5. *Fig.* 24.

Le ressort EG sera bien écroui, & aussi épais que tout le laiton de la boîte. On le fera aussi large que la place pourra le permettre, & on l'arrêtera avec la vis E. On limera ensuite tout le dehors de la boîte ensemble avec la pointe; on la dressera bien sur les quatre faces, & sur-tout la partie antérieure EMPD. Pour cet effet on mettra de temps en temps la regle dans la boîte, le ressort y étant; & on présentera un équerre bien juste, qui d'un côté doit toucher tout le long depuis E jusqu'à D, & de l'autre côté doit aller le long de la regle; il faut présenter cette équerre dessous & dessus, en faire autant à l'autre boîte, les faire approcher l'une de l'autre. Lorsqu'on verra que cette partie des boîtes sera bien ajustée, on achevera de limer tout le reste: & après avoir trempé le bout des pointes, on finira le tout avec les limes douces, & on le polira de la maniere suivante.

On emportera d'abord tous les traits de la lime avec un morceau de pierre ponce, en la trempant dans l'eau à tout moment. Il faut que cette ponce soit choisie douce, & on la dressera bien avec une lime. Lorsqu'après avoir lavé l'ouvrage dans l'eau, & l'avoir bien essuyé, on n'appercevra plus aucun trait de lime, l'on frottera la piece avec la pierre à l'eau, en la trempant à tout moment dans l'eau. On continuera cette opération jusqu'à ce qu'il ne paroisse plus aucun trait de la pierre ponce; ce qu'on reconnoîtra après avoir lavé & essuyé la piece. Enfin, on frottera

PL. 5. Fig. 24. l'ouvrage avec un charbon fait de bois blanc ou autre bois tendre. On en dressera un bout, & en le trempant dans l'eau à tout moment, on frottera l'ouvrage jusqu'à ce qu'il ne paroisse aucun vestige de la pierre à l'eau. Alors la piece sera parfaitement adoucie, & sera en état de recevoir le lustre, que l'on donnera en frottant l'ouvrage avec un bâton de bois tendre, bien dressé; sur lequel on aura mis très-peu de tripoli en poudre très-fine, & de l'huile. Je dis très-peu de tripoli; car si l'on en met trop, on ne donnera point un beau lustre. Quand on finit, on ôte même tout le tripoli qui se tient sur la piece, & presque tout celui qui est attaché au bâton, & on continuera de frotter l'ouvrage, sans reprendre ni tripoli ni huile.

Remarquez qu'il arrive assez souvent qu'on gâte une piece en la polissant; on est surpris de voir qu'elle n'est plus aussi bien dressée, les vives arrêtes sont émoussées, plusieurs endroits plats deviennent un peu bombés ou arrondis, &c, ce qui ôte toute la grace & la beauté de l'ouvrage. Il faut donc faire une grande attention à ce que la ponce, la pierre à l'eau, le charbon, & le bâton de bois soient bien dressés & bien unis, de passer ces choses sur l'ouvrage avec adresse, pour ne pas gâter les arrêtes.

S'il se trouve sur l'ouvrage des parties arrondies, on y passera une bande de chapeau fin, avec de l'huile & du tripoli. On collera cette bande de chapeau sur un bâton bien dressé. On peut le passer aussi sur les endroits plats; mais il est nécessaire que le bois, sur lequel on attache ce chapeau, soit un peu bombé; afin de ne pas gâter les bords de la piece.

L'ouvrage étant ainsi bien poli, on le dégraissera avec du blanc d'Espagne bien sec & en poudre. On ôtera ensuite bien soigneusement tout ce blanc, & le poli sera fini.

Pour polir le fer ou l'acier, comme les pointes

des boîtes du compas à verge; après les avoir finies à la lime douce, on y passera la pierre à l'huile avec de l'huile. On vend des morceaux de pierre soit du Levant, soit de Lorraine, qui sont propres à cet usage. Lorsqu'on aura fait disparoître tous les traits de la lime, on frottera la piece avec un bâton de bois de noyer, du rouge d'Angleterre, ou de l'émeri très-fin & de l'huile, jusqu'à ce que la piece soit bien lustrée. Ensuite on le nettoyera exactement avec un linge, & l'ouvrage aura un beau brillant. Ce poli est fort bon pour les pieces de fer ou d'acier qui ne sont point trempées. Si elles l'étoient, il faudroit s'y prendre autrement. Comme je ne vois pas d'autre instrument utile à la Gnomonique, que l'extrêmité des pointes ou des tranchans, qui doivent être trempés, je n'ennuyerai point le Lecteur d'une description inutile.

Pl. 5. Fig. 24.

112. Si l'on aime mieux faire les boîtes avec du laiton en plaque, on pourra le ployer sur le mandrin en trois parties qui feront les trois faces de la boîte, & assembler la quatrieme pour faire la quatrieme face : on la soudra avec la soudure de zinc, (dont nous allons donner la composition) ou avec la soudure d'argent au *quatre;* ou bien, on fera la boîte en deux pieces, qui seront pliées pour faire les deux faces, on les assemblera & on les soudera; ou encore l'on assemblera les quatre faces & on les soudera. Mais il faut toujours souder en même-temps & tout-à-la-fois, le massif P & l'éminence O. Quand on aura soudé la piece, on la fera dérocher en la faisant bouillir dans de l'eau où l'on aura mis un peu d'alun ou un peu d'eau forte, on limera le dedans, on y introduira le mandrin, & on fera tout le reste comme nous avons dit ci-dessus.

113. La composition de la soudure de zinc se fait ainsi. On fondra dans un creuset, 10 livres 8 onces de laiton en mitraille. Lorsqu'il sera bien liquide,

l'on y jettera 3 livres 8 onces de zinc, qui y fondra assez vîte. Mais il faut auparavant avoir mis ce zinc au bord du fourneau, afin qu'il se trouve un peu rouge, lorsqu'il faudra le jetter dans le creuset. Aussi-tôt qu'il sera fondu, on y jettera 5 onces d'étain fin, qui fondra à l'instant. On remuera le tout un moment, & l'on versera tout doucement cette matiere à terre ou sur un lit de sable, faisant en sorte qu'elle soit aussi mince qu'il sera possible. On la pilera dans un mortier de fer, & on la passera par différens cribles pour avoir de la soudure à petits grains, ou un peu plus gros, ou fort gros, selon la consistance des ouvrages qu'on veut souder. C'est de cette soudure, qu'on appelle *soudure forte*, dont tous les Ouvriers se servent à Paris pour souder le cuivre rouge & jaune.

Si l'on ne veut pas une si grande quantité de cette soudure, on ne prendra que la moitié des doses, ou bien encore moins; on ne fondra que 3 livres de laiton du meilleur & du plus doux: une livre de zinc, & une once & demie d'étain fin. Elle coûte environ 60 fois moins que la soudure d'argent, puisqu'elle est à environ 32 sols la livre. Pour s'en servir, on la lavera bien avec de l'eau, & après l'avoir mise sur les jointures qu'on veut souder, qu'on mouillera auparavant, on la couvrira avec du borax. Tout le reste se fait comme quand on soude avec la soudure d'argent; mais il faut un peu plus de chaleur pour la fondre. Cette soudure est beaucoup plus propre sur le laiton que celle d'argent, puisqu'elle est jaune.

114. Il faut remarquer que si on fait la regle de laiton, de ne pas passer les dimensions que nous en avons données (105); si on la faisoit plus grosse, elle seroit trop pesante, & on ne pourroit pas s'en servir. Un compas à verge tout en laiton, a cet avantage au-dessus d'une verge de bois, que les divisions

peuvent s'y faire plus justes & plus nettes que sur le bois; mais pour tout le reste, il n'est pas si commode, aussi on ne le fait presque jamais de ce métal, on préfere toujours le bois. PL. 5.

Il ne suffit pas d'avoir un compas à verge très-bien fait; son usage seroit trop borné, si l'on ne faisoit certaines divisions sur chaque face de la regle, lesquelles sont d'un usage continuel & indispensable dans l'exécution des meilleures regles de la Gnomonique. Nous allons parler de ces divisions dans l'article suivant. Fig. 25.

115. Il faut en premier lieu faire, sur un côté de la regle du compas à verge, *l'Echelle Géométrique des parties égales*, qu'on appelle *l'Echelle de dixme.* On prend pour cela une des grandes faces, sur laquelle on tirera, au moyen d'un *trusquin*, une ligne BD d'un bout à l'autre, à une demi-ligne du bord. A trois pouces du bout, (qu'il faut laisser pour la place d'une des boîtes), on tirera la perpendiculaire AB : on prendra avec un compas à vis, court & fort, dont les pointes seront fines & très-aigues, on prendra, dis-je, sur un pied de Roi, une ouverture de 18 lignes, que l'on portera sur la regle le long de la ligne depuis B jusqu'à l'autre bout de la regle, autant de fois qu'elle pourra y être contenue. On prendra si bien ses mesures dans cette division, que cette division de 18 lignes dix fois répétée, fasse 15 pouces justes de longueur. On verra dans la suite par la pratique, qu'il est fort avantageux que les divisions du compas à verge soient relatives au pied de Roi. On marquera ces points très-petits & fort légerement : on ne fera point tourner le compas pour aller d'un point à l'autre; mais le levant à chaque fois, on mettra une pointe sur le dernier point que l'on aura fait, & avec l'autre pointe on marquera le suivant, ainsi des autres. La ligne parallele du bord, le long de laquelle on marque les points dont nous parlons,

PL. 5. *Fig.* 25. doit être très-légere & très-fine, de même que la perpendiculaire AB; enſuite avec le truſquin on tracera à demi ligne de l'autre bord de la regle une ligne AC très-légere, ſemblable à la premiere, en appliquant ou en appuyant le truſquin du même côté AC, contre lequel on l'aura appuyé pour tracer la premiere ligne BD. On tracera, au moyen d'une équerre & d'un traceret fin & bien tranchant, des perpendiculaires ſur les points que l'on aura faits, enfonçant un peu fort le traceret qui doit être d'acier trempé. Voyez la fig. 24, pl. 3. Cet outil eſt affuté comme un ciſeau, avec un biſeau en biais. Toutes les lignes doivent être très-fines, mais gravées aſſez profondément. Afin de tracer toutes ces perpendiculaires EF, GH, CD, &c. avec exactitude, on commencera par mettre la pointe du traceret au milieu du point ſur la ligne BD, on approchera l'équerre juſqu'à ce qu'elle touche le traceret, & tenant cet outil dans la même ſituation, on le pouſſera juſqu'à l'autre parallele AC.

Remarquez que quoique nous déterminions ici chaque centaine à 18 lignes de diſtance de l'une à l'autre, en ſorte que la longueur de chaque mille parties ait 15 pouces de longueur: il eſt cependant bien des perſonnes, peut-être même le plus grand nombre, qui diviſent chaque 12 pouces en 1000 parties; par conſéquent l'on diviſe le pied en 10 parties, dont chacune ſont les centaines. D'autres diviſent chaque pouce en 100 parties, de ſorte que chaque mille a 10 pouces de longueur; ainſi voilà trois méthodes: la premiere eſt de faire chaque 1000 de 15 pouces: la ſeconde eſt de les faire de 12 pouces, & la troiſieme eſt de les faire de 10 pouces. Comme chacune de ces trois pratiques a ſes avantages, l'on choiſira celle que l'on voudra. J'ai préféré la premiere, parce que les diviſions étant un peu moins petites, elles deviennent plus praticables ſur une regle de bois.

On divisera chaque centaine, qui est l'espace d'une perpendiculaire à l'autre, en deux parties égales, toujours par des points très-fins, & chaque espace restant en cinq parties égales, de sorte que chaque centaine se trouvera divisées en 10 parties égales. On en fera autant sur l'autre parallele AC. C'est dans ces divisions où il ne faut pas plaindre le temps, puisqu'elles doivent être très-exactes. On tirera des obliques de *a* en *b*, de *c* en *d*, de *e* en *f*, de *g* en *h*, de *i* en *k*, de *l* en *m*, de *n* en *o*, de *p* en *q*, de *r* en *s*, de *t* en F, & de même à toutes les centaines d'un bout à l'autre de la regle, gravant un peu profondément ces obliques comme les perpendiculaires. Comme il seroit trop difficile de tracer ces obliques en se servant d'une regle, on fera en cuivre ou en bois dur une équerre exprès qui fasse l'angle d'une oblique. En ce cas, il ne sera pas nécessaire de transporter sur l'autre ligne parallele AC, les dixaines que l'on aura marquées sur la premiere parallele BD. Pl. 5. Fig. 25.

On divisera la premiere perpendiculaire AB en dix parties égales, d'abord en deux, puis chaque moitié en cinq parties égales, toujours par des points très-fins; & avec un trusquin, l'appuyant toujours du même côté AC, tout comme au commencement; on tirera des paralleles d'un bout à l'autre, qui passent exactement sur tous ces points. On gravera ces paralleles profondément & finement comme les perpendiculaires; la pointe du trusquin doit être limée, comme l'on a dû aiguiser le traceret, afin qu'elle coupe finement. On repassera les premieres paralleles qui auront été marquées très-légérement, & l'Echelle géométrique des parties égales se trouvera divisée.

116. Il reste sur un bout de la regle un espace de trois pouces, qui est la place d'une des boîtes, sans aucune division. On verra que dans la pratique il est souvent nécessaire que l'Echelle soit continuée jusqu'au bout; ainsi on fera fort bien de le faire,

PL. 5. Fig. 25. pourvû que la premiere centaine commence toujours, comme nous l'avons dit, après les trois pouces du bout.

117. Pour marquer les chiffres convenables ſur les diviſions, on mettra ſur la ſeconde perpendiculaire EF, 100; ſur GH, 200; ſur CD, 300, ainſi de ſuite. Les autres chiffres ſe mettront comme on le voit ſur la figure. Tous ces chiffres s'impriment par un petit coup de marteau avec des chiffres d'acier, en maniere de poinçon. Il ne faut pas oublier d'ôter tous les petits copeaux ou bavures qui s'élevent quand on grave ſur le bois avec le traceret & le truſquin: ce qui ſera aiſé à faire avec un ciſeau de Menuiſier qui coupe bien; mais il ne faut ni gratter ni racler, parce que la gravure ſe rempliroit.

118. Nous avons ſuppoſé que les diviſions ſe faiſoient ſur une regle de bois; mais ſi on les fait ſur le laiton, il faut mettre au truſquin une pointe d'acier trempé, dont le bout ſoit aiguiſé comme un traceret, en ſorte qu'elle coupe; l'on y peut imprimer les chiffres par un coup de marteau, ou les graver au burin; & avec le même traceret on gravera toutes les obliques: il eſt néceſſaire que la regle de laiton ſoit bien adoucie avant que de la diviſer, afin que l'on puiſſe diſtinguer les plus petits points. Il ne faut pas manquer d'aiguiſer de temps en temps le traceret & la pointe du truſquin, ſoit pour le bois, ſoit pour le laiton. Comme l'Echelle des parties égales eſt le fondement de celle des Cordes, & que l'on ne peut conſtruire *l'Echelle des Cordes* qu'en connoiſſant celles des parties égales, nous allons expliquer comment on la lit, & comment on y trouve tous les nombres des parties que l'on ſouhaite.

119. Depuis 0, ou AB juſqu'au chiffre 100, qui eſt la premiere perpendiculaire, il y a 100 parties; depuis 0, ou AB juſqu'à GH, il y en a 200: depuis 0, ou AB juſqu'à CD, il y en a 300; ainſi des autres

jusqu'à l'autre bout de la regle, car la figure 25 n'en repréſente qu'une petite partie. Chaque centaine étant diviſée en dix parties, chaque diviſion repréſente 10, ou une dixaine. Les obliques qui coupent les longues paralleles au nombre de dix, déſignent toutes les unités. On voit, par exemple, qu'à l'extrêmité de la perpendiculaire, où il y a 100, la premiere oblique la touche d'un bout; mais elle ne la touche point ſur la premiere parallele: auſſi ce point où l'oblique coupe la premiere parallele, marque une unité; par conſéquent c'eſt 101. La même oblique, en s'avançant, ſe trouve un peu plus écartée de la perpendiculaire, étant ſur la ſeconde parallele; c'eſt 102: ainſi des autres. Semblablement la ſeconde oblique étant confondue avec le point de la premiere dixaine, ne marque que 110; mais ſur la premiere parallele elle donne 111, & ainſi des autres. On met donc une boîte que l'on fixe ſur 0, ou AB, qui eſt la premiere perpendiculaire, & on fait couler l'autre ſur le point où l'oblique en queſtion coupe cette parallele. Par exemple, on a beſoin d'une diſtance de 246 parties: la premiere boîte étant à zéro ſur la premiere perpendiculaire AB, on fait couler la ſeconde boîte après 200, où la quatrieme oblique coupe la ſixieme parallele, & là on fixe la ſeconde boîte, ce qui ſera la diſtance requiſe de 246 parties. Le chiffre 5, tant de fois répété ſur la cinquieme parallele, ſert à compter plus facilement & plus promptement les autres paralleles. Les nombres 20, 40, 60, 80 ſervent également à compter plus promptement les dixaines. Nous ajouterons encore deux exemples, afin que l'on ne trouve plus aucune difficulté. On veut trouver le nombre 1, il eſt au point d'interſection de la premiere oblique ſur la premiere parallele, après la premiere perpendiculaire AB. On demande le nombre 37, on le trouvera au point où la troiſieme oblique coupe la ſeptieme parallele, après

Pl. 5.

Fig. 25.

Pl. 5. la premiere perpendiculaire AB ; ainsi des autres.

120. Venons présentement à la division des *Echelles des Cordes*. Comme il reste encore trois faces sur la regle du compas à verge, l'on pourra y tracer trois Echelles des Cordes, dont on comprendra dans la suite l'utilité, la commodité & même la nécessité. Les Echelles des Cordes seront de différentes longueurs, & serviront pour les différentes grandeurs des Cadrans que l'on aura à faire. La plus petite sera de 2000 parties de rayon, qui font 30 pouces sur l'Echelle des parties égales. La seconde sera de 3000 parties de rayon, qui font 45 pouces sur l'Echelle des parties égales ; & la troisieme sera de 4000 parties de rayon, qui font 60 pouces ou 5 pieds sur l'Echelle des parties égales. On mettra la plus petite Echelle des Cordes, qui est celle de 2000 parties de rayon sur la grande face de la regle du compas à verge, & les deux autres Echelles des Cordes sur les deux petites faces.

121. On trouve à la fin de ce Traité la Table 2, faite exprès pour les divisions des Echelles des Cordes, par ce moyen on les construira avec beaucoup de facilité. Supposons donc que l'on veuille tracer celle de 2000 parties de rayon sur la grande face de la regle du compas à verge. On fixera la premiere
Fig. 25. boîte sur la premiere perpendiculaire AB, où commence la premiere unité des parties égales, marquée
Fig. 24. 0, de façon que le bord antérieur AMPD soit tourné vers la longueur de la regle. La boîte étant fixée, tracez sur la regle le long du bord de la boîte du côté opposé aux parties égales, une perpendiculaire : faites couler la seconde boîte de façon que son côté antérieur AMPD où est la pointe, soit tourné du côté de la premiere boîte, & fixez-la, pour le premier degré, au nombre 34 & 9 dixiemes, que vous trouverez à la Table 2, & tirez une perpendiculaire sur la regle le long du bord de cette seconde boîte

du côté opposé à l'Echelle des parties égales. Pour le second degré, vous trouverez dans la Table, 69 parties & 8 dixiemes : fixez la seconde boîte à ce nombre sur les parties égales, & de l'autre côté tracez sur la regle une perpendiculaire le long du bord de cette seconde boîte. Pour le troisieme degré, vous trouverez dans la Table, 104 & 7 dixiemes: vous y fixerez la seconde boîte, & vous tirerez une perpendiculaire sur la regle. Continuez ainsi de degré en degré jusqu'à 90 degrés, si la regle est assez longue. Si elle ne l'est pas, il suffira de tracer chaque Echelle jusqu'à 60 degrés seulement, Pl. 3.

Toutes les perpendiculaires pour chaque degré étant tracées, & assez profondément gravées avec le traceret (115), on ôtera les boîtes de la regle: on divisera sa largeur en 10 parties égales, comme on aura fait à l'autre face, & on tracera également les dix paralleles, ou, pour mieux dire, onze, qui font dix espaces égaux: & après avoir divisé chaque degré en trois parties, on tirera deux obliques entre chaque degré, & on aura une Echelle des Cordes divisée de deux en deux minutes. On posera les chiffres de 5 en 5 degrés, comme 5, 10, 15, 20, &c. *Fig.* 15.

122. On s'y prendra de même pour les autres Echelles des Cordes, que l'on tracera, comme nous l'avons dit, sur les deux autres faces de la regle; mais quand on sera vers le bout de la regle, on ôtera la seconde boîte, & on la tournera du côté opposé, de façon que son bord antérieur soit opposé à celui de l'autre boîte. De cette maniere on profitera de toute la longueur de la regle.

123. Il est à remarquer, par rapport aux *dixiemes* dont nous venons de parler, comme quand nous avons dit que la corde de deux degrés est 69 & 8 dixiemes, que l'on suppose une unité divisée en 10 parties égales; ainsi ces 8 dixiemes sont des parties des dix qui divisent l'unité. Si on trouve 5 dixiemes

cela veut dire la moitié d'une unité ; si c'est 9 dixiemes, c'est presque l'unité entiere.

124. L'usage de l'Echelle des Cordes est tel, que si l'on veut faire un angle de tant de degrés, par exemple, de 36°, on commencera par faire un arc dont le rayon soit de 1000 parties, ou 2000, ou 3000, ou 4000 parties, selon la grandeur du plan sur lequel on veut faire l'angle; ou, pour mieux dire, on fixe la premiere boîte au commencement de l'Echelle dont on veut se servir, & on fixe l'autre boîte sur le 60ᵉ degré : avec cette distance on trace un arc : ensuite on fait couler la seconde boîte sur le 36ᵉ degré, & on porte cet espace sur l'arc, qui marquera le point par où doit passer la ligne qui fera l'angle requis. Si on veut un angle de 75 degrés, & qu'il n'y en ait que 60 sur l'Echelle des Cordes, on fera également l'arc dont le rayon soit de 60°, & on portera ce même espace de 60° sur l'arc ; ensuite on mettra la boîte sur 15 degrés, & on ajoutera cet espace de 15° sur l'arc. Il faut observer que ces 15 degrés doivent être pris toujours au commencement de l'Echelle, & non ailleurs. Il en est de même si l'on vouloit faire un angle de 100 degrés, on porteroit sur l'arc deux fois 50° ; ainsi des autres.

125. Si l'on veut savoir de combien de degrés est un angle déja fait, par exemple, dans la fig. 14, pl. 1, on y décrira un arc FG dont le centre soit au sommet D, & dont le rayon soit toujours de 60°; & ensuite une boîte demeurant fixe au commencement de l'Echelle, on fera couler l'autre jusqu'à ce que les deux pointes des boîtes conviennent sur les points d'intersection de l'arc FG avec les deux côtés DF & DG, qui forment l'angle, & on verra sur quel degré on aura arrêté la seconde boîte ; ce qui montrera la valeur de cet angle.

126. Les Echelles des parties égales étant finies de même que celles des Cordes, on noircira la gravure, afin

afin qu'elle ſoit plus ſenſible. Voici comment je l'ai pratiqué. J'ai noirci en entier les quatre faces de la regle avec l'encre de la Chine ; lorſque le tout a été bien ſec, j'ai emporté peu à peu tout ce noir avec une lime médiocrement fine & neuve, en la paſſant fort légérement au long de la regle, tenant la longueur de la lime (ſans manche), appliquée ſelon la longueur de la regle. Après avoir ainſi ôté tout le noir, j'ai frotté la regle avec de la prêle bien ſéche, pour ôter tous les petits traits de la lime. Lorſque la regle a été bien unie, je l'ai mouillée avec de l'huile graſſe de noix ou de lin, & je l'ai frottée fort légérement avec un linge. Je n'ai plus touché la regle juſqu'à ce que cette huile ait été bien ſéche. Cette maniere m'a bien réuſſi. On ne peut point ſe ſervir de l'encre ordinaire, parce qu'elle s'étend & pénétre ſi fort, qu'elle groſſit tous les traits. On peut ſe ſervir de l'orcanette, qui eſt une racine. On la fait bouillir dans l'huile : on frotte toute la regle avec cette huile, enſuite on eſſuye le tout. Cette maniere ſera plus facile : les Ouvriers qui font des compas à verge à Paris, le pratiquent ainſi. PL. 4.

127. Ceux qui ne voudront pas ſe procurer un compas à verge, tel que nous venons de le décrire, pourront en faire faire un par un Menuiſier, comme ils ont coutume de le faire pour eux-mêmes avec les boîtes de bois, qui s'arrêteront par une clef comme leurs truſquins. Cet inſtrument ſera toujours beaucoup plus commode pour les grandes meſures que les grands compas ordinaires. En ce cas, comme une Echelle de parties égales eſt abſolument néceſſaire, on en tracera une ſur une regle de 4 ou 5, ou 6 pieds de long ſur 3 pouces de large, & 5 à 6 lignes d'épaiſſeur ; cette regle ſera de noyer & bien unie. On tracera donc l'Echelle des parties égales, *Fig. 26.* comme nous l'avons enſeigné ci-deſſus, avec cette différence qu'il ne ſera point néceſſaire de tracer ni

PL. 3. dixaines, ni obliques, excepté ſur la premiere centaine. Il n'y aura que les paralleles d'un bout à l'autre, & les perpendiculaires qui marqueront les centaines. Toutes les Echelles des parties égales qui ſont dans les étuis de Mathématiques, ſe diviſent de cette maniere. On peut ſe ſervir de celles-ci pour les petits Cadrans ſolaires Horiſontaux ou portatifs. Sur ces ſimples Echelles on prend le nombre des parties & les diſtances dont on a beſoin avec un compas ordinaire, ou ſi la diſtance eſt grande, avec un compas à verge. On peut auſſi faire des angles tels que l'on voudra par l'Echelle des parties égales; mais on eſt obligé de faire un petit calcul pour chacun, ce qui n'eſt pas ſi commode, ni ſi expéditif qu'une Echelle de Cordes. Ceux qui ne voudront faire qu'un Cadran, pourront le tracer en ſe ſervant de la ſimple Echelle des parties égales. Nous expliquerons plus en détail, dans le Chapitre ſuivant, l'uſage des Echelles des parties égales & des Cordes.

Fig. 15. La figure 15 repréſente une partie d'un Echelle des Cordes, dont le rayon n'eſt que de 1000 parties, leſquelles 1000 parties ſont ſuppoſées avoir 15 pouces de long. On y verra 15 paralleles, parce que chaque degré n'étant diviſé qu'en deux, il a fallu 15 paralleles pour avoir les minutes de deux en deux.

128. L'inſtrument repréſenté par la figure 86, plan. 36, eſt fort commode pour tracer des lignes courbes. On le fait en bois, & d'une grandeur à volonté, comme d'un pied, ou de deux pieds, ou bien plus petit; on voit aſſez par la figure qu'en tournant les vis, & plus ou moins l'une ou l'autre, l'on fait courber la regle de bois mince autant qu'on veut, juſqu'à ce que la courbe paſſe ſur les points qu'on a marqués ſur le Plan. Ce qui ſera propre pour tracer les courbes des Arcs des Signes, auſſi-bien que la courbe de la Méridienne du *Temps moyen*, &c. ces ſortes de lignes changeant de courbure d'eſpace en eſpace, on

changera aussi la courbure de la regle mince de l'instrument, au moyen des trois vis; c'est ainsi qu'on tracera ces courbes à plusieurs reprises. On pourra remarquer que les deux bouts de la principale piece de cet instrument, doivent être garnis en cuivre, pour porter les deux vis sur lesquelles coulent les deux extrêmités de la regle courbe.

CHAPITRE III.

Explication des Calculs dont on se servira dans ce Traité de Gnomonique.

VOICI le troisieme & le dernier Chapitre préliminaire : il demande le plus d'attention ; c'est celui-ci à l'égard duquel il faut suivre plus littéralement l'avis que nous avons donné au commencement, de lire avec la plume à la main, & avoir le livre des Tables présent. Il ne faut pas passer outre qu'on ne l'ait bien conçu, parce qu'il est le fondement de toutes les meilleures manieres de tracer les Cadrans solaires, qui sont celles qui s'exécutent par le calcul. Nous le diviserons en trois Sections ; la premiere traitera de la connoissance des Tables des Sinus, Tangentes, de leurs Logarithmes & des Logarithmes des nombres naturels ; dans la seconde nous en enseignerons l'usage ; & la troisieme fera connoître l'usage des Echelles, dont nous avons donné la construction dans le Chapitre précédent.

SECTION PREMIERE.

Connoissance des Tables des Sinus, des Tangentes, de leurs Logarithmes & des Logarithmes des nombres naturels.

129. On trouve dans plusieurs livres les Tables de Sinus, Tangentes, &c. Celui qui est le plus commode, & qui coûte le moins, est le Traité de Trigonométrie rectiligne & sphérique de M. Ozanam, *in-8°*, l'édition de Paris de 1685 passe pour être la meilleure. Il y a beaucoup de fautes dans l'édition de 1741 qu'il ne faut pas manquer de corriger avec soin, conformément à l'*Errata* qui y est joint. L'impression d'ailleurs est belle : c'est donc de ces Tables & de leur arrangement dont nous entendrons parler ; car chaque Auteur les arrange ou les dispose à sa façon.

Pour se servir de ces Tables, il en faut bien remarquer la disposition ; voici celle des Sinus, des Tangentes & de leurs Logarithmes. Chaque page à gauche contient six colonnes de haut en bas : dans la premiere à gauche sont les minutes de degré ; la seconde colonne contient les Sinus naturels ; la troisieme, les Tangentes naturelles ; la quatrieme, les Sécantes naturelles ; la cinquieme, les Logarithmes Sinus ; & la sixieme, les Logarithmes Tangentes. En tête de la même page, on trouve le degré dont il s'agit dans cette page. Chaque page à gauche contient un demi-degré, ou 30 minutes ; de sorte qu'il faut deux pages de suite à gauche pour faire un degré entier.

Chaque page à droite est également composée de six colonnes, dont la premiere contient les minures; la seconde, les Sinus naturels; la troisieme, les Tangentes naturelles; la quatrieme, les Sécantes naturelles; la cinquieme, les Logarithmes Sinus; & la sixieme, les Logarithmes Tangentes. On trouve le degré en tête de la même page.

130. Nous ne parlerons point de la théorie des Sinus & Tangentes, ni des Logarithmes; cela appartient à la Trigonométrie, dont nous ne traiterons point. Ceux qui souhaiteront connoître cette théorie, pourront la voir dans le Traité de Trigonométrie de M. Ozanam, ou de M. Deparcieux, ou de M. Rivard, &c. Nous avons sommairement expliqué dans les articles 30, 31, 32, 33 & 34, par deux figures particulieres, ce que sont les Sinus, les Tangentes & les Sécantes. Il ne s'agit donc ici que d'apprendre à se servir de ces Tables toutes calculées. Nous remarquerons seulement que l'on dit *Sinus naturel*, *Tangente naturelle*, pour les distinguer du *Logarithme sinus*, du *Logarithme tangente*. Quand nous dirons simplement *Sinus* ou *Tangente*, il faudra toujours entendre *Sinus naturel*, ou *Tangente naturelle :* mais lorsqu'il s'agira des Logarithmes sinus ou Logarithmes tangentes, nous dirons toujours *log. sinus*, ou *log. tangente*, ou quelquefois *sinus log.* ou *tangente log.* On appelle aussi le *log. sinus*, *sinus artificiel*, & le *log. tangente*, *tangente artificielle*.

131. Nous avons expliqué ce que c'est que *complément*, & ce que c'est que *supplément*, art. 23 & 24. Nous ajouterons ici un exemple pour le faire mieux entendre, afin qu'on ne confonde jamais ces deux termes. Le *complément* de 22° 18′ est 67° 42′, parce que 67° 42′ est ce qui manque à 22° 18′ pour faire 90°; ou ce sera la même chose de dire que 22° 18′, ajoutés à 67° 42′, font la somme de 90°.

132. Le *Supplément* est ce qui manque ou ce qu'il faut ajouter pour faire 180°; ainsi le *Supplément* de 55° 14′ est 124° 46′; car 55° 14′ étant ajoutés à

à 124° 46′ font 180°. De même 55° 14′ font le *Supplément* de 124° 46′.

133. Chaque page à droite, dans les Tables de M. Ozanam, contient donc le *Complément* des degrés & minutes de la page à gauche, & réciproquement chaque page à gauche contient le *Complément* des degrés & minutes de la page à droite ; ce qui se trouve toujours vis-à-vis. Par exemple, dans la page à gauche on voit en tête 22°, dans la premiere colonne on trouvera 18′, on voit son Sinus dans la seconde colonne ; sa Tangente dans la troisieme ; sa Sécante dans la quatrieme ; son log. sinus dans la cinquieme, & son log. tangente dans la sixieme ; le tout est dans la même ligne & vis-à-vis. Dans la page suivante à droite, on trouve en tête 67°, qui est le complément de 22° en y ajoutant les 42′, ensemble les 18′ qui sont vis-à-vis à la page à gauche ; de sorte que les 22° 18′, & 67° 42′ ne font qu'une même ligne, quoique dans deux pages différentes. Il faut ajouter aussi que dans la page à droite où est en tête 67°, on trouve vis-à-vis les 42′ qui sont à la premiere colonne, son sinus, sa tangente, sa sécante, son log. sinus, son log. tangente aux colonnes 2, 3, 4, 5 & 6, comme à la page à gauche.

134. A la derniere page à gauche, qui a en tête 44 degrés, finit le 44e degré, là où il y a 60 minutes : ce qui fait le commencement du 45e degré. Le bas de la page à droite commence le 45e degré, & le continue en montant, & par conséquent en rétrogradant. Cet ordre rétrograde est nécessaire pour que les degrés & minutes se trouvent toujours vis-à-vis leurs complémens.

135. Il suit de ce que nous venons de dire, que lorsqu'on voudra trouver quelque degré & minute au dessous de 45°, on les cherchera toujours dans les pages à gauche ; & lorsqu'on voudra trouver quelque

degré & minute au-deſſus de 45°, on les cherchera toujours dans les pages à droite; obſervant que l'ordre des pages à gauche eſt en allant de haut en bas, & du commencement du livre vers la fin, & que les pages à droite ont leur ordre tout contraire; elles vont de bas en haut, & de la fin du livre vers le commencement. Par exemple, il faut trouver le ſinus logarithme de 33° 45′; cherchez aux pages à gauche où vous verrez 33° en tête; cherchez enſuite à la premiere colonne la 45e minute. Vous trouverez vis-à-vis la 45e minute dans la cinquieme colonne, qui eſt celle des log. ſinus, ce nombre-ci 97447390.

136. Les deux derniers chiffres de tous les logarithmes ne ſont pas néceſſaires pour la Gnomonique, c'eſt pourquoi nous les retrancherons toujours; mais il faut ajouter une unité au dernier de ceux qui reſtent, ſi les deux, que l'on retranche, valent plus que 50, comme dans l'exemple préſent; car 90 que nous retranchons, valent plus que 50: ainſi nous dirons 974474, & non 974473.

Autre exemple. On veut trouver le ſinus de 12°, cherchez aux pages à gauche celle où vous verrez en tête 12°, & à la premiere ligne de la ſeconde colonne vous trouverez le ſinus de 12°, qui eſt 2079117, d'où l'on retranchera également; (car c'eſt une regle générale que nous ſuivrons toujours), d'où l'on retranchera, dis-je, les deux derniers chiffres: & comme 17, qui ſont les chiffres retranchés, valent moins que 50, on n'ajoutera aucune unité à ceux qui reſtent.

Autre exemple. On veut trouver le log. tangente de 45°, on cherchera aux pages à droite celle où il y a 45° en tête, & on trouvera à la derniere ligne au bas de la page, ce nombre-ci 1000000 (dont nous avons retranché les deux derniers chiffres), à la ſixieme colonne. On trouvera la même choſe à la derniere ligne de la page à gauche à la ſixieme colonne, parce que 45° est le complément de 45°. Ces deux nombres de degrés ajoutés ensemble font 90°.

137. Remarquez que les Tangentes de complément, qu'on appelle aussi *cotangentes* (nous nous servirons toujours de ce terme, tout comme du mot *cosinus*, pour dire *sinus de complément*) depuis 45° & au-dessus, ont un chiffre de plus que celles qui sont au-dessous de 45°. Cette remarque a lieu autant pour les tangentes naturelles, que pour les log. tangentes; par conséquent, lorsqu'on a besoin de les additionner ensemble avec quelqu'autre nombre, il faut les avancer d'un chiffre. Par exemple, on veut additionner le log. sin. de 9° 34′, qui est 922062
avec le log. tang. de 46° 25′, qui est . 1002149,
il faut les écrire comme l'on voit, en sorte que le premier chiffre du log. tangente de 46° 25′ soit avancé à gauche d'un chiffre.

138. Remarquez encore que toutes les fois qu'il sera parlé du sinus total ou naturel, ou rayon naturel, il faut toujours entendre l'unité avec cinq zéro, qui est 100000. (Nous avons retranché les deux derniers zéro): mais le log. du rayon, qu'on appelle aussi quelquefois le logarithme du *sinus total*, est toujours l'unité avec six zéro; ainsi 1000000, ayant également retranché deux zéro. Il faudra toujours avancer à gauche d'un chiffre le sinus total, lorsqu'on voudra l'additionner ou le soustraire de quelqu'autre nombre qui sera moindre; ainsi il est dans la même regle que les cotangentes dont nous avons déja parlé dans l'article précédent.

139. Souvenez-vous toujours que lorsque l'on voudra trouver le sinus ou le logarithme de quelque degré qui surpasse 90, on prendra son supplément, c'est à dire, qu'on soustraira ce nombre de 180°, & on prendra le reste. Par exemple, il faut prendre le log. sinus des 92° 16′, on le soustraira de 180°, restera 87° 44′, dont le sinus log. est 999966, que

l'on trouvera à une page à droite, où il y a en tête 87° ; & vis-à-vis de 44′ on trouvera le nombre ci-deſſus à la cinquieme colonne.

Cette regle eſt fondée ſur ce principe, que *le ſinus d'un arc eſt toujours égal au ſinus de ſon ſupplément.*

140. Pour trouver plus promptement à quel degré appartient un logarithme ſinus, par exemple, celui-ci 9502б1 ; on verra d'abord qu'on ne peut le trouver dans aucune page à droite, puiſqu'il n'y en a aucun qui commence par 950 ; car le plus petit commence par 984 : il faut donc le chercher dans les pages à gauche. On commencera par voir dans la colonne des logarithmes ſinus, ceux dont le premier chiffre eſt 9 : parmi ceux-là on cherchera ceux dont le ſecond chiffre eſt 5 : enſuite l'on verra ceux dont le troiſieme chiffre eſt 0 ; c'eſt ainſi qu'on cherchera les chiffres l'un après l'autre, qui ſoient les mêmes que ceux du logarithme qu'on cherche. On trouvera donc que celui-ci appartient à 18° 33′. Il faudra ſuivre la même méthode pour trouver à quel degré appartient un logarithme tangente. Ce que nous venons de dire des log. ſinus, doit s'entendre des ſinus naturels & des tangentes naturelles.

141. A l'égard des logarithmes des nombres naturels, il ne ſera pas moins facile de trouver à quel nombre naturel ils appartiennent, au moyen de leur premier chiffre ; car les logarithmes depuis 1 juſqu'à 10 commencent par zéro ; depuis 10 juſqu'à 100, ils commencent par 1 ; depuis 100 juſqu'à 1000, ils commencent par 2 ; depuis 1000 juſqu'à 10000, par 3 ; depuis 10000 juſqu'à 100000, ils commencent par 4. Ce premier chiffre s'appelle la *Caractériſtique*. Du reſte on ſuivra pour le ſecond, le troiſieme chiffre, &c. la même méthode que pour trouver les logarithmes ſinus.

SECTION II.

Usage des Tables des Sinus, des Tangentes, de leurs Logarithmes, & des Logarithmes des nombres naturels.

142. Les *Logarithmes* sont des nombres d'une invention admirable, que le savant *Neper*, Gentilhomme Ecossois, inventa vers le commencement du siecle passé; ils abrégent les calculs d'une façon surprenante, & les rendent si faciles que tout le monde en devient capable. L'on fait dans moins d'une heure, par leur secours, ce que l'on feroit à peine dans un jour avec un travail bien pénible, en ne les employant pas. Sans les logarithmes, on seroit obligé de faire de grandes & longues multiplications, suivies de divisions d'une grande étendue. Ces regles d'arithmétique composées d'une si grande quantité de chiffres, sont extrêmement sujettes à erreur. Toutes les regles par les Logarithmes, deviennent très-courtes, fort simples & faciles, par conséquent beaucoup moins sujettes à erreur. Nous nous servirons toujours des Logarithmes, pour profiter des avantages qu'ils nous présentent. Nous ne parlerons point de leur théorie, ni de la maniere de les calculer; on les trouvera tout faits dans les Tables: il ne s'agira ici que d'en faire usage.

143. Dans la Gnomonique on fait un usage bien fréquent de la regle de trois, que l'on appelle aussi *Regle de proportion*, ou simplement *Proportion*, & plus ordinairement *Analogie*. C'est le terme dont nous nous servirons.

L'*Analogie* est une regle d'arithmétique, qui consiste en *quatre termes* ou *quantités*, dont il y a toujours trois termes de connus; & par le moyen de ces *trois termes* connus, on parvient à connoître le *quatrieme*. Par exemple, 25 est à 30, comme 15 est au *quatrieme terme* que l'on cherche; 25 est le premier terme; 30 est le second, & 15 est le troisieme; il s'agit de trouver le quatrieme. La méthode de résoudre une *Analogie* par la simple arithmétique, est de multiplier le *second terme* par le *troisieme*, & de diviser le produit par le *premier terme*, le quotient donne le *quatrieme terme*. Ainsi pour faire cette *Analogie*, sans se servir des logarithmes, il faut multiplier le *second terme*, qui est 30, par 15, qui est le *troisieme terme*,

$$\begin{array}{lr} & 15 \\ & 30 \\ \hline \text{Produit} & 450. \\ \hline \end{array}$$

La multiplication étant faite, le produit est 450, qu'il faut diviser par 25, qui est le *premier terme*.

$$\begin{array}{r|l} 450 & 25 \\ 25 & \overline{18} \\ \hline 200 & \\ 200 & \\ \hline 0 & \end{array}$$

La division étant faite, le nombre 18 se trouve au quotient; c'est donc le nombre 18 qui est le *quatrieme terme* cherché. Ainsi 25 est à 30, comme 15 est à 18.

144. Pour résoudre la même Analogie par les logarithmes, il ne s'agit plus de multiplier ni de diviser, il faut seulement additionner le logarithme du second terme avec le logarithme du troisieme terme, & soustraire de la somme qui viendra par cette addition, le logarithme du premier terme: le reste, qui viendra par cette soustraction, sera le logarithme

du quatrieme terme cherché. Nous avons vû précédemment que les Sinus & les Tangentes ont leurs logarithmes tout faits dans les Tables des Sinus & des Tangentes. Outre ces Logarithmes, il y a dans le même Livre des Tables de M. Ozanam, une autre Table particuliere des Logarithmes pour les *nombres naturels* 1, 2, 3, 4, 5, 6, &c. jusqu'à 10000. Cette Table est à la suite de celle des Sinus & Tangentes; elle est composée de six colonnes à chaque page, ou, pour mieux dire, il n'y a que trois colonnes doubles, ou trois paires de colonnes. La premiere de chaque paire contient les nombres naturels & la seconde de chaque paire contient leurs Logarithmes; ainsi on trouvera vis-à-vis chaque nombre naturel sur la même ligne & de suite son Logarithme. L'ordre ou l'arrangement va de suite à l'ordinaire, ensorte que lorsqu'on est au bas d'une paire de colonnes; on va au haut de la paire suivante; ainsi de suite jusqu'à la fin. Ceci présupposé, nous reviendrons au calcul de la même Analogie que l'on expose ainsi, $25 : 30 :: 15 : x$; cela veut dire, 25 est à 30, comme 15 est au 4e terme cherché; car la lettre x représente le quatrieme terme qu'on demande.

Cherchez le Logarithme du second terme 30, que vous trouverez être 147712; cherchez ensuite le Logarithme de 15, qui est le troisieme terme, que vous trouverez être 117609;
additionnez l'un avec l'autre ainsi . . . 147712

Somme 265321
De laquelle il faut soustraire 139794

Log. du premier terme 25. Reste . . 125527
qui est le Logarithme du quatrieme terme requis. Il faut donc chercher dans la même Table ce Logarithme, & vous le trouverez vis-à-vis le nombre naturel 18.

145. Les Logarithmes ont la propriété de convertir la *Multiplication* en *Addition*, & la *Division* en *Soustraction*, comme nous venons de le pratiquer dans l'Analogie de l'article précédent, en nous servant des Logarithmes. Ils ont encore d'autres propriétés toujours pour abréger les calculs. Nous répéterons donc que pour multiplier un nombre par un autre par ses Logarithmes, on prend les Logarithmes de deux nombres; on les additionne, comme nous venons de faire; la somme est le Logarithme du produit. Par exemple, on veut multiplier 67 par 26, il faut chercher le logarithme de 67 qui est 182607
& le logarithme de 26 qui est 141497

les ajouter ensemble. . . . Somme . . 324104
& chercher ce Logarithme dans les Tables. Il se trouvera vis-à-vis du nombre 1742. C'est le produit de 67 multiplié par 26.

Si on veut diviser un nombre par un autre, & en trouver le *quotient* par les Logarithmes, il faut soustraire le Logarithme du *diviseur* du Logarithme du *dividende*, le reste sera le Logarithme du *quotient*. Par exemple, on veut diviser 7488 par 48,
le Logarithme de 7488 est 387437
le Logarithme de 48 est 168124

Faites la soustraction; il reste 219313
qui est le Logarithme du quotient. Il faut donc chercher ce Logarithme, & on le trouvera vis-à-vis de 156, qui est le quotient cherché. C'est ainsi que nous venons de multiplier & diviser par les Logarithmes dans l'Analogie précédente, au moyen seulement de l'addition & de la soustraction.

Si l'on veut trouver la *racine quarrée* d'un nombre, il faut chercher son Logarithme, en prendre la moitié, & cette moitié sera le Logarithme de la racine quarrée. Par exemple, on veut trouver la racine

quarrée de 4489, il faut chercher son Logarithme, qui est 365215,
dont la moitié est 182607,
que l'on trouvera dans la Table répondre au nombre 67, qui est la racine quarrée cherchée.

Si l'on veut trouver la *racine cubique* d'un nombre, il faut chercher son Logarithme, en prendre le tiers, qui sera le Logarithme de la racine cubique. Exemple, on veut avoir la racine cubique de 5832, son
Logarithme sera. 376582
dont le tiers. 125527
est le Logarithme de 18, racine cubique de 5832.

Pour élever un nombre à son *quarré*, il faut prendre le double de son Logarithme; ce sera le Logarithme de son quarré. Pour trouver le *cube* d'un nombre, il faut tripler son Logarithme; ce sera le Logarithme du cube cherché.

146. Pour trouver à quel nombre naturel au-dessus de 10000 appartient un Logarithme plus grand que ceux qui sont dans les Tables, par exemple, 444284, (nous prenons cet exemple du calcul de l'Analogie de l'art. 353), il faut se ressouvenir de ce que nous avons dit, art. 141, de la caractéristique des Logarithmes: on en conclura que le premier chiffre ou la caractéristique du Logarithme ci-dessus 444284, étant 4, il appartient à un nombre plus grand que 100000, puisqu'outre la caractéristique, tous les autres chiffres ne sont pas des zéro, mais qu'ils sont des chiffres positifs; il s'agit de savoir à quel nombre au-dessus de 100000 ce Logarithme appartient.

2°. Changez pour un moment la caractéristique 4 en celle qui est la plus grande dans vos Tables, c'est-à-dire, en 3, vous aurez alors 344284. Cherchez le Logarithme le plus approchant de 344284, vous trouverez que c'est 344279, qui appartient au nombre 2772: écrivez 344279 au-dessous de 344284,

& faites la soustraction ; il restera 5 ; mettez ce 5 à part, ajoutez-lui un zéro, vous aurez 50. Prenez la différence des Logarithmes de 2772 & 2773, c'est-à-dire, de 344279, & 344295 ; cette différence est 16 : divisez 50 par 16, le quotient sera 3, & il restera 2 : mettez 3 à la droite de 2772, vous aurez 27723 pour le nombre dont le Logarithme est 444284. Tout se réduit à faire cette Analogie.

16, *différence du plus grand au plus petit Logarithme est à* 5, *différence du logarithme proposé au plus petit,*
comme 10, *différence du plus grand au plus petit nombre,*
est à 3, *différence du nombre cherché au plus petit.*

OPÉRATION.

1er Log. des Tables....444295....27730.
2e Log. proposé......444284....27723.
3e Log. des Tables....444279....27720.

$16 : 5 :: 10 : 3\frac{1}{8}$

10

50 } 16
48 } $3\frac{2}{16}$ ou $\frac{1}{8}$.

2

147. Si l'on veut trouver le Logarithme d'un nombre plus grand que 10000, qui n'est pas dans les Tables, comme celui du nombre 26784 (nous nous servons encore pour exemple du second terme de la seconde Analogie de l'art. 353), prenez d'abord le Logarithme des premiers chiffres à gauche 2678 de ce nombre 26784, en ajoutant 1 à sa caractéristique, parce qu'il y a un chiffre de plus dans 26784, que dans 2678, vous aurez 442781 ; ce

ſera le Logarithme de 26780 : prenez auſſi le Logarithme de 2679, qui ſuit immédiatement 2678, en augmentant de même ſa caractériſtique, ce ſera 442797, Logarithme de 26790 : ôtez-en le premier Logarithme pour en avoir la différence 16 ; multipliez ce dernier chiffre 16 par le dernier chiffre 4 du nombre 26784 ; le produit ſera 64 : retranchez-en le dernier chiffre 4, il reſtera 6 : ajoutez ce 6 à 442781, Logarithme de 26780, il viendra 442787, pour le Logarithme du ſecond terme 26784. Le dernier chiffre du produit 64 s'eſt trouvé plus petit que 5 ; c'eſt pourquoi on n'a pris que ſon premier chiffre 6 ; mais ſi le dernier chiffre du produit avoit été 5, ou un chiffre plus grand, il auroit fallu ajouter une unité au reſte 6 du produit.

OPÉRATION.

Nombres,	26790 . . . Log.	442797
	26780	442781
Différences	10	16

Faites cette Analogie :

$$10 : 16 :: 4 : 6\tfrac{4}{10}.$$

$$\begin{array}{r} 442781 \\ 6 \\ \hline 442787 \end{array}$$ Log. cherché de 26784.

S'il y avoit eu 6 chiffres au nombre dont on cherche le Logarithme, ou 7, &c. on auroit dû dire dans l'Analogie,

100 : 16 : ou 1000 : 16, &c.

Si l'on veut avoir une plus ample inſtruction au ſujet des deux articles précédens, on la trouvera dans

dans tous les Livres qui contiennent les Tables des Sinus, &c. PL. 35.

Si on ne trouve point dans la Table le Logarithme juste, comme le calcul le donne, on prendra toujours le plus approchant. Cette regle regarde non-seulement les Logarithmes des nombres naturels, mais encore ceux des Sinus & des Tangentes.

148. Nous allons faire voir présentement l'usage des Tables des Sinus, des Tangentes, &c. en se servant toujours des Logarithmes. C'est pour résoudre des Analogies qu'on trouvera toujours toutes dressées ou exposées. En voici un exemple, où il s'agit de trouver la longueur du côté BC, *Fig.* 82, *pl.* 35, *Fig.* 82. du triangle ABC rectangle en B.

Le Rayon représenté par AB,
est à la Tangente de l'angle A, *représentée par* BC;
comme le côté AB,
est au côté BC.

Il s'agit ici de trouver le côté BC du Triangle en question, dont on connoît un angle A & un côté AB, de même que l'angle droit B.

149. Il faut remarquer, 1°. que les deux premiers termes de cette Analogie, quoiqu'exprimés par des mots différens, sont d'une même nature, ou d'une même espece; ainsi que les deux derniers, qui sont également entr'eux d'une même nature & d'une même espece; car si du centre A, & de l'intervalle AB, on décrit un arc de cercle BD, AB sera rayon. De plus, si l'on suppose une perpendiculaire BC, élevée au point B, ce sera la tangente de l'angle A, & par conséquent la mesure géométrique de l'angle A, & du côté opposé BC. Le rayon est de même la mesure géométrique du côté AB. On aura donc BC, en disant : le rayon est à la tangente de l'angle A; comme le côté AB est à la mesure géométrique du

côté BC, ou comme la mesure naturelle du même côté AB est à la mesure naturelle du côté BC.

2°. Que dans cette Analogie, il y a quatre termes, comme dans toutes les autres, dont les trois premiers doivent être connus. Le premier terme, qui est le rayon, est connu; puisque c'est toujours l'unité avec 6 zéro, ainsi 1000000. Nous supposons que l'angle A est aussi connu, le supposant de 56° 12′, c'est le second terme. Nous supposons aussi que le côté AB a été mesuré, & qu'on l'a trouvé de 456 parties de l'Echelle des parties égales, & c'est le troisieme terme de l'Analogie: il faut donc trouver le quatrieme terme, qui est la longueur du côté BC, que nous ne connoissons point. Pour cela, nous additionnerons les logarithmes des deux *termes moyens*; nous soustrairons de leur somme le Logarithme du premier terme, le reste sera le Logarithme du 4e terme.

2e terme. Log. tangente de 56° 12′ . .	1017429
3e terme. Log. de 456 parties	265896
Somme	1283325
ôtez-en le Logarithme du rayon	1000000
Reste	283325

qui est le Logarithme du quatrieme terme. Comme le quatrieme terme de l'Analogie ne fait pas mention d'aucun angle, mais seulement de la longueur d'un côté d'un triangle, il ne faut pas chercher ce logarithme du quatrieme terme dans la Table des Sinus & des Tangentes; parce qu'il ne s'y agit jamais que des degrés & minutes des arcs ou des angles. Reste donc qu'il faut chercher dans la Table des Logarithmes des nombres naturels, à quel nombre se rapporte ce Logarithme 283325. Je le trouve vis-à-vis du nombre 681. Le côté BC du triangle en question sera donc de 681 parties égales de l'échelle; & c'est le quatrieme terme cherché.

Remarquez que ce nombre 283325 ne se trouve

pas juste dans la Table*, car il y a 283315; mais comme c'est le plus approchant, il faut s'y arrêter (147).

150. Outre la méthode que nous venons d'employer pour résoudre une Analogie, il en est une autre plus courte & plus facile dont on doit préférablement faire usage en bien des cas. Elle consiste à faire le calcul par les *complémens arithmétiques* des Logarithmes; & voici ce que c'est. Pour avoir le complément arithmétique d'un nombre, on imagine qu'il y a au-dessus de ce nombre autant de 0 ou zéro, qu'il y a de chiffres dans ce nombre, & de plus l'unité à la gauche de tous ces zéro. On fait la soustraction, & ce qui reste, est le complément arithmétique de ce nombre. Or ce nombre peut n'être composé que d'un chiffre, comme, par exemple, 7; alors il n'y faudra imaginer au-dessus qu'un zéro, avec l'unité à gauche, qui fera 10: l'on dira donc, si l'on ôte 7 de 10, restera 3: ce 3 sera donc le complément arithmétique de 7. Si l'on veut avoir le complément arithmétique d'un nombre composé de deux chiffres, comme 47, il faudra lui supposer au-dessus deux zéro & l'unité à gauche; ce qui fera 100; & l'on dira, si l'on ôte 47 de 100, restera 53: ce nombre 53 sera le complément arithmétique de 47. Si le nombre dont on veut avoir le complément arithmétique, est composé de trois chiffres, il faudra lui supposer par-dessus trois zéro & l'unité à la gauche; ce qui fera 1000. Par exemple, le complément arithmétique de 147, sera 853; parce que 147 ôté de 1000, reste 853. Si l'on veut avoir le complément arithmétique d'un nombre composé de quatre chiffres, comme 2486, il faudra lui supposer par-dessus un zéro sur chaque chiffre, & l'unité de plus à la gauche, ce qui fera 10000; on fera la soustraction, & il restera 7514, qui sera le complément arithmétique de 2486. Semblablement, si le nombre dont on veut avoir le complément arithmétique,

est composé de six chiffres, comme 985704, il faudra lui supposer un zéro au-dessus de chacun, avec l'unité de plus à la gauche, ce qui fera 1000000, dont on ôtera 985704; & il restera 014296, qui sera le complément arithmétique de 985704. L'on sait que c'est une regle générale en fait de soustraction, que lorsqu'on doit soustraire un nombre d'un autre tout composé de zéro avec l'unité à gauche, il n'y a que le dernier zéro qui est réputé valoir 10, & tous les autres en rétrogradant, ne valent plus que 9 chacun; ce qui donne la plus grande facilité pour faire cette soustraction. Dans le dernier exemple présent, il s'agit d'ôter 985704 de 1000000; l'on dira, si l'on ôte 4 de 10, restera 6; qui de 9 ôte 0, reste 9; qui de 9 ôte 7, reste 2: qui de 9 ôte 5, reste 4: qui de 9 ôte 8, reste 1: qui de 9 ôte 9, reste 0; & voilà la soustraction faite, & il reste, comme nous venons de le voir, 014296, qui est le complément arithmétique de 985704. Il sera égal, & peut-être encore plus facile de commencer à la gauche, & de dire, qui de 9 ôte 9, reste 0; qui de 9 ôte 8, reste 1; qui de 9 ôte 5, reste 4; qui de 9 ôte 7, reste 2; qui de 9 ôte 0, reste 9, & qui de 10 ôte 4, reste 6. Le complément arithmétique sera toujours le même. Il semble que cette seconde méthode a quelque chose de plus facile que la premiere, puisqu'on opere selon l'ordre naturel des chiffres.

Lorsque le dernier chiffre du nombre dont on veut avoir le complément arithmétique sera un zéro, on mettra aussi zéro pour le dernier chiffre du complément arithmétique; & on ne dira 10 qu'au premier chiffre positif qui viendra. S'il s'agit de trouver le complément arithmétique d'un logarithme tangente au-dessus de 45 degrés, on retranchera de la soustraction toutes les dixaines à gauche, & le 1 qui est toujours le premier chiffre de ces tangentes, sera regardé pour rien, comme s'il n'y étoit pas.

Il n'est pas nécessaire dans la pratique, de faire la regle par écrit : à la seule inspection des chiffres, on en prend le complément arithmétique ; & pour peu qu'on en ait l'usage, cette opération se fait aussi vîte que de copier les chiffres tels qu'ils sont dans les Tables. Nous désignerons toujours dans les calculs le complément arithmétique d'un logarithme par cette abréviation co-ar-log.

151. Pour faire usage des complémens arithmétiques dans la résolution d'une Analogie, on ajoute ensemble le complément arithmétique du logarithme du premier terme, le logarithme du second terme, & le logarithme du troisieme terme : on retranche de la somme une unité du premier chiffre à gauche ; le reste est le logarithme du quatrieme terme cherché. Lorsque le rayon est le second, ou le troisieme terme, comme dans les Analogies des art. 239, 245, & dans celle qui va suivre ; pour la résoudre, on se contente d'ajouter le complément arithmétique du logarithme du premier terme au logarithme de celui des deux autres termes, qui ne sera pas le rayon, ou autre que le rayon : le résultat sera le logarithme du quatrieme terme. De même, lorsque le premier terme est un produit de deux Sinus, comme dans les Analogies des articles 251, 260, & 578, & que le quarré du rayon est le second ou le troisieme terme ; au lieu de retrancher deux unités du premier chiffre à gauche, on se contente d'ajouter les complémens arithmétiques des deux Logarithmes Sinus du premier terme aux deux Logarithmes de celui des deux autres termes, qui n'est pas le quarré du rayon, & leur somme est le Logarithme du quatrieme terme.

Nous employerons la premiere méthode (148) pour résoudre les Analogies dont le premier terme sera le rayon. Dans les autres cas, nous nous servirons de la seconde méthode, parce qu'elle est plus facile & plus expéditive.

Autre Analogie pour trouver la valeur d'un angle aigu C *du triangle* CAB *rectangle en* A.

Pl. 35. Fig. 83. 152. *Comme le côté* AC,
est au côté AB,
ainsi le rayon, représenté par AC,
est à la tangente de l'angle C, *représentée par* AB.

Nous supposons toujours les trois premiers termes connus. Par exemple, le premier terme AC sera le côté du triangle qui aura 668 parties égales : le second terme sera un autre côté AB du même triangle qui en aura 476 : le troisieme terme est le rayon tel qu'il se trouve dans les Tables. Pour résoudre cette Analogie, il faut prendre le complément arithmétique du Logarithme du premier terme 668 ; & l'ajouter au Logarithme du second terme 476 seulement, attendu que le troisieme terme est le rayon.

Co-ar-log. du 1er terme 668 717522
Log. du second terme 476 267761

Somme 985283

qu'il faut chercher aux Logarithmes tangentes, parce que le quatrieme terme de l'Analogie énonce une tangente : je trouve que ce Logarithme tangente répond à 35° 28′, c'est donc le quatrieme terme cherché ; de sorte que l'angle C est de 35° 28′. Remarquez que ce nombre logarithmique 985283 n'est pas tout-à-fait conforme au Logarithme tangente de 35° 28′ ; mais c'est le plus approchant.

153. Observez que dans chaque Analogie que l'on résout, les quatre termes sont ou tous des Sinus, ou des Sinus & des Tangentes, ou des Sinus Tangentes, & quelque longueur, distance, ou quelque nombre. Par exemple, dans la premiere Analogie, le premier terme est un Sinus, le second est une Tangente, le

troisieme est une longueur ou distance, & le quatrieme est aussi une longueur ou distance. Dans la seconde Analogie, le premier terme est une longueur ou distance; le second terme est une autre longueur; le troisieme est un sinus, & le quatrieme est une tangente. Lorsqu'il s'agira des Sinus ou tangentes, on cherchera dans la Table des Sinus & tangentes; mais pour les longueurs, distances ou simples nombres, on cherchera dans la Table des Logarithmes des nombres naturels; c'est pourquoi on fera toujours une grande attention à l'énoncé des quatre termes de l'Analogie.

SECTION III.

Usage des Echelles des parties égales, & des Cordes.

154. L'ON peut se servir de l'Echelle des parties égales pour faire des angles tels que l'on voudra, & voici comment. Il faut savoir que *la Corde d'un arc ou d'un angle est double du sinus de la moitié de cet arc ou de cet angle;* c'est sur ce principe que l'on trouvera les Cordes de tous les angles. Lors donc que l'on voudra savoir de combien de parties est composée la Corde d'un angle, il faut prendre la moitié de cet angle, chercher le sinus *naturel* de cette moitié, & doubler ce sinus, la somme sera la Corde de l'angle requis. Exemple, je veux avoir la corde de l'angle de 30°, je prends la moitié de 30°, qui est 15°; je cherche le sinus naturel de 15°, qui est 25882, (retranchant les deux derniers chiffres;) je double ce sinus 25882, ce qui me donne 51764, & j'ai alors la corde de 30°: mais si au lieu de l'angle de 30°, j'ai besoin d'en faire un dont les minutes

ſoient en nombre impair, comme de 30° 5′, je prends la moitié de cet angle, qui eſt 15° 2′ & demie. Je cherche d'abord le ſinus naturel de 15° 2′, qui eſt 25938 que j'écris à part; je cherche enſuite le ſinus naturel ſuivant de 15° 3′, qui eſt 25966, je ſouſtrais l'un de l'autre : reſtera 28, dont je prends la moitié 14, que j'ajoute au ſinus naturel de 15° 2′, qui eſt 25938.

14.

Somme.... 25952

qui fait le ſinus naturel de 15° 2′ & demie ou 30″. Je double cette ſomme, qui fera 51904: ce ſera la Corde de 30° 5′.

155. Il y a ici une obſervation à faire. Les ſinus, tels qu'ils ſont dans les Tables, ſont calculés pour un rayon de dix millions de parties, ou 10000000 parties; & comme les Echelles dont on ſe ſert, ne peuvent faire le rayon que de 1000 parties, ou 2000, ou 3000, ou 4000 parties, il s'enſuit qu'il faut retrancher autant de chiffres aux ſinus dont on ſe ſert pour l'Echelle des parties égales, qu'il y en a de plus au rayon des Tables. On voit que le rayon des Tables eſt de 10000000. Le rayon, tel qu'on peut l'avoir ſur l'Echelle des parties égales, n'eſt que de 1000, ou 2, ou 3, ou 4000. Par conſéquent il y a au rayon des Tables, quatre zéro de plus qu'au rayon de l'Echelle, puiſqu'il n'y en a que trois à celui-ci; il faut donc retrancher les quatre derniers chiffres au ſinus trouvé dans la Table. C'eſt à quoi l'on ne manquera jamais, lorſqu'il s'agira de faire un angle par les ſinus. Ainſi, dans l'exemple précédent, nous avons trouvé la Corde pour 30° 5′ de 51904, nous n'avons retranché que deux chiffres; il faut en retrancher encore deux autres, & il reſtera 519, qui ſera la Corde de 30° 5′, le rayon étant ſuppoſé de 1000 parties.

156. Pour ne pas retrancher ces quatre chiffres en deux fois, comme nous venons de le faire, il sera mieux dans la pratique de prendre tous les chiffres tels qu'on les trouve dans la Table, les doubler, & retrancher de la somme les quatre derniers chiffres qu'il y a de trop. Ainsi, en nous servant du premier exemple, on trouve le sinus de 15° 2′ 30″ de 2595214, dont le double est 5190428, & retranchant les quatre derniers chiffres, nous aurons, comme auparavant, 519 qui sera la Corde de l'angle cherché. Les Tables des Cordes, qui sont les secondes à la fin de ce Traité, pour construire l'Echelle des Cordes, ont été calculées sur ce principe. Si au lieu de faire le rayon ou sinus total de 1000, ou 2, ou 3, ou 4000 parties, on le faisoit de 10000 parties, on ne retrancheroit des sinus de la Table que trois chiffres, parce qu'il n'y auroit que trois zéro de plus au rayon de la Table. Il faut dire de même si le rayon de l'Echelle étoit de 100000 : dans ce cas il ne faudroit retrancher que deux chiffres.

157. Nous venons de dire que, pour avoir la Corde d'un angle, il faut doubler le sinus de la moitié de cet angle, & ce sera la corde de l'angle cherché; cela est bon lorsque le rayon dont on se sert, n'est que de 1000, mais si l'on employe un rayon de 2000, il faut multiplier par quatre le sinus trouvé dans la Table; le produit donne la Corde cherchée, en retranchant toujours les quatre derniers chiffres. Si on se sert d'un rayon de 3000 parties, il faut multiplier le sinus de la Table par 6. Si le rayon dont on se sert, est de 4000, il faut multiplier par 8 le sinus de la Table, & retrancher toujours à l'ordinaire les quatre derniers chiffres, & ajouter une unité au dernier de ceux qui restent, supposé que les deux premiers de ceux qui sont retranchés, valent plus de 50. Exemple : on veut trouver la Corde de l'angle de 54°; je prends la moitié de 54, qui est 27; je

Pl. 1. cherche le sinus naturel de 27°, qui est 4539905. Si le rayon dont je dois me servir, est de 4000 parties, je multiplie par 8 ce nombre trouvé

$$\begin{array}{r} 4539905 \\ 8 \\ \hline \text{Produit} \dots\dots\ 36319240 \end{array}$$

dont il faut retrancher les quatre derniers chiffres, & comme les deux premiers de ceux qui sont retranchés, valent plus de 50, (car 92 est plus grand que 50) j'ajoute une unité au dernier de ceux qui restent, ainsi 3632 sera la Corde de l'angle de 54°, lorsque le rayon dont je dois me servir, sera de 4000 parties.

158. Pour mettre en pratique les regles précédentes, nous donnerons un exemple. On veut faire un angle de 54°, on prendra avec le compas à verge la distance de 4000 parties (en supposant que l'on se serve de ce rayon); on portera une pointe du compas sur le point D, qui sera le sommet de l'angle; *Fig.* 14. on décrira avec l'autre pointe l'arc indéfini FG. Ensuite on prendra la distance de la Corde trouvée 3632 parties, que l'on portera de F à G, & on marquera un point G sur l'arc. Si l'on mene une ligne depuis le sommet D, qui passe sur le point G, on aura l'angle requis de 54°.

Si l'on veut faire un angle de 26°, on cherchera le sinus de 13°, qui est 2249511 : & si l'on veut se servir du rayon de 1000 parties seulement, il faut doubler ce sinus, qui sera 4499022; je retranche les quatre derniers chiffres, & j'ajoute une unité au dernier de ceux qui restent, parce que 90, qui sont les deux premiers de ceux qui sont retranchés, valent plus que 50; ainsi j'aurai 450, qui sera la Corde de l'angle de 26°. Ayant donc porté le rayon de 1000 parties sur DF, & ayant décrit avec cette ouverture du compas à verge l'arc FG, je prends sur le même compas à verge la distance de 450 parties, je la porte sur FG, je marque le point G, & ensuite je tire la ligne DG, & j'aurai l'angle requis FDG de 26° ; on fera de même pour les autres angles, soit que l'on se serve du rayon de 1000 parties, en doublant le sinus de la moitié de l'angle ; soit que l'on se serve du rayon de 2000 parties, en multipliant par quatre le sinus ; soit que l'on se serve du rayon de 3000 parties, en multipliant par 6 ; soit que l'on se serve du rayon de 4000 parties, en multipliant le sinus par 8 ; on fera toujours l'angle requis. PL. I. *Fig.* 14.

159. Il est à propos pour les grands Cadrans solaires, comme de 8 ou 10, ou 12 pieds de haut, de se servir d'un grand rayon pour tracer les angles horaires. C'est pour leur construction qu'il faut prendre un rayon de 4000 parties : mais si le Cadran n'avoit que deux ou trois pieds, un rayon de 1000 parties suffiroit. En général le plus grand rayon est toujours le mieux ; on le fera aussi grand que le plan pourra le permettre.

160. Pour trouver, par l'Echelle des parties égales, de combien de degrés est un angle déja fait, il faut prendre, avec le compas à verge, la distance de 1000 parties, & posant une pointe sur le sommet D de l'angle, on décrira avec ce rayon de 1000 parties, l'arc FG ; ensuite on approchera ou on éloignera une des pointes, qui est la seconde, jusqu'à ce qu'elles soient à la distance des points FG, où l'arc a coupé les deux côtés de l'angle. Je suppose que le compas à verge se trouve sur 790 parties, on en prendra la moitié 395 ; on cherchera dans la Table des sinus naturels à quel sinus se rapporte ce nombre, on trouvera qu'il est vis-à-vis de 23° 16′, on doublera ces 23° 16′, ce qui fera 46° 32′, qui est l'angle cherché. Nous donnerons dans la suite une autre méthode de trouver la valeur d'un angle.

161. Nous avons dit dans les articles précédens, comment il faut se servir des Tables des sinus pour faire des angles : pour aller au-devant de toutes les difficultés que l'on pourroit trouver dans cette pratique, nous ferons remarquer que dans ces Tables le nombre des chiffres n'étant pas par-tout égal, les Commençans pourroient s'y trouver embarrassés; car effectivement dans les sinus des trois premieres minutes, il n'y a que quatre chiffres; depuis 4 minutes jusqu'à 35, il y a cinq chiffres; depuis 35 minutes jusqu'à 5 degrés 45 minutes, il y en a six; & depuis 5 degrés 45 minutes jusqu'à la fin, il en a sept.

La regle que nous avons donnée de retrancher toujours les quatre derniers chiffres des sinus naturels, lorsqu'il s'agit de faire un angle, ou d'en trouver la valeur, est générale, & ne souffre aucune exception. Il faut toujours s'en tenir-là, qu'il y ait 7, ou 6, ou 5, ou 4 chiffres, & toujours en retrancher les quatre derniers. Mais aussi nous avons dit qu'il faut doubler le sinus de la moitié de l'angle en question, & ajouter une unité, si les deux premiers de ceux qui restent, valent plus de 50. Par exemple, on veut faire un angle de deux minutes, j'en prends la moitié, qui est une minute, je cherche son sinus, qui est 2909, que je double, ce qui fera 5818. Il faut donc retrancher ces quatre chiffres; mais comme 58, qui sont les deux premiers des chiffres retranchés, valent plus que 50; je conclus que la Corde de deux minutes est un, c'est-à-dire, un peu plus que la moitié d'une unité; car 50 est la moitié d'une unité.

Si l'on veut faire un angle de 18 minutes, on en prendra la moitié, qui est 9 minutes, dont le sinus est 26180, le double est 52360, en retranchant les quatre derniers chiffres, il ne reste que 5, qui est la Corde de 18 minutes, ou plutôt 5 & un quart;

parce que 23, qui sont les premiers de ceux qui restent, valent à peu près le quart d'une unité; car 100 est ici regardé comme l'unité.

162. Mais lorsqu'il s'agit de trouver la valeur d'un angle dèja fait, on pourroit se tromper, à cause du nombre différent des chiffres des sinus. Quand on voudra savoir à quel degré répond un sinus, il le faudra chercher en quelque part où il en reste toujours quatre de plus. Par exemple, on veut savoir à quel sinus ou à quel degré répond ce sinus 395, on le trouvera en deux endroits, savoir, à 2° 16′; & à 23° 16′; mais comme le sinus de 2° 16′ n'a que six chiffres, si on en retranche quatre, il n'en restera que deux, savoir 39; d'où l'on conclura que ce n'est pas le sinus de 2° 16′ qu'il faut prendre : on le cherchera donc ailleurs, & on le trouvera à 23° 16′, où l'on verra qu'il reste quatre chiffres après le nombre 395, & ainsi des autres. Comme nous aurons souvent occasion de faire des angles, nous serons obligés d'en donner un nombre d'exemples, ce qui en rendra la pratique familiere & toujours plus facile. Pour ce qui est de l'usage des Echelles des Cordes, nous l'avons suffisamment expliqué aux articles 124 & 125. Il est si simple, qu'il n'est pas nécessaire d'en parler davantage.

CHAPITRE IV.

Cadran Horisontal.

Les trois Chapitres précédens ne contiennent, comme nous l'avons déja dit, que les connoissances préliminaires à la description des Cadrans solaires, nous allons présentement enseigner à les mettre en pratique.

Nous commençons par le Cadran Horisontal ; parce que c'est le plus facile de tous, & qu'il est d'un usage plus commun & plus ordinaire. Celui-ci étant bien entendu & bien compris, on aura plus de facilité à construire les autres. On appelle *Cadran Horisontal*, celui qui est tracé sur un plan parallele à l'horison ou de niveau. Nous donnerons deux manieres de le décrire ; l'une graphique ou géométrique, c'est-à-dire, par la regle & le compas, & l'autre par le calcul : c'est ce qui fera le sujet des trois Sections qui diviseront ce Chapitre. Dans la premiere nous enseignerons à tracer le Cadran Horisontal par la Géométrie ; dans la seconde, par le calcul ; & nous verrons dans la troisieme comment il faut placer l'axe & orienter le Cadran.

SECTION PREMIERE.

Maniere graphique ou géométrique de tracer le Cadran Horisontal.

Pl. 6. Fig. 27. 165. SUR le plan où vous voulez tracer le Cadran Horisontal, choisissez un point comme A, sur lequel faites passer la ligne CD. Aux côtés, & à égale distance du point A sur les points X & E, élevez les deux perpendiculaires EB & XZ, distantes entr'elles de toute l'épaisseur que vous voulez donner à l'axe, savoir, une ligne, ou 2, ou 3, ou 4, ou 5, ou 6 lignes, &c, comme il vous plaira, selon l'épaisseur de l'axe. Ces deux lignes ensemble EB & XZ sont destinées à marquer midi, par l'ombre de l'épaisseur de l'axe qui remplira l'espace entre ces deux lignes. L'autre ligne CD marquera à droite 6 heures du matin, à gauche 6 heures du soir, E & X seront les deux centres du Cadran.

164. La raiſon pour laquelle nous faiſons le Cadran à deux centres, eſt afin que l'axe puiſſe avoir une épaiſſeur aſſez conſidérable pour être ſolide, ſe maintenir & durer long-temps. Si on ne fait qu'un ſeul centre avec une ſeule ligne méridienne ou de midi, comme à l'ordinaire, on ſera obligé d'employer un axe extrêmement mince qui ne ſauroit ſe ſoutenir; car ſi on le faiſoit ſeulement d'une ligne d'épaiſſeur, ce qui ne lui donneroit pas une force ſuffiſante s'il étoit un peu grand, il ne marqueroit pas midi avec préciſion; parce que ſon ombre feroit beaucoup plus large que la ligne de 12 heures; ainſi il eſt mieux de faire le Cadran à deux centres. Par ce moyen on peut faire l'axe auſſi ſolide que l'on veut, & proportionner ſon épaiſſeur à ſa grandeur: on peut lui donner juſqu'à 6 à 7 lignes d'épaiſſeur, s'il a 15 à 20 pouces de largeur. Pl. 6. *Fig.* 27.

165. Du point E, qui eſt un des centres du Cadran, tirez la ligne indéfinie EF, qui faſſe l'angle BEF égal à l'élevation du pôle du lieu où l'on doit poſer le Cadran. On pourra faire cet angle au moyen d'un demi-cercle, ou d'un compas de proportion, ou encore mieux par les Cordes, (art. 158 & ſuiv.). La ligne EF repréſente l'axe du Monde, auquel l'axe du Cadran doit être parfaitement parallele. Sur cette ligne EF choiſiſſez un point comme G, plus près ou plus éloigné du centre E du Cadran, ſelon que la figure ou le plan doit être grand ou petit; (car le Cadran ſe trouvera toujours également juſte, quelque part où vous poſiez ce point G): mais ſi, par exemple, vous le poſiez trop éloigné du centre E, vous n'auriez pas aſſez de place pour finir le Cadran.

De ce point G vous tirerez la ligne GH perpendiculaire à EF. Cette ligne, qui doit rencontrer la méridienne EB au point H, s'appelle le *rayon de l'Equateur*. Menez par le point H la ligne LK pa-

Pl. 6. Fig. 27. rallele à CD. Cette ligne LK sera l'*Equinoxiale*. Prenez avec un compas la longueur du rayon HG de l'Equateur, & portez-la de H en B sur la méridienne EB, le point B sera le *Centre diviseur* de l'équinoxiale LK. Au point B élevez la perpendiculaire BP, ou parallele à l'Equinoxiale LK; & ensuite du point B, comme centre, & de l'ouverture du compas qu'il vous plaira, décrivez le quart de cercle PH. Divisez exactement ce quart de cercle PH en six parties égales, si vous ne voulez que les heures à votre Cadran; ou en 12 parties égales, si vous y voulez les demi-heures; ou en 24, si vous y voulez les quarts.

166. Faites bien attention à cette division sur le quart de cercle; si peu qu'il y ait d'erreur dans cette division, cette erreur grossira très-considérablement dans l'opération suivante. Pour faire ces divisions avec plus de facilité & de justesse, prenez-vous-y ainsi; quand vous aurez décrit le quart de cercle HP, servez-vous de cette même ouverture de compas, & portez-la depuis le point H où le quart de cercle a coupé la méridienne vers P sur le quart de cercle en V; ce qui fera un arc HV de 60 degrés, dont la corde est égale au rayon. Après avoir divisé cet arc en quatre parties égales, qui seront quatre arcs de 15 degrés chacun, vous porterez ou ajouterez au-delà une de ces quatre divisions. Vous aurez pour lors cinq arcs de 15 degrés chacun. Les divisions étant faites, tirez des lignes ponctuées du centre diviseur B, qui passent sur les points de division du quart de cercle HP, & qui soient prolongées jusqu'à l'équinoxiale LK, sur laquelle vous aurez les points horaires 11, 10, 9, 8, &c. tirez ensuite des lignes du centre E du Cadran par les points horaires 11, 10, 9, 8, &c. qui se trouvent marquées sur l'équinoxiale, & vous aurez les lignes horaires. Si vous voulez avoir les demi-heures, divisez en deux par-

ties

ties égales chaque arc du quart de cercle HP ; ſi Pl. 6.
vous voulez avoir les quarts, diviſez-les en quatre *Fig.* 27.
parties égales, & par ces points tirez des lignes ponctuées depuis B juſqu'à l'Equinoxiale LK, pour y marquer ces points horaires, ſur leſquels vous ferez paſſer les lignes horaires du centre E du Cadran. Les lignes des demi-heures doivent être plus courtes que celles des heures, & celles des quarts encore plus courtes que celles des demi-heures, afin de les diſtinguer plus facilement.

167. Un côté du Cadran étant tracé, on tranſportera de l'autre côté L de l'Equinoxiale LK les points horaires qui ſont du côté K, & on tirera également par ces points les lignes horaires par l'autre centre X, obſervant de faire commencer les diſtances du point M, où l'équinoxiale LK coupe l'autre ligne méridienne XZ.

168. Pour tracer les lignes horaires du matin avant ſix heures, & du ſoir après ſix heures, il faut prolonger au-delà du centre E celles de ſept & huit heures du matin, & on aura celles du ſoir. De même, en prolongeant les quatre ou cinq heures du ſoir, on aura les quatre & cinq heures du matin, comme l'on voit à la figure. Il en eſt de même des demi-heures & des quarts.

169. On s'apperçoit aſſez que l'arc PH étant de 90°, & y ayant porté de H en V la même ouverture du compas qui l'a décrit, l'arc VH eſt de 60° à le compter juſqu'à H, où la premiere méridienne coupe l'Equinoxiale. Cet arc de 60° étant diviſé en quatre parties, donne quatre arcs de 15° chacun, attendu que quatre fois 15 font 60. Chaque arc de 15° fait un angle d'une heure, puiſque le Soleil parcourt réellement 15° par heure. Si on diviſe encore chaque arc en deux parties, ils n'auront plus que 7° 30', & ce ſeront les demi-heures; ſi encore on les diviſe en deux, ce ſeront des arcs de 3° 45', & ce ſe-

PL. 6. *Fig.* 27. ront les quarts. On peut encore diviſer ces derniers arcs en trois parties chacun, qui ſeront de 1° 15′ chacun, ce qui ſera que le Cadran marquera les minutes de cinq en cinq, dont les lignes horaires doivent être encore plus courtes que celles des quarts. Pour la maniere de poſer l'axe & d'orienter le Cadran, nous en parlerons à la fin de ce Chapitre.

170. Il reſte une difficulté; il arrive preſque toujours que l'Equinoxiale n'eſt pas aſſez longue pour recevoir les points horaires de ſept heures du matin & de cinq heures du ſoir, avec les demi-heures & les quarts. Afin donc de trouver tous les points horaires qui manqueront ſur l'Equinoxiale, nous allons montrer comment il faut s'y prendre.

Les lignes horaires E9, X3 ſont ſéparées par ſix eſpaces horaires; car il eſt néceſſaire que ces ſix heures ſoient tracées, pour pouvoir employer la méthode que nous propoſons. On tirera à volonté la ligne OR parallele à celle de 9 heures E9, qui coupera la ligne horaire de 3 heures X3, comme auſſi celle de 2 & d'une heure. On prendra avec le compas la diſtance du point d'interſection S au point T, qui eſt une autre interſection de la parallele OR avec la ligne horaire X2; & on marquera ſur la ligne OR une diſtance égale SQ de l'autre côté du point S. De même on fera SO égale à la diſtance du point S au point R, qui eſt l'interſection de la parallele & de la ligne horaire X1. Si du centre X, on tire deux lignes qui paſſent par les points Q & O, ce ſeront les lignes horaires de quatre & cinq heures. On tranſportera également les points des demi-heures & des quarts, & même les minutes s'il y en a, comme l'on aura fait des points de quatre & de cinq heures. Toute l'opération étant faite d'un côté, on en fera autant de l'autre; on tirera ſur les lignes horaires du matin une parallele à la ligne horaire de trois heures, & on fera le reſte comme nous venons de le dire.

Voilà la maniere la plus ſimple & la plus facile pour tracer géométriquement le Cadran Horiſontal. On conçoit bien qu'il faut de l'adreſſe & de l'uſage pour tirer toutes ces lignes avec juſteſſe, & il n'y a que ceux qui ſont accoutumés à opérer avec exactitude, qui y puiſſent bien réuſſir. La méthode du calcul, dont nous allons parler à la Section ſuivante, ne demande pas tant d'induſtrie, parce qu'il n'y a preſque point d'autres lignes à tirer que les horaires ; ainſi la méthode du calcul eſt préférable à tous égards.

SECTION II.

Maniere de tracer le Cadran Horiſontal par le Calcul.

171. LE Soleil paroît faire ſa révolution entiere autour de la Terre dans 24 heures. Le cercle qu'il parcourt, eſt, comme tous les autres cercles, de 360 degrés. Il parcourt donc 15 degrés dans 1 heure, puiſque 15 multiplié par 24 fait 360. 15 degrés eſt donc la 24e partie de 360 degrés. Si dans 1 heure le Soleil paroît parcourir 15 degrés, il s'enſuit qu'il en parcourt 30 dans 2 heures. Il parcourt 45 degrés dans 3 heures, 60 dans 4 heures, 75 dans 5 heures, & 90 dans 6 heures. Il s'enſuit encore que le Soleil parcourt 7 degrés 30 minutes dans une demi-heure, 3 degrés 45 minutes dans un quart-d'heure, 1 degré 15 minutes dans 5 minutes, & enfin 15 minutes de degré dans une minute de tems.

172. Tous les degrés que le Soleil paroît parcourir dans ſa révolution journaliere de 24 heures, commencent à ſe compter depuis le Méridien du lieu où l'on eſt, repréſenté dans le Cadran, par la ligne de midi. Ce que l'on appelle *la diſtance du Soleil*

au méridien (terme dont nous nous servirons souvent dans la suite), n'est autre chose que le nombre des degrés & minutes que l'on compte depuis le méridien jusqu'à l'endroit où le Soleil se trouve à telle heure. Nous venons de dire dans l'article précédent que le Soleil parcourt 15 degrés dans une heure. S'il s'agit donc d'une heure après midi, ou de 11 heures, qui sont deux points horaires également éloignés du Méridien ou de midi, le Soleil est éloigné du Méridien de 15 degrés. Ainsi, pour nous servir de la façon de parler ordinaire, nous disons que la distance du Soleil au Méridien est de 15 degrés, pour une heure & 11 heures. Pour midi & demi & 11 heures & demie, la distance du Soleil au Méridien est de 7 degrés 30 minutes. Pour midi un quart & 11 heures trois quarts, la distance du Soleil au Méridien est de 3 degrés 45 minutes. Pour midi 5 minutes & 11 heures 55 minutes, la distance du Soleil au Méridien est d'un degré 15 minutes. Pour une heure & un quart & 10 heures trois quarts, qui sont des points horaires également éloignés de midi, la distance du Soleil au Méridien est de 18 degrés 45 minutes; parce qu'il faut ajouter à 15 degrés pour une heure, les 3 degrés 45 minutes pour le quart; ce qui fait 18 degrés 45 minutes. Pour 2 heures & demie & 9 heures & demie, la distance du Soleil au Méridien est de 37 degrés 30 minutes; parce qu'il faut ajouter à 30 degrés pour 2 heures, les 7 degrés 30 minutes pour la demi-heure. Il en est de même de toutes les autres heures, quarts & minutes.

173. On appelle *Angle horaire*, l'angle au centre du Cadran que fait chaque ligne horaire avec la ligne de midi. Le sommet de tous ces angles est au centre du Cadran, où toutes les lignes horaires vont aboutir, & se réunir à un seul point, qui est le centre du cadran. Tous les angles horaires d'un côté du

Cadran Horisontal, & de tous les Cadrans réguliers, sont égaux à ceux de l'autre côté: ainsi il suffit de trouver par le calcul les angles horaires d'un côté de ces Cadrans; le même calcul servira & se trouvera tout fait pour l'autre côté.

174. Il faut remarquer qu'on ne peut trouver, par le calcul, les angles horaires que depuis midi jusqu'à six heures du soir, pour les Cadrans réguliers; les autres angles horaires, depuis 6 heures jusqu'à 8 heures du soir, se trouvent en prolongeant les lignes horaires de 7 & de 8 heures du matin, au-delà du centre du Cadran; & en prolongeant également au-delà du centre du Cadran les 4 & 5 heures du soir, on aura les 4 & 5 heures du matin. C'est ce que nous verrons plus particuliérement dans la suite.

175. Il s'agit présentement de procéder au calcul des angles horaires. Pour cela on fera l'Analogie suivante:

Le rayon
est au sinus de la hauteur du pôle;
comme la tangente de la distance du Soleil au Méridien pour l'heure proposée,
est à la tangente de l'angle horaire, dans le Cadran Horisontal.

Remarquez attentivement tout l'énoncé de cette Analogie: il y a quatre termes, dont le premier est le rayon, c'est-à-dire, l'unité avec six zéro 1000000. C'est le logarithme du rayon dont on a retranché les deux derniers chiffres. Le second terme est un *sinus*, & c'est celui de la hauteur du pôle, que nous supposerons être 44° 50'; son sinus log. sera 984822, dont on a aussi retranché les deux derniers chiffres, comme nous ferons toujours sans en avertir davantage. Le troisieme terme est une *tangente*, & c'est la tangente du degré de la distance du Soleil au Méridien à l'heure dont on veut savoir l'angle horaire.

Il faudra additionner les logarithmes des deux termes moyens ; c'est-à-dire, le logarithme sinus de la hauteur du pôle, & le logarithme tangente de la distance du Soleil au Méridien ; de la somme on soustraira le logarithme du rayon, qui est le premier terme ; le reste donnera le quatrieme terme cherché, qui est l'angle horaire proposé.

176. Pour faire le calcul des angles horaires avec ordre & ne rien confondre, ce à quoi les Commençans doivent s'assujettir, on fera une Table, dont on trouvera dans la suite un modéle (184). Elle sera en six colonnes de haut en bas : dans la premiere colonne on mettra les heures, demi-heures, quarts & minutes que l'on veut avoir au Cadran Horisontal. Dans la seconde, on mettra la distance du Soleil au Méridien convenable à chaque heure, demi-heure, quart & minute de la premiere colonne. Dans la troisieme, on mettra l'angle horaire que l'on aura trouvé par le calcul. Dans la quatrieme colonne, on mettra les différences qui se trouvent entre chaque angle horaire, pour voir s'il se seroit glissé quelqu'erreur dans le calcul des angles horaires. Dans la cinquieme, on mettra les cordes de chaque angle horaire, pour ceux qui n'auront pas des échelles de cordes ; car ceux qui en auront, pourront se passer de cette colonne & de la suivante. Enfin, dans la sixieme, on mettra les différences entre chaque corde, pour servir de preuve à la justesse du calcul des cordes des angles horaires. Nous allons donner quelques exemples de tout ce calcul, & nous choisirons ceux où l'on pourroit trouver quelque difficulté. Nous ne ferons mention que d'un côté du Cadran, parce que l'autre côté doit être parfaitement égal.

177. Pour midi & 5 minutes, c'est-à-dire, pour 5 minutes après-midi, la distance du Soleil au Méridien est de 1° 15', dont le log. tangente est 8338863 ; c'est le troisieme terme de l'Analogie qu'il faut ad-

ditionner avec le log. ſinus de l'élévation du pôle que nous avons dit être 984822.

log. ſinus de 44° 50′ 2ᵉ terme....	984822
log. tangente de 1° 15′ 3ᵉ terme...	833886
Somme...	1818708
dont il faut ſouſtraire le log. du rayon..	1000000
Reſte....	818708

qui ſera le log. tangente de l'angle horaire requis; c'eſt le quatrieme terme deſiré. On cherchera dans les Tables, aux colonnes des log. tangentes, & on trouvera que ce nombre 818708 répond à 0° 53′, non pas préciſément, mais c'eſt le plus approchant.

Pour midi & 10 minutes, la diſtance du Soleil au Méridien, qui eſt le troiſieme terme de l'Analogie, eſt 2° 30′, dont le log. tangente eſt 864009 qu'il faut additionner avec le ſinus de l'élevation du pôle, qui eſt, comme auparavant, 984822; c'eſt le ſecond terme de l'Analogie, (il eſt toujours le même pour tous les angles horaires, puiſque c'eſt le logarithme de l'élevation du pôle 44° 50′).

log. ſinus de 44° 50′ 2ᵉ terme.....	984822
log. tangente de 2° 30′ 3ᵉ terme....	864009
Somme....	1848831
de laquelle il faut ſouſtraire le log. du rayon....................	1000000
Reſte....	848831

qui eſt le logarithme tangente de 1° 46′ (c'eſt le plus approchant) qui eſt l'angle horaire requis & le quatrieme terme de l'Analogie.

178. Il n'eſt pas néceſſaire dans la pratique de ſouſtraire le log. du rayon de la ſomme des deux autres termes, puiſqu'il reſte toujours la même ſomme avec la premiere unité de moins. Ainſi il ſuffira de

retrancher de cette somme la premiere unité à gauche, & la soustraction du log. du rayon se trouvera toute faite. C'est ainsi que nous ferons toujours, lorsqu'il faudra soustraire de quelque somme le log. du rayon. Cette regle a lieu également, lorsqu'il faut additionner le log. du rayon avec un autre nombre. Il suffit de mettre une unité de plus au commencement de la somme, & l'addition se trouve faite. Par exemple, je veux additionner cette somme 1866475 avec le log. du rayon; je mets seulement 2866475, & l'addition se trouve faite. Autre exemple différent : je veux additionner ce nombre 864009, avec le log. du rayon, je mets simplement 1864009, & l'addition se trouve faite. Nous ne continuerons pas de suite tous les angles horaires, parce que nous n'avons pas dessein de faire actuellement une Table entiere des angles horaires, mais seulement de faire voir par quelques exemples comment on la fait.

Pour midi & un quart, la distance du Soleil au Méridien est de 3° 45', dont le log. tangente est 881653; qu'il faut additionner avec le log. sinus de l'élévation du pôle.

log. sinus de 44° 50'............984822
log. tangente de 3° 45'..........881653

Somme & reste....1866475

(Nous avons retranché la premiere unité à gauche, & la soustraction du rayon se trouve faite). Ce reste 866475 est le log. tangente de 2° 39'; c'est l'angle horaire cherché.

Pour midi & demi, la distance du Soleil au Méridien est de 7° 30', dont le log. tangente est 911943
log. sinus de 44° 50'..............984822

Somme & reste....1896765

c'est le log. tangente de 5° 18'; valeur de l'angle horaire de midi & demi.

Pour une heure après midi, la diſtance du Soleil au Méridien eſt de 15°, dont le logarithme tangente eſt. 942805
log. ſinus de 44° 50′. 984822

Somme & reſte. . . . 1927627

c'eſt le log. tangente de 10° 42′ pour l'angle horaire requis, & le quatrieme terme cherché pour une heure après midi.

Pour 3 heures, la diſtance du Soleil au Méridien eſt de 45°, dont le logarithme tangente eſt 1000000. 1000000
qu'il faut additionner avec le log. ſin. de 44° 50′. 984822

Somme & reſte. . . 1984822,
dont il faut ſouſtraire le log. du rayon. 1000000

Reſte. . . 984822

qui eſt logarithme tangente de 35° 11′; c'eſt l'angle horaire requis pour trois heures après midi, & le quatrieme terme cherché.

179. Remarquez ici que le log. tangente de 45° eſt égal à celui du rayon, & que nous pouvions ne pas l'additionner avec le log. ſinus de la hauteur du pôle; il auroit ſuffi d'ajouter une unité avant le log. ſinus de la hauteur du pôle, comme l'on voit à la ſomme. Remarquez encore que nous pourrions nous diſpenſer de réſoudre l'Analogie, puiſque le ſinus log. de la hauteur du pôle, qui eſt 984822, devient log. tangente de l'angle horaire cherché; c'eſt ainſi qu'un ſinus peut être regardé comme tangente en certains cas; mais pour lors il convient à des degrés différens. On voit ici que ce nombre 984822 étant pris pour log. ſinus, il appartient à 44° 50′, & s'il eſt regardé comme log. tangente, il convient à 35° 11′.

Pour 4 heures après midi, la diſtance du Soleil au Méridien eſt de 60°, dont le logarithme tan-

gente eſt 1023856
log. ſinus de 44° 50′ 984822

Somme . . . 2008678

180. Obſervez ici que pour abréger les opérations du calcul, au lieu de mettre la ſomme comme nous l'avons additionnée 2008678, il n'y a qu'à retrancher une unité à gauche, comme 1008678, & la ſouſtraction du log. du rayon ſe trouvera faite: cette ſomme ſera le log. tang. de 50° 41′, qui donne l'angle horaire cherché pour 4 heures après midi.

Pour 5 heures, la diſtance du Soleil au Méridien eſt de 75°, dont le log. tang. eſt . 1057195
log. ſinus de 44° 50′ . . . . 984822.

Somme & reſte 1042017

où la ſouſtraction du log. du rayon ſe trouve faite, parce que nous en avons retranché la premiere unité; car ſi nous n'avions pas abrégé le calcul, comme nous venons de le dire, il auroit fallu mettre 2042017, & alors il auroit été néceſſaire d'en ſouſtraire le log. du rayon. Cette ſomme 1042017 eſt donc le log. tangente de 69° 11′, & l'angle horaire requis.

Pour 5 heures 55 minutes, la diſtance du Soleil au Méridien eſt de 88° 45′, dont le logarithme tangente eſt 1166114
log. ſinus de 44° 50′ 984822

Somme & reſte . . . 1150936

dont la ſouſtraction du log. du rayon eſt toute faite, & qui eſt le log. tangente de 88° 14′; c'eſt l'angle horaire requis, & le quatrieme terme cherché.

Pour 6 heures, la diſtance du Soleil au Méridien eſt de 90°, qui eſt l'angle droit avec la ligne de midi ou de 12 heures; par conſéquent il n'y a point de calcul à faire.

181. C'eſt ainſi qu'il faudra dreſſer la Table des angles horaires pour le Cadran Horiſontal, on voit

que ce calcul eſt fort ſimple & facile. Si-tôt qu'on aura calculé quelques angles horaires, on s'en rendra la pratique familiere. Les neuf exemples que l'on vient de voir, ſont plus que ſuffiſans pour lever toutes les difficultés qui pourroient ſe préſenter. La diſtance du Soleil au Méridien eſt facile à trouver pour chaque heure, chaque quart & chaque minute du jour. Voyez la Table ci-après (184). La réſolution de l'Analogie eſt fort ſimple ; il faut ſeulement faire une grande attention à bien lire les nombres des Tables des log. ſinus & des log. tangentes, de ne pas prendre les ſinus pour des tangentes, ou les tangentes pour des ſinus, & enfin ſe ſouvenir toujours de ſe ſervir des logarithmes. Sans ce ſecours les calculs deviendroient immenſes & d'une grande difficulté.

182. Il convient de s'aſſurer de la juſteſſe du calcul des angles horaires, lorſqu'on les aura tous trouvés. Il ne s'agit pour cela que de chercher la différence qu'il y a d'un angle horaire à l'autre. Si ces différences ſe ſuivent aſſez bien, le calcul eſt bon, & on peut s'y fier. Si ces différences ne ſe ſuivent pas en quelques endroits, il y aura quelqu'erreur dans le calcul; pour lors on le refera à l'endroit où on l'aura trouvé défectueux. Or le défaut peut venir ou de ce que l'on s'eſt trompé dans la diſtance du Soleil au Méridien, ou de ce que l'on a mal lû quelque nombre dans les Tables, ou de ce que l'on aura pris un ſinus pour une Tangente, ou qu'au lieu de prendre le log. ſinus ou log. tangente, on aura pris un ſinus ou tangente naturelle, ou enfin de ce que l'on aura mal fait l'addition des deux termes moyens de l'Analogie.

Pour trouver ces différences, il faudra commencer le calcul par la fin de la Table en rétrogradant : on réduira en minutes les degrés de chaque angle, en y ajoutant celles qui ſont de ſurplus, s'il y en a; & on ſouſtraira le plus petit nombre du plus grand : par exemple, on commencera par le dernier angle horaire, qui eſt de 90°, c'eſt celui de ſix heures on le réduira en minutes, en le multipliant par 60 ce qui donnera 5400′. On multipliera également les 88° qui ſuivent immédiatement de bas en haut, par 60 : ce qui fera 5280 ; à quoi on ajoutera les 14′ de ſurplus ; ce ſera en tout 5294′, que l'on ſouſtraira du nombre précédent 5400′ : il reſtera 106, que l'on écrira entre ces deux angles horaires dans la quatrieme colonne de la Table : ce ſera la différence qu'il y a entre ces deux angles horaires. On continuera en multipliant 86° par 60 ; ce qui donnera 5160′, auxquelles on ajoutera les 27 de ſurplus : ce ſera 5187, que l'on ſouſtraira de 5294′ précédentes ; reſtera 107 : ce ſera la différence entre le pénultieme angle horaire & l'antépenultieme. On continuera à calculer cette quatrieme colonne. Par ces différences, on découvrira l'erreur, s'il y en a.

183. Reſte à remplir les deux dernieres colonnes de la Table ; la cinquieme, qui doit contenir les cordes des angles horaires, pour ceux qui n'auront point une échelle des cordes ; & la ſixieme contiendra les différences de la corde d'un angle horaire à l'autre corde de l'autre angle horaire ſuivant. Nous avons dit aſſez au long, art. 154, 155, 156 & 157, que l'on peut relire, comment on trouve par les ſinus naturels les cordes pour quelqu'angle que ce ſoit. C'eſt par les regles que nous y avons données, que l'on remplira la cinquieme colonne de la Table. Nous ne croyons pas qu'il ſoit néceſſaire de les répéter ici.

184. Pour trouver les différences entre les cordes des angles horaires, on ne fera que ſouſtraire le plus petit nombre de celui qui eſt immédiatement plus grand, en commençant par le bas de la Table, & allant de ſuite en rétrogradant, comme l'on aura fait pour trouver les différences entre les angles horaires. On verra ſi ces différences ſe ſuivent aſſez

bien ; ce ſera une preuve que toutes les cordes des angles horaires ont été bien calculées. Nous donnerons la Table entiere dans les deux pages ſuivantes.

185. La Table étant faite, comme nous venons de le voir, il s'agit de tracer le Cadran. Il faut que le plan ſur lequel on doit le tracer, ſoit parfaitement plan, c'eſt-à-dire, qu'il ſoit bien dreſſé, bien *dégauchi*, en ſorte qu'une regle bien droite étant appliquée deſſus en tous ſens, joigne par-tout ; ſans quoi le Cadran ſeroit faux, & il ne ſeroit pas poſſible de le poſer exactement de niveau.

186. En général plus le plan ſera grand, plus le Cadran aura de préciſion ; il convient qu'il ait depuis un pied juſqu'à trois pieds de diametre, ſi l'on doit y tracer les minutes de cinq en cinq ; s'il ne doit pas être à minutes, on peut le faire plus petit, même juſqu'à deux ou trois pouces : mais il vaudra toujours mieux le faire grand, il en ſera plus juſte. On lui donnera la forme qu'on jugera à propos, ou quarrée, ou ronde, ou octogone, ou hexagone, &c. Quant à ſa matiere, il peut être fait de marbre ou grès, ardoiſe, pierre, brique, cuivre, étain, plomb, &c. mais jamais de bois, parce qu'étant expoſé aux intempéries de l'air, il ſe tourmenteroit toujours.

187. Nous ſuppoſons que le plan, ſur lequel on veut tracer le Cadran, comme AEBD, ſoit quarré. Pl. 7. *Fig.* 28.
Tirez la ligne AB au milieu du plan, & qui le partagera en deux parties égales. Diviſez à peu près en trois parties la longueur de la ligne AB ; & après avoir donné les deux tiers de la longueur de cette ligne, comme CB, pour la Méridienne, les centres du Cadran ſeront déterminés aux points C & I, ſelon l'épaiſſeur qu'on aura donnée à l'axe qu'il convient avoir été fait auparavant. Tirez enſuite la perpendiculaire DE, qui paſſe par les centres C & I du Cadran : cette ligne DE ſera la ligne horaire de ſix heures du ſoir, & celle de ſix heures du matin.

Heures & min. du Cadran hor.		Dist. du Soleil au Méridien.		Angles horaires.		Diff.	Cordes des angles hor.	Diff.
Midi & 5 min.		1°	15'	0°	53'	53	15	15
Midi 10 min.		2°	30'	1°	46'	53	30	15
Midi 15 min.		3°	45'	2°	39'	53	45	16
Midi 20 min.		5°	0'	3°	32'	53	61	15
Midi 25 min.		6°	15'	4°	25'	53	76	16
Midi 30 min.		7°	30'	5°	18'	53	92	15
Midi 35 min.		8°	45'	6°	11'	54	107	16
Midi 40 min.		10°	0'	7°	5'	54	123	15
Midi 45 min.		11°	15'	7°	59'	54	138	16
Midi 50 min.		12°	30'	8°	53'	54	154	16
Midi 55 min.		13°	45'	9°	47'	55	170	16
1 heure.		15°	0'	10°	42'	55	186	16
1	5'	16°	15'	11°	37'	55	202	16
1	10'	17°	30'	12°	32'	56	218	16
1	15'	18°	45'	13°	28'	56	234	16
1	20'	20°	0'	14°	24'	56	250	16
1	25'	21°	15'	15°	20'	57	266	16
1	30'	22°	30'	16°	17'	57	282	17
1	35'	23°	45'	17°	14'	58	299	17
1	40'	25°	0'	18°	12'	58	316	16
1	45'	26°	15'	19°	10'	59	332	17
1	50'	27°	30'	20°	9'	60	349	17
1	55'	28°	45'	21°	9'	60	366	17
2 heures.		30°	0'	22°	9'	60	383	18
2	5'	31°	15'	23°	9'	62	401	17
2	10'	32°	30'	24°	11'	63	418	18
2	15'	33°	45'	25°	14'	63	436	18
2	20'	35°	0'	26°	17'	64	454	18
2	25'	36°	15'	27°	20'	65	472	18
2	30'	37°	30'	28°	25'	65	490	19
2	35'	38°	45'	29°	30'	67	509	18
2	40'	40°	0'	30°	37'	67	527	19
2	45'	41°	15'	31°	44'	68	546	19
2	50'	42°	30'	32°	52'	69	565	19
2	55'	43°	45'	34°	1'	70	584	20
3 heures.		45°	0'	35°	11'	70	604	20

Heures & min. du Cadran hor.	Diſt. du Soleil au Méridien	Angles horaires.	Diff.	Cordes des angles hor.	Diff.
3 heures 5'	46° 15'	36° 21'		624	
3 10'	47° 30'	37° 34'	73	644	20
3 15'	48° 45'	38° 48'	74	664	20
3 20'	50° 0'	40° 2'	74	684	20
3 25'	51° 15'	41° 18'	76	705	21
3 30'	52° 30'	42° 35'	77	726	21
3 35'	53° 45'	43° 53'	78	747	21
3 40'	55° 0'	45° 12'	79	768	21
3 45'	56° 15'	46° 32'	80	790	22
3 50'	57° 30'	47° 54'	82	811	21
3 55'	58° 45'	49° 17'	83	833	22
4 heures.	60° 0'	50° 41'	84	855	22
4 5'	61° 15'	52° 7'	86	878	23
4 10'	62° 30'	53° 34'	87	901	23
4 15'	63° 45'	55° 2'	88	923	22
4 20'	65° 0'	56° 31'	89	946	23
4 25'	66° 15'	58° 2'	91	970	24
4 30'	67° 36'	59° 34'	92	993	23
4 35'	68° 45'	61° 7'	93	1016	23
4 40'	70° 0'	62° 42'	95	1040	24
4 45'	71° 15'	64° 18'	96	1064	24
4 50'	72° 30'	65° 54'	96	1087	23
4 55'	73° 45'	67° 32'	98	1111	24
5 heures.	75° 0'	69° 12'	100	1135	24
5 5'	76° 15'	70° 52'	100	1159	24
5 10'	77° 30'	72° 33'	101	1183	24
5 15'	78° 45'	74° 15'	102	1206	23
5 20'	80° 0'	75° 57'	102	1230	24
5 25'	81° 15'	77° 41'	104	1254	24
5 30'	82° 30'	79° 25'	104	1277	23
5 35'	83° 45'	81° 10'	105	1301	24
5 40'	85° 0'	82° 56'	106	1324	23
5 45'	86° 15'	84° 41'	105	1346	22
5 50'	87° 30'	86° 27'	106	1369	23
5 55'	88° 45'	88° 14'	107	1392	23
6 heures.	90° 0'	90° 0'	106	1414	22

PL. 7. *Fig.* 28. 188. Remarquez que nous construisons le Cadran à deux centres C & I ; par conséquent il y a deux lignes pour midi, distantes entr'elles de toute l'épaisseur que l'on veut donner à l'axe, comme nous l'avons dit aux articles 163 & 164. Si on ne suivoit pas cette méthode de deux centres, on seroit obligé de se servir d'un axe extrêmement mince ; ce qui ne seroit pas solide, & ne dureroit pas longtemps.

189. Du point C, comme centre, & de l'intervalle égal au rayon de l'échelle dont on doit se servir, on décrira le quart de cercle EF : on en fera autant, de l'autre côté du plan. Du centre I, & avec le même rayon, on décrira l'autre quart de cercle DL. Cela étant fait, il n'y aura plus qu'à marquer les points horaires sur ces deux quarts de cercle ; ce qui se fera de la maniere suivante.

190. Si l'on a une échelle des cordes, on se servira de celle dont on a pris le rayon pour tracer les quarts de cercle. On y prendra sur le compas à verge la distance de 53 minutes, qui est, selon la Table que l'on a faite, l'angle horaire de midi cinq minutes, & on portera cette distance du point F, où le quart de cercle EF coupe la méridienne CF sur le même quart de cercle, en tirant vers E. On portera la même distance de L vers D. On marquera ainsi ces deux points horaires, par une petite intersection, ou par un point, sur les quarts de cercle.

Pour midi 10 minutes, on trouve dans la Table que son angle horaire est 1° 46′ ; on prendra cette distance sur l'échelle des cordes, que l'on portera de F vers E, & de L vers D.

Pour une heure, l'angle horaire est 10° 42′, on prendra cette distance sur l'échelle des cordes, & on la portera de F vers E, & de L vers D. L'on continuera ainsi à marquer tous les points horaires sur les quarts

quarts de cercle ; enſuite on tirera des lignes du centre C, qui paſſent ſur les points horaires, marqués ſur le quart de cercle FE ; ce ſeront les lignes horaires du matin. On tirera également d'autres lignes du centre I, qui paſſent ſur les points horaires, marqués ſur le quart de cercle LD ; ce ſeront les lignes horaires du ſoir. Pl. 7. Fig. 28.

191. Si l'on n'a pas de compas à verge, mais une ſimple échelle de cordes, on y prendra les diſtances des angles horaires avec un compas ordinaire, & on les portera ſur le plan, comme nous avons dit. Ceux qui n'ont point une échelle de cordes, pourront s'en paſſer, en ſe ſervant d'une échelle de parties égales, ſemblable à celle qui eſt ordinairement dans tous les étuis de Mathématiques. Mais au lieu de ſe ſervir de la troiſieme colonne de la Table que l'on aura faite, on ſe ſervira de la cinquieme, qui contient les cordes des angles horaires. On commencera par tracer les quarts de cercle, dont le rayon ſoit égal à 1000 parties de l'échelle dont on doit ſe ſervir ; enſuite on prendra, avec un compas ordinaire ſur cette échelle, les diſtances des cordes pour chaque angle horaire, comme elles ſont marquées dans la Table : ce qui fera le même effet que l'échelle des cordes.

192. Comme ces ſortes d'échelles n'ont ordinairement que 1000 parties, & que cependant les cordes des angles horaires contenues dans la cinquieme colonne de la Table, vont juſqu'à 1414, on tirera une ligne droite ſur une regle de bois, ſur laquelle on marquera la longueur entiere de 1000 parties. Je ſuppoſe que la longueur totale de 1000 parties ſoit la diſtance de A à B, & que l'on ait beſoin de prendre la diſtance de 1016 parties, on prendra celle de 16 parties ſeulement ſur l'échelle de 1000 parties, & on la portera de B en C ; enſuite on ouvrira le compas ordinaire de C juſqu'en A, & on portera Pl. 7. Fig. 29.

Pl. 7. Fig. 29. cette diſtance, qui ſera de 1016 parties, ſur les quarts de cercle. Ainſi, pour la diſtance de 1040, qui eſt la corde de l'angle horaire de 4 heures 40 minutes, on prendra avec un compas ordinaire la diſtance de 40 parties, que l'on portera de B en D, enſuite on ouvrira le compas de D en A, & on aura la diſtance de 1040 parties. On fera de même pour 1064; on prendra ſur l'échelle de 1000 parties le nombre 64, que l'on portera de B en E. Pour 1087, on prendra la diſtance du nombre 87, que l'on portera de B en G, & ainſi des autres cordes qui ſurpaſſeront 1000.

193. Si l'échelle de 1000 parties, que l'on a, étoit trop grande pour le plan ſur lequel on veut tracer le Cadran; il faudroit prendre pour rayon des quarts de cercle LD & FE, 500 parties au lieu de 1000; mais dans ce cas, il ne faudroit prendre que la moitié des cordes des angles horaires de la cinquieme colonne de la Table. On pourroit auſſi employer un rayon de 2000 parties, quoique l'échelle ne fût que de 1000 parties, en ſe ſervant de l'expédient que nous venons d'indiquer. Pour lors il faudroit doubler les cordes des angles horaires. Par exemple, au lieu de 186 parties, qui eſt la corde de l'angle horaire pour une heure, il faudroit prendre 372 parties. Si le rayon étoit de 3000 parties, il faudroit tripler les cordes; ſi le rayon étoit de 4000 parties, il faudroit les quadrupler. Dans ce cas, il faudroit avoir une échelle de parties égales, qui pût contenir les nombres ſuffiſans; ou du moins, porter ſur une regle aſſez longue & bien unie, cinq ou ſix fois la longueur de l'échelle que l'on a, & y tirer des ſimples perpendiculaires. On prendroit ſur cette regle tous les milles dont on a beſoin, & les dixaines, avec les unités ſur l'échelle de 1000 parties. Par exemple : on veut 4856 parties; on prendra les 856 parties, que l'on portera ſur la

regle après les 4000 parties. L'on voit par-là qu'on peut abſolument, dans le beſoin tracer un grand Cadran avec une petite échelle de 1000 parties. Mais cela demande une grande exactitude & beaucoup d'attention, pour être toujours juſte. Quand on portera pluſieurs fois la longueur de l'échelle ſur une regle de bois bien uni, il faut le faire avec beaucoup de préciſion, & y marquer des points très-fins. Si on étoit obligé de ſe ſervir d'un rayon de 4000 parties, il faudroit que la regle fût aſſez longue pour en contenir 6000.

194. Si l'on avoit un grand demi-cercle de 10 à 12 pouces au moins de rayon, où les minutes fuſſent bien ſenſibles, bien diviſé, & qui eût une alidade, on pourroit s'en ſervir pour tracer tous les angles horaires. On appliqueroit ſon centre ſur le centre du Cadran, & ſa ligne diametrale le long de la méridienne. Cet inſtrument ne ſeroit pas commode pour les grands Cadrans verticaux. Les échelles, ſoit de cordes, ſoit de parties égales, ſont toujours préférables.

195. On fera toutes les opérations précédentes avec une pointe d'acier aſſez fine, tant pour avoir plus de juſteſſe, qu'afin que les lignes horaires ſoient aſſez déliées ; attendu qu'on ne regarde que de près ces ſortes de Cadrans : enſuite on gravera finement & profondément toutes les lignes avec un burin ou autrement. Les chiffres horaires ſeront gravés beaucoup plus fort. On ne les mettra pas dans un cadre à l'extrémité de la périférie du plan, parce que cela raccourciroit trop les lignes horaires. PL. 7. *Fig.* 28.

Le reſte ſe fera comme par la méthode géométrique de tracer le Cadran horiſontal ; c'eſt-à-dire, qu'en prolongeant les lignes horaires de 4 & 5 heures du ſoir au-delà du centre I, on aura les 4 & 5 heures du matin, & en prolongeant au-delà du centre C, les 7 & 8 heures du matin, on aura les 7 & 8 heures du ſoir. Il en ſera de même des minutes, quarts &

PL. 7. *Fig.* 28. demi-heures ; mais il faut remarquer que les 7 & 8 heures du soir, de même que leurs demi-heures, quarts & minutes qui suivent les 6 heures du soir, doivent venir du centre C ; & celles qui précédent les 6 heures du matin, doivent venir du centre I ; de façon, par exemple, que la regle étant posée sur la ligne horaire de 5 heures du soir, elle passe sur le centre I, & trace la ligne horaire de 5 heures du matin, &c.

La planche 7, fig. 28, pourroit servir de modele pour la disposition & la forme qu'on peut donner au Cadran horisontal. L'on a placé les lignes horaires des minutes à l'extrêmité de la périférie du plan ; afin qu'elles soient plus écartées les unes des autres : on les a faites très courtes, pour qu'il y ait moins de confusion. Les chiffres horaires sont tellement disposés, qu'ils n'occupent aucune place nécessaire à la perfection du Cadran. Si le plan étoit de pierre ou de marbre, & qu'il eût environ 36 pouces de diametre, l'on pourroit y marquer toutes les minutes : de même que s'il étoit en cuivre, ou en étain, &c, quand même le plan n'auroit que 15 à 18 pouces de grandeur ; la gravure peut se faire tout autrement fine & nette sur les métaux que sur la pierre. L'ardoise bien choisie peut aussi être gravée presqu'aussi bien.

SECTION III.

Poser l'Axe & orienter le Cadran Horisontal.

PL. 8. *Fig.* 30. *Fig.* 31. 196. L'AXE du Cadran horisontal sera toujours mieux en cuivre ou laiton, qu'en fer ou toute autre matiere. Son angle DBA doit être égal à la hauteur du pole sur l'horison. On trouvera cet angle par la même méthode que les cordes des angles horaires (supposé que l'on n'ait point une échelle de cordes).

Dans notre exemple, la latitude est de 44° 50'. Pour trouver sa corde, je prends la moitié de 44° 50', qui est 22° 25', je cherche son sinus naturel, qui est 3813393; je double ce sinus, ce qui fait 7626786. Je retranche les quatre derniers chiffres, & j'ajoute une unité à ceux qui restent; ainsi j'ai la corde de l'angle cherché de 44° 50', qui est de 763 parties. On tirera donc une ligne BD, qui sera la base de l'axe; du point B, comme centre, & de l'invalle de 1000 parties de l'échelle dont on se sert, on décrira l'arc DE : ensuite on prendra sur la même échelle la distance de 763 parties, que l'on portera sur l'arc depuis D en E; on y marquera un point; & du sommet B on tirera une ligne BA, qui passe sur ce point; on aura l'angle requis de 44° 50'. PL. 8. *Fig.* 30. *Fig.* 31.

Si l'Axe doit être posé sur un Cadran de pierre assez épaisse, on y fera trois forts tenons C, C, C, avec un grand trou à chacun: on le scellera en plomb. Il convient de lui donner une épaisseur suffisante, selon sa grandeur; s'il a, par exemple, 15 ou 20 pouces de longueur, on fera son corps de 6 lignes au moins d'épaisseur, & son dos, ou son dessus, formera comme une regle, dont la largeur excédera l'épaisseur du corps de l'Axe d'une ligne de chaque côté, en observant de donner une demi ligne de largeur de plus au bout supérieur qu'à l'inférieur, pour corriger, du moins en partie, les effets de la pénombre, qui, sans cet expédient, paroît faire avancer un peu le Cadran aux heures avant midi, & le faire retarder d'autant l'après-midi. Selon les dimensions que nous venons de déterminer, on donnera 8 lignes de distance d'un centre à l'autre, & par conséquent aux deux lignes de midi. Il sera mieux de ne point tracer le Cadran que l'Axe ne soit fait; on s'épargnera par-là beaucoup de travail.

La ligne BA s'appelle la *longueur de l'Axe*. Elle doit excéder d'environ 6 lignes (le supposant de 18 pouces de longueur) la distance du centre du Cadran aux lignes horaires les plus courtes ; du moins dans la partie méridionale de la France ; afin que l'ombre la plus courte, qui est à midi au solstice d'été, puisse les atteindre. Si le Cadran n'est pas à minutes, l'Axe ne doit pas être si long, parce qu'on fait toujours les lignes horaires des demi heures & des quarts d'une longueur considérable. *Voy. la Table des Matieres ; au mot* Axe.

Pl. 36. *Fig.* 87. 197. Si l'on veut un Axe plus simple, pour faire moins de dépense, soit qu'on le destine pour un grand Cadran horisontal, ou pour un petit, on pourra le construire comme il est représenté, *pl.* 36, *fig.* 87 : le corps de l'axe aura 2, 3, ou 4, ou 5 à 6 lignes d'épaisseur, selon sa grandeur ; & sur le dos AB, on attachera une regle d'une épaisseur & d'une largeur proportionnée, ou en la soudant, ou par des vis ou des rivures. Il est toujours convenable que le dessus ou le dos AB de l'Axe excéde le corps, afin que son ombre soit plus nette.

198. La meilleure maniere, sans contredit, de construire l'Axe du Cadran Horisontal, est de le faire en fil de laiton bien tendu, & formant l'angle de l'élévation du pole ; il marquera les heures par son ombre. Si l'on veut suivre cette méthode, il ne faut tracer qu'une méridienne, avec un seul centre, dans lequel on fera un trou, pour y sceller solidement un petit morceau de laiton ; où l'on fera encore un très-petit trou, pour y fixer, à vis ou autrement, un bout de fil de laiton, dont on arrêtera l'autre bout à l'extrémité supérieure d'un pied droit, d'une élévation convenable, pour que ce fil d'archal fasse l'angle de l'élévation du pole. Ce pied droit doit être bien arrêté sur le Cadran, afin qu'il puisse résister à la tension du fil d'archal de laiton. Cette méthode de construire l'Axe est certainement la meilleure, si l'on n'a égard qu'à la jus-

teſſe du Cadran; mais, s'il eſt ſujet à être approché par toutes ſortes de perſonnes, comme d'enfans, &c. & autres qui n'ont pas plus de diſcrétion ni de diſcernement, l'Axe ne réſiſtera pas long-temps : on le dérangera fort aiſément, n'étant pas aſſez ſolide. Comme ces ſortes de Cadrans ſont preſque toujours expoſés à ces inconvéniens, il eſt aſſez général de préférer l'autre maniere de conſtruire l'Axe, qui d'ailleurs eſt d'une exécution plus facile. La méthode de le conſtruire par un fil de laiton, n'eſt guère pratiquable qu'en un Cadran fait de quelque métal, comme de cuivre ou d'étain ; mais elle devient plus difficile ſur un Cadran de pierre ou de marbre, &c.

199. Le Cadran étant gravé, on y fera les trous convenables pour ſceller l'Axe. Ces trous ſeront un peu plus grands dans leur fond qu'à l'entrée. On y ajuſtera l'Axe, de façon que ſa baſe joigne bien ſur le plan, & que le bout inférieur B de l'Axe ſoit préciſément poſé ſur le centre, & exactement dans le milieu de l'eſpace entre les deux lignes de midi. On le metra bien perpendiculaire au plan, au moyen d'une équerre que l'on préſentera de chaque côté. On pourra le fixer avec quelques coins de bois; & on ne laiſſera qu'un ſeul trou vuide, pour y verſer le plomb fondu. Lorſqu'on aura rempli un trou, & que le plomb ſera un peu refroidi, on ôtera les coins des autres trous, & on les remplira également. Le plomb étant froid, on le battra avec un marteau, pour le conſolider, & on coupera peu à peu tout le ſuperflu avec un ciſeau de Menuiſier. Si l'on trouvoit que l'Axe penchât un peu plus d'un côté que de l'autre, on pourroit le faire revenir en battant un peu le plomb avec un marteau.

Si le Cadran étoit de quelque matiere mince, comme ardoiſe, cuivre, étain ou plomb, &c. on pourroit arrêter l'Axe par-deſſous, ſoit avec des vis ou clavettes, ou bien le ſouder.

200. Le Cadran étant entiérement fini, il s'agit de l'Orienter, & de le mettre parfaitement de niveau. Ce sont deux opérations qu'il faut nécessairement faire ensemble, & qui demandent de l'adresse. Car supposé qu'on l'ait mis bien de niveau, il peut n'être pas bien Orienté; & pour le remettre bien Orienté, on lui fait perdre son parfait niveau; ces deux opérations ne sont pas aisées à faire : voici comment on y pourra réussir.

Orienter le Cadran Horisontal.

La meilleure maniere d'Orienter le Cadran, est de s'assurer de l'heure de midi, soit par un autre Cadran que l'on saura être bien fait, soit encore mieux par une méridienne horisontale que l'on peut tracer à portée du Cadran Horisontal. Nous enseignerons dans le Chapitre IX de ce Traité, la maniere de tracer cette méridienne horisontale.

Il faut d'abord poser le Cadran en sa place, l'Orienter aussi près que l'on pourra, à quelque minute près, s'il est possible, & le mettre parfaitement de niveau en tous sens ; ce qui s'exécutera très-bien au moyen d'un bon niveau d'air : ce sont presque les seuls qui ayent assez de précision. Au défaut d'un niveau d'air, on pourra en employer un ordinaire, comme nous l'avons dit dans le Chapitre des Instrumens. Quelques minutes avant midi, on Orientera à peu près le Cadran avec une montre mise à l'heure la veille. Nous supposons donc que l'on a une méridienne horisontale auprès du Cadran Horisontal. Il faut, au moment de midi de la méridienne horisontale, mettre une montre sur le midi, & tout de suite voir de quel côté il faut tourner le Cadran, pour lui faire marquer midi en même-temps, & le tourner à l'instant. Comme il perd son parfait niveau, il est nécessaire de le remettre de niveau, &

attendre que midi un quart ſoit venu, pour voir s'il ſe rencontre bien préciſément avec la montre; s'il n'eſt pas bien, il faut le remuer encore & le remettre de niveau, & examiner à midi & demi s'il ſera bien conforme à la montre; s'il n'y eſt pas encore, il faut y retoucher & l'examiner de nouveau à midi trois quarts; enfin juſqu'à une heure après midi, & juſqu'à ce qu'il aille bien.

Le lendemain, ou un autre jour ſi le lendemain le Soleil n'éclaire point, on verra ſi le Cadran marque midi juſte au même moment que la méridienne le marquera; pour cela on remettra promptement la montre ſur le midi de la méridienne, pour y confronter de nouveau le Cadran : s'il n'eſt pas encore bien, il faut y retoucher, & l'examiner à midi & un quart. Si l'on a au voiſinage un bon Cadran vertical bien fait, on peut s'en ſervir pour Orienter le Cadran Horiſontal : on pourra confronter l'un avec l'autre à toutes les heures. Enfin, lorſqu'on ſera aſſuré qu'il eſt bien Orienté & parfaitement de niveau, on l'arrêtera, ſoit avec du plâtre ou autrement.

201. Pour placer le niveau comme il faut, on ſe ſervira d'une regle dont la largeur ſoit exactement égale d'un bout à l'autre, & bien droite; on l'appliquera ſur ſon côté le long de la méridienne, & on poſera le niveau ſur la regle : lorſqu'on aura nivellé le Cadran en ce ſens, on appliquera la regle ſur la ligne de ſix heures; on poſera le niveau ſur la regle, & on nivellera encore le Cadran en ce ſens. On remettra la regle au côté de la méridienne, avec le niveau deſſus, pour voir ſi le premier nivellement n'a pas été dérangé; c'eſt ainſi que l'on préſentera la regle & le niveau en ces deux ſens, juſqu'à ce que le Cadran ſoit bien de niveau; car cela eſt eſſentiel.

Quand le Cadran ſera bien de niveau, on peut éprouver ſi l'Axe eſt exactement poſé à angles droits, en ſuſpendant un plomb pointu par le bas, & l'appliquant au côté du bout supérieur de l'Axe. Si la pointe du plomb tombe sur une méridienne, & que le plomb étant changé de l'autre côté du bout de l'Axe, sa pointe touche encore l'autre méridienne, l'Axe sera bien posé. Du reste, il faut que le bout du Cadran où est le centre, soit tourné du côté du midi ou du sud, & le côté opposé vers le septentrion.

202. Quoique le Cadran soit fait exactement & & bien Orienté, on pourra y remarquer une petite erreur à certaines heures, soit avant, soit après midi. On trouvera qu'il avance un peu le matin, & retarde un peu le soir. Cela vient de ce que la réfraction des rayons de lumiere, causée par l'air, fait paroître le Soleil plus élevé qu'il n'est, d'une quantité qui diminue à proportion que le Soleil s'approche du Méridien. Ainsi l'erreur est d'autant moindre, que les heures marquées par le Cadran, sont moins éloignées de midi. Cette erreur est même insensible vers les dix ou onze heures avant midi, & vers une heure ou deux heures après midi en Eté, parce que le Soleil est fort élevé à ces heures-là; mais à midi il n'y a jamais aucune erreur. Il faut encore remarquer qu'en Hiver l'erreur est plus grande qu'en Eté, parce qu'en ce temps-là le Soleil est beaucoup plus bas qu'en Eté.

203. Si l'on avoit un Cadran Horisontal tout fait pour une latitude particuliere & différente de celle du lieu où on voudroit le faire servir, on pourroit lui faire marquer juste les heures par la maniere de le placer. Si, par exemple, le Cadran étoit tracé pour la hauteur du pôle de 49 degrés, & qu'on voulût le poser dans un lieu dont la latitude ne fût que de 43 degrés, il faudroit le poser en pente, & l'élever du côté du centre qui regarde le midi, l'élever, dis-je, de 6 degrés au-dessus du niveau, afin que son axe devienne parallele à l'axe du Monde; car les axes de tous les Cadrans, quels qu'ils soient,

doivent avoir cette ſituation. Si le lieu où l'on doit placer le Cadran, a ſa latitude plus grande que celle pour laquelle le Cadran a été tracé, par exemple, de 54 degrés, il faudra élever le côté du Cadran tourné vers le ſeptentrion, de 5 degrés. Du reſte, il faut qu'il ſoit bien Orienté, & parfaitement de niveau de l'orient à l'occident, quoiqu'il ſoit en pente du midi au ſeptentrion.

CHAPITRE V.

Des Cadrans qu'on appelle Réguliers.

QUOIQUE le Cadran Horiſontal, dont nous venons de parler au Chapitre précédent, ſoit du nombre de ceux que l'on appelle *Réguliers*, nous avons pourtant cru devoir en faire un Chapitre à part, & le mettre, pour ainſi dire, dans une claſſe particuliere pour le traiter aſſez au long, & avec beaucoup de ſoin, à cauſe de ſon utilité, & du grand uſage que l'on en fait. Outre le Cadran Horiſontal, il y en a d'autres que l'on appelle *Réguliers*, parce qu'ils ne déclinent point du tout. Ils peuvent ſe réduire à trois eſpeces, ſavoir, le *vertical méridional* & *ſeptentrional*, le *vertical oriental* & *occidental*, l'*équinoxial* & le *polaire*, qui ſe poſent dans une ſituation inclinée. Nous avons donné la définition de ces trois eſpeces de Cadrans aux articles 85, 89 & 90, ainſi nous paſſerons à la diviſion de ce Chapitre qui aura trois Sections : dans la premiere nous traiterons des Cadrans verticaux tournés vers le midi, & de ceux qui ſont tournés vers le ſeptentrion non déclinans ; dans la ſeconde nous parlerons des Cadrans orientaux & occidentaux ; & dans la troiſieme nous donnerons la deſcription de l'équinoxial & du polaire.

SECTION PREMIERE.

Cadrans Verticaux méridionaux & septentrionaux non déclinans.

204. Avant de tracer un Cadran ſur un mur, il faut faire préparer l'endroit où l'on veut le placer, afin qu'il ſoit bien *plan*, c'eſt-à-dire, bien droit en tous ſens, & bien à plomb. On trouve difficilement des ouvriers qui y regardent d'aſſez près; il faut donc les conduire ſoi-même. Voici comment on s'y prendra.

On commencera par ôter tout l'ancien mortier qui couvre le mur, (s'il eſt crépi), juſques dans les joints des pierres. On compoſera ainſi le nouveau mortier : on aura un bon tiers de chaux qui ne ſoit pas récemment éteinte, deux tiers de gros ſable, & une partie conſidérable de brique pilée que l'on appelle *ciment*. On gâchera le tout ſans y mettre de l'eau, juſqu'à ce qu'il ſoit bien incorporé enſemble. Si on craint que ce mortier ne fende, on y mêlera ſuffiſamment de la bourre, que l'on battra bien auparavant, afin de la défaire exactement. Tout étant bien mêlé, on mouillera abondamment le mur, & l'on y donnera une couche de crépi avec ce mortier.

Lorſqu'il ſera bien ſec, on fera aux deux extrémités du plan, c'eſt-à dire, aux deux côtés, une bande de plâtre de haut en bas : mais il faut placer ces deux bandes de plâtre hors de l'étendue du plan du Cadran. Si le plan eſt fort grand, comme de 8 ou 10, ou 12 pieds, on en fera une autre au milieu. Ces bandes doivent être exactement à plomb, bien droites, & toutes les trois ſur la même ligne ; ce que l'on pourra reconnoître en appliquant horiſontalement une grande regle récemment dreſſée. Si elle touche les trois bandes à-la-fois en la faisant couler de haut en bas, & la posant obliquement de deux sens, les trois bandes seront bien faites. Il faut prendre garde qu'à mesure qu'elles séchent, elles perdent de leur justesse; il faut avoir soin de les rectifier.

Les trois bandes étant bien séches & droites, on verra si les entre-deux sont assez profonds pour recevoir une autre couche de crépissage, comme le premier : mais on ne passera jamais aucune couche de mortier que le premier ne soit sec; on mouillera bien le plan, & on passera l'autre couche de crépissage avec le même gros mortier. Lorsque cette couche sera bien séche, on présentera la regle sur les bandes de plâtre, & on verra si cette seconde couche touche presque la regle. Pour lors on fera le méme mortier qu'auparavant, mais sans y mêler de la bourre; on passera à travers un tamis de crin le sable & le ciment; & avec ce mortier qui sera fin comme du plâtre, on passera par-tout un enduit que l'on unira soigneusement avec le bouclier. Il ne faut pas manquer aussi de mouiller le plan avant d'y passer ce dernier enduit. A tout moment on présentera la regle, & on fera en sorte qu'elle touche par-tout également. On prendra garde de ne pas faire plier la regle en la présentant sur le plan. Il faut même la visiter chaque jour avant de s'en servir, & la faire redresser, si elle en a besoin.

Cette derniere couche doit être fort mince, si l'on veut réussir; c'est pourquoi on doit mettre du gros mortier suffisamment, pour que le plan soit presque droit, & il doit être parfaitement sec avant de passer l'enduit de mortier fin. Si l'on mettoit un enduit épais, il perdroit sa droiture & son égalité en séchant; il faudroit toujours y revenir, & l'on auroit peine à réussir.

Avant que cet enduit soit sec, on ôtera la bande du plâtre du milieu, & après avoir mouillé l'endroit où elle étoit, on le remplira avec du gros mortier, lequel étant bien sec, on y passera le même enduit de mortier fin comme à tout le reste du plan, faisant en sorte qu'il n'y paroisse aucune reprise. Tout étant fait & reconnu bien plan, on ôtera les autres bandes de plâtre, & l'on donnera au plan du Cadran le contour que l'on jugera à propos.

205. Si le mur sur lequel on fait le plan du Cadran, est bâti en moilon, il faut voir les endroits à peu près où l'on aura besoin de faire les trous pour sceller l'axe, & l'on y sera mettre des pierres de taille, en observant qu'elles effleurent entiérement le plan du Cadran, en sorte qu'on ne soit pas obligé d'y appliquer aucun enduit par-dessus; à moins que le grain de la pierre ne soit fort gros. Cette opération doit se faire avant de passer aucun crépi.

206. Si le mur est bâti tout en pierre de taille dont le grain ne soit pas trop gros, on se contentera de dresser parfaitement tout le plan, en retaillant la pierre, & on le rendra bien vertical, bien droit, & aussi uni qu'il sera possible.

Il y a des pays où le plâtre résiste au mauvais temps, en ce cas il sera propre à faire l'enduit du plan du Cadran. Si l'on n'en trouve pas de si bon, on pourra mêler le médiocre avec le mortier dont nous venons de parler. Si l'enduit à faire sur le mur doit être d'une épaisseur considérable, il sera bon de ficher dans le mur une quantité de clous assez forts & assez enfoncés, pour que leur tête puisse être cachée dessous le dernier enduit : par ce moyen, l'enduit ne se séparera pas du mur. L'on est quelquefois obligé de donner une épaisseur considérable à l'enduit, pour rendre le plan du Cadran bien vertical & bien droit.

207. Le plan étant fini & bien sec, on y passera une couche d'huile de lin ou de noix bien chaude, sans aucune préparation, & l'on continuera de suite

à passer de l'huile tant que le plan pourra s'en imbiber, sans attendre qu'elle séche, afin qu'elle s'imbibe dans le mortier, & le pénetre aussi avant qu'il se pourra. Après que ces couches d'huile seront parfaitement séches, ce qui arrivera en douze ou quinze jours, on y passera une couche de céruse à l'huile, que l'on laissera bien sécher, & après on cherchera si le mur décline, comme nous l'enseignerons au Chapitre suivant. La blancheur de la céruse se conservera mieux, si elle est exactement broyée, & qu'on l'employe aussi épaisse que l'on pourra. Moins il y aura d'huile, moins la céruse roussira. On fera bien de ne point préparer l'huile : elle sera plus long-temps à sécher ; mais aussi le blanc ternira moins.

208. Lorsque l'on rencontrera un mur bien directement tourné vers le midi, il sera très-facile d'y tracer un Cadran solaire, mais il faut s'assurer qu'il ne décline point du tout, par les moyens que nous indiquerons dans le Chapitre suivant. S'il n'y a point de déclinaison, il faudra imiter en tout les mêmes opérations du Cadran Horisontal.

Si l'on veut suivre la méthode géométrique, on suivra celle que nous avons donnée, art. 163 & suiv. mais au lieu de tirer la ligne EF qui fasse un angle égal à l'élévation du pôle avec la méridienne, lequel est de 44° 50′, comme nous l'avons supposé, il faudra faire cet angle FEB égal au complément de l'élévation du pôle, qui est 45° 10′, & faire tout le reste comme nous l'avons détaillé. Il ne faudra pas le faire à deux centres, mais à un seul. Les heures du matin seront posées à la gauche du côté de l'occident, & les heures du soir à la droite du côté de l'orient. Ce Cadran ne peut marquer les heures que depuis les six heures du matin jusqu'à six heures du soir ; par conséquent, il n'en faut point d'autres qui précédent six heures du matin, ni qui suivent les six heures du soir.

PL. 6. *Fig.* 27.

209. Si l'on veut suivre la méthode du calcul, qui est sans contredit la meilleure, c'est encore la même chose que pour le Cadran Horisontal : il suffit de changer le second terme de l'Analogie du Cadran Horisontal, qui dit : *le rayon est au sinus de la hauteur du pôle, comme la tangente de la distance du Soleil au Méridien, est à la tangente de l'angle horaire dans le Cadran Horisontal;* & en changeant le second terme de l'Analogie, il faut dire : *le rayon est au cosinus de la hauteur du pôle; comme la tangente*, &c. Lorsque nous avons traité du calcul pour le Cadran Horisontal, nous nous sommes servis, pour exemple, de l'élévation du pôle de 44° 50′, qui étoit le second terme de l'Analogie; mais il faut prendre pour le second terme de l'Analogie du Cadran Vertical non déclinant 45° 10′. Exemple : on veut trouver l'angle horaire de deux heures après midi : la distance du Soleil au Méridien est pour lors de 30°, son log. tangente sera 976144

qu'il faut additionner avec le log. sinus de 45° 10′. 985074

Somme & reste . . . 1961218;

dont la soustraction se trouve faite en retranchant la premiere unité; c'est le log. tangente de l'angle horaire cherché. Or ce nombre 961218 se trouve dans la Table le log. tangente de 22° 16′, qui est l'angle horaire de deux heures après midi. C'est ainsi qu'il faut faire le calcul pour tous les angles horaires du Cadran Vertical du midi non déclinant.

210. L'axe de ce Cadran sera posé sur la méridienne, qui est en même-temps la soustylaire, lorsqu'il n'y a point de déclinaison, & son angle sera égal au complément de l'élévation du pôle du lieu où se fait le Cadran. Nous expliquerons assez au long, vers la fin du Chapitre suivant, la maniere de poser l'axe.

211. Le Cadran ſeptentrional non déclinant eſt celui que l'on décrit ſur un mur directement tourné vers le nord ou ſeptentrion; c'eſt préciſément l'opposé du vertical méridional non déclinant, dont nous venons de parler. Sa deſcription eſt fort ſimple. Renverſez & tournez de haut en bas un Cadran vertical méridional, & vous aurez le vertical ſeptentrional. L'axe alors ſera dans ſa vraie poſition, & les angles horaires ſeront les mêmes; mais il faudra prolonger au-delà du centre les lignes horaires de 7 & de 8 heures du ſoir, pour avoir les 7 & 8 heures du matin, & prolonger auſſi au-delà du centre les 4 & 5 heures du ſoir pour avoir les 4 & 5 heures du matin. Voyez la fig. 37.

212. Ce Cadran ne pouvant être éclairé que lorſque le Soleil eſt dans la partie ſeptentrionale du Monde, c'eſt-à-dire, depuis l'équinoxe du mois de Mars juſqu'à celui du mois de Septembre, on en retranchera toutes les heures qu'il ne peut marquer, ſavoir, les 9, 10, 11, 12, 1, 2 & 3 heures; on n'y laiſſera que les 4, 5, 6, 7 & 8 heures du matin, & les 4, 5, 6, 7 & 8 heures du ſoir. Celles du matin ſeront tracées du côté occidental du Cadran, c'eſt-à-dire, à la droite de celui qui regarde le Cadran, & les heures du ſoir à la gauche. *Pl. 9. Fig. 37.*

Ce Cadran ayant le centre en bas par ſa ſituation renverſée, ſon axe qui regarde en haut, doit être poſé ſur la méridienne, laquelle dans ce Cadran eſt la ligne de minuit. Pour mieux concevoir la ſituation de l'axe, imaginez-vous que celui qui eſt planté ſur le vertical méridional, traverſe le mur de part en part, & a autant de ſaillie du côté du ſeptentrion que du côté du midi. Cette diſpoſition de l'axe ſera celle du Cadran ſeptentrional. Cet axe, ſuppoſé prolongé à l'infini vers le midi & du côté du nord, en ligne droite, aboutiroit aux deux pôles du Monde. Telle doit être la ſituation ou la poſition des axes de tous les Cadrans.

SECTION II.

Cadrans Orientaux & Occidentaux.

213. Les Cadrans Oriental & Occidental sont tracés l'un & l'autre sur le plan du Méridien du lieu; le premier regarde directement l'orient, & le second l'occident, sans aucune déclinaison; c'est de quoi il faut bien s'assurer avant de le tracer, par les méthodes que nous donnerons dans le Chapitre suivant. Voici donc la construction géométrique du Cadran Oriental.

Pl. 9. Fig. 32. 214. Tirez la ligne horisontale HR, & choisissez sur cette ligne le point que vous voudrez P pour le pied du style, dont le bout supérieur doit marquer les heures; faites au point P vers la gauche un angle HPE du complément de l'élévation du pôle sur l'horison du lieu en prolongeant EP en N. Cette ligne EN sera l'équinoxiale. Menez ensuite la ligne CA qui passe par le pied du style, & qui fasse avec la ligne HR un angle APH égal à l'élévation du pôle: cette ligne CA qui se rencontrera à angles droits avec l'équinoxiale EN, sera la ligne horaire de 6 heures du matin, & sera aussi la soustylaire.

215. Après avoir tracé ces lignes, on tire les horaires de la maniere suivante. On prend sur la soustylaire CA le point A, autant éloigné que l'on voudra du point P, selon la grandeur que l'on donnera au Cadran; du point A comme centre, on décrit un demi-cercle, dont le rayon est d'une longueur arbitraire. On divise ce demi-cercle en douze parties égales, en commençant au point P, par lequel passe la soustylaire; & ensuite du centre A du demi-cercle,

on tire des lignes ponctuées qui passent par les points de division du demi-cercle, & qui soient prolongées jusqu'à l'équinoxiale EN; elles marqueront les points horaires sur cette équinoxiale : en tirant donc par ces points horaires des lignes paralleles à la soustylaire CA, elles seront les lignes horaires, dont la soustylaire sera celle de 6 heures du matin. Les paralleles qui sont au-dessus de la soustylaire, marqueront les 4 & 5 heures du matin; & celles qui sont au-dessous de la soustylaire, désigneront les heures 7, 8, &c. d'avant midi. PL. 9. *Fig.* 32.

216. Si on pose un style sur le point P, ou qu'on le plante ailleurs, mais de façon qu'étant recourbé, son sommet soit perpendiculairement sur la ligne CA de 6 heures, ou sur le point P, si l'on y avoit tracé les arcs des signes, & que sa hauteur, c'est-à-dire, la distance depuis le point P jusqu'à son sommet, soit égale à la distance que l'on a prise de P jusqu'à A, le sommet de ce style marquera les heures par son ombre. Mais si au lieu d'un style qui ne marque l'heure que par l'ombre de son sommet, on veut y mettre un axe, ce qui sera mieux; cet axe doit être parallele dans toute sa longueur au plan du Cadran & à toutes les lignes horaires, c'est-à-dire, qu'il ne soit pas plus éloigné du plan du Cadran d'un bout que de l'autre. Quant à sa hauteur, elle doit être égale à PA. La longueur de l'axe sera arbitraire : on ne mettra point de style si on employe un axe; & cet axe tiendra dans le mur par deux pieds de même hauteur à chaque bout; on remarquera que l'axe ainsi posé est parallele à l'axe du Monde. Ce Cadran ne peut marquer les heures que depuis le matin au lever du Soleil jusqu'à onze heures trois quarts & quelques minutes.

217. Si l'on veut y marquer les demi-heures ou les quarts, on divisera chaque arc du demi-cercle en deux ou en quatre parties égales, & ensuite par le point

Pl. 9. Fig. 32. Fig. 34. A & par les divisions du demi-cercle, on marquera, comme auparavant, les points horaires sur l'équinoxiale, sur lesquels on tirera des paralleles aux autres lignes horaires que l'on distinguera des autres. Ces sortes de Cadrans n'ont point de centre, étant polaires, puisqu'ils sont dans le plan de l'axe du Monde.

218. Le Cadran Occidental est précisément le même, mais dans une situation opposée ; au lieu d'y marquer les heures du matin, comme 4, 5, 6, 7, 8, 9, 10, 11, il faudra mettre celles du soir, comme 1, 2, 3, 4, 5, 6, 7 & 8 heures. La ligne de 6 heures est toujours la soustylaire ; on posera l'axe dans une situation parallele à cette ligne. Si l'on traçoit un Cadran Oriental sur une feuille de papier huilé, & qu'étant tourné de l'autre côté, (mais non de haut en bas), on le regardât à travers le papier, on verroit un Cadran Occidental tout tracé.

219. Si, pour avoir plus de justesse, l'on veut employer la méthode du calcul, on trouvera les points horaires sur l'équinoxiale sans décrire le demi-cercle, & sans le diviser. Ainsi après avoir tiré les lignes HR, CA & EN, qui est l'équinoxiale, il suffira de trouver les tangentes naturelles de chaque distance horaire sur cette derniere ligne EN en cette sorte.

Il faut toujours partir de la ligne de 6 heures CA qui passe par le point P, & dire; la distance du Soleil de 5 à 6 & de 6 à 7 heures, est de 15 degrés. On cherche dans les Tables la tangente naturelle de 15 degrés, qui est 268, en retranchant les quatre derniers chiffres, on portera donc sur l'équinoxiale de part & d'autre du point P de 6 heures, la distance de 268 parties de l'échelle dont on se sert, & on marquera les points horaires de 5 & de 7 heures. Je suppose ici que l'on donne au style ou à l'axe la hauteur de 1000 parties de la même échelle; car si on n'en donnoit que 500 parties, il ne faudroit prendre que la moitié du nombre trouvé à la tangente ; & si l'on donnoit, par exemple, 2000 ou 3000 parties, on doubleroit ou l'on tripleroit la tangente. Pour faire la suite des angles horaires, on dira : la distance du Soleil depuis 6 heures jusqu'à 8 & à 4 est de 30 degrés. Je trouve que la tangente naturelle de 30 degrés est de 577, on la prend sur l'échelle, & on la porte sur l'équinoxiale depuis le point P de part & d'autre, & on a les points horaires de 4 & de 8 heures. Pour 9 heures, la distance du Soleil depuis 6 heures jusqu'à 9 heures est de 45 degrés, dont la tangente naturelle est de 1000 parties, on la porte sur l'équinoxiale, en partant toujours du point P. Pour 10 heures, la distance du Soleil de 6 heures jusqu'à 10 est de 60 degrés, dont la tangente est de 1732, & ainsi des autres points horaires. Lorsqu'on les aura tous marqués sur l'équinoxiale, on tirera par ces points des paralleles à la ligne CA. Si l'on veut marquer les demi-heures & les quarts, on dira, par exemple, pour 7 heures & demie la distance du Soleil est de 22 degrés 30 minutes, & on aura le point horaire de 7 heures & demie & de 4 heures & demie. Pour 6 heures & demie & pour 5 heures & demie, la distance du Soleil est de 7 degrés 30 minutes, on en cherchera la tangente que l'on portera sur l'équinoxiale de part & d'autre du point P : on fera de même pour toutes les autres demi-heures, en ajoutant 7 degrés 30 minutes à la distance du Soleil pour l'heure ; pour les quarts on ajoutera 3 degrés 45 minutes à la distance du Soleil. En un mot, on se conformera, comme on a vû, au Cadran Horisontal, excepté, 1°. qu'au lieu de prendre la distance du Soleil au Méridien, on la prendra depuis 6 heures jusqu'à l'heure proposée ; en sorte que s'il y a une heure avant ou après 6 heures, la distance du Soleil est de 15 degrés ; s'il y en a deux, la distance du Soleil est de 30 degrés, &c. 2°. Il n'y a point

Pl. 9. Fig. 32. Fig. 34.

d'Analogie à faire, puisque le calcul se trouve tout fait dans la Table des tangentes naturelles.

220. Nous dirons encore en passant que l'on pourroit employer cette même méthode pour le Cadran Horisontal; elle est même conseillée comme préférable à toutes les autres par plusieurs savans Auteurs : mais comme on est obligé de tracer l'équinoxiale, qui est une suite de plusieurs autres opérations, si cette équinoxiale n'est pas tirée avec précision, comme il arrive bien souvent, tous les points horaires se trouveront faux. Nous pensons qu'un Cadran sera d'autant plus juste, qu'il y aura moins de lignes à tirer, & moins d'opérations à faire. Tirer des lignes avec précision & justesse; bien manier la regle & le compas, c'est une chose plus rare qu'on ne pense. Ainsi la méthode que nous avons donnée pour le Cadran Horisontal nous paroît la meilleure. Nous suivrons la même pour les Verticaux déclinans, comme on le verra dans le Chapitre suivant.

SECTION III.

Le Cadran Equinoxial & le Polaire.

221. LE Cadran Equinoxial est de deux especes; l'Equinoxial supérieur & l'Equinoxial inférieur. Celui-ci regarde le midi, & le supérieur est tourné vers le septentrion. Voici la maniere de tracer l'Equinoxial supérieur.

PL. 9. Fig. 33. Du centre C décrivez la circonférence EBF de la grandeur qu'il vous plaira; divisez-la en quatre parties égales par les diametres perpendiculaires AB & EF; divisez chaque quart de cercle en six parties égales; ce qui peut se pratiquer de la maniere suivante.

Ouvrez d'abord le compas de telle sorte, que la

distance de ses deux pointes soit égale au rayon du cercle AC, & appliquez-en une sur le point E, & l'autre sur l'autre point désigné par G. L'arc EG entre ces deux points E & G sera la sixieme partie de la circonférence, ou la troisieme de la demi-circonférence, parce que la corde de la sixieme partie de la circonférence est égale au rayon; ensuite laissant une des pointes sur G, portez l'autre sur un autre point H de la demi-circonférence; elle sera partagée en trois arcs égaux EG, GH & HF, dont chacun sera la troisieme partie de la demi-circonférence. Après cela divisez chacun de ces arcs en deux parties égales à l'arc BG ou BH, la demi-circonférence sera coupée en six parties égales. Enfin, divisez encore par moitié chacune de ces parties, vous aurez la demi-circonférence divisée en douze parties égales. PL. 9. *Fig.* 33.

Cette opération étant faite, tirez les lignes horaires du centre C à chaque point de division, & les prolongez au-delà du centre jusqu'à l'autre demi-circonférence, pour les heures seulement convenables avant la sixieme du matin & après la sixieme du soir. Fixez ensuite dans le centre du cercle un style de la hauteur d'environ la moitié du rayon AC, bien perpendiculaire au plan du Cadran, & il sera fini.

222. Pour orienter ce Cadran, il faut le mettre en pente, de façon que le point A soit en haut, que la ligne AB soit bien dans le plan du Méridien du lieu, & le plan du Cadran dans celui de l'équateur, c'est-à-dire, qu'il faut que le dessus du Cadran qui doit regarder le septentrion, soit élevé de maniere à faire un angle sur l'horison ou le niveau, égal au complément de l'élévation du pôle. Le Cadran étant ainsi disposé, aura son axe parallele à l'axe du Monde, & son ombre marquera les heures depuis le lever du Soleil jusqu'à son coucher, & cela de l'équinoxe du mois de Mars jusqu'à celui du mois de Septembre: ce sera un équinoxial supérieur.

Pour avoir l'équinoxial inférieur, on le tracera de la même façon que le supérieur ; mais on retranchera les heures qui sont avant les six heures du matin, & celles qui suivent les six heures du soir ; parce que l'équinoxial inférieur ne peut être éclairé que depuis l'équinoxe de Septembre jusqu'à celui du mois de Mars, où le Soleil ne se leve jamais avant six heures du matin, & ne se couche jamais après six heures du soir. On peut faire d'une seule piece, & par un seul plan, un Cadran Equinoxial supérieur sur la surface supérieure, & un inférieur sur la surface inférieure.

223. Le Cadran Polaire est une espece de Cadran incliné ; s'il est supérieur, il regarde le Ciel ; s'il est inférieur, il regarde la terre. Son plan est parfaitement parallele à l'axe de la terre, & il ne peut jamais marquer les six heures du matin ni du soir ; parce qu'alors l'ombre de son axe ou de son style, étant parallele au plan du Cadran, elle ne peut pas le rencontrer. Ce Cadran n'a point de centre, & les heures sont paralleles entr'elles & à l'axe du Monde.

Pl. 9. *Fig.* 36. 224. Pour décrire un Cadran Polaire supérieur ; tracez la ligne AB parallele à l'horison, & menez par le point E, milieu de AB, la droite CEH perpendiculaire à AB. Tirez les lignes FG, FG, paralleles à AB ; vous donnerez la distance qu'il vous plaira entre ces deux paralleles FG, FG, à l'égard de AB. Ensuite selon la longueur que vous voulez donner au Cadran, choisissez le point D, duquel comme centre, prenant pour rayon DE, décrivez un quart de cercle que vous diviserez en six parties égales ; & du point D vous menerez des lignes par chaque point de division du quart de cercle, & les prolongerez jusqu'à la ligne AB, sur laquelle vous aurez les points horaires. Tirez sur ces points horaires des lignes paralleles à CH, qui seront les lignes horaires. CH sera la méridienne, & les autres lignes seront les horaires, comme l'on voit dans la figure.

225. Si l'on veut déterminer les points horaires par le calcul sur l'équinoxiale AB, on suivra la méthode que nous avons donnée pour le Cadran Oriental, art. 219. Le Cadran Polaire inférieur se tracera de même que le supérieur; mais à l'inférieur on en retranchera les 9, 10, 11, 12, 1, 2 & 3 heures.

226. Si l'on veut faire marquer les heures par l'ombre du bout d'un style droit, il doit être posé au point E, & avoir, pour sa hauteur, la distance du point D à E. Si l'on veut y mettre un axe, il se posera sur la méridienne CH; il sera également élevé des deux bouts, & sa hauteur sera égale à DE, *Fig.* 39. comme le style.

227. Pour orienter le Cadran Polaire supérieur on fera convenir sa ligne méridienne avec le Méridien du lieu; de sorte que le côté AF regarde l'oc- *Fig.* 36. cident, & le côté BG l'orient. Il faut que le côté ou bord FCG soit plus élevé que le bord FHG; en sorte que le plan du Cadran fasse un angle égal à l'élévation du pôle, & qu'il soit bien de niveau de l'orient à l'occident. Le Cadran Polaire inférieur s'orientera de même.

CHAPITRE VI.

Cadrans Verticaux déclinans.

IL importe beaucoup de bien entendre ce Chapitre. L'usage des Cadrans Verticaux déclinans est si ordinaire & si fréquent qu'on n'en fait presque point d'autres. Il est extrêmement rare de trouver un mur parfaitement bien orienté; par conséquent, on est très-souvent, & presque toujours obligé de tracer un Cadran déclinant. Nous tâcherons de ne rien oublier pour en rendre la pratique la moins difficile qu'il sera possible. Pour cela nous traiterons cette matiere assez au long, & avec une attention particuliere. Nous diviserons ce Chapitre en six Sections : dans la premiere, nous donnerons la maniere de trouver la déclinaison du plan vertical ; dans la seconde, la maniere géométrique de décrire le Cadran Vertical déclinant du midi ou du septentrion ; dans la troisieme, nous enseignerons à trouver par le calcul les angles horaires, & autres nécessaires pour le même Cadran ; dans la quatrieme, il s'agira de la détermination des premieres & dernieres heures que l'on peut tracer sur les Cadrans Verticaux déclinans ; dans la cinquieme, nous verrons comment il faut tracer le Cadran ; & dans la sixieme, nous décrirons la maniere de bien poser l'axe.

SECTION PREMIERE.

Maniere de trouver la Déclinaison des plans verticaux.

228. AVANT de faire un Cadran Vertical sur un mur bâti à plomb, le plan où doit être le Cadran, étant bien préparé, comme nous l'avons décrit aux art. 204, 205 & 206, il est essentiel d'en connoître exactement la Déclinaison. Toute la justesse du Cadran dépend delà ; si on manque cette Déclinaison, le Cadran sera certainement faux. Mais il faut auparavant entendre ce que c'est & en quoi consiste la Déclinaison d'un plan dont nous n'avons dit qu'un mot art. 87.

Pl. 36. *Fig.* 84. Un plan vertical OE, *plan.* 36, *fig.* 84, qui coupera à angles droits le Méridien du lieu MN, ne sera point du tout déclinant : il se trouvera parallele au plan du premier vertical, qui coupe l'horison aux deux points O & E de l'orient & de l'occident vrais. Mais si nous imaginons que le plan tourne sur le point C, & qu'il se trouve en FD, alors il fait un angle oblique DCE, ou FCO, avec le premier vertical OE; ou bien ledit plan FD, étant prolongé à l'infini, n'ira plus toucher E & O de l'orient & de l'occident vrais. Pl. 36. *Fig.* 24.

On remarquera dans cette figure que la ligne MN peut être regardée comme la méridienne du lieu, qui coupe le premier vertical OE; & la ligne AB sera la méridienne du plan DF, laquelle le coupe à angles droits. Cette ligne AB est la trace de celui des méridiens, qui se rencontre perpendiculaire au plan DF, & qui est représenté dans le Cadran par la soustylaire.

Nous supposons que le point N est le nord, & le point M le midi, ou le sud : si l'on regarde le plan DF du côté du midi M, alors il sera déclinant du midi à l'orient de toute la quantité de l'angle DCE, ou de son égal OCF; si on le regarde du côté du nord N, il sera déclinant du nord à l'occident de toute la quantité de l'angle OCF, ou DCE.

Si le plan étoit dans une situation parallele à la ligne AB, alors la face regardée du côté de MF déclineroit du midi vers l'occident de la valeur de l'angle ACO ; & le côté tourné vers ND, déclineroit du nord à l'orient de la quantité de l'angle ECB. On voit par-là que le plan FD étant déclinant du midi à l'orient, est plus long-temps éclairé avant midi qu'après midi. Ce seroit tout le contraire s'il déclinoit vers l'occident. La déclinaison du plan FD est donc l'angle DCE, ou son égal OCF, que fait le mur DF avec une ligne qu'on tireroit du point E, qui est l'orient vrai, au point O qui est l'occident vrai. Cette ligne seroit parallele au premier vertical, & perpendiculaire au méridien, comme nous l'avons dit ci-dessus; il s'agit donc de découvrir, avec toute la précision possible, la valeur de cet angle de la Déclinaison du plan. Pour la trouver, on s'y prend ainsi.

Pl. 10. Fig. 40. Il faut commencer par planter le faux style (après en avoir ôté la plaque, de peur de casser quelque chose) vers le haut du plan du Cadran, & vers le milieu, si l'on croit que le plan ne décline pas beaucoup. On appelle *faux style* l'instrument représenté par la figure 19. Mais si l'on croit que le plan soit considérablement déclinant, comme de 20, ou 40, ou 50 à 60 degrés, on le plantera toujours en haut vers la droite, si l'on juge qu'il décline du midi à l'occident, ou vers la gauche, si on croit qu'il décline du midi à l'orient; (ce sera le contraire pour les plans qui déclinent du nord). Si le plan est éclairé plus long-temps avant midi qu'après midi, c'est une marque qu'il décline vers l'orient; ce sera le contraire, s'il est plus long-temps éclairé après midi qu'avant midi. Ceci suppose qu'il n'y a point d'obstacles qui empêchent que le plan ne soit éclairé avant ou après midi pendant tout le temps que sa situation peut naturellement le permettre. Il faut, au reste, être averti que nous appellerons toujours la *droite* en parlant du Cadran, son bord, qui se trouve vis-à-vis la droite du spectateur. Le faux style doit être planté à peu près perpendiculaire au plan, sa courbure regardant en bas. Il doit être bien fixe dans sa place pour ne pas être ébranlé facilement. On pourra le bien assurer avec des cales ou coins de bois. Il doit avoir une saillie convenable à la grandeur du plan; par exemple, environ 15 pouces, si le plan a 4 ou 5 pieds; 2 pieds ou 30 pouces, si le plan a 10 à 12 pieds. Mais après tout, il faut observer que si l'on prend la déclinaison du plan en été, le faux style doit avoir moins de saillie qu'en hyver, parce qu'en été l'ombre va plus loin & est plus longue ſur le plan vertical qu'en hyver. Si le faux ſtyle eſt à couliſſe, on pourra le fixer lorſque le Soleil éclairera le plan, & l'allonger ou le raccourcir, pour que le point d'ombre, ou plutôt de lumiere, ne ſorte pas du plan, lorſque le Soleil commence à l'éclairer, mais qu'il y ſoit au bord. On fixe à ce point le faux ſtyle. En général, plus le faux ſtyle aura de hauteur, plus il y aura de préciſion dans les opérations. On appelle la *hauteur du ſtyle*, la diſtance perpendiculaire depuis ſon pied juſqu'à ſon ſommet.

229. Il s'agit préſentement de trouver le *pied du ſtyle* (73), opération qu'il importe beaucoup de faire exactement. A cet effet, on trace d'abord ſur le plan, non loin du ſtyle, la ligne AB dans quelque ſituation que ce ſoit, & ayant ouvert le compas d'environ une fois & demie, ou deux fois la hauteur du ſtyle, & tenant une pointe ſur ſon ſommet S, dans le petit trou qu'on y aura fait, comme on l'a dit art. 97, on marquera avec l'autre deux points A & B ſur la ligne AB, qui ſeront également éloignés du ſommet S du ſtyle. On partagera en deux parties égales cette ligne (35) par la perpendiculaire GF. On remettra une pointe du compas ouvert à peu près comme auparavant ſur le ſommet S du ſtyle, & avec l'autre pointe on marquera deux autres pointes G & F ſur la ligne GF, qui ſe trouveront auſſi également éloignées du ſommet du ſtyle. Trouvez enſuite exactement le milieu de la ligne GF au point P, qui ſoit à égale diſtance des points G & F; ce point P ſera le pied du ſtyle.

Pl. 10. *Fig.* 40.

230. Autrement. Tracez un cercle entier, s'il eſt poſſible, dont le centre ſoit le ſommet du ſtyle, & dont le rayon ſoit d'une ouverture de compas à peu près comme celle qui aura marqué les points précédens, un peu plus ou un peu moins n'eſt pas de conſéquence; cherchez le centre de ce cercle (41): ce

centre ſera le pied du ſtyle. Comme l'opération eſt importante, il eſt bon d'employer ces deux méthodes, & de les répéter au moins deux ou trois fois chacune par différentes lignes & par différens rayons.
Pl. 10. Le tout doit donner le même point P pour le pied
Fig. 40. du ſtyle ; ſi cependant toutes ces opérations don-
Fig. 41. noient des points un peu différens, il faudroit prendre le milieu de tous ces points. Quand on ſera bien aſſuré du véritable point du pied du ſtyle, on y plantera un petit bout de cuivre ou de fer, qui ne ſorte pas plus que le plan, ſur lequel bout on fera un petit point avec un poinçon, préciſément à l'endroit qui eſt le véritable pied du ſtyle.

231. Pour chercher le pied du ſtyle, il faut en ôter la plaque, afin qu'elle n'empêche pas de poſer la pointe du compas ſur le ſommet du faux ſtyle. On obſervera d'appliquer légérement la pointe du compas ſur le ſommet du ſtyle, de peur de le faire fléchir. Dans cette opération, le compas à verge eſt préférable au compas ordinaire; elle en ſera plus exacte. On peut encore ſe ſervir d'une baguette de bois d'une longueur convenable, dans laquelle on enfoncera ſolidement à chaque bout une pointe de fer recourbée en ſens contraire. En un mot, on prendra toutes les précautions imaginables pour ne pas manquer cette opération fondamentale. Le moindre défaut d'exactitude dans la véritable poſition du pied du ſtyle, peut porter loin l'erreur dans la véritable déclinaiſon du plan. On ſe ſouviendra de ne marquer les lignes que légérement & finement avec la pointe du couteau ou du crayon, & ſeulement vers l'endroit où l'on croit que ſe trouvera le pied du ſtyle.

232. Le pied du ſtyle étant trouvé, on mettra dans le mur un clou quelques pouces au-deſſus du pied P, en ſorte que la ſoie d'un plomb ſuſpendu à ce clou paſſe devant le pied du ſtyle, & deſcende juſ-

qu'au bas du plan, où doit être un vaſe de fer-blanc, ou un gobelet plein d'eau ou d'huile appliqué contre le mur, dans lequel vaſe on plongera le plomb, ſans pourtant qu'il touche au fond, pour le fixer & empêcher que le vent ne l'agite. Le plomb étant ainſi fixé, on s'éloignera de deux ou trois pieds de la muraille, & l'on ſe placera de maniere, qu'ayant un œil fermé, le fil du plomb cache le pied du ſtyle. L'œil reſtant à cette place on fera marquer, le plus bas que l'on pourra, un point ſur le plan, qui ſoit caché par la ſoie du plomb, en même-temps que le pied du ſtyle. La ligne que l'on menera par le pied du ſtyle, & par le point que l'on aura marqué ſur le bas du plan, ſera la verticale PD du plan. Comme il faut que la ſoie & le plomb ſoient un peu éloignés de la muraille, parce que le plomb a une certaine groſſeur, & qu'il faut qu'il ne touche à rien, on a lieu en même-temps, d'appliquer verticalement au-deſſous de la ſoie une regle, dont le bout ſupérieur ſoit ſur le pied P du ſtyle, & le reſte de la regle dans la même ligne que le plomb. La regle étant ainſi fixée, on tirera la verticale PD du plan avec la pointe d'un couteau.

Pl. 10. *Fig.* 41.

233. Après avoir tiré la verticale du plan, on tirera l'horiſontale HR. Pour cela on appliquera horiſontalement une regle parfaitement droite, auſſi longue que le plan, & dont le bord ſupérieur paſſe ſur le pied P du ſtyle; on poſera ſur cette regle un bon niveau d'air, après avoir hauſſé ou baiſſé l'un ou l'autre bout de la regle, juſqu'à ce que la bulle d'air du niveau ſoit arrêtée au milieu, & que d'ailleurs le bord ſupérieur de la regle paſſe ſur le pied P du ſtyle; on retournera le niveau, on le repoſera au même endroit de la regle; ſi la bulle d'air revient encore au milieu, & qu'elle s'y arrête, la regle eſt aſſurément bien de niveau. On tirera pour lors avec la pointe du couteau, une ligne HR d'un bout à

PL. 10. *Fig.* 41. l'autre, qui passe par le pied P du style : mais il faut faire couler le couteau horisontalement le long du bord supérieur de la regle, en sorte qu'il touche sur toute son épaisseur sans donner au couteau aucune pente vers le haut ni vers le bas : car si on appliquoit la pointe du couteau seulement sur l'arrête qui est du côté du plan, la ligne que l'on tireroit, ne seroit pas droite aux endroits un peu enfoncés qui peuvent se trouver sur le plan. C'est une regle générale qu'il faut observer toutes le fois que l'on tire des lignes sur un mur ; car ils ne sont jamais parfaitement plans. Si on n'a pas un niveau d'air, il faudra se servir d'un autre niveau fait avec beaucoup de soin & vérifié. On pourroit aussi tirer l'horisontale HR perpendiculairement à PD verticale du plan, de la même maniere que l'on tire une perpendiculaire sur une autre ligne (36) ; car l'horisontale est perpendiculaire à la verticale.

Fig. 40. 234. On mesurera la hauteur du style en mettant une pointe de compas sur le sommet S : on l'ouvrira jusqu'à ce que l'autre pointe touche sur le pied P du style ; ou mieux, avec le compas à verge. On tournera une de ses boîtes, faisant en sorte qu'une de ses pointes affleure le bout de la verge : on posera cette pointe sur le pied P du style, & on fera couler l'autre boîte jusqu'à ce que sa pointe soit précisément dans le point S du sommet du style. On écrira sur un papier le nombre des parties que l'on trouvera sur le compas à verge. On portera cette distance de la hauteur du style vers le bas de la verticale depuis le pied P du style, & on y marquera une intersection D, au milieu de laquelle on plantera un bout de cuivre ou de fer ; en sorte qu'il affleure le plan, comme l'on a fait au pied du style : on marquera le même point D au milieu de l'intersection au moyen d'un poinçon. On observera, lorsque l'on aura pris la hauteur du style, d'appli-

quer

quer une regle qui paſſe ſur le pied P, pour ſavoir ſi cet endroit du plan eſt un peu plus enfoncé que le reſte ; en ce cas, il faudroit augmenter d'autant la hauteur du ſtyle. S'il eſt plus relevé, il faudra diminuer quelque choſe de la hauteur trouvée du ſtyle. Cette réduction étant faite, on portera cette hauteur ſur la verticale PD. Ce point D eſt le *centre diviſeur de l'horiſontale* HR. PL. 10. *Fig.* 41.

235. Ces opérations étant faites avéc tout le ſoin poſſible, on trouvera la Déclinaiſon du plan, comme s'enſuit. Nous commencerons par la plus ſimple méthode. Suppoſons que la ligne HR ſoit l'horiſontale du plan ; P, le pied du ſtyle ; PD, la verticale du plan ; D, le centre diviſeur de l'horiſontale.

Si l'on eſt aſſuré du moment du midi, il faut, à cet inſtant, marquer un point M ſur le plan vers le milieu du centre de l'ovale de lumiere qui vient du trou de la plaque, mais tant ſoit peu plus vers le pied du ſtyle. Enſuite, au moyen d'un plomb ſuſpendu par un fil, que l'on appliquera ſur l'horiſontale HR, en ſorte que le point de lumiere M ſoit caché par le fil, on marquera un point I ſur l'horiſontale. Si l'on tire une ligne du centre diviſeur D au point I, l'angle PDI ſera la déclinaiſon du plan.

236. On peut s'aſſurer du moment de midi, ou par une méridienne horiſontale, que l'on aura décrite exprès dans le voiſinage du Cadran Vertical, par la méthode que nous donnerons dans la ſuite ; ou par un Cadran de la juſteſſe duquel on ſera certain, quand même ce Cadran ſeroit à quelque diſtance, pourvû que l'on ait une bonne montre, que l'on mettra ſur le Cadran, par exemple, à 11 heures, ou 11 heures & demie ; ou par une pendule que l'on ſait être bien juſte, & miſe à l'heure du Soleil, &c. ou bien encore par les articles 432, 433, 434 ci-après.

237. Pour trouver la valeur de l'angle PDI, on

PL. 10. *Fig.* 41. s'y prendra de la maniere ſuivante : on appliquera ſur le point D le centre du demi-cercle, qui eſt ordinairement dans les étuis de Mathématiques ; en ſorte que ſon centre étant en D, ſa ligne diametrale ſoit le long de DP, & on verra à quel degré du demi-cercle répond la ligne DI, ce ſera la valeur de l'angle.

Autrement, avec le compas de proportion. On fera un arc GP auſſi loin que l'on pourra de ſon ſommet D, (pourvu que l'on ne paſſe point la portée du compas de proportion), & on portera cette même ouverture du compas ordinaire ſur la ligne des cordes aux points 60 & 60, ouvrant pour cet effet le compas de proportion autant qu'il le faudra, lequel demeurant ainſi ouvert, on prendra avec le compas à pointes la diſtance des deux points P & G, où l'arc a coupé les deux côtés de l'angle ; on la portera ſur le compas de proportion, en cherchant ſur les cordes deux points également éloignés du centre, où cette diſtance pourra convenir ; ce ſera la valeur de l'angle.

238. Comme on ne peut pas connoître préciſément ſur le demi-cercle, ni ſur le compas de proportion les minutes des degrés qui peuvent être dans la valeur de l'angle, il ſera bon d'uſer de la méthode ſuivante. On marquera un point depuis D vers P ſur la ligne DP. Nous ſuppoſons que ce point eſt B, & que le point D eſt éloigné de B de 1000 parties de l'échelle des parties égales, ou de 2000 ou 3000 parties ; car il faut faire ce point B à pareille diſtance juſte du point D. On tirera une parallele à l'horiſontale de B à E, qui coupe le côté DL au point E. On meſurera le côté BE avec le compas à verge ou autrement, & on verra combien il contient de parties. Je ſuppoſe qu'il en contienne $374\frac{1}{2}$; je cherche dans la Table, à la colonne des tangentes naturelles, à quel degré convient ce nombre $374\frac{1}{2}$; je trouve que c'eſt à 20° 32'. L'angle PDI eſt donc de 20°

32′, en supposant que la distance de D à B est de 1000 parties : mais si elle est de 2000 parties, il faut alors prendre la moitié de ce nombre 374 $\frac{1}{2}$ qui est 187 $\frac{1}{4}$, & voir dans la Table des tangentes naturelles à quel degré ce nombre 187 $\frac{1}{4}$ se rapporte ; on le trouvera vis-à-vis de 10° 36′. Si la distance de D à P, que nous appellerons toujours rayon, est de 3000 parties, il faudra prendre le tiers du nombre 374 $\frac{1}{2}$ qui est presque 125, lequel nombre 125 étant cherché dans la même Table des tangentes naturelles, se trouvera répondre à 7° 7′, ce sera l'angle cherché PDI de la déclinaison du plan.

PL. 10. Fig. 41.

239. Mais la meilleure méthode sera de trouver la valeur de l'angle PDI par le calcul ; ce qui se fera par l'Analogie suivante.

Le côté DP
est au côté PI,
comme le rayon
est à la tangente de l'angle PDI.

On mesurera avec l'échelle des parties égales le côté DP, que nous supposerons être de 2256 parties. Le côté PI étant aussi mesuré, sera supposé contenir 845 parties ; voilà les deux premiers termes de l'analogie. Il faut additionner le complément arithmétique du premier terme DP avec le log. du second terme PI.

co-ar-log. du premier terme DP, 2256... 664666
log. du second terme PI, 485 292686

Somme.... 957352

qui est le log. tangente de 20° 32′ ; c'est la valeur cherchée de l'angle PDI, qui est celui de la déclinaison du plan.

Remarquez que dans la pratique il n'est pas nécessaire de tirer réellement la ligne DI, ni la ligne IM. Le point I suffit.

240. Cette méthode de prendre la déclinaison du plan est bien simple & très-sûre, en supposant une grande exactitude dans l'heure vraie du midi, & que le plan sur lequel on a marqué le point de lumiere, est parfaitement dressé, sur-tout où on a marqué ce point de lumiere M; ce qui n'est pas ordinaire. Ce n'est pas d'ailleurs une petite affaire de tracer, comme il faut, la méridienne horisontale, dont nous avons parlé, pour être assuré du moment vrai du midi. Il est difficile de trouver un plan horisontal d'une grandeur convenable, & parfaitement bien dressé, pour tirer avec précision cette méridienne horisontale. Il se trouve peu de jours en certains temps de l'année où, lorsqu'on se propose de tracer cette méridienne, le Soleil éclaire sans discontinuer toute la journée. Ces inconvéniens, & bien d'autres que nous ne détaillons point, font desirer une autre méthode de trouver la déclinaison du plan sans être assujetti à aucune circonstance; c'est celle que nous allons donner: elle est la plus avantageuse, la plus commode & la plus sûre. On la trouvera sans doute au premier abord difficile & fort composée, y ayant beaucoup de calcul à faire; mais quand on y sera une fois initié, & qu'on l'aura conçue, on ne l'aura pas pratiquée quatre ou cinq fois qu'on sera surpris d'y trouver tant de facilité: d'ailleurs on aura la satisfaction de sentir que l'on travaille avec tout le succès que l'on peut souhaiter. Comme on aura toujours présent ce modele, on n'y trouvera pas les difficultés qui auroient pû rebuter. Voici donc cette méthode.

Pl. 10. *Fig.* 41.

241. Dès le matin, lorsque le Soleil éclaire le plan, & que l'ovale de lumiere y est bien distincte, on marquera un point F près de son centre. Mais il faut remarquer que si l'on souhaite une plus grande précision, il vaut mieux faire avec le crayon un trait léger autour de cette ovale; on fera cette opération

promptement, parce que cette ovale de lumiere change continuellement de place. Abſolument parlant, le centre de cette ovale de lumiere n'eſt point véritablement & rigoureuſement le point de lumiere du trou de la plaque : mais il en eſt fort près ; & pour prouver ce que j'avance, on peut obſerver que quoique la plaque ſoit ronde, & que le trou ſoit à ſon centre, cependant la petite ovale de lumiere ne ſe trouve pas au milieu de l'ombre de la plaque ; ainſi il convient d'y avoir égard. Quand on verra donc que l'ovale de lumiere ſera beaucoup éloignée du milieu de l'ombre de la plaque ; ce qui ſera toujours lorſque l'ovale ſera fort allongée, pour lors on ne marquera pas le point ſur le plan juſtement au milieu, mais tant ſoit peu plus haut en tirant vers le pied du ſtyle. Voyez la fig. 79, pl. 28, où l'on remarque l'ombre F de la plaque S. On voit l'ovale de lumiere qui n'eſt point au milieu de l'ombre de la plaque. L'on apperçoit un point qui eſt un peu plus haut vers le pied du ſtyle, que le centre de l'ovale de lumiere.

PL. 28. *Fig.* 79.

Cette maniere de prendre le point de lumiere, que bien des gens pratiquent, ne paroît pas aſſez préciſe : en voici une qui déterminera un peu mieux le point qu'on doit marquer. On tracera ſur une carte ordinaire à jouer, pluſieurs parallelogrammes, *fig.* 75, *pl.* 31 ; & au moyen de deux diagonales, on trouvèra aiſément leur centre, auquel on fera un petit trou. L'on appliquera avec la main contre le mur cette carte, & on la placera juſtement, en ſorte que l'ovale de lumiere rempliſſe exactement un des parallélogrammes, donnant à cette carte la même inclinaiſon ou la même obliquité qu'aura actuellement l'ovale de lumiere : alors on marquera, avec un crayon, un point ſur le mur au travers du trou de la carte, la tenant toujours bien appliquée contre le mur.

242. Voici une autre maniere de marquer le point de lumiere encore plus précise. Sur le milieu d'une carte ordinaire à jouer, on fera plusieurs cercles,
PL. 28. *planc.* 28, *fig.* 69, bien marqués, & on fera un trou
Fig. 69. de demi-ligne de diametre à leur centre. On tiendra
Fig. 79. cette carte d'une main, & on la situera en sorte que le rayon de lumiere, qui vient du trou de la plaque, ne fasse plus une ovale sur la carte, mais un cercle bien rond, & qui remplisse un des cercles tracés sur la carte: à cet effet on la présentera à angles droits (un bord seulement appliqué contre le mur) au rayon de lumiere. Il en sortira un autre au travers du petit trou de la carte, lequel étant fort court & bien petit, se peindra nettement sur le mur; dans ce moment on marquera avec l'autre main, un point sur le mur au milieu de ce petit point de lumiere. Voilà la meilleure maniere de marquer, avec la plus grande précision, les points de lumiere sur le mur. On observera de ne rien marquer sur le plan, à moins que le Soleil n'éclaire parfaitement, & que ses rayons ne soient bien vifs.

PL. 10. 243. Lorsque l'on aura marqué un point F sur
Fig. 41. le plan, un demi-quart-d'heure après, ou environ, l'on en marquera un autre, & ainsi de demi-quart-d'heure en demi-quart-d'heure, ou mieux encore de 5 en 5 minutes, pour en marquer un plus grand nombre, on marquera ainsi des points jusques vers les onze heures. Vers une heure après midi, on recommencera à marquer des points de demi-quart-d'heure en demi-quart-d'heure, ou de 5 en 5 minutes, jusqu'à ce que le Soleil n'éclaire plus le plan. Il est bon de marquer ainsi sur toute l'étendue du plan environ 20 ou 30, ou 40 points; plus on en marquera, plus on aura de précision dans la vraie Déclinaison du plan. Il est nécessaire de mettre un numéro à chaque point que l'on marque; au premier il faut mettre 1, au second 2, & ainsi de suite: après

midi, le premier point que l'on marque, doit être numéroté 1; le second 2, & toujours de même. Cela ne suffit pas encore: il faut avoir une montre qui soit à l'heure, au moins à un quart-d'heure près, & marquer sur chaque point l'heure qu'il est à la montre, à l'instant même qu'on le marque; on écrira ensuite sur un papier la date du jour qu'on marque tous ces points.

Pl. 10. *Fig.* 41.

Si le Soleil ne paroît qu'à certains temps de la matinée, on ne marquera des points que lorsque le Soleil éclairera; il n'est pas nécessaire qu'ils soient marqués de suite: on peut le faire en des jours différens; ne marquer qu'un point la matinée, & quatre ou cinq l'après-midi, ou aucun l'après midi & plusieurs la matinée; & tout cela, si l'on veut, en des jours différens; pourvu que les jours & les heures où l'on prend les points, soient écrits, ils seront tous utiles.

244. Tous les points de lumiere étant marqués, on les transportera verticalement sur l'horisontale HR, voici comment: supposons que F soit un de ces points. L'on présentera un fil, auquel un plomb sera suspendu, au-devant de ce point F; & à l'endroit où il coupera l'horisontale HR, l'on marquera le point L, auquel on écrira le même numéro qu'à son point correspondant F. On fera la même opération sur tous les autres points, en écrivant toujours sur chacun le numéro correspondant, de même qu'au point F. Ensuite on prendra la même feuille de papier où l'on aura écrit le nombre des parties de la hauteur du style, & on y écrira deux colonnes des numéros, écartées l'une de l'autre. A la tête de l'une on écrira Matin, & à la tête de l'autre on écrira Soir. On commencera par mesurer le premier point du matin marqué 1, en prenant la distance de F à L avec le compas à verge, ou l'échelle des parties égales, & on écrira le nombre

Pl. 10. Fig. 41. des parties, qui s'y trouvera, sur la feuille de papier; après le numéro 1. Ensuite on mesurera la distance de P à L, & on écrira ce nombre vis-à-vis du même numéro 1 sur la feuille de papier, & on y ajoutera l'heure qu'il étoit, lorsqu'on a pris ou marqué le point de lumiere. Nous supposons que c'est le premier point du matin. Peu importe, au reste, quel numéro on mette à chaque point. Que l'on mette, par exemple, 6 sur le premier qui a été pris le matin, cela ne fait rien. Nous disons ainsi, seulement pour faire voir qu'il est nécessaire de faire tout ceci avec ordre, pour ne rien confondre. Il est pourtant essentiel de mettre sous une même colonne tous les points du matin, & sous une autre colonne tous les points du soir. Comme il y a deux mesures à prendre pour chaque point, savoir, FL & PL, il ne faut pas s'exposer à confondre l'une de ces deux mesures avec l'autre. Au reste, chacun s'arrangera selon l'ordre qu'il jugera le plus commode: pourvu qu'il y en ait un qui empêche de rien confondre, cela suffit.

C'est ainsi que l'on mesurera tous les points dont on écrira toutes les distances, distinguant toujours la premiere mesure FL de la seconde PL sur chaque point. S'il y a des points qui ayent été pris en des jours différens, il faut écrire cette différence sur le papier.

Quoique l'on voye sur la figure les lignes FL, il ne faut pas les tracer réellement sur le plan, il suffit de marquer le point L sur l'horisontale, pour chaque point de lumiere.

245. Après que l'on aura écrit toutes les mesures dont nous venons de parler, il faut, par leur moyen, trouver deux angles que chaque point de lumiere a donnés; l'un, l'angle que faisoit le vertical du Soleil avec le vertical du plan, dans le moment où l'on a marqué le point de lumiere, & l'autre, l'angle de

la hauteur du Soleil ſur l'horiſon dans le même moment où l'on a marqué le point de lumiere. On trouvera le premier par l'Analogie ſuivante. Pl. 10. Fig. 41.

La hauteur du ſtyle PD *ou* PS
eſt à PL
comme le rayon
eſt à la tangente de l'angle PDL,

qui eſt celui du vertical du Soleil FL avec le vertical du plan PD.

Suppoſons que le premier terme, qui eſt la hauteur du ſtyle DP, ſoit de 1726 parties : que le ſecond terme PL en ait 3152, le troiſieme eſt le rayon. Il faut additionner le complément arithmétique du logarithme du premier terme avec le logarithme du ſecond terme :

co-ar-log. du premier terme 1726. 676296
log. du ſecond terme 3152. 349859

Somme. . . . 1026155

qui eſt le log. tang. de 61° 18'; c'eſt l'angle PDL du vertical du Soleil PL avec le vertical du plan PD : ſon complément PLD eſt de 28° 42'.

246. Le ſecond angle qu'il faut trouver par les meſures que l'on aura priſes ſur ce même point de lumiere, eſt celui de la hauteur du Soleil; pour cela on fera l'Analogie ſuivante.

La hauteur du ſtyle PD
eſt à FL,
comme le ſinus de PLD, 28° 42'
eſt à la tangente de la hauteur du Soleil.

Nous connoiſſons déja le premier terme 1726, qui eſt le même que celui de l'Analogie précédente. Suppoſons que FL, qui eſt le ſecond terme, ait 2827 parties, il faut additionner le complément arithmétique du log. de 1726, premier terme, avec le log.

Pl. 10. de 2827, second terme, & y joindre aussi le log.
Fig. 41. sinus de 28° 42′, troisieme terme :

co-ar-log. de 1726 676296
log. de 2827, second terme 345133
log. sin. de 28° 42′ troisieme terme . . . 968144

Somme & reste . . . 1989573

qui est le log. tangente de 38° 11′; c'est l'angle de la hauteur du Soleil.

247. La hauteur du Soleil sur l'horison n'est pas réellement telle que nous venons de la trouver. Les rayons du Soleil se courbent en venant de cet astre, & en traversant l'atmosphere; ce qui le fait paroître un peu plus élevé qu'il n'est effectivement. C'est ce que l'on appelle *réfraction*, à laquelle il est nécessaire d'avoir égard. On trouvera à la troisieme Table, à la fin de ce Traité, une Table des réfractions, c'est-à-dire, des augmentations causées dans la hauteur apparente du Soleil (*a*). On trouvera donc dans cette Table, vis-à-vis 38 degrés, (qui est l'angle de la hauteur du Soleil dans notre exemple), on trouvera, dis-je, une minute 15 secondes; cela veut dire que le Soleil étant élevé de 38° 11′, paroît plus élevé d'une minute 15 secondes, qu'il ne l'est réellement; ainsi il faut retrancher de 38° 11′, une minute pour la réfraction. La véritable hauteur du Soleil est donc de 38° 10′ : nous négligeons les secondes.

248. Nous venons donc de reconnoître dans le point de lumiere, qui a été marqué sur le plan, deux angles, l'un du vertical du Soleil avec le vertical du plan de 28° 42′, dont il faut toujours prendre le

---

(*a*) C'est la Table qui étoit à la fin de ce Traité lors de la premiere édition. On n'a pas cru devoir changer ce calcul selon la nouvelle Table des réfractions, attendu qu'il ne s'agit ici que d'apprendre à faire ce calcul, qui d'ailleurs ne doit point servir réellement à faire un Cadran.

complément, qui eſt 61° 18′; & le ſecond angle, (qui eſt celui de la hauteur du Soleil, ſouſtraction faite de la réfraction), eſt de 38° 10′, dont auſſi il faut toujours prendre le complément 51° 50′. C'eſt ce complément de la hauteur du Soleil, que l'on appelle *la diſtance du Soleil au zénit.* Il s'agit de faire uſage de ces deux angles pour trouver la déclinaiſon du plan; mais nous avons beſoin pour cela de connoître auparavant la déclinaiſon du Soleil.

249. Nous avons dit quelque choſe (62, 63), de la déclinaiſon du Soleil; nous en donnerons des Tables pour tous les jours de l'année à la fin de ce Traité. Nous en expliquerons particuliérement l'uſage en ſon lieu: nous remarquerons ſeulement ici que ſuppoſant le point de lumiere F pris le 28 Août 1777, vers 9 heures du matin; pour trouver quelle étoit alors la déclinaiſon du Soleil, il faut d'abord faire attention que c'eſt un temps où la déclinaiſon va en décroiſſant; car le 27 Août à midi, elle eſt de 9° 53′ 37″, & le 28 elle n'eſt plus que de 9° 32′ 23″. Enſuite il faut ſouſtraire la plus petite de ces déclinaiſons de la plus grande pour avoir la différence 20′ 34″ ou 1234″. Il faut auſſi prendre le nombre des heures qui ſe ſont écoulées depuis midi du 27, juſqu'à 9 heures du matin du 28, on trouvera 21 heures. Enfin il faut faire cette Analogie.

Si 24 heures, à compter de midi du 27 juſqu'à midi du 28,
donnent 20′ 34″ ou 1234″ de diminution:
Combien 21 heures, priſes de midi du 27 juſqu'à 9 heures du matin du 28,
donneront-elles de diminution?

OPÉRATION.

Co-ar-log. du premier terme 24h.....861979
log. du 2e terme 1234″...........309132
log. du 3e terme 21h.............132222

Somme & reste.. 1303333

qui est le log. de 1080″, ou de 18′, comme on le voit en divisant 1080 par 60. C'est la diminution qu'on cherchoit. On ôtera donc ces 18′ de 9° 53′ 37″ déclinaison du Soleil le 27 Août à midi, & on aura 9° 35′ 37″ pour la déclinaison du Soleil le 28 Août 1777 à 9 heures du matin.

Si on s'étoit trouvé dans un temps où la déclinaison augmente d'un jour à l'autre; au lieu de soustraire, il auroit fallu ajouter & proposer ainsi l'Analogie: si dans 24 heures la déclinaison du Soleil a augmenté de 1234″, dans 21 heures de combien aura-t-elle augmenté? On auroit trouvé également 18′ qu'il auroit fallu ajouter à la déclinaison du jour précédent à midi pour avoir la déclinaison qu'on cherchoit.

Quoique nous ayions mis jusqu'aux secondes dans ce calcul, on peut cependant se contenter d'y mettre les degrés & les minutes, pourvu qu'on ait soin d'augmenter le nombre des minutes d'une unité toutes les fois que le nombre des secondes qu'on voudra négliger, excédera 30: ainsi, au lieu de 9° 53′ 37″ pour la déclinaison du Soleil le 27 Août 1777, on auroit pu prendre 9° 54′, parce qu'il y a plus de 30″, & au lieu de 9° 35′ 37″ pour la déclinaison le 28 Août à 9 heures du matin, on peut prendre 9° 36′. C'est même ce que nous ferons dans les opérations suivantes, dont la précision n'exige pas que nous tenions compte des secondes.

250. La déclinaison du Soleil étant ainsi déterminée pour l'instant auquel on a marqué le point

d'ombre F, il faudra chercher par le calcul l'angle que le vertical où étoit alors le Soleil, fait avec le Méridien. Pour mieux entendre cette opération, soit HOR l'horison (*planc.* 23, *fig.* 62), HZR le Méridien, S le Soleil, ZSN le vertical où il se trouvoit lorsqu'on a marqué le point de lumiere F sur le plan (*planc.* 10, *fig.* 41) OS (*planc.* 23, *fig.* 62) sa hauteur sur l'horison, P le pôle élevé, qui est le pôle septentrional dans nos contrées, PS un Méridien qui passe par le centre du Soleil qui est en S. On connoît les trois côtés du triangle PZS; car PZ est le complément de la hauteur du pôle PR; l'arc ZS est le complément de la hauteur du Soleil OS, & PS est la distance du Soleil S au pôle élevé P qui est de 90°. plus ou moins la déclinaison du Soleil, suivant qu'elle se trouve vers le pôle abaissé ou vers le pôle élevé. Ce que nous nous proposons ici, c'est de chercher l'angle PZS de ce triangle. Cet angle est formé par le vertical ZS & l'arc du Méridien PZ pris du côté du nord ou du pôle élevé P.

Pl. 23. Fig. 62.
Pl. 10. Fig. 41.
Pl. 23. Fig. 62.

251. Pour trouver cet angle PZS, prenez les trois côtés du triangle, savoir,

PZ complément de la hauteur du pôle . . . 45° 10'.
SZ complément de 38° 10' (246) hauteur du Soleil . . . . 51° 50'
PS distance du Soleil S au pôle élevé P . . . 80° 24'

Ajoutez-les ensemble . . . . . Somme . . . 117° 24'
88° 42', demi-somme . . 88° 42'
ôtez-en PZ . . 45° 10' . . . & l'arc SZ . . 51° 50'

1er reste . . 43° 32' . . . . . 2e reste . . 36° 52'.

Ensuite faites cette Analogie:

Le produit des sinus de PZ *&* *de* SZ,
est au produit des sinus des deux restes,
comme le quarré du rayon
est au quarré du sinus de la moitié de l'angle cherché PZS.

OPÉRATION.

Co-ar-log. de PZ 45° 10′.......... 014926
co-ar-log. de SZ 51° 50′.......... 010446
log. ſin. du 1er reſte 43° 32′......... 983808
log. ſin. du 2e reſte 36° 52′.......... 977812

log. du quarré du ſin. de la moitié de PZS. 1986992
Prenez-en la moitié.............. 993496

PL. 23. *Fig.* 62. c'eſt le log. ſinus de 59° 25′, moitié de l'angle PZS. Doublez le, vous aurez 118° 50′ pour la valeur de l'angle entier PZS du vertical du Soleil ZS avec l'arc du Méridien PZ pris du côté du pôle élevé P, ou du nord. Prenez donc ſon ſupplément en ôtant 118° 50′ de 180°, il reſtera 61° 10′ pour l'angle HZS du vertical ZS avec l'arc du Méridien HZ pris du côté du midi.

Il y a deux remarques à faire, la premiere que la diſtance PS du Soleil S au pôle P a été priſe ici de 80° 24′, c'eſt-à-dire de 90° moins la déclinaiſon 9° 36′, parce que la déclinaiſon étoit ſeptentrionale ou vers le pôle élevé P : mais ſi elle avoit été méridionale ou du côté du pôle abaiſſé *p*, il auroit fallu prendre la diſtance PS de 90°, plus la déclinaiſon 9° 36′; ce qui auroit fait 99° 36′. La ſeconde remarque eſt que les arcs PZ de 45° 10′, & SZ de 51° 50′, qu'on a ſouſtraits de la demi-ſomme 88°. 42′ ſont les côtés de l'angle qu'on cherche PZS.

252. Ayant trouvé l'angle PZS de 118° 50′, & ſon ſupplément HZS de 61° 10′, l'angle L'DI (*planc.* 10, *fig.* 41) ſera de 118° 50′, ſi le plan regarde le nord; & la verticale MI qui paſſera par le point I, ſera la ligne de minuit; mais ſi plan regarde le midi, l'angle LDI ſera de 61° 10′, & pour lors la verticale MI repréſentera la ligne de midi.

Dans l'un & l'autre cas, l'angle PDI ſera égal à la Déclinaiſon du plan. Or cet angle PDI eſt quelquefois la somme des angles PDL & LDI; quelquefois aussi il est leur différence, & quelquefois ces deux angles sont égaux. On connoîtra ce que doit être l'angle PDI, par la position du point de lumiere F, ou *f*, ou F′ par rapport à la méridienne MI, & à la verticale du plan PD. PL. 10. *Fig.* 41.

Lorsque le point de lumiere se trouvera entre la méridienne MI & la verticale du plan PD, comme F, on ajoutera l'angle PDL à l'angle LDI, & leur somme PDI donnera la Déclinaison du plan. Mais lorsque le point de lumiere se trouvera par-tout ailleurs qu'entre la méridienne & la verticale du plan, comme en *f* ou en F′, il faudra soustraire le plus petit de ces deux angles PDL, LDI du plus grand; le reste sera la déclinaison du plan. Dans notre exemple, le plan regarde le midi: l'angle LDI est de 61° 10′; l'angle PDL a été trouvé (245) de 61° 18′, le point de lumiere *f* a été marqué au-delà de lignes MI & PD, il faut donc soustraire 61° 10′ de 61° 18′; le reste 8′ donnera la déclinaison du plan.

253. Si le point de lumiere s'étoit trouvé sur la méridienne MI, ou sur la verticale du plan PD; alors l'angle PDL auroit été égal à l'angle PDI; les lignes DI & DL se seroient confondues en une seule ligne, aussi-bien que les lignes MI & FL, & l'angle PDI ou PDL seroit la Déclinaison du plan. Si ces deux angles se trouvoient égaux, le plan n'auroit point de Déclinaison.

254. Ayant ainsi trouvé la Déclinaison du plan, il s'agit de découvrir si cette déclinaison est vers l'orient ou vers l'occident. A cet effet, il faudra bien faire attention à ces trois choses : la premiere, si l'on a marqué le point de lumiere le matin, ou si on l'a marqué le soir : la seconde, si ce point se trouve à la droite ou à la gauche de la verticale PD : la troisieme, si l'angle PDL est plus grand ou s'il est plus petit

PL. 10. *Fig.* 41. que l'angle LDI. Il y a trois L & trois F pour ces trois cas différens. Il faut rapporter ce que je dis ici, tantôt à l'une, tantôt à l'autre.

255. Le plan déclinera vers l'orient, si le point de lumiere F', étant marqué le matin, se trouve à la droite de la verticale PD : si ce point F ou *f* se trouve à sa gauche, il peut arriver que l'angle PDL soit plus grand que l'angle LDI ; dans ce cas le plan déclinera vers l'occident : il peut arriver aussi qu'il soit plus petit, alors le plan déclinera vers l'orient.

256. Si le point de lumiere F, ayant été marqué le soir, se trouve à la gauche de la verticale PD, le plan déclinera vers l'occident; s'il se trouve à sa droite, ou l'angle PDL sera plus grand que l'angle LDI ; dans ce cas le plan déclinera vers l'orient; ou il se trouvera plus petit ; alors le plan déclinera vers l'occident. Nous appellons toujours *la droite & la gauche*, ce qui se trouve ainsi placé par rapport à celui qui regarde le plan : ainsi dans la fig. 41, le point R est à la droite de PD ; les points H & I sont à sa gauche.

Dans notre exemple, le point de lumiere *f* a été marqué le matin : il se trouve à la gauche de la verticale PD ; & l'angle PD*l* de 61° 18' est plus grand que l'angle *l*DI de 61° 10' : il faut en conclure que le plan décline vers l'occident.

257. On sent bien qu'un seul point de lumiere pris à quelqu'heure que ce soit, suffit pour trouver la Déclinaison du plan par le calcul, comme nous venons de le voir, & qu'on l'a même plus exactement par cette méthode que par celle des articles 235 — 239. Cependant, pour s'assurer davantage si on a réussi dans cette opération, & ne rien négliger de tout ce qui peut augmenter cette certitude, il convient de faire le même calcul sur chaque point F, que l'on a marqué sur le plan. On trouve toujours que chaque point donne une déclinaison un peu différente ;

férente; ce qui prouve non-ſeulement l'imperfection du plan, mais encore la néceſſité de prendre un nombre conſidérable de points, pour faire tout le calcul précédent ſur chacun. Si on en a pris 20, 30 ou 40, que l'on ait fait le calcul ſur tous, & que la plupart, ou peut-être tous, ayent donné une Déclinaiſon différente, l'un, par exemple, 8′ de Déclinaiſon, l'autre 4, l'autre 6, l'autre 12, l'autre 0, l'autre 7, &c. il faut additionner enſemble toutes ces Déclinaiſons (qu'on réduira en minutes), & diviſer la ſomme par le nombre 20, 30 ou 40 des opérations que l'on aura faites, quand même il y en auroit qui n'auroit donné aucune Déclinaiſon: le quotient donnera la véritable Déclinaiſon du plan. Si cependant quelque point avoit donné une Déclinaiſon fort différente, il faudroit la rejetter, & ne pas la faire entrer dans l'addition des autres, ni dans la diviſion, parce qu'aſſurément il y auroit quelqu'erreur.

258. Nous donnerons encore un exemple différent du calcul précédent, pour trouver la Déclinaiſon des plans, afin qu'on ne ſoit embarraſſé par aucune difficulté. On verra dans cet exemple une Déclinaiſon beaucoup plus grande. Nous ne répéterons point le calcul des deux Analogies des articles 245 & 246, pour trouver l'angle du vertical du Soleil avec le vertical du plan, & celui de la hauteur du Soleil. Il eſt ſi ſimple & ſi facile, qu'il n'eſt pas néceſſaire d'en donner un autre exemple.

Nous ſuppoſons que la premiere Analogie nous a fait trouver l'angle PDL du vertical du Soleil avec le vertical du plan de 21° 50′. Nous ſuppoſons que la ſeconde Analogie nous a donné l'angle de la hauteur du Soleil, à l'inſtant où l'on a marqué le point de lumiere de 4° 47′, dont il faut ôter la réfraction. On trouve dans la Table des réfractions, qui eſt la troiſieme, que le Soleil ayant 4° 47′ de hauteur, ou 5°; il faut en ôter 10′, reſte donc 4° 37′ pour

PL. 10. *Fig.* 41.

la hauteur véritable du Soleil, dont le complément sera 85° 23′.

Pl. 10. Fig. 41. 259. Nous supposons que le point de lumiere F′ a été marqué le 10 Novembre 1779, vers 4 heures & demie du soir. Ce jour-là, (ainsi que l'on trouve dans la Table de la déclinaison du Soleil pour 1779), sa déclinaison à midi est de 17° 12′ 22″ & méridionale. On remarquera que la déclinaison va en croissant, c'est-à-dire, que le lendemain elle est plus grande, puisqu'elle est de 17° 29′ 5″. La déclinaison du Soleil a donc augmenté dans 24 heures, de 16′ 43″, ou de 17′ en négligeant les secondes. Et comme le point de lumiere a été marqué à 4 heures & demie du soir, il faut donc ajouter aux 17° 12′ 22″ de déclinaison telle qu'elle étoit à midi, les 3 minutes d'augmentation qu'elle a acquise à 4 heures & demie. Cela fera 17° 15′ 22″ de déclinaison du Soleil le 10 Novembre 1779, à 4 heures & demie du soir, ou 17° 15′. Afin de faire le calcul nécessaire pour trouver l'angle du vertical du Soleil avec le Méridien, nous avons besoin d'employer la distance du Soleil au pôle qui est ici de 107° 15′, somme de 90° ajoutés à la déclinaison 17° 15′; parce qu'elle
Pl. 23. est Méridionale (251). Nous allons donc résoudre
Fig. 62. le triangle sphérique PZS comme à l'art. 251.

260. Ajoutez ensemble ces trois arcs :

PZ compl. de la hauteur du pôle	45° 5′
SZ compl. de 4° 37′ (258) haut. du Sol.	85° 23′
PS distance du Sol. S au pôle élevé P . . .	107° 15′
Somme . . .	237° 43′

	118° 51′ 30″	demi-somme	118° 51′ 30″
ôtez-en	45° 5′,	c'est PZ, & SZ de	85° 23′
1er reste	73° 46′ 30″	2e reste	33° 28′ 30″

Faites ensuite cette Analogie :

Le produit des sinus de PZ *& de* SZ
est au produit des sinus des deux restes :
comme le quarré du rayon
est au quarré du sinus de la moitié de l'angle cherché PZS.

Opération.

Co-ar-log. de PZ 45° 5′ 014988
co-ar-log. de SZ 85° 23′ 000134
log. sin. du 1er reste 73° 36′ 30″ 998235
log. sin. du 2e reste 33° 28′ 30″ 974160

log. du quarré du sin. de la moitié de PSZ . 1987517

Prenez la moitié de ce log. 993758

c'est le log. sin. de 60° 3′ moitié de l'angle cherché. Doublez ce nombre, vous aurez 120° 6′ pour l'angle entier PZS du vertical du Soleil ZS avec l'arc du Méridien PZ du côté du nord. Son supplément 59° 54′ sera la valeur de l'angle HZS du même vertical ZS avec l'arc du Méridien HZ pris du côté du midi.

261. Nous avons dit (art. 254), que la Déclinaison du plan sera occidentale lorsque le point de lumiere F′ ayant été pris après midi, & à la droite de la verticale du plan PD, l'angle PDL′ du vertical du Soleil avec le vertical du plan sera plus petit que l'angle L′DI du vertical du Soleil avec le Méridien. Or c'est ici le cas; le point de lumiere F′ a été marqué le soir (259) à la droite de la verticale PD; l'angle PDL′ est de 21° 50′ (258) & l'angle L′DI est de 59° 54′, il en faut donc conclure que la Déclinaison PDI est occidentale & de 38° 4′ différence de ces deux angles.

Il n'y a plus qu'une observation à faire pour cette Déclinaison, c'est que le point de lumiere pourroit se trouver sur la verticale du plan PD, prolongée s'il étoit nécessaire. Alors si ce point de lumiere avoit été marqué le matin, ce seroit une preuve que le plan Déclineroit à l'orient ; mais s'il avoit été marqué le soir, le plan Déclineroit à l'occident, soit qu'il regarde le midi, soit qu'il regarde le nord.

262. Il y a une remarque à faire, qui sera également utile pour l'exemple des art. 247 & 249. Nous venons de voir dans l'article précédent, qu'ayant ajouté ensemble le complément de la latitude, la distance du Soleil au zénit, & la distance du Soleil au pôle, la somme est 237° 43', dont la moitié est 118° 51' & demie ; il s'agit ici de faire voir comment on fait le calcul, lorsqu'il se rencontre ainsi une demi-minute ou 30 secondes. Nous voyons que les deux excès sur la demi-somme, sont le premier de 73° 46' 30", & le second, de 33° 28' 30". Pour trouver les sinus log. de ces deux excès, voici comment il faut faire : premierement pour le premier excès, le log. sinus de 73° 47' est 998237 : celui de 73° 46' est 998233 ; on ôtera l'un de l'autre ; il restera 4, dont il faut prendre la moitié 2, & l'ajouter au log. sinus de 73° 46' ; ce qui sera 998235 pour le log. sinus de 73° 46' 30".

Le second excès, est 33° 28' 30", je trouve que le log. sinus de 33° 29' est 974170 ; le log. sinus de 33° 28' est 974151 : je soustrais l'un de l'autre, reste 19, j'en prends la moitié 9, je l'ajoute à 974151 ; cela fait 974160 pour le log. sinus de 33° 28' 30".

263. Si l'on ne veut point avoir égard aux demi-minutes, on peut les négliger sans erreur sensible ; car dans cet exemple, on n'a qu'à faire le calcul soi-même en négligeant les demi-minutes, on verra que l'angle du vertical du Soleil avec le Méridien sera toujours le même. Nous avons pourtant cru devoir mettre l'article précédent pour ceux qui veulent l'exactitude entiere ; car dans certains cas, il y auroit une minute de plus ou de moins dans l'angle du vertical du Soleil avec le Méridien, en négli-

geant ou ne négligeant pas les demi-minutes.

264. Etant bien aſſuré de la Déclinaiſon du plan par les opérations précédentes, on ôtera le faux ſtyle; on fera boucher le trou où il avoit été planté; on paſſera ſur tout le plan une couche de blanc ſemblable à la premiere : cette couche effacera, comme inutiles, toutes les lignes & les points faits pour trouver la Déclinaiſon du plan.

265. Nous conſeillons, au reſte, de préférer cette méthode de trouver la Déclinaiſon des plans à toute autre : c'eſt la ſeule qui ſoit ſûre; elle eſt d'ailleurs la plus commode. Il faut rejetter toutes ſortes d'inſtrumens, comme *Déclinatoires*, *Sciateres*, &c. ſoit anciens, ſoit modernes, & principalement ceux où entre la Bouſſole. Cet inſtrument eſt le plus fautif de tous pour cet objet; & j'oſe aſſurer que l'on n'aura jamais bien exactement la Déclinaiſon du plan que par le calcul. Cette méthode devient indiſpenſable, ſi on veut faire un Cadran parfait. Si l'on n'en voit qu'un très-petit nombre de ce genre parmi une quantité prodigieuſe de Cadrans, c'eſt preſque toujours parce qu'on n'a pas voulu chercher la Déclinaiſon du plan avec tout le ſoin convenable, & que l'on s'eſt ſervi de méthodes peu ſûres. On doit, au reſte, ſavoir qu'un défaut de 15 minutes de degré dans la connoiſſance de la Déclinaiſon du plan, peut rendre faux certains Cadrans juſqu'à demi-quart-d'heure. Ainſi, quoique ce calcul paroiſſe compoſé & difficile, il faut dans le commencement ſe roidir pour l'exécuter; deux ou trois points de lumiere calculés rendront cette méthode aiſée & familiere pour les autres points.

SECTION II.

Maniere de décrire géométriquement le Cadran vertical déclinant du midi ou du septentrion.

266. AVANT de tracer le Cadran ſur le mur, il eſt bon d'en tracer un ſemblable ſur un plancher ou ſur un grand carton, ou ſur un grand papier, à peu près de la grandeur du plan, s'il eſt poſſible. Par la ſituation des lignes horaires entr'elles, on verra où il faut placer le centre du Cadran, & la méridienne; s'il convient de retrancher certaines heures, &c. en un mot, on jugera de toute la diſpoſition du Cadran: on ſentira la commodité de cette pratique.

Pl. II. Fig. 42. 267. On tracera ſur le plan propoſé la méridienne verticale CLM, & puis l'horiſontale HR: on menera la ligne LD, faiſant avec la méridienne l'angle DLM égal à la Déclinaiſon du plan. La ligne DL peut être de la longueur que l'on voudra, ſelon la grandeur du Cadran ou du plan; car la grandeur de tout le reſte dépend de la longueur de cette ligne, que nous ſuppoſons terminée au point D, ſur lequel on fera paſſer la verticale du plan ZPD parallele à la méridienne. Le point d'interſection P de l'horiſontale HR avec la verticale ZD ſera regardé comme le pied du ſtyle.

Ayant pris LH ſur l'horiſontale égal à la ligne DL, il faudra tirer du point H, centre diviſeur de la méridienne, la ligne CH, qui faſſe l'angle CHL égal à la hauteur du pôle ſur l'horiſon du lieu. Le point d'interſection C de cette ligne avec la méridienne ſera le centre du Cadran. On menera du centre C la ligne CPB, qui paſſe par le pied du ſtyle; ce ſera la ſouſtylaire : on élevera ſur la ſouſtylaire la perpendiculaire PS égale à la ligne PD, ou à la hauteur du ſtyle : puis on menera du centre C la ligne CS, qui paſſe par le point S, elle montrera la poſition de l'axe au-deſſus de la ſouſtylaire, parce que l'axe doit paſſer par le centre du Cadran & par le ſommet du ſtyle. Pl. II. *Fig.* 42.

Du point S on élevera ſur la ligne CS la perpendiculaire SB, qui ſera le rayon équinoxial ; puis du point B on tirera la perpendiculaire EBN ſur la ſouſtylaire : ce ſera la ligne équinoxiale, dont le point M ou ſon interſection avec la méridienne, eſt le point de midi ſur l'équinoxiale, & l'interſection avec l'horiſontale, qui eſt au point R de l'équinoxiale, eſt celui de 6 heures.

Il faudra prendre ſur la ſouſtylaire la partie BA égale au rayon équinoxial BS, le point A ſera le centre diviſeur de l'équinoxiale ; du point A, comme centre, & d'un intervalle pris à diſcrétion, on décrira l'arc FKO.

Du point A on tirera une ligne qui paſſe par le point M, & qui doit couper la circonférence en un point, comme K ; on tirera auſſi de ce point A une droite au point R, qui paſſe par le point O du même arc. L'angle KAO doit être droit ; on diviſera ce quart de cercle KO en ſix parties égales (166) qu'on tranſportera autant qu'il ſera poſſible au-delà de K ſur l'arc KF, & au-delà du point O, & l'on tirera du centre A des lignes juſqu'à l'équinoxiale, qui paſſent par les points de diviſion du quart de cercle ; ce ſeront les points horaires.

Si l'équinoxiale eſt aſſez longue pour contenir davantage de points horaires, on tranſportera ſur le même arc quelques diviſions ſemblables du quart de cercle, & par ces nouvelles diviſions on tirera des lignes du centre A juſqu'à l'équinoxiale ; ce ſeront encore des points horaires. Si on veut les demi heures,

PL. 11. Fig. 42. on divisera chaque arc horaire en deux également; si on y veut les quarts, on les divisera en quatre.

On menera du centre C du Cadran des lignes qui passent sur les points horaires de l'équinoxiale; ce seront les lignes horaires, à l'extrêmité desquelles on marquera les heures, en observant que les heures d'avant midi doivent être à l'occident ou à la gauche de la méridienne, & celle d'après midi au côté opposé. Tout cela étant fait, on met l'axe, dont la situation est toute désignée dans la figure. Nous enseignerons dans la suite comment on le pose.

268. Il faut remarquer que la soustylaire doit toujours se poser dans les plans du midi & du nord, au côté opposé à la déclinaison du plan, c'est-à-dire, que si le plan décline vers l'orient, la soustylaire doit être du côté de l'occident; & si le plan décline vers l'occident, la soustylaire doit être du côté de l'orient. Ce que nous venons de dire de la soustylaire, doit s'entendre de la verticale ZPD, & de la ligne de déclinaison DL; car il est évident que ces lignes doivent être du même côté que la soustylaire.

269. La maniere géométrique que nous venons de donner, est bonne pour les plans qui regardent obliquement le midi; mais si le plan regarde obliquement le nord, il ne faut que renverser la figure de haut en bas, c'est-à-dire, mettre le centre du Cadran en bas, huiler le papier pour que tous les traits paroissent au travers, le présenter ainsi sur le mur du nord, & on aura le Cadran déclinant du nord tout tracé: mais il faut l'appliquer sur le mur, en sorte que les lignes que l'on a tracées, soient du côté du mur. La méridienne serviroit de ligne de minuit; par conséquent elle seroit inutile. On pourra voir par la situation du mur quelles heures il y faudra marquer. Ces sortes de Cadrans ont un usage d'autant plus borné qu'ils sont moins déclinans; mais aussi plus leur déclinaison sera grande, plus long-

temps ils seront éclairés, puisqu'ils seront presque orientaux ou occidentaux, selon qu'ils déclineront vers l'orient ou vers l'occident : leur axe doit toujours regarder en haut.

SECTION III.

Maniere de trouver par le calcul les Angles horaires du Cadran vertical déclinant du midi ou du nord.

270. POUR trouver les angles horaires, il faut avoir auparavant trois autres angles que l'on appelle *fondamentaux*. Ces trois Angles sont, 1°. l'Angle BCM entre la méridienne CM & la soustylaire BC. 2°. L'Angle BCS entre la soustylaire BC & l'axe CS, que l'on appelle aussi la *hauteur du pôle sur le plan*. 3°. L'Angle BAM de la différence des Méridiens ou des Longitudes, c'est-à-dire, l'arc de l'équateur BM, compris entre le Méridien du lieu CM & le Méridien du plan, ou la soustylaire CB. Pl. 11. Fig. 42.

271. On trouvera le premier angle BCM, c'est-à-dire, l'angle au centre du Cadran entre la méridienne, & la soustylaire par l'Analogie suivante :

Le rayon
est au sinus de la déclinaison du plan,
comme la cotangente de la hauteur du pôle sur l'horison du lieu
est à la tangente de l'Angle compris entre la méridienne & la soustylaire.

Nous supposerons que la déclinaison du plan est de 18° orientale, & la hauteur du pôle de 44° 50'; son complément est de 45° 10',

Pl. 11. Fig. 42. log. ſinus de 18°, 2ᵉ terme....... 948998

log. tang. de 45° 10′, 3ᵉ terme.... 1000253

Somme & reſte... 1949251

qui eſt le log. tangente de 17° 16′; c'eſt l'Angle cherché BCM entre la méridienne & la ſouſtylaire. Remarquez que nous avons mis, *ſomme & reſte*, pour faire voir qu'en retranchant une unité à gauche, nous avons fait la ſouſtraction du premier terme de l'Analogie, qui eſt le log. du rayon.

272. Pour trouver le ſecond angle BCS, ou celui qui doit être entre la ſouſtylaire & l'axe, on fera l'Analogie ſuivante :

Le rayon
eſt au coſinus de la hauteur du pôle ſur l'horiſon du lieu,
comme le coſinus de la déclinaiſon du plan,
eſt au ſinus de la hauteur du pôle ſur le plan, ou de l'Angle entre la ſouſtylaire & l'axe.

log. ſinus de 45° 10′, 2ᵉ terme...... 985074

log. ſinus de 72°, qui eſt le complément de la déclinaiſon du plan.... 997821

Somme & reſte.... 1982895

qui eſt le log. ſinus de 42° 25′; c'eſt l'angle cherché BCS de la hauteur de l'axe ſur la ſouſtylaire. Il faut avoir ſoin de retenir le log. 982895, qu'on vient de trouver par cette Analogie; parce que c'eſt le log. du ſecond terme de l'Analogie de l'article 276 dont on fait grand uſage, comme on le verra article 278, &c.

273. Pour trouver le troiſieme Angle BAM, qui eſt celui de la différence des Méridiens ou des Longitudes, on fera l'Analogie ſuivante :

PL. II. Fig. 42.

Le rayon
est au sinus de la hauteur du pôle sur l'horison,
comme la cotangente de la déclinaison du plan
est à la cotangente de la différence des Méridiens ou des longitudes.

log. sinus de 44° 50′ 984822
log. tangente de 72° 1048822

Somme & reste . . . 1033644

qui est le log. tang. de 65° 15′, dont il faut prendre le complément, qui est 24° 45′; c'est l'Angle cherché BAM de la différence des Méridiens ou des longitudes.

274. Voici une autre Analogie qui, quoiqu'elle ne soit pas absolument nécessaire, est pourtant très-utile pour s'assurer de la justesse du calcul des trois autres précédentes, puisque le quatrieme terme de la premiere & de la seconde font partie de celle-ci, & que le résultat de celle-ci doit être le même que celui de l'Analogie précédente.

Le sinus de l'Angle BCS *entre la soustylaire & l'axe*
est au rayon,
comme la tangente de l'Angle BCM *entre la méridienne & la soustylaire*
est à la tangente de l'Angle BAM *de la différence des Méridiens ou des longitudes.*

co-ar-log. sin. de l'Angle BCS, 1er terme. 017105
log. tang. de l'Angle BCM, 3e terme . . 949251

Somme 966356

qui est le log. tang. de 24° 45′; c'est l'Angle même de la différence des Méridiens ou des longitudes qu'on a trouvé (273); ce qui prouve que les autres Analogies sont bien faites & justes, puisque le qua-

PL. 11. *Fig.* 42. trieme terme des deux dernieres eſt entiérement ſemblable. Pour cette Analogie, nous n'avons pas eu recours aux Tables des ſinus; mais nous avons pris les réſultats des art. 271 & 272.

275. Ces trois Angles fondamentaux étant trouvés, on procédera au calcul des Angles horaires; mais auparavant il y a une obſervation à faire.

Dans la détermination des Angles horaires, il peut y avoir trois cas; car 1°. ou le point horaire ſe trouvera ſitué entre la méridienne du lieu & la ſouſtylaire, par exemple, entre M & B; 2°. ou il ſe trouvera au-delà de la ſouſtylaire par rapport à la méridienne, dans l'eſpace de M vers E; 3°. ou il ſe trouvera au-delà de la méridienne du côté oppoſé à la ſouſtylaire, de B vers N.

Dans le premier & le ſecond cas, c'eſt-à-dire pour tous les points horaires qui ſe trouvent dans la partie BME, on prendra la différence entre la diſtance du Soleil au Méridien & la différence des longitudes; & dans le troiſieme cas, ſavoir pour tous les points horaires qui ſont dans la partie BN, on prendra la ſomme de la diſtance du Soleil au Méridien & de la différence des longitudes. En un mot, ſi l'on calcule les Angles horaires du côté de la ſouſtylaire, c'eſt-à-dire, ceux qui ſont par rapport à la méridienne du côté où ſe trouve la ſouſtylaire, ayant trouvé la diſtance du Soleil au Méridien & la différence des longitudes, on ſouſtraira l'un de l'autre, & le reſte ſera le troiſieme terme de l'Analogie ſuivante. Mais ſi on calcule les Angles horaires du côté qui, relativement à la méridienne, eſt oppoſé à la ſouſtylaire, on additionnera la diſtance du Soleil au Méridien avec la différence des longitudes; la ſomme ſera le troiſieme terme de l'Analogie.

276. Ceci préſuppoſé, on fera l'Analogie ſuivante,

Le rayon
est au sinus de l'Angle entre la soustylaire & l'axe,
comme la tangente de la différence ou de la somme ci-dessus
est à la tangente de l'Angle horaire entre la soustylaire & la ligne horaire proposée.

277. Il faut remarquer, avant de passer outre, que la soustylaire étant la méridienne du plan, c'est de cette ligne, & par rapport à elle, que doivent se compter tous les Angles horaires. Ainsi quand nous parlerons d'un Angle horaire, il faudra toujours entendre que cet Angle est tel par rapport à la soustylaire, & non à l'égard de la méridienne ou ligne de midi.

Pour faire le calcul des Angles horaires avec ordre par l'Analogie précédente, il convient de faire une Table, comme pour le Cadran horisontal. Nous en donnerons bientôt un modele : nous calculerons présentement quelques Angles horaires, pour faire voir comment il faut s'y prendre. Ce qu'on vient de dire étant général, on a cité la fig. 42 ; mais pour ce qui suit, il est bon de voir la fig. 46, pl. 14.

278. La déclinaison du plan étant supposée ci-dessus orientale, la soustylaire se trouvera du côté occidental du Cadran, où doivent être les heures du matin ; par conséquent, il faut soustraire, pour les heures du matin, la distance du Soleil au Méridien de la différence des longitudes, parce que ces heures du matin sont du même côté que la soustylaire ; ce qui sera le troisieme terme de la précédente Analogie.

Nous commencerons donc par onze heures du matin, dont la distance du Soleil au Méridien est 15° ; la différence des longitudes, comme nous l'avons vû ci-dessus (273) est de 24° 45′ ; ôtant le plus petit nombre du plus grand, c'est-à-dire, 15°

de 24° 45', reste 9° 45' dont la tangente est le troisieme terme de l'Analogie. Le second est le sinus de l'Angle de l'axe avec la soustylaire.

log. sinus du 2e terme 982895
log. tangente de 9° 45', 3e terme . . . 923510

Somme & reste 1906405

qui est le log. tangente de 6° 37'; c'est le quatrieme terme cherché, & l'Angle horaire de 11 heures entre la soustylaire & la ligne horaire.

Il est bon de remarquer que nous prenons le log. sin. de l'Angle de l'axe avec la soustylaire, tel que nous l'avons trouvé art. 272, parce c'est le véritable 2e terme de l'Analogie dont nous cherchons le 4e terme.

A 10 heures, la distance du Soleil au Méridien est de 30°, dont il faut soustraire 24° 45', qui est la différence des longitudes, reste 5° 15'. Il faut toujours mettre le même log. du 2e terme, qui est. 982895

log. tangente de 5° 15' 896325

Somme & reste . . . 1879220

qui est le log. tangente de 3° 33'; c'est le quatrieme terme de l'Analogie, & l'angle horaire à l'égard de la soustylaire, pour 10 heures.

A 9 heures, la distance du Soleil au Méridien est de 45°, dont il faut soustraire 24° 45'; reste 20° 15'.

log. sinus du 2e terme 982895
log. tangente de 20° 15', 3e terme . . 956693

Somme & reste . . . 1939588

qui est le log. tangente de 13° 58', c'est l'angle horaire de 9 heures.

A 8 heures, la distance du Soleil au Méridien est de 60°, dont il faut soustraire la différence des longitudes 24° 45'; reste 35° 15'.

log. ſinus du 2e terme........... 982895
log. tangente de 35° 15', 3e terme.. 984925

Somme & reſte... 1967820

qui eſt le log. tangente de 25° 29'; c'eſt l'angle horaire de 8 heures.

A 6 heures, (nous omettons les 7 heures, pour n'être pas ſi long,) la diſtance du Soleil au Méridien eſt de 90°, dont il faut ſouſtraire la différence des longitudes 24° 45'; reſte 65° 15', dont le log. tangente eſt.................. 1033629
log. ſinus du 2e terme........... 982895

Somme & reſte.... 1016524

qui eſt log. tangente de 55° 39'; c'eſt l'Angle horaire de 6 heures.

A 5 heures, la diſtance du Soleil au Méridien eſt de 105°, dont il faut ſouſtraire 24° 45'; reſte 80° 15'.

log. ſinus du 2e terme........... 982895
log. tangente de 80° 15', 3e terme. 1076490

Somme & reſte... 1059385

qui eſt log. tangente de 75° 42'; c'eſt l'Angle horaire de 5 heures.

A 4 heures, la diſtance du Soleil au Méridien eſt de 120°, dont il faut ſouſtraire la différence des longitudes 24° 45'; reſte 95° 15'; & comme ce dernier nombre de degrés ſurpaſſe 90°, les 4 heures du matin ne peuvent pas ſe mettre à ce Cadran; parce qu'on ne peut pas pouſſer le calcul plus loin.

279. Nous n'avons calculé les angles horaires que d'heure en heure, ſans parler des demi-heures, ni des quarts, ni des minutes; n'ayant fait le calcul précédent que pour faire voir comment il faut s'y prendre; on pourra le faire ſoi-même de 5 en 5 minutes, ſi l'on veut. Nous allons voir comment il faut faire le calcul pour les Angles horaires du ſoir,

qui ſont les heures du côté de la méridienne opposé à la ſouſtylaire. Ici il faudra ajouter la différence des longitudes à la diſtance du Soleil au Méridien pour chaque Angle horaire; ce qui ſera le troiſieme terme de l'Analogie : pour abréger, nous ne calculerons point les heures de ſuite, mais quelques-unes ſeulement.

A une heure après midi la diſtance du Soleil au Méridien eſt de 15°, qu'il faut ajouter à la différence des longitudes 24° 45′; cela fait 39° 45′.

log. ſinus du 2e terme.	982895
log. tangente de 39° 45′, 3e terme. .	991996
Somme & reſte. . .	1974891

qui eſt le log. tangente de 29° 18′; c'eſt l'Angle horaire d'une heure après midi.

A 4 heures, la diſtance du Soleil au Méridien eſt de 60°, à quoi il faut ajouter 24° 45′; ce qui fait 84° 45′.

log. ſinus du 2e terme.	982895
log. tangente de 84° 45′, 3e terme.	1103675
Somme & reſte. . . .	1086570

qui eſt le log. tangente de 82° 14′.

A 5 heures, la diſtance du Soleil au Méridien eſt de 75°, auxquels il faut ajouter 24° 45′; ce qui fait 99° 45′, par où l'on voit que l'on ne peut avoir davantage d'heures ſur ce Cadran : tout au plus on pourroit y trouver 4 heures & un quart.

280. Remarquez que ces Angles horaires du côté de la méridienne opposé au côté où ſe trouve la ſouſtylaire, doivent également ſe compter à l'égard de la ſouſtylaire, & non par rapport à la méridienne. Ainſi l'Angle entre la ſouſtylaire & la ligne horaire de 4 heures après midi eſt de 82° 14′. Il en faut dire de même de tous les Angles horaires quels qu'ils ſoient, & de quelque côté du Cadran qu'ils

ſoient

ſoient placés : ils doivent toujours ſe compter de la ſouſtylaire.

281. On obſervera de ne jamais mettre, à quelque Cadran vertical que ce ſoit déclinant du midi, aucune heure ou ligne horaire qui faſſe plus d'un Angle droit ou de 90° avec la méridienne, c'eſt-à-dire, qu'aucune ligne horaire ne doit être au-deſſus d'une ligne horiſontale qui paſſeroit par le centre du Cadran, parce que l'ombre de l'axe ne peut jamais aller au-deſſus de cette ligne, puiſqu'il regarde en bas. Il n'en eſt pas de même des Cadrans verticaux déclinans du nord ; comme l'axe regarde en haut, il peut marquer des heures au-deſſus & au-deſſous de ſon centre.

282. Si le Cadran vertical déclinant du midi à l'orient, comme nous l'avons ſuppoſé juſqu'à préſent, déclinoit du côté de l'occident, il auroit fallu faire le calcul pour les heures du ſoir, comme nous l'avons fait pour les heures du matin, & pour celles du matin, comme nous l'avons fait pour les heures du ſoir ; parce que la ſouſtylaire ſe trouveroit dans le côté oriental du Cadran parmi les heures du ſoir.

283. Il ne faut jamais tracer plus de 12 heures ſur quelque Cadran vertical que ce ſoit, parce qu'il ne peut en marquer un plus grand nombre dans quelque ſituation qu'on le ſuppoſe. On peut toujours y en mettre douze, s'il ne décline point du tout, ou s'il décline moins que la grande amplitude du Soleil ; mais s'il décline plus que la plus grande amplitude du Soleil, il ne marquera jamais 12 heures ; & plus ſa déclinaiſon ſera grande, moins il marquera d'heures. En ce cas, ſi la déclinaiſon du plan eſt vers l'orient, il ne ſera jamais éclairé lorſque le Soleil ſe couche ; & s'il eſt déclinant vers l'occident, il ne ſera jamais éclairé au lever du Soleil ; par conſéquent, il ſeroit inutile d'y tracer 12 heures.

284. Pour faire mieux entendre ce que nous avons

dit dans plusieurs articles, & ce que nous avons encore à dire, nous donnerons un autre exemple du calcul pour un Cadran fort déclinant & presque oriental. Nous supposerons sa déclinaison du midi vers l'orient de 80°; la même hauteur du pôle de 44° 50′ : cet exemple contribuera à applanir plusieurs difficultés qui pourroient arrêter.

On commencera par trouver les trois angles fondamentaux par les Analogies des articles 271, 272 & 273. On fera aussi celle de l'article 274, pour s'assurer de la justesse du calcul que l'on aura fait par les trois autres.

On trouvera, 1°. que l'Angle entre la Méridienne & la soustylaire sera de 44° 44′.

2°. Que le log. sin. de l'Angle que l'axe fait avec la soustylaire sera 909041, que cet Angle est par conséquent de 7° 4′.

3°. Que la différence des longitudes sera de 82° 55′.

285. Les trois principaux Angles étant trouvés, on fera le calcul des Angles horaires, par l'Analogie de l'art. 276, dont le second terme est le sinus de la hauteur de l'axe sur la soustylaire, & le troisieme est la tangente du troisieme terme de l'art. 276. La déclinaison du plan étant supposée orientale, la soustylaire se trouvera parmi les heures du matin, c'est-à-dire sur le côté occidental du Cadran, ou à la gauche de la méridienne. Ainsi, pour calculer les Angles horaires du matin, il faudra prendre pour le troisieme terme de l'Analogie la différence entre la différence des longitudes & la distance du Soleil au Méridien; & pour les heures du soir, ajouter la différence des longitudes à la distance du Soleil au Méridien. Commençons par le calcul des Angles horaires du matin, qui est le côté où se trouve la soustylaire.

A 11 heures avant midi, la distance du Soleil au

Méridien eſt de 15°, qu'il faut ſouſtraire de la différence des longitudes, qui eſt de 82° 55'; reſte 67° 55'.

log. ſinus du 2ᵉ terme 909041
log. tang. de 67° 55', 3ᵉ terme . . . 1039177

Somme & reſte 1948218

qui eſt logarithme tangente de 16° 53'; c'eſt l'angle horaire de 11 heures, par rapport à la ſouſtylaire, que l'on poſera entre la méridienne & la ſouſtylaire.

A 7 heures du matin, la diſtance du Soleil au Méridien eſt de 75° qu'il faut ſouſtraire de 82° 55'; reſte 7° 55'.

log. ſinus du 2ᵉ terme 909041
log. tang. de 7° 55'. 3ᵉ terme 914320

Somme & reſte 1823361

qui eſt le log. tangente de 0° 59'; c'eſt l'angle horaire de 7 heures avec la ſouſtylaire, qu'il faut poſer entre la méridienne & la ſouſtylaire.

A 6 heures, la diſtance du Soleil au Méridien eſt de 90°, dont il faut ſouſtraire 82° 55', reſte 7° 5'.

log. ſinus du 2ᵉ terme 909041
log. tang. de 7° 5', 3ᵉ terme 909434

Somme & reſte 1818475

qui eſt le log. tangente de 0° 53'; c'eſt l'angle horaire de 6 heures avec la ſouſtylaire, qu'il faut poſer après la ſouſtylaire, de façon que la ſouſtylaire ſe trouve entre cette derniere ligne horaire & la méridienne.

Remarquez que ce Cadran déclinant ſi fort vers l'orient, ſera éclairé auſſi-tôt que le Soleil ſe levera: c'eſt pourquoi on calculera les Angles horaires juſqu'à 4 heures du matin.

286. Nous verrons bientôt, quand nous calculerons les heures du ſoir, que nous ne pouvons pouſſer

le calcul, que jusques vers les 25 minutes après midi. Cependant, comme ce Cadran peut marquer jusqu'à midi & trois quarts, nous sommes obligés, pour avoir cet Angle horaire de midi trois quarts, de trouver l'Angle horaire correspondant du matin, qui est minuit & trois quarts. Pour trouver la distance du Soleil au Méridien à minuit & trois quarts, il faut savoir qu'à minuit la distance du Soleil au Méridien est de 180°; & comme à minuit & trois quarts il est plus près du Méridien de 11° 15′, il faut soustraire de 180° ces 11° 15′, il restera 168° 45′, qui est la distance du Soleil au Méridien à minuit & trois quarts, dont il faut soustraire la différence des longitudes, parce que c'est toujours parmi les heures du matin; reste 85° 50′.

log. sin. du 2e terme 909041
log. tang. de 85° 50′, 3e terme . . . 1113757

Somme & reste . . . 1022798

qui est le log. tang. de 59° 24′; c'est l'angle horaire de minuit & trois quarts, qu'il faut poser après la soustylaire.

Pour avoir midi & demi, nous avons besoin d'avoir minuit & demi, dont la distance du Soleil au Méridien est de 172° 30′, dont il faut soustraire la différence des longitudes 82° 55′, reste 89° 35′.

log. sinus du 2e terme 909041
log. tang. de 89° 35′, 3e terme 1213833

Somme & reste . . . 1122874

qui est le log. tang. de 86° 37′; c'est l'angle horaire à l'égard de la soustylaire pour minuit & demi.

287. Pour les heures du soir, nous ne pouvons avoir par le calcul que midi & un quart, dont la distance du Soleil au Méridien est de 3° 45′, qu'il faut ajouter à la différence des longitudes 82° 55′; ce qui fait 86° 40′.

log. ſin. du 2e terme 909041
log. tang. de 86° 40′, 3e terme. . . 1123475

Somme & reſte. . . . 1032516

qui eſt le log. tang. de 64° 41′; c'eſt l'Angle horaire avec la ſouſtylaire de midi & un quart.

Nous avons dit que ce Cadran pouvoit marquer juſqu'à midi & trois quarts. Il y manque donc deux lignes horaires de l'après midi, qui ſont midi & demi, & midi & trois quarts, leſquels deux angles nous pourrons avoir, en prenant le ſupplément des Angles horaires de minuit & demi, & de minuit & trois quarts. Pour avoir ce ſupplément (24) il faut ſouſtraire chacun de ces deux Angles de 180°. Nous venons de voir que l'Angle horaire de minuit & demi eſt de 86° 37′ qu'il faut ſouſtraire de 180°; reſte 93° 23′; c'eſt juſtement l'Angle horaire de midi & demi avec la ſouſtylaire.

Enſuite, pour avoir l'Angle horaire de midi & trois quarts, il faut prendre le ſupplément de l'Angle horaire de minuit & trois quarts. Or nous venons de voir auſſi que l'Angle horaire de minuit & trois quarts eſt de 59° 22′, qu'il faut ſouſtraire de 180°; reſte 120° 38′ pour l'Angle horaire de midi & trois quarts avec la ſouſtylaire.

288. Nous donnerons ici dans les deux pages ſuivantes le modele d'une Table, que l'on doit toujours faire dans les calculs de cette eſpece, pour éviter toute ſorte de confuſion. Nous choiſirons pour exemple un plan du midi, déclinant vers l'occident de 15° 18′: en voici d'abord les principaux élémens.

Hauteur du pôle ſur l'horiſon du lieu, 44° 50′.
Déclinaiſon occidentale du plan, 15° 18′.
Angle entre la méridienne & la ſouſtylaire, 14° 52′.
Hauteur de l'axe ſur la ſouſtylaire, 43° 10′.
Différence des Méridiens ou des longitudes, 21° 12′.

Table pour un Cadran vert. décl. de 15° 18′ vers l'occ.
Pour les heures depuis midi jusqu'au soir.

Heures & quarts.	Distances du Soleil au Méridien.		Différences entre la distance du Sol. au Mérid. & la différ. des longitudes.		Angles horaires.		Diff.	Cordes des Angles horair.	Diff.
Midi 15′	3°	45′	17°	27′	12°	8′	160	211	46
30	7	30	13	42	9	28	157	165	46
45	11	15	9	57	6	51	156	119	45
1 heure.	15	0	6	12	4	15	154	74	45
15	18	45	2	27	1	41	155	29	14
30	22	30	1	18	0	53	155	15	45
45	26	15	5	3	3	28	154	60	46
2 heur.	30	0	8	48	6	3	156	106	45
15	33	45	12	33	8	39	160	151	46
30	37	30	16	18	11	19	162	197	47
45	41	15	20	3	14	1	166	244	48
3 heur.	45	0	23	48	16	47	171	292	49
15	48	45	27	33	19	38	177	341	51
30	52	30	31	18	22	35	183	392	52
45	56	15	35	3	25	38	191	444	54
4 heur.	60	0	38	48	28	49	199	498	55
15	63	45	42	33	32	8	208	553	58
30	67	30	46	18	35	36	218	611	60
45	71	15	50	3	39	14	230	671	64
5 heur.	75	0	53	48	43	4	241	735	64
15	78	45	57	33	47	5	255	799	67
30	82	30	61	18	51	20	267	866	69
45	86	15	65	3	55	47	280	935	72
6 heur.	90	0	68	48	67	27	292	1007	73
15	93	45	73	33	65	19	304	1080	73
30	97	30	76	18	70	23	314	1153	73
45	101	15	80	3	75	37	322	1226	73
7 heur.	105	0	83	48	80	59	326	1299	70
15	108	45	87	33	86	25	110	1369	23
20	110	0	88	48	88	15		1392	

Pour les heures depuis Midi en rétrogradant, jusqu'au matin.

HEURES & quarts.	Distances du Soleil au Méridien	Distances du Soleil au Mérid addition. avec la differ. des longitudes.	ANGLES horaires.	Dif fér.	Cordes des Angles horair.	Dif-fér.
45'	3° 45'	24° 57'	17° 39'	173	307	49
30	7 30	28 42	20 32	176	356	51
15	11 15	32 27	23 28	188	407	53
11 heur.	15 0	36 12	26 36	193	460	55
45	18 45	39 57	29 49	202	515	57
30	22 30	43 42	33 11	211	572	59
15	26 15	47 27	36 42	222	630	61
10 heur.	30 0	51 12	40 24	233	691	63
45	33 45	54 57	44 17	245	754	65
30	37 30	58 42	48 22	258	819	68
15	41 15	62 27	52 40	271	887	70
9 hour.	45 0	66 12	57 11	284	957	72
45	48 45	69 57	61 55	296	1029	73
30	52 30	73 42	66 51	308	1102	73
15	56 15	77 27	71 59	316	1175	73
8 heur.	60 0	81 12	77 15	323	1248	72
45	63 45	84 57	82 38	328	1320	71
30	67 30	88 42	86 6	109	1391	22
25	68 45	89 57	89 55		1413	

289. Le meilleur moyen de concevoir & d'apprendre à faire le calcul en ce genre, c'est de vérifier soi-même tout ce que contient cette Table. Quand on en fera une, il n'est pas nécessaire de tirer toutes ces lignes qui forment une grille. On doit toujours la mettre plus au large, pour avoir la facilité de corriger les fautes que l'on peut faire en calculant. Nous avons donné cette forme à celle-ci, pour qu'elle tienne moins de place. PL. 12. *Fig.* 43.

PL. 12. *Fig.* 43. On remarquera qu'elle est composée de sept colonnes. La premiere colonne ne contient que les heures & les quarts que l'on veut mettre sur le Cadran. La seconde contient la distance du Soleil au Méridien, correspondante à chaque heure & à chaque quart. La troisieme contient la différence entre les distances du Soleil au Méridien, & la différence des longitudes, parce que la soustylaire est du côté des heures du soir. La Déclinaison du plan étant occidentale, la soustylaire doit se mettre du côté opposé à la Déclinaison, c'est-à-dire, du côté oriental où se trouvent les heures du soir ; & pour la Table des heures du matin, qui sont du côté de la méridienne, opposé à la soustylaire, la différence des longitudes est ajoutée à la distance du Soleil au Méridien, comme l'on voit à la troisieme colonne.

La quatrieme colonne contient les Angles au centre du Cadran, que forment les lignes horaires avec la soustylaire, selon que le calcul les a donnés. On peut remarquer que nous avons avancé le calcul, soit pour les heures du soir, soit pour les heures du matin, autant qu'il a été possible ; puisque pour le dernier Angle horaire du soir, qui est 7 heures 20 minutes, la distance du Soleil au Méridien, soustraction faite de la différence des longitudes, est de 88° 15'. On voit que nous ne pouvions pas aller plus loin. Il en est de même pour les heures du matin : la distance du Soleil au Méridien additionnée avec la différence des longitudes au dernier Angle horaire de la Table, est de 89° 57' ; ainsi nous en sommes restés là, parce qu'on ne peut pas passer 90°.

290. Examinons si tous les Angles horaires de la Table sont nécessaires, ou s'il y en a trop, ou s'il n'y en a pas assez ; c'est-à-dire, si toutes les heures que ce Cadran peut marquer, sont réellement dans la Table. Ceci éclaircira toujours la matiere. Nous avons dit, art. 281, qu'aucune ligne horaire ne de-

voit faire un angle de plus de 90° avec la méridienne. Or voici comment on trouve l'Angle d'une ligne horaire avec la méridienne : car la Table ne nous donne les Angles qu'à l'égard de la souſtylaire. PL. 12. *Fig.* 43.

291. 1°. Les Angles des lignes horaires, qui ſont entre la méridienne CM & la ſouſtylaire CS ſe trouveront en ôtant l'Angle que la ſouſtylaire fait avec la ligne horaire, de l'Angle de la ſouſtylaire avec la méridienne. 2°. Les Angles qui ſont au-delà de la ſouſtylaire & du côté opposé à celui de la méridienne dans la partie SAD, ſe trouveront en ajoutant ces deux Angles. 3°. On aura ceux qui ſont de l'autre côté de la méridienne dans l'eſpace ME, en prenant la différence entre l'Angle horaire & l'Angle de la ſouſtylaire avec la méridienne, ou ôtant l'Angle de la ſouſtylaire avec la Méridienne, de l'Angle horaire.

292. Nous avons dit, art. 281, qu'il ne falloit tracer aucune ligne horaire au-deſſus d'une ligne horiſontale qui paſſeroit par le centre du Cadran déclinant du midi, c'eſt-à-dire, qu'aucune ligne horaire ne devoit faire un Angle de plus de 90° avec la méridienne, ce que nous avons encore repété à l'article 290. Nous ajoutons à celui-ci, que ſi le Cadran déclinant du midi, ne décline pas plus de 34°. ou environ, à la latitude de 44° 50′, il pourra marquer les heures, qui ne feront pas plus d'un Angle droit ou de 90° avec la méridienne, on pourra toujours ſe régler là-deſſus. Comme la Table ci-deſſus eſt calculée pour une Déclinaiſon du plan moindre que 34°, puiſque nous n'avons ſuppoſé la Déclinaiſon que de 15° 18′, voyons encore s'il y a quelqu'Angle horaire de plus ou de moins dans cette Table.

293. Nous commencerons par les heures du ſoir, qui ſont du côté droit ou oriental du Cadran, parmi leſquelles eſt la ſouſtylaire. La derniere ligne horaire qui ſe trouve dans cette Table, eſt 7 heures 20′, dont l'Angle horaire eſt 88° 15′ : pour trouver quel

Angle fait avec la méridienne cet Angle horaire 88° 15′, il faut y ajouter l'Angle de la méridienne avec la foustylaire, qui est 14° 52′, ce qui fera 103° 7′; & comme 103° 7′ excéde 90°, il s'ensuit, selon les principes précédens, que l'on ne peut pas mettre à ce Cadran cette ligne horaire, qui fait un Angle de plus de 90° avec la méridienne. Nous ne pouvons pas non plus y mettre la ligne horaire de 7 heures du soir, parce que son Angle de 80° 59′ étant ajouté à 14° 52′, fera 95° 51′. Mais le Cadran pourra marquer 6 heures & demie, dont l'Angle horaire est de 70° 23′, qui étant ajouté à 14° 52′, qui est l'Angle de la méridienne avec la soustylaire, fera un Angle de 85° 15′: il pourroit encore marquer jusqu'à 6 heures 40 minutes, parce que son Angle horaire ajouté avec l'Angle de la méridienne avec la soustylaire, feroit un Angle moindre que 90°.

294. Quant aux heures du matin, la premiere ligne horaire, qui est au bas de la Table, est 7 heures 25 minutes, or les heures du matin étant du côté occidental, & de l'autre côté de la méridienne, ces heures sont dans le troisieme cas de l'art. 291. Ainsi pour trouver l'Angle que font avec la méridienne les heures du matin, il faut soustraire de l'Angle horaire l'Angle de la méridienne avec la soustylaire. L'Angle horaire de 7 heures 25 minutes est de 89° 55′, dont il faut soustraire l'Angle de la méridienne avec la soustylaire, qui est toujours 14° 52′; reste 75° 3′, qui est un Angle horaire beaucoup moindre que 90°; par conséquent le Cadran peut marquer encore plus matin.

295. Pour avoir des Angles horaires des heures plus matin que celles qui sont marquées dans la Table, on prend les supplémens des Angles horaires du soir surnuméraires; car on doit les calculer & trouver, afin qu'ils servent par leur *supplément* à ce que le calcul n'a pû donner pour le matin.

Voyons donc si 7 heures du matin pourront se mettre au Cadran. L'Angle horaire de 7 heures du soir est de 80° 59', dont il faut avoir le supplément en ôtant ces 80° 59' de 180° : il restera 99° 1', qui sera l'Angle horaire de 7 heures du matin; & ôtant de cet Angle horaire 99° 1', l'Angle de la soustylaire avec la méridienne, qui est de 14° 52', restera 84° 9', qui est l'Angle entre la méridienne & la ligne horaire de 7 heures du matin. Nous voyons que nous pouvons encore poser sur ce Cadran une autre ligne horaire avant 7 heures du matin, qui sera 6 heures 3 quarts.

Nous trouvons dans la Table que l'Angle horaire de 6 heures trois quarts du soir est de 75° 37', dont il faut prendre le supplément pour avoir l'Angle horaire de 6 heures trois quarts du matin. Pour cela, il faut soustraire 75° 37' de 180° ; restera 104° 23', qui sera l'Angle horaire avec la soustylaire de 6 heures trois quarts du matin ; duquel Angle horaire il faut soustraire 14° 52' ; restera 89° 31', qui sera l'Angle de la ligne horaire de 6 heures trois quarts du matin à l'égard de la méridienne ; par conséquent, le Cadran, dont le calcul est contenu dans la précédente Table, peut contenir depuis 6 heures trois quarts du matin, & même un peu auparavant, jusqu'après 6 heures 40 minutes du soir : ce qui fait 12 heures.

296. La cinquieme colonne de la Table n'est que pour s'assurer de la justesse du calcul des Angles horaires contenus dans la quatrieme colonne : ce sont les différences entre chaque Angle horaire. Pour faire cette cinquieme colonne, il faut multiplier les degrés d'un Angle horaire par 60 minutes, & y ajouter les minutes restantes, s'il y en a ; faire cette opération à chaque Angle horaire, & soustraire ensuite le plus petit du plus grand ; le reste donne la différence. Nous avons assez expliqué ceci vers la fin de l'art. 182.

297. Ceux qui n'ont pas d'échelles de cordes, ont besoin de la sixieme colonne de la Table, qui contient les cordes des Angles horaires. Nous avons encore expliqué assez au long la maniere de calculer cette colonne dans les art. 154, 155, 156 & 157, que l'on peut voir de nouveau, s'il est besoin; & la septieme colonne n'est nécessaire que pour s'assurer du calcul des cordes des Angles horaires : elle est très-facile à faire; on commencera par le bas de la Table, en ôtant le plus petit nombre du plus grand, & on écrira chaque reste : ces restes seront les différences d'une corde à l'autre. Ceux qui auront des échelles de cordes, seront dispensés de faire les deux dernieres colonnes.

298. Lorsque le calcul de la Table sera fini, toutes les cinq colonnes deviennent inutiles, excepté celles des Angles horaires, & celle qui contient les heures & les quarts. Si l'on n'a pas une échelle de cordes, mais seulement une échelle de parties égales, on se servira de la sixieme colonne, & non de la quatrieme.

SECTION IV.

Des Premieres & Dernieres heures qu'on peut tracer sur les Cadrans verticaux déclinans du midi.

299. IL faut d'abord connoître ce que c'est que l'*amplitude* du Soleil : c'est la distance sur l'horison entre le point de l'orient ou de l'occident *vrai*, & le point où le Soleil se leve ou se couche un jour quelconque. Les degrés de l'amplitude se comptent sur l'horison; l'arc de l'horison compris entre le point de l'orient ou de l'occident vrai, & l'autre point où le

Soleil se leve ou se couche un certain jour, est l'arc de l'amplitude du Soleil. Cet arc change chaque jour, parce que le Soleil se leve & se couche en un point différent de l'horison chaque jour. Le jour de chaque solstice, soit d'hiver, soit d'été, est la plus grande amplitude du Soleil, qui est encore différente dans chaque pays, selon la différente élévation du pôle; mais le jour des équinoxes, il n'y a point d'amplitude en aucun pays du monde, parce que le Soleil se leve & se couche aux points de l'orient & de l'occident vrais. L'amplitude est appellée *ortive*, lorsqu'elle est du côté de l'orient; elle est appellée *occase*, lorsqu'elle est du côté de l'occident. Pour trouver l'angle de l'amplitude du Soleil pour tel jour que l'on voudra, on fera l'Analogie suivante :

Le cosinus de la latitude
est au rayon,
comme le sinus de la déclinaison du Soleil à tel jour,
est au sinus de l'amplitude ortive ou occase à ce même jour.

Cette Analogie n'a pas besoin d'explication, étant fort simple.

300. Dans la détermination des Premieres & Dernieres heures, il y a deux cas : ou le Cadran déclinera moins que la plus grande amplitude du Soleil, ou il déclinera plus. Si le plan décline moins que la plus grande amplitude du Soleil, on déterminera ainsi les Premieres & les Dernieres heures.

301. Il faut se représenter une partie d'un Cadran horisontal tracé pour la latitude du lieu où l'on est; *pl.* 36, *fig.* 85, la ligne CM sera la méridienne dudit Cadran horisontal : EO sera la ligne de 6 heures du matin & du soir : tirez une ligne AB, qui passe par le centre C, & qui fasse un angle BCO, ou ECA égal à la déclinaison du plan. Cette ligne AB mon-

PL. 36. *Fig.* 85.

Pl. 36. Fig. 85. trera les Premieres & Dernieres heures qu'il faudra tracer sur le Cadran vertical, selon les lignes horaires du Cadran horisontal auxquelles elle se trouvera parallele. Il s'agit donc de savoir à quelle ligne horaire cette ligne AB sera parallele, quoiqu'on n'ait point présent un Cadran horisontal; c'est ce qu'on découvrira par l'Analogie suivante :

Le sinus de la hauteur du pôle
est au rayon,
comme la tangente de l'angle horaire égal au complément de la déclinaison du plan,
est à la tangente de la distance du Soleil au Méridien, c'est-à-dire, d'un arc que l'on réduira en heures, qui désigneront la derniere, ou la premiere heure.

Exemple : supposons la hauteur du pôle de 48°, le sinus de 48° est le premier terme, le rayon est le second. Supposons la déclinaison du plan de 8° orientale, la tangente de son complément 82°, sera le troisieme terme.

Co-ar-log. du sin. de 48° haut. du pôle,
1er terme 012893
log. tangente de 82°, 3e terme 1085220

Somme . . . 1098113

qui est le log. tangente de 84° 2′, lesquels étant réduits en temps feront 5 heures 36 minutes : ce sera la derniere heure du soir qu'il faudra tracer sur ce Cadran vertical ; & comme ces Cadrans peuvent marquer 12 heures, c'est-à-dire, celles qui ne font pas plus d'un angle de 90 degrés avec la méridienne, on doit en conclure que le Cadran dont il s'agit, commencera à marquer à 5 heures 36 minutes du matin, parce que 5 heures 36 minutes du matin, sont autant éloignées de minuit, que 5 heures 36 minutes du soir sont éloignées de midi.

302. Si la déclinaiſon du plan étoit occidentale, il faudroit ôter ces 5 heures 36 minutes de 12 heures ; le reſte qui feroit 6 heures 24 minutes, feroit la premiere heure du matin & la derniere du ſoir, qu'il faudroit tracer ſur le Cadran vertical déclinant du midi moins que la plus grande amplitude du Soleil.

303. Si la déclinaiſon du plan ſurpaſſe la plus grande amplitude du Soleil ; ce qui eſt le ſecond cas, on fera d'abord l'Analogie ſuivante :

La cotangente de la hauteur du pôle ſur le plan
eſt à la tangente de la plus grande déclinaiſon du
Soleil, qui eſt 23° 28',
comme le rayon
eſt au ſinus d'un arc,

dont les degrés feront réduits en heures, & ces heures ajoutées à 6 heures ; la ſomme fera l'heure à laquelle le Soleil ſe couchera par rapport à l'horiſon parallele au plan : enſuite l'on trouvera, par la différence des Méridiens ou des longitudes, quelle heure il eſt au lieu où eſt ſitué le plan au moment où le Soleil ſe couche par rapport à l'horiſon parallele au plan. Cette heure fera la derniere qu'on puiſſe marquer ſur le Cadran.

Exemple. Suppoſons qu'un plan vertical, à la latitude de Paris 48° 51', décline de 54° : la hauteur du pôle ſur ce plan fera de 22° 45', & la différence des Méridiens ou des longitudes fera de 61° 19' (art. 272, 273 ou 274).

Co-ar-log. de la tang. de 67° 15' compl. de la hauteur du pôle ſur le plan, 1er terme 962256
log. tang. de 23° 28', la plus grande déclinaiſon du Soleil, 2e terme 963761

Somme . . . 1926017

qui eſt le log. ſinus de 10° 29' ; leſquels étant réduits en temps, font presque 42′ qu'on ajoutera à 6 heures, la somme 6 heures 42′ est l'heure à laquelle le Soleil se couche, par rapport à l'horison parallele au plan le jour du solstice, ensuite on cherchera par la différence des Méridiens ou des longitudes, quelle heure il est à Paris, quand il est 6 heures 42 minutes sur cet horison parallele au plan. La différence des Méridiens étant en degrés 61° 19′, elle sera en temps de 4 heures 5 minutes 16 secondes: on ôtera donc ces 4 heures 5 minutes 16 secondes de 6 heures 42 minutes, le reste 2 heures 36 minutes 44 secondes sera la derniere heure qu'il faudra marquer sur ce Cadran.

304. Nous venons de supposer que le plan déclinoit du midi vers l'orient; mais s'il décline vers l'occident, il faudra ôter les 2 heures 36 minutes 44 secondes de 12 heures; le reste 9 heures 23 minutes 16 secondes sera la premiere heure qu'il faudra tracer sur ce Cadran. Du reste, il n'y a point de difficulté en ces sortes de Cadrans pour les premieres heures de ceux qui déclinent à l'orient plus que la plus grande amplitude du Soleil; parce qu'étant toujours éclairés aussi-tôt que cet astre se leve, l'on y peut tracer la premiere heure du plus long jour de l'année, selon la latitude du lieu. Il en est de même de ceux qui déclinent vers l'occident, l'on y peut tracer la derniere heure du plus long jour de l'année, qui est au jour du solstice d'été.

305. Si l'on ne veut point prendre la peine de faire les calculs précédens pour trouver les premieres & les dernieres heures, on pourra y suppléer au moyen d'un Cadran horisontal, tracé pour la latitude du lieu où l'on est, comme nous en avons dit quelque chose, art. 301. Si le Cadran vertical dont il s'agit,
Pl. 36. a sa déclinaison orientale, on tirera, par le centre C
Fig. 85. du Cadran horisontal, la ligne AB, en sorte qu'elle fasse l'angle BCO de la déclinaison du plan, & si la

la délinaiſon eſt occidentale, on tirera la ligne GD dans un ſens contraire, en ſorte qu'elle faſſe l'angle GCE, ou OCD égal à la déclinaiſon du plan : on verra alors ſur quelles lignes horaires ſera poſée la ligne AB, ou DG ; ce qui indiquera les premieres & dernieres heures du Cadran vertical dont il s'agit. Nous donnons à la fin de ce Traité, la cinquieme Table, où l'on verra les premieres & dernieres heures pour la latitude de 49 degrés, en faveur de ceux qui ne voudront pas entrer dans tout ce détail. PL. 36. Fig. 85.

SECTION V.

Maniere de tracer par le calcul les Cadrans verticaux déclinans du midi ou du ſeptentrion.

306. AVANT de tracer le Cadran ſur le mur, on fera très-bien de le tracer premierement ſur le parquet, ou ſur une table, dans toute ſa grandeur : cette précaution devient d'autant plus néceſſaire que le plan décline davantage. On ſera convaincu de l'utilité de cette pratique par l'expérience ; car il eſt des circonſtances, où on a beſoin de voir toute la diſpoſition du Cadran pour en placer le centre comme il faut. Si on le trace ſur le mur ſans l'avoir tracé ailleurs, on riſque fort d'être obligé de refaire pluſieurs fois ſon ouvrage, & de gâter ſon plan par une infinité de lignes inutiles, qui peuvent occaſionner bien des fautes. Nous ferons dans la ſuite pluſieurs remarques utiles là-deſſus.

307. Ayant décrit dans les articles 267, 268, 269 la maniere de tracer géométriquement les Cadrans verticaux déclinans, nous ne répéterons pas ce que nous y avons dit ; on peut relire ces articles, dont

PL. 12. Fig. 43. une partie peut servir ici. Nous ajouterons seulement ce qui convient à la méthode de tracer par le calcul les Cadrans verticaux déclinans.

Après que l'on aura déterminé le point où l'on doit poser le centre C du Cadran, qui doit être disposé à peu près comme dans la figure vers le milieu de la partie supérieure du plan, si la déclinaison n'est pas grande, on plantera à ce point C un petit bout de fil de fer, ou mieux de cuivre, de la grosseur à peu près d'un tuyau de plume à écrire, pointu par le bout qui doit entrer dans le mur, & environ d'un pouce de long. On l'enfoncera dans le mur entiérement, de façon qu'il ne déborde point, mais qu'il affleure le mur. On fera au milieu de ce clou un petit trou peu profond avec un poinçon aiguisé de court & bien aigu : ce trou servira de centre au Cadran.

308. Observez que le centre C du Cadran ne doit pas être placé au milieu, si la déclinaison du plan est fort grande, comme de 40 ou 50 degrés; mais un peu à côté, afin qu'il y ait plus de place du côté où il doit y avoir davantage de lignes horaires; c'est ce que l'on examinera quand on tracera le Cadran sur le parquet.

309. On suspendra un plomb à un fil fin ou une soye, au-dessus du centre C, qui descende jusques au bas du plan, (avec les précautions indiquées dans l'article 232) pour marquer la ligne de midi CM, qui doit être exactement verticale. Cette ligne CM doit passer par le centre C du Cadran. Du centre C on décrira un demi-cercle DME, dont le rayon ou l'ouverture du compas soit égale au rayon de l'échelle de cordes ou de parties égales qu'on employe. Si le plan a beaucoup d'étendue, il faut que ce rayon soit fort grand, & toujours le plus grand que le plan pourra le permettre, même de cinq ou six pieds; de sorte que si l'on se sert d'une échelle de cordes,

il faut que son rayon, qui est la corde de 60 degrés, soit de la longueur de 5 à 6 pieds, ou de 4 ou 5000 parties. Si c'est une échelle de parties égales, on prendra pour rayon 4 ou 5000 parties: pour lors on multipliera chaque corde contenue dans la sixieme colonne de la Table, par 4 ou 5. Si l'on veut se servir d'un compas à verge, où il y ait une échelle de cordes, il faudra fixer une boîte sur le bout où commence l'échelle, & fixer l'autre sur le 60e degré; & avec cette ouverture décrire le demi-cercle DME très-légerement, en appuyant une pointe dans le trou du centre C. PL. 12. *Fig.* 43.

310. On commencera à tracer la soustylaire CS. Pour cela on cherchera dans la Table de la page 166, l'angle de la soustylaire avec la méridienne: il est de 14° 52'; on prendra sur l'échelle de cordes la distance d'une boîte à l'autre de 14° 52': on posera une pointe sur le point M, où le demi-cercle DME coupe la méridienne CM, & l'on marquera sur le même demi-cercle un point S du côté oriental du Cadran, parce que la déclinaison du plan est supposée occidentale dans notre exemple. Si on tire une ligne CS du centre C du Cadran par le point S, ce sera la soustylaire. Si l'on n'a pas une échelle de cordes, mais seulement une échelle de parties égales, on cherchera la corde de l'angle de la méridienne avec la soustylaire 14° 52'; pour cela, on prendra la moitié de 14° 52', qui est 7° 26', dont le sinus naturel est de 1293725 parties qu'il faut doubler; ce sera 2587450; dont il faut retrancher quatre chiffres: reste 259 parties pour la corde de l'angle de la soustylaire avec la méridienne 14° 52'. On prendra donc cette distance de 259 parties, que l'on portera depuis le point M sur le demi-cercle DME jusqu'au point S, qui sera également celui par où doit passer la soustylaire. Nous supposons que le rayon du demi-cercle DME n'est que de 1000 parties.

Pl. 12. Fig. 23. 311. Quand on aura marqué le point S de la soustylaire sur le demi-cercle, on y plantera une pointe de cuivre, comme on aura fait au centre C du Cadran, & qui affleure le plan ; on fera un petit trou au point d'intersection du demi-cercle & de la ligne soustylaire, pour poser une pointe de compas sur ce point, & delà marquer tous les points horaires sur le demi-cercle DME.

312. On marquera sur le demi-cercle l'angle de la hauteur de l'axe sur la soustylaire, que nous trouvons dans la Table être de 43° 10′; on prendra sur l'échelle des cordes la distance de l'angle de 43° 10′, que l'on portera du point S de la soustylaire vers A au point A, sur lequel on fera passer une ligne du centre C. La ligne CA sera celle de la hauteur de l'axe sur la soustylaire. Si on n'a pas une échelle de cordes, mais une échelle de parties égales, on cherchera la corde de l'angle 43° 10′ : on prendra la moitié de cet angle, & son sinus naturel; on doublera ce sinus, ou on le quadruplera, &c. (157); on en retranchera les quatre derniers chiffres : le reste donnera le nombre des parties qui font la corde de 43° 10′, que l'on portera sur le demi-cercle de S en A. Cette ligne CA représentera l'axe du Cadran.

313. On marquera sur le demi-cercle DME tous les points horaires, les faisant tous partir du point S. Nous en spécifierons quelques-uns pour exemple, & nous choisirons ceux où l'on pourroit trouver quelque difficulté.

En commençant du côté oriental du Cadran, où se trouve la soustylaire parmi les heures du soir, on voit dans la Table de la page 166, que l'angle horaire de midi & un quart est de 12° 8′; on prendra sur l'échelle des cordes du compas à verge la distance de 12° 8′, dont on posera une pointe sur le point S de la soustylaire, & on marquera sur le demi-cercle vers M le point horaire de midi & un quart. Ensuite pour midi & demi l'on voit dans la Table que l'angle horaire eſt de 9° 28′; on le portera également, au moyen du compas à verge, ſur le demi-cercle du point S vers M. PL. 12. Fig. 43.

Pour une heure & un quart, l'angle horaire eſt de 1° 41′, que l'on portera de S vers M. Pour une heure & demie l'angle horaire n'eſt que de 53 minutes, que l'on portera également, par le moyen du compas à verge, de S vers D de l'autre côté de la ſouſtylaire, oppoſé à la méridienne. Pour une heure trois quarts l'angle horaire eſt de 3° 28′ que l'on portera ſur le demi-cercle de S vers D. Ainſi de tous les autres angles horaires.

314. Nous avons trouvé, art. 293, que ce Cadran pouvoit marquer juſqu'à 6 heures & demie du ſoir, dont nous avons vû l'angle horaire de 70° 23′, que l'on portera de S vers D. Nous ſuppoſons toujours que l'on ſe ſerve d'un compas à verge, où il y a une échelle de cordes. Mais ſi on n'a qu'une échelle de parties égales, on ſe ſervira de la ſixieme colonne de la Table, où l'on trouvera la longueur de toutes les cordes des angles horaires, que l'on portera ſur le demi-cercle du point S vers M ou vers D, ſelon le cas, comme nous venons de l'expliquer dans l'article précédent. Ces diſtances des longueurs de chaque corde doivent ſe prendre plutôt avec un compas à verge tel quel, qu'avec un compas ordinaire, excepté peut-être les petites diſtances, comme ſont les angles horaires les plus proches de la ſouſtylaire.

315. Quand on aura marqué tous les points horaires des heures du ſoir du côté oriental du Cadran, on fera de même pour tous les angles horaires du matin, qui doivent ſe poſer du côté occidental. Par exemple, l'angle horaire de 11 heures 3 quarts eſt de 17° 39′: on portera la diſtance de cet angle de S au-delà de la méridienne du côté occidental du

Pl. 12. *Fig.* 43. Cadran, & toujours sur le demi-cercle. Pour 11 heures, l'angle horaire est de 26° 36'; on portera cet angle ou la corde de cet angle de S au-delà de la méridienne, en tirant vers E. On continuera ainsi pour tous les angles horaires du matin, en portant sur le demi-cercle toutes les distances, & posant une pointe du compas à verge sur le point S de la soustylaire, & l'autre point en allant vers E sur l'arc SE.

Nous avons trouvé, art. 295, que ce Cadran peut commencer de marquer à 6 heures trois quarts, & que l'angle horaire de 6 heures trois quarts est de 104° 23'; on portera cet angle en posant une pointe du compas à verge sur le point S, & l'autre pointe sur le demi-cercle vers E.

316. Pour trouver la corde de cet angle horaire de 6 heures trois quarts 104° 23', en supposant que l'on n'ait point d'échelle de cordes, il faut faire comme nous avons dit vers la fin de l'art. 154, où il est parlé de la maniere de trouver la corde d'un angle d'un nombre impair, comme celui-ci. Nous avons dit, art. 124, que lorsqu'on a besoin de faire un angle plus grand que ceux qui sont sur l'échelle des cordes, comme de 104° 23', on le portera en deux fois sur le demi cercle; on peut prendre, par exemple, 55 degrés, & porter cette distance du point S sur le demi-cercle vers E, ôter 55° de 104° 23', il reste 49° 23'; & prendre ensuite 49° 23', que l'on portera sur le demi-cercle, du point où l'on a marqué le 55e degré jusques vers E, à compter toujours du premier degré au commencement de l'échelle des cordes. Mais si l'on se sert de l'échelle des parties égales, & que n'ayant pas un compas suffisamment grand, on soit obligé de porter en deux fois la corde d'un angle, comme il faut nécessairement porter la corde en ligne droite, & que l'on ne connoît pas encore le point où elle se ter-

mine, il faudra se servir d'une regle assez longue, PL. 12.
poser un bout du bord de la regle sur le point S, *Fig.* 43.
& marquer vers l'autre bout le point où se termine la corde de l'angle en question, & transporter ainsi ce point sur le plan.

317. Quand on aura marqué tous les points horaires, on appliquera sur le plan une longue regle nouvellement dressée, au moyen de laquelle on tracera les lignes horaires avec une pointe de couteau, le tenant toujours dans la même situation d'un bout à l'autre de la regle; & on imprimera ces lignes dans le plan, les conservant pourtant toujours assez fines. On tracera les lignes des heures de toute leur longueur, celles des demi-heures plus courtes, & celles des quarts plus courtes encore, comme au Cadran horisontal. Voyez sa figure. Toutes les lignes doivent être dirigées vers le centre C du Cadran, & passer par le milieu des points horaires marqués sur le demi-cercle DME; même les plus courtes, quoiqu'elles ne soient pas réellement tracées de toute leur longueur; en sorte que si elles étoient prolongées, elles passeroient sur les points horaires, & iroient se réunir au centre C du Cadran. On tracera également, en les imprimant dans le plan, les chiffres horaires, afin que le Peintre n'ait qu'à les suivre.

318. Il convient de dire ici que la meilleure proportion pour ces chiffres horaires, qu'on fait le plus ordinairement Romains, est de leur donner le double plus de hauteur que de largeur; si c'est un V, on lui donnera, par exemple, 12 pouces de hauteur sur 6 de largeur en-dehors, sans y comprendre les deux cornes, qui doivent être de surplus. Si c'est un X, on lui donnera la même proportion, c'est-à-dire, 12 pouces de hauteur sur 6 de largeur en-dehors, non comprises les cornes. A l'égard de leur corps, si le chiffre a 12 pouces de hauteur, l'on fera leur gros traits de 2 pouces de largeur, & leur trait fin de 4 lignes seu-

PL. 12. Fig. 43. lement. L'on fait ordinairement à rebours les chiffres horaires dans les Cadrans horisontaux ; voyez la pl. 7 ; mais non pas aux verticaux ; voy. la pl. 37, parce que la maniere la plus naturelle de regarder un Cadran horisontal, est par le côté du centre ; au lieu qu'on regarde toujours par en bas le Cadran vertical. On terminera enfin le contour du Cadran, selon le lieu où il est : il aura une forme quarrée, ou ronde, ou ovale, ou octogone, &c. ou bien on y fera des ornemens qui doivent occuper le moins d'espace qu'il se pourra, afin de ne pas rendre le Cadran plus petit. Voyez les planches 14, 15 & sur-tout 37.

319. Les Cadrans déclinans du septentrion se traceront de même que les autres. Voy. l'art. 269.

SECTION VI.

Maniere de Poser l'Axe aux Cadrans verticaux déclinans & non déclinans.

320. ON fait construire l'Axe, & on le pose de la maniere suivante. Il doit être assez long, pour que son ombre puisse atteindre jusqu'aux lignes horaires qui approchent le moins du centre, dans le temps où son ombre est la plus courte, comme elle l'est au solstice d'hiver sur la ligne de midi dans les Cadrans méridionaux & sur la soustylaire dans les verticaux déclinans. Pour cet effet, on suivra la même regle que pour le Cadran horisontal, c'est-à-dire, qu'il doit être un peu plus long que la distance qui se trouve depuis le centre C du Cadran jusqu'à la ligne horaire du quart-d'heure avant ou après midi, ou de celui qui est le plus près de la ligne soustylaire. Si le Cadran marquoit les minutes, il faudroit que l'Axe fût encore plus long, parce que les lignes ho-

raires des minutes doivent être encore plus courtes que celles des quarts ; par conséquent, si le Cadran ne marquoit pas les quarts, mais seulement les demi-heures, on pourroit faire l'Axe beaucoup plus court. En un mot, on peut toujours compter que lorsque l'ombre de l'axe est la plus courte, elle est à peu près égale à la longueur de l'Axe, & même tant soit peu plus courte. C'est une mauvaise méthode de sceller un Axe dans le mur par son bout supérieur seulement, sans aucun support : outre qu'il n'est guere possible de le bien poser, il est bien difficile qu'il demeure long-temps dans sa vraie situation, en supposant qu'il ait été bien posé.

321. La longueur de l'Axe étant déterminée, on tirera sur une table suffisamment grande, ou sur le parquet, une ligne CO, qui représentera la soustylaire, & le point C le centre du Cadran. On fera l'angle OCL égal à l'élévation du pôle sur le plan, ou de la hauteur de l'Axe sur la soustylaire, qui, dans notre exemple, est de 43° 10'. Nous avons assez répété en plusieurs endroits comment on fait un angle du nombre de degrés que l'on veut, soit par l'échelle des cordes, soit par l'échelle des parties égales. PL. 8. *Fig.* 44.

Vers le milieu G de l'axe, on tracera le grand support GI, le faisant passer au-delà de la ligne CO d'une quantité DI d'environ 6 pouces de long ; ce sera la partie qui sera scellée dans le mur. Tracez un autre support KH beaucoup plus petit, à 4 ou 5 pouces du bout C, & donnez-lui environ 4 ou 5 pouces de plus, pour entrer dans la muraille. Il faut que le grand support soit fort jusqu'à 9 ou 10 lignes en quarré dans la partie qui entre dans la muraille, & allant en diminuant vers l'Axe G, de façon qu'il soit même tant soit peu moins épais que l'Axe. Si le Cadran est fort élevé, l'Axe doit avoir 7 à 8 ou 9 lignes de diametre ou de grosseur, & moins à proportion, s'il est fort bas. L'Axe doit se termi-

Pl. 8. *Fig.* 44. ner en pointe bien aigue à chaque bout ; mais cette pointe doit venir de loin au bout C, & être fort courte par le bout L. Il doit être rond, & également gros par-tout, ou encore mieux, on pourra le faire aller insensiblement en diminuant vers le bout C. Prenez garde que la pointe de chaque bout soit exactement au milieu de la grosseur de l'Axe. On fera river bien solidement les supports sur la tringle de l'Axe, & on observera qu'il se tienne exactement droit d'un bout à l'aûtre, lorsqu'il est dans la situation où il doit être; car ordinairement il fléchit un peu, & devient convexe en dessus dans sa longueur ; c'est pourquoi il est bon de le rendre tant soit peu concave dans sa longueur & son dessus, afin que lorsqu'il sera en place, il se trouve parfaitement en ligne droite. Cette derniere observation aura lieu en certains Cadrans, où l'on ne peut pas mettre de support si avant.

Aussi lorsqu'on construira l'Axe, & qu'on y aura fixé les deux supports, on essayera de le mettre dans la situation où il doit être à peu près, pour observer si sa tringle se soutient bien droite, étant appuyée sur son grand support, & l'on y donnera des coups de marteaux pour qu'elle soit bien droite étant posée. Ordinairement il faut qu'elle soit un peu cambrée en dessus ; elle se redresse ensuite d'elle-même par son propre poids lorsqu'elle est dans sa vraie position.

322. Il ne suffit pas que l'Axe soit bien fait ; la difficulté est de le bien poser. Il seroit inutile d'avoir pris beaucoup de peine pour trouver exactement la déclinaison du plan, & d'avoir fait tous les calculs dont nous avons parlé, si on négligeoit de bien poser l'Axe. C'est une partie si essentielle, que si l'Axe ne se trouve pas précisément dans l'Axe du Monde, tout le Cadran sera faux, quoique bien tracé d'ailleurs. Le calcul a donné sa véritable situation ; il s'agit de l'y bien mettre. Voici donc comment il faut s'y prendre.

On couchera l'Axe ſur le parquet ou ſur une grande table, de façon que le centre de la tringle CL, qui répond à la pointe de chaque bout, ſoit préciſément ſur la ligne CL, qui fait l'angle de la hauteur de l'Axe ſur la ſouſtylaire avec la ligne CO. Meſurez exactement la longueur de la tringle CL depuis l'extrêmité de la pointe d'un bout, juſqu'à l'extrêmité de la pointe de l'autre bout : portez cette meſure ſur la ligne CO de C en B. Meſurez enſuite l'eſpace de B en L, & portez cet eſpace ſur la double équerre, depuis le bord C juſqu'en X, où vous marquerez un point. Il faudra planter au point X un bout de cuivre qui affleure le bois, & on marquera ſur ce cuivre un point X au moyen d'un poinçon bien aigu. Pl. 3. Fig. 21. Pl. 8. Fig. 44.

323. Il ſera mieux, & plus juſte de chercher par le calcul la diſtance de B à L, en ſuppoſant toujours que la diſtance BC eſt égale à l'Axe CL ; on eſt pour lors diſpenſé de faire les opérations de l'article précédent : il ne faut que meſurer exactement la longueur de l'Axe, comme nous avons dit ; & après avoir écrit cette meſure, on fera l'Analogie ſuivante.

Le rayon
eſt à la longueur de l'Axe CL *ou* BC,
comme le ſinus de la moitié de l'angle BCL *entre la ſouſtylaire & l'Axe*
eſt à la moitié de la baſe BL.

Suppoſons la longueur de l'Axe BC de 4564 parties, & l'angle BCL entre la ſouſtylaire & l'Axe de 43° 10'.

log. du nombre naturel 4564, 2e terme, 365935
log. ſinus de la moitié de l'angle 43° 10',
qui eſt 21° 35', 3e terme 956568

Somme & reſte . . . 1322503

qui eſt le log. de la moitié de la diſtance BL. Or ce logarithme étant cherché dans la Table des nombres
Pl. 13. naturels ſe rapporte au nombre naturel 1679; c'eſt
Fig. 45. la moitié de la diſtance de B à L: il faut donc doubler ce nombre, on aura 3358; ce ſera le nombre de parties de l'échelle des parties égales, qui eſt la diſtance de B à L, que l'on portera de C à X de la double équerre. Cette méthode eſt bien plus juſte que la précédente.

324. Tout étant ainſi préparé, on préſentera l'Axe ſur ſa place, faiſant convenir ſa tringle ſur la ligne OM, qui eſt celle qui repréſente l'Axe, & les deux ſupports ſeront couchés ſur la ſouſtylaire OS; de ſorte que l'axe tout entier ſera appliqué contre le mur. On marquera les trous pour les ſupports aux endroits où l'on voit que les ſupports coupent la ſouſtylaire. Les trous étant marqués, on retirera l'Axe, & on fera faire les trous.

Enſuite on prendra la meſure entiere de la longueur de l'Axe; on la portera ſur la ſouſtylaire de O en P, & on tirera au point P une perpendiculaire RT à la ſouſtylaire, ſuffiſamment prolongée de cha-
Pl. 3. que côté, & à peu près autant que le pied AB de la
Fig. 21. double équerre (*Pl.* 3, *Fig.* 21).

325. Les trous étant faits, on préſentera l'Axe dans ſa place dans la même ſituation où il doit être poſé, & les ſupports dans leurs trous. Le bout O dans le petit trou O du centre du Cadran. On poſera la double équerre ſur le plan, en ſorte que le bord du pied AB ſoit poſé préciſément ſur la ligne RT, qui traverſe la ſouſtylaire. On fera convenir la ligne CD de la double équerre ſur le point P de la ſouſtylaire; on élevera ainſi la double équerre juſqu'à ce que le bout L de l'Axe ſoit dans le point X de la double équerre, dont on fera bien appliquer le bord du pied
Pl. 3. AB contre le mur, les pointes y étant entrées. De
Fig. 21. peur que cette double équerre ne ſoit pas aſſez ſou-

tenue du côté du mur, on fichera dans le mur, & au-dessous de la double équerre deux ou trois clous assez forts, pour empêcher qu'elle ne descende du côté du mur. On sent bien qu'il faut être plusieurs personnes pour poser un Axe, sur-tout s'il est grand. PL. 3. *Fig.* 21.

Tout étant dans cet état, on soutiendra l'Axe dans sa place, & on examinera si les supports ne sont pas gênés dans leurs trous, si le bout O de l'Axe porte bien dans le point du centre du Cadran, & si le pied de la double équerre joint bien contre le mur: on prendra garde que les supports de l'Axe soient libres dans les trous du mur. Si tout va bien, tandis que l'on soutiendra l'Axe dans sa place, au moyen de la double équerre, on remplira les trous de plâtre, & l'on commencera par mettre des cales ou des coins de bois à l'entour du petit support, sur-tout en dessous, afin de faire appliquer exactement le bout supérieur de l'Axe dans le centre du Cadran. On réussira mieux en mettant des cales assez courtes dans le fond du trou tout à l'entour du support; on en mettra d'autres ensuite à l'entrée. Mais avant que de finir d'arrêter le petit support, on mettra des cales dans le fond du trou du grand support, & ensuite on en enfoncera d'autres à l'entrée tout à l'entour, & sur-tout en-dessous; à mesure que l'on forcera ces cales à coups de marteau, on descendra un peu le bout D de la double équerre, & cela de moment à à autre, pour voir si les cales ne forcent point l'Axe dans quelqu'autre direction; en ce cas, on feroit mettre des cales, ou on enfonceroit davantage celles qui seroient du côté opposé à la fausse direction. C'est ainsi que l'on affermira l'Axe, en scellant fortement les deux supports, & retirant la double équerre à tout moment, sans que jamais son pied quitte la ligne RT, mais qu'il joigne toujours contre le mur sur cette ligne; c'est à quoi l'on sera toujours très-attentif.

Il arrive ordinairement que lorſque l'on ſoutient l'Axe par le moyen de la double équerre, le poids du grand ſupport le fait fléchir vers le milieu ; de ſorte que dans cette ſituation, au lieu de faire une ligne droite, comme cela eſt eſſentiel, il fait une ligne courbe, ou devient concave dans ſa longueur : ce que l'on reconnoîtra en appliquant par-deſſus l'Axe, & tout de ſon long, une regle bien droite ; on appliquera à tout moment cette regle, tandis que l'on enfoncera les cales ; & ſi l'on voit que l'Axe devient courbe en-deſſus, on forcera le ſupport juſqu'à ce que l'Axe ſoit dans ſa vraie ſituation, qu'il ſoit bien droit, & que ſon extrêmité inférieure entre librement dans le milieu du point X de cuivre du bout de la double équerre, & que le bout ſupérieur ſoit fortement appliqué dans le centre du Cadran.

326. Il faut avouer que cette maniere de poſer & de fixer l'Axe dans ſa place, & que d'habiles gens ont toujours pratiquée, n'eſt pas auſſi facile dans l'exécution qu'on pourroit le croire. Il y faut d'ailleurs bien du temps avant qu'il ſoit préciſément dans la ſituation où il doit être. Comme cette opération eſt importante pour le ſuccès du Cadran, je propoſerai ici une autre maniere plus expéditive, fort facile dans l'exécution, & qui m'a toujours fort bien réuſſi.

Après qu'on aura fait les trous dans le mur aſſez grands, pour que les deux ſupports n'y ſoient point du tout gênés ; & qu'on aura poſé la double équerre ſur ſa place dans la ſituation où elle doit être comme il a été dit ci-deſſus art. 325, on fera ſoutenir ſon pied par deux hommes, la tenant bien appliquée contre le mur ; tandis qu'une autre perſonne ſoutiendra ſon bout ſupérieur, en ſorte que le point X touche preſque la pointe inférieure de l'Axe. Une autre perſonne ſoutiendra l'Axe, non par ſa longue tringle de fer, qu'elle ne touchera point, mais par son grand support, en tenant ses mains fort près de la tringle de fer, la faisant appuyer fortement contre le petit trou du centre du Cadran. Cet homme tenant ainsi l'Axe immobile, ne perdra pas de vûe le point X de la double équerre, & l'autre homme, qui tient le bout supérieur de la même double équerre, ne perdra point de vûe non plus le point X, pour le tenir toujours très-près du bout inférieur de l'Axe, sans cependant qu'il y touche.

Lorsqu'on sera ainsi disposé, un Maçon remplira les deux trous de bon plâtre, en y insérant de petit morceaux de brique pas plus gros que des noix. Il enfoncera ainsi bien avant ce plâtre avec ces morceaux de brique, sans forcer du tout les pieds de l'Axe. Il continuera ainsi jusqu'à ce que les trous soient bien remplis & affleurés avec la surface du Cadran, sans mettre aucune cale. Les trous étant entiérement bouchés, si le plâtre est bon, & qu'il ait été gâché plus fort qu'à l'ordinaire, il se trouvera durci à la fin de l'opération. Alors l'Axe se trouvera bien scellé, & il restera toujours dans la situation où on l'aura mis.

Dans les pays où le plâtre ne résiste pas au mauvais temps, on pourra ne pas remplir totalement les deux trous où sont les supports de l'Axe : on réservera environ un pouce; afin d'achever de remplir ces trous avec du mortier fin, auquel on mêlera de la brique pilée. Ce mortier, ayant alors environ un pouce d'épaisseur à l'entrée des trous, garantira le plâtre, & contribuera à lui conserver toute sa bonne qualité.

327. L'Axe étant posé, il faut s'assurer encore qu'il est bien dans sa vraie situation, & voici comment. Prenez sur la ligne RT de part & d'autre de la la soustylaire OS deux distances égales RP & PT, PL. 13.
de tel nombre de parties égales que vous voudrez, *Fig.* 45.

Pl. 13. mais à peu près de la moitié de la distance de C à X
Fig. 45. de la double équerre. Quarrez le nombre des parties
& que contient l'espace PR : quarrez aussi le nombre des
Pl. 3. parties que contient CX de la double équerre : ajou-
Fig. 21. tez ensemble le quarré de CX avec le quarré de PR : extrayez la racine quarrée de la somme ; cette racine sera la distance des points R ou T au point L qui est le bout de l'Axe. Prenez donc sur le compas à verge le nombre des parties marqué par cette racine : mettez une pointe du compas au point R, l'autre doit aller toucher le bout L de l'Axe : faites-en autant au point T ; si la pointe du compas se termine également au bout L de l'Axe, soyez assuré que l'Axe est bien situé & exactement posé. Exemple :

Je suppose que la partie CX de la double équerre contienne 3358 parties, je quarre ce nombre, c'est-à-dire, je le multiplie par lui-même, ainsi :

3358
3358
―――――
26864
16790
10074
10074
―――――

Ce produit 11276164 est le quarré du nombre 3358. Je suppose que la partie PR contienne 1682 je quarre encore ce nombre 1682
―――――
3364
13456
10092
1682
―――――

J'ajoute ce produit . 2829124
avec le précédent 11276164
―――――
Somme 14105288
―――――

Somme

Somme des deux produits, dont j'extrais la racine quarrée en cette sorte : Pl. 13, *Fig.* 45.

14, 10, 52, 88	3755 ce nombre est la racine
9	67
51 0	745
46 9	7505
41 52	
37 25	
4 27 88	
3 75 25	
Reste 52 63	

quarrée de 14105288. On prendra donc sur le compas à verge la distance de 3755 parties, ou plutôt 3756, parce que le reste 5263 étant plus grand que la racine 3755 indique une fraction qui seroit plus de la moitié de l'unité ; & l'on fera le reste comme ci-dessus. Les plans n'étant jamais parfaits, il faut prendre garde que les endroits où sont les points R & T ne soient ni élevés, ni enfoncés ; s'ils l'étoient, il faudroit prendre les distances RP & PT plus grandes ou plus petites, ou les prendre inégales ; ce qui est indifférent : mais alors ce seroit deux quarrés différens.

Ceux qui ne savent pas extraire la racine quarrée par cette méthode, pourront la trouver par le moyen des logarithmes. Pour cela, ils chercheront d'abord le logarithme de 14105288 (147), ils auront 71493820, dont ils prendront la moitié 35746910 qu'ils chercheront dans les logarithmes de la Table des nombres naturels, ils verront qu'elle approche le plus du logarithme de 3756 : d'où ils concluront que 3756 est la racine la plus approchante de 14105288. Au reste, on pourroit bien omettre cette opération si on s'étoit bien assuré de la justesse de

Pl. 3. Fig. 21. la double équerre, en ce que la ligne CD soit bien perpendiculaire à la base AB.

328. Telles sont les précautions requises pour poser l'Axe. Il est essentiel, comme nous l'avons dit, & nous ne saurions assez le répéter, qu'il soit posé avec toute la justesse possible. Le moindre défaut qu'il y ait dans sa situation rend tout le Cadran faux. Je sais bien que tous ceux qui font des Cadrans, n'y cherchent pas tant de façon, & n'y regardent pas de si près : aussi voit-on si peu de bons Cadrans.

329. L'Axe étant posé, & ses trous bien rebouchés & reparés avec du plâtre ou du mortier, pour que rien n'y paroisse, on fera passer la derniere couche à l'huile : il convient que ce soit un bleu clair, de la même couleur que le ciel, dont le Cadran est la représentation. Cette couleur peut se composer avec de la céruse & de l'émail à poudrer, ou de l'azur le plus clair. On passera deux couches de noir sur tout l'Axe, que l'on peut orner, si l'on veut, par des enroulemens. On peut dorer à l'huile les ornemens, &c. On peut composer le noir que l'on applique sur l'Axe, avec du noir de fumée, du charbon bien broyé, un peu de litharge & un peu de terre d'ombre, ou mieux de la terre de Cologne, le tout bien broyé & mêlé ensemble avec de l'huile grasse de lin ou de noix.

330. Le bleu & le noir étant secs, on tirera les lignes horaires de la grosseur convenable, c'est-à dire, d'une ligne ou environ plus étroites que la grosseur de l'Axe. On se servira d'un fil fin ou d'une soye, que l'on rougira en la frottant d'un bout à l'autre avec de la sanguine, ou bien on la noircira en la frottant avec de la craye noire, le tout bien sec. On verra à travers la peinture les lignes horaires, qui ayant été imprimées dans le plan, avec la pointe d'un couteau, seront encore visibles, & ne seront pas couvertes par la peinture. A chaque bout

de la ligne horaire, on marquera un point de chaque côté de la ligne, & qui en ſoit également éloigné; de ſorte que d'un point à l'autre il y ait, par exemple, 6 lignes, ſi les lignes horaires doivent avoir 6 lignes de groſſeur. On tendra la ſoie d'un point à l'autre de la ligne horaire, & on pincera la ſoie, comme font les Charpentiers quand ils marquent leurs ouvrages. La ſoie frappant le plan y laiſſe une trace fine & bien droite. Quand on aura tringlé d'un côté de la ligne horaire, on en fera autant de l'autre côté, de façon que la ligne horaire ſe trouve exactement au milieu de ces deux lignes. On fera de même ſur toutes les lignes horaires, ne faiſant cette opération que de la longueur que doit avoir la ligne horaire, & frottant la ſoie avec de la craye rouge ou noire à chaque ligne que l'on marque. Cette ſoie ne dure que pour quatre ou cinq lignes horaires, elle ſe déchire bientôt en la frottant avec la craye; c'eſt pourquoi il faut en avoir ſuffiſamment pour en changer. On ſe gardera bien de tirer ces lignes avec une pointe ou avec un couteau le long d'une regle: on couperoit la peinture, qui ne dureroit pas ſi long-temps. D'ailleurs les lignes ne ſeroient jamais auſſi droites avec la regle qu'avec le fil tendu. Obſervez de ne pas tacher ou ſalir la peinture ou couleur du Cadran en tringlant les lignes avec la ſoie. On a ordinairement les mains de la couleur de la craye dont on ſe ſert; & ſi on n'y prend garde, l'on fait beaucoup de taches. On ne peut pas non plus tirer les lignes dont nous parlons avec un crayon le long d'une regle, parce que le plan n'étant jamais auſſi uni qu'un papier, le crayon étant émouſſé avant que d'avoir fini la ligne entiere, on ne feroit rien de juſte.

331. Pour les chiffres horaires, on les deſſinera au crayon, leur donnant une grandeur & un corps ſuffiſant, ſelon l'élévation où ſe trouve le Cadran. Par exemple, on leur donnera 12 pouces de hau-

teur, ſur 2 pouces de corps, ſi le Cadran eſt élevé (318). Tout étant tracé & deſſiné, on fera ſuivre par le Peintre tout ce que l'on aura marqué, & on ſera toujours préſent pour s'aſſurer de ſon exactitude. Les lignes horaires avec les chiffres pourront être en noir; & ce noir ſera le même que celui dont il eſt parlé dans l'article précédent. Il ſera bon de conſerver un peu de la même peinture bleue, dont on s'eſt ſervi, pour effacer les taches ou manquemens du Peintre, s'il y a lieu. Tout étant fini, on fera ôter l'échaffaudage en ſa préſence, pour empêcher qu'on ne gâte la peinture, & qu'on ne touche à l'Axe avec quelque planche ou échelle, &c.

CHAPITRE VII.

Cadrans Verticaux ſans centre.

Nous avons parlé des Cadrans Verticaux qui ont le centre ſur le plan même. On eſt ſouvent obligé d'en tracer qui ont leur centre hors du plan: on en fait même de cette eſpece ſans avoir des raiſons qui rendent cette conſtruction indiſpenſable. Comme c'eſt un ſujet dont la pratique eſt très-utile & fort ordinaire, nous le traiterons aſſez au long. Nous diviſerons ce Chapitre en trois Sections: dans la premiere, nous enſeignerons à trouver par le calcul les angles horaires des Cadrans Verticaux ſans centre: nous donnerons deux exemples de ce calcul. Dans la ſeconde, nous propoſerons une méthode de tracer ces ſortes de Cadrans, pourvu que le centre ne ſe trouve pas beaucoup éloigné du plan; enſuite nous en enſeignerons une autre, qui eſt propre non-ſeulement à tracer ceux-là, mais encore à tracer ceux dont le centre eſt extrêmement éloigné. Nous montrerons dans la troiſieme à poſer l'axe pour tous les Cadrans qui ont le centre hors du plan.

SECTION PREMIERE.

Trouver par le calcul les angles horaires des Cadrans Verticaux ſans centre.

332. ON appelle un *Cadran ſans centre*, celui qui a ſon centre hors du plan ; car il y a d'autres Cadrans ſans centre, comme ſont le polaire, l'oriental, l'occidental, &c. Ce n'eſt pas de ceux qui ſont abſolument ſans centre dont nous entendons parler, mais de ceux qui en ont un, & qui eſt hors du Cadran. Ainſi quand nous dirons un Cadran ſans centre, il faudra toujours entendre un Cadran dont le centre eſt hors du Cadran : c'eſt la façon ordinaire de s'exprimer.

333. On eſt obligé de faire un Cadran Vertical ſans centre, lorſque le plan décline beaucoup, comme de 70° ou davantage. La raiſon en eſt, que plus le plan décline, plus les lignes horaires ſont ſerrées entr'elles aux environs de la ſouſtylaire, & ſi la déclinaiſon du plan eſt encore plus grande, les lignes horaires ſeront ſi ſerrées entr'elles, que ſi on leur donnoit la groſſeur convenable, elles ſe toucheroient mutuellement ; ainſi il eſt indiſpenſable de faire le Cadran ſans centre pour cette raiſon.

334. Mais on peut, ſi on le veut, faire un Cadran ſans ceutre, quoique le plan décline fort peu, ou point du tout : c'eſt lorſque l'on veut que les heures ſoient plus écartées, ſoit pour y mettre les minutes de cinq en cinq, ſoit afin qu'il ſoit plus diſtinct pour être vû de loin. Dans ce cas, on ne peut le faire

ſans centre, ſans retrancher quelqu'heure du matin ou du ſoir; ou ſi le plan ne décline preſque point, ſans retrancher quelqu'heure du matin & du ſoir. On ne feroit pas mal de retrancher dans tout Cadran Vertical déclinant ou non déclinant, les premieres heures du matin, ou les dernieres du ſoir, c'eſt-à-dire, les 4, 5 ou 6 heures du matin, & les 6, ou 7 & 8 heures du ſoir. Ces heures ſont toujours un peu fauſſes à cauſe de la réfraction. En ce cas, on pourroit faire tous les Cadrans Verticaux ſans centre; cela ſeroit d'autant plus à propos, que le plan ſeroit petit & vû de loin.

335. Un Cadran Vertical ſans centre n'eſt autre choſe qu'un Cadran tracé à l'ordinaire, dont les lignes horaires ſeroient fort longues de haut en bas, comme de 20 pieds; & lorſqu'il ſeroit entiérement tracé, on en retrancheroit 12 pieds dans ſa partie ſupérieure pour ne laiſſer paroître que la partie inférieure qui n'auroit que 8 pieds de haut. Plus le plan eſt déclinant, plus il faut porter loin du plan le centre du Cadran; de ſorte que ſi le plan déclinoit de 89° 55′, il faudroit porter le centre prodigieuſement loin, peut-être à deux ou trois cens toiſes, ſelon la hauteur que l'on donneroit au ſtyle.

336. Nous avons vû, art. 215, que les lignes horaires des Cadrans orientaux & occidentaux ſont toutes paralleles entr'elles : on peut regarder ces Cadrans comme déclinans de 90°; mais un Cadran déclinant de 89° eſt preſqu'oriental ou occidental; auſſi ſes lignes horaires ſont preſque paralleles entr'elles, & approchent beaucoup de la ſituation des Cadrans orientaux & occidentaux; par conſéquent, leur centre doit être prodigieuſement éloigné. Auſſi plus le plan ſera déclinant, plus les lignes horaires approcheront du parallèliſme de celles du Cadran oriental & occidental : ce que l'on pourra remarquer dans
Pl. 15. la Planche 15, Fig. 57.

Fig. 47. *337.* Tout ce que nous venons de dire des lignes

horaires des Cadrans Verticaux sans centre, doit être appliqué à leur axe pour tout ce qui peut lui convenir. Plus un Cadran est déclinant, plus son axe approche du parallélisme à l'égard du plan; son bout inférieur n'est presque pas plus éloigné du mur que son bout supérieur, &c.

338. Le calcul des angles horaires pour les Cadrans Verticaux sans centre, est précisément le même, que lorsqu'ils ont le centre sur le plan. Il n'y a rien de particulier à cet égard. Comme nous n'avons donné aucun exemple du calcul pour un Cadran fort déclinant, & que l'on pourroit y trouver quelque difficulté, en voici un pour un Vertical déclinant du midi vers l'orient de 89° 15'. Nous supposerons la hauteur du pôle de . . . . . . 46° 20'.
Nous supposerons encore que l'on a trouvé par les Analogies des art. 271, 272, 273 & 274 les trois angles fondamentaux, qui sont :

l'angle entre la méridienne & la soustylaire . . . . 43° 40'
l'angle entre la soustylaire & l'axe . . . . 0° 31'
l'angle de la différence des Méridiens . . 89° 27'.

339. Ce Cadran étant supposé avoir sa déclinaison orientale, la soustylaire se trouvera du côté occidental parmi les heures du matin; par conséquent, pour calculer les heures du matin, il faut prendre la différence entre la distance du Soleil au Méridien, & la différence des longitudes (275). Faisons donc ce calcul.

A 11 heures du matin, la distance du Soleil au Méridien est de 15°, qu'il faut soustraire de 89° 27', qui est la différence des Méridiens ou des longitudes; reste 74° 27'. On fera l'Analogie de l'art. 276, & on aura 1° 52', qui est l'angle horaire de 11 heures à l'égard de la soustylaire.

A 10 heures, la distance du Soleil au Méridien

est de 30°, qu'il faut retrancher de 89° 27′ : restera 59° 27′ ; ce qui étant calculé par l'Analogie de l'article 276, on aura 52′ pour l'angle horaire de 10 heures à l'égard de la soustylaire.

A 9 heures, la distance du Soleil au Méridien est de 45°, que l'on ôtera de 89° 27′ : restera 44° 27′ ; ce qui étant calculé, donnera 30′ pour l'angle horaire de 9 heures.

A 8 heures, la distance du Soleil au Méridien est de 60°, qu'il faut ôter de 89° 27′ ; reste 29° 27′ ; ce qui étant calculé, donnera 17′ pour l'angle horaire de 8 heures.

A 7 heures, la distance du Soleil au Méridien est de 75°, qu'il faut ôter de 89° 27′ : reste 14° 27′ ; ce qui donnera 8′ pour l'angle horaire de 7 heures.

A 6 heures, la distance du Soleil au Méridien est de 90°, dont il faut ôter 89° 27′ : reste 33′ ; ce qui étant calculé, donnera environ 18″ de degré pour l'angle horaire de 6 heures à l'égard de la soustylaire.

A 5 heures, la distance du Soleil au Méridien est de 105°, dont il faut ôter 89° 27′ : reste 15° 33′ ; ce qui donnera 9′ pour l'angle horaire de 5 heures.

A 4 heures, la distance du Soleil au Méridien est de 120°, dont il faut ôter 89° 27′ : reste 30° 33′ ; ce qui donnera 20′ pour l'angle horaire de 4 heures du matin à l'égard de la soustylaire.

340. Ce Cadran ne peut marquer aucune heure entiere après midi. La soustylaire étant au côté occidental du Cadran parmi les heures du matin que nous venons de calculer, on est obligé d'ajouter la différence des longitudes à la distance du Soleil au Méridien, pour calculer les heures de l'après-midi. Or la différence des longitudes est, comme nous l'avons vû (338), de 89° 27′, la distance du Soleil au Méridien pour une heure après midi est de 15°, qui étant ajoutés à 89° 27′, feroient 104° 27′ ; ce qui ne peut pas se calculer, parce qu'il passe 90° : tout

au plus il pourroit marquer midi; mais il faudroit qu'il fût prodigieuſement grand.

341. Nous n'avons donné aucun exemple du calcul d'un Cadran Vertical ſeptentrional déclinant : cependant comme il y a quelque différence avec les autres, nous en donnerons ici un. Ce Cadran ſera preſqu'occidental. PL. 16. *Fig.* 48.

Nous ſuppoſons un Vertical ſeptentrional déclinant vers l'occident de 88°, à la hauteur du pôle de 44° 50′. Il eſt à remarquer que lorſqu'il s'agit du calcul d'un Cadran de cette eſpéce, on doit entendre par le mot diſtance du Soleil au Méridien, non pas la diſtance du Soleil au Méridien du jour, où le Soleil ſe trouve à midi, mais le Méridien de la nuit, où le Soleil ſe trouve à minuit. C'eſt donc de minuit qu'il faut compter la diſtance du Soleil à l'heure propoſée. Par exemple, pour 8 heures du ſoir, s'il étoit queſtion de tout autre Cadran que du ſeptentrional, la diſtance du Soleil au Méridien ſeroit de 120°; mais en comptant du Méridien de la nuit, la diſtance du Soleil juſqu'à 8 heures eſt de 60° : car il n'y a que 4 heures depuis 8 heures du ſoir juſqu'à minuit, en comptant, comme nous l'avons toujours fait, 15° par heure. Ainſi des autres heures.

342. On trouvera par les Analogies des articles 271, 272, 273 & 274, les trois angles fondamentaux, ſavoir, l'angle entre la méridienne, ou plutôt la ligne de minuit & la ſouſtylaire de 45° 9′; celui de la hauteur de l'axe ſur la ſouſtylaire de 1° 25′, & l'angle de la différence des longitudes de 88° 35′. Voici la Table toute faite, dont la premiere colonne contient les heures; la ſeconde, la diſtance du Soleil au Méridien à minuit; la troiſieme, la même diſtance du Soleil au Méridien réduite par la différence des longitudes; la quatrieme, les angles horaires; & la cinquieme, les cordes des angles horaires.

Table pour un Cadran Vertical déclinant de 88° du septentrion à l'occident pour la hauteur du pôle de 44° 50'.

Heures du soir.	Distances du Soleil au Méridien.	Différ. entre les distan. du Soleil au Méridien, & la différence des longitudes.	Angles horaires avec la soustylaire.	Cordes des angles horair.
8 heur.	60°	28° 35'	0° 46'	3
7.....	75°	13° 35'	0° 20'	6
6.....	90°	1° 25'	0° 2'	0
5.....	105°	16° 25'	0° 25'	7
4.....	120°	31° 25'	0° 52'	15
3.....	135°	46° 25'	1° 29'	26
2.....	150°	61° 25'	2° 36'	45
1.....	165°	76° 25'	5° 50'	102
Midi 3/4	168° 45'	80° 10'	8° 7'	142
Midi 1/2	172° 30'	83° 35'	13° 14'	228

SECTION II.

Maniere de tracer les Cadrans Verticaux sans centre, avec une autre méthode par le calcul, quelqu'éloigné que soit le centre.

Pl. 16. Fig. 48. 343. Nous proposerons pour exemple un Cadran déclinant du septentrion : c'est celui que nous venons de calculer dans l'art. 341. Nous supposons qu'on ne voudra pas le faire bien grand, & qu'on ne sera pas obligé d'éloigner beaucoup le centre. La méthode ordinaire géométrique eſt dans le fond la même que nous avons décrite, art. 267 : mais comme il faudroit doubler & même tripler les opérations ſur pluſieurs équinoxiales qu'il faudroit tracer, ce qui produiroit néceſſairement un grand nombre de lignes ; nous allons donner une maniere plus ſimple, qui s'exécutera, pour ainſi dire, par le calcul. On le tracera premierement ſur une table ſuffiſamment grande.

On tirera la verticale CM, qui, dans tous les Cadrans tournés vers le midi, feroit la ligne de midi : mais ici c'eſt la ligne de minuit ; de façon que ſi la terre étoit tranſparente, elle marqueroit réellement minuit. Vers le bas de cette ligne CM, on déterminera le centre M du Cadran, duquel on décrira un arc CE, ſur lequel on marquera tous les points horaires. On fera l'angle, compris entre la ligne de minuit & la ſouſtylaire, de 45° 9′ ſur l'arc de cercle CE, à compter de la ligne de minuit au point C vers E : l'angle de la hauteur de l'axe ſur la ſouſtylaire de 1° 25′, à compter de la ſouſtylaire ; & tous les angles horaires de même, à compter toujours de la ſouſtylaire. PL. 16. *Fig.* 48.

Tous les points horaires étant marqués ſur l'arc CE, on tirera des lignes du centre M, qui paſſent ſur les points horaires, & qui ſoient ſuffiſamment prolongées ; ce feront les lignes horaires.

344. Enſuite on prendra la portion AGFD, auſſi loin que l'on voudra du centre M ; ce ſera le Cadran tout tracé. La ligne *cm*, qui eſt dans le Cadran, eſt la parallele à la méridienne de minuit CM. On peut ſe paſſer, ſi l'on veut, de la ligne *cm* parallele à la ligne de minuit ; car AG, qui termine le Cadran, peut tenir lieu de cette parallele. Il faut dans ce cas la tirer bien verticale ſur le mur.

Si ce Cadran, au lieu d'être déclinant vers l'occident, déclinoit vers l'orient de la même quantité, il ne faudroit que le tourner, & le regarder par derriere ou à l'envers, supposé qu'on l'eût tracé sur un papier assez transparent; on verroit un déclinant du septentrion à l'orient tout fait : mais au lieu d'y mettre les heures du soir, on y traceroit les heures du matin, à commencer par 4 heures.

345. Ces sortes de Cadrans se doivent premierement tracer en grand sur une table ou sur le parquet; c'est ce qu'il faut faire avec beaucoup de soin & de précision, & en transporter toutes les mesures sur le mur, comme nous allons le décrire. Prenons
Pl. 14. pour exemple le Cadran de la fig. 46, pl. 14. Nous
Fig. 46. préférons celui-ci à celui que nous venons de calculer, parce qu'il est d'un usage plus ordinaire.

Tirez la ligne horisontale HR, qui soit perpendiculaire à la méridienne FB. Tirez également une autre horisontale QZ, parallele à la premiere. Vous pouvez placer ces deux lignes à volonté, selon la partie du Cadran que vous souhaiterez faire paroître, selon le nombre des premieres heures que vous voudrez retrancher, & selon que leur distance entr'elles devra être grande ou petite; car plus vous l'éloignerez du centre C du Cadran, plus d'heures vous retrancherez du matin; & plus aussi la distance entre les lignes horaires sera grande.

346. Prenez une regle de bois bien mince, & presque tranchante de ses deux bords, par un chanfrein fait des deux côtés sur la même face. Appliquez, par la face non chan-freinée, un bord de la regle le long de la ligne horisontale HR, & marquez sur ce même bord des points à toutes les intersections des lignes horaires qui se trouveront sur HR. Notez particuliérement le point de la méridienne, afin de le distinguer des autres. Ensuite prenez, sur l'autre bord de la même regle & sur la même face, les intersections des points horaires, sur l'autre horisontale QZ, marquant particuliérement le point de la méridienne.

347. Vous aurez une autre regle semblable à la premiere. Vous la couperez juste à la distance de de H à Q. Vous l'appliquerez juste & v rticalement d'une horisontale à l'autre, le long de la ligne HQ, & vous marquerez sur son bord presque tranchant, les intersections des lignes horaires qui s'y trouveront. Vous en ferez autant du côté opposé FZ, s'il y a des points horaires à prendre. Vous aurez soin de faire une marque particuliere à chaque regle, afin de la remettre dans sa véritable situation sur le plan pour ne rien confondre. Pl. 14. *Fig.* 46.

348. Vos regles étant prêtes, vous tirerez sur le plan une ligne horisontale HR, vers l'extrêmité supérieure. Vous en tirerez une autre QZ vers le bas du plan à la distance précise & conforme à la mesure que vous aurez prise sur le parquet. Vous mesurerez les deux verticales HQ & FZ, aux deux côtés du plan. Ensuite vous appliquerez sur le plan, au long de la ligne HR, la regle qui contient les points horaires qui conviennent à cette ligne, & vous les transporterez ainsi sur le mur. Vous marquerez également, au moyen de l'autre bord de la même regle, les points horaires sur l'autre horisontale QZ d'en bas. Vous prendrez l'autre regle qui contient les points horaires convenable aux deux verticales HQ & PZ, vous l'appliquerez sur chacune, & vous marquerez ainsi sur le plan les points horaires convenables; ensuite en appliquant une autre regle assez longue sur chaque point horaire correspondant, vous tracerez les lignes horaires avec la pointe d'un couteau; ou bien, au moyen d'un fil de soie rougi ou noirci, comme nous avons dit ailleurs (330) : elles en seront encore plus droites.

349. Il est nécessaire de tirer les deux verticales HQ & FZ bien exactement avec un plomb suspendu à une soie; ensuite on examinera avec la regle qui contient la distance d'une verticale à l'autre, si cette

distance est bien exacte de haut en bas, & bien égale d'un bout à l'autre. Dans la fig. 46, la verticale FZ est bien près de la méridienne BC. Il auroit fallu l'en éloigner un peu, & même prolonger la ligne QZ, si on avoit eu quelques heures à marquer après midi. On tirera les deux horisontales avec un bon niveau, on verra si elles sont bien paralleles, & à la distance conforme à la mesure que l'on aura prise sur le parquet. Je suppose que l'on a auparavant opéré sur le parquet avec toute la précision possible; ce qui est essentiel. Quand on marquera les points horaires sur les bords des regles, ce sera avec une pointe bien fine ou avec la pointe d'un canif. Toutes ces opérations étant faites, on achevera le Cadran, comme il a été dit ci-devant aux articles 318, 329, 330 & 331. Cette méthode de tracer les Cadrans Verticaux sans centre, ou pour mieux dire, d'en transporter les points horaires sur le mur, est fort simple, fort sûre & exacte, si on l'exécute avec soin.

350. Voici une autre méthode de tracer les Verticaux sans centre : elle est générale, soit que le centre ne soit que peu distant du plan, soit qu'il en soit fort éloigné. Il y a fort peu de lignes de construction, & tout le reste s'exécutera par le calcul. On va voir le détail de cette méthode dans les articles suivans, où nous prendrons pour exemple le déclinant du midi à l'orient de 89° 15′, tel que nous l'avons calculé, art. 338 & 339.

PL. 15. *Fig.* 47. 351. Sur une table à part, ou sur le plan même, on menera l'horisontale HR, sur laquelle on choisira un point P, par lequel on se propose de faire passer la soustylaire. On déterminera la hauteur du style en ce point, par exemple, de 250 parties de l'échelle ou davantage, selon que l'on voudra que le Cadran soit grand. On tracera la soustylaire en cette sorte: on fera sur l'horisontale HR l'angle *p*PR égal au complément de l'angle formé par la méridienne &

la soustylaire. Dans le cas présent, cet angle *p*PR est de 46° 20′, qui est le complément de 43° 40′, que nous avons vû ci-dessus (338) être l'antre entre la méridienne & la soustylaire. Pour faire cet angle de 46° 20′ exactement de cette valeur, on prendra sur HR la partie PR de 500 parties de l'échelle; on élevera sur ce point R la perpendiculaire RN, que l'on fera égale à autant de parties de l'échelle que la tangente naturelle de l'angle *p*PR en contiendra, après en avoir retranché quatre chiffres. Dans notre exemple cette tangente, telle qu'on la trouve dans la Table des tangentes naturelles, vis-à-vis de 46° 20′, est de 1048, dont on ne prendra que la moitié, à cause que l'on n'a donné que 500 parties à la distance de P à R. Si l'on avoit fait PR de 1000 parties, on auroit dû prendre le nombre entier ci-dessus 1048. Ainsi l'on fera RN de 524 parties de l'échelle, qui sont la moitié de 1048. Si l'on faisoit PR de 2 ou 3000 parties, il faudroit doubler ou tripler la tangente 1048. Le point N étant ainsi déterminé sur RN, on tirera la ligne PN*p*, qui passe par PN; ce sera la soustylaire.

352. Pour avoir une parallele à l'équinoxiale, on menera une perpendiculaire EQ, qui passe sur le point P. C'est sur cette parallele qu'il faut trouver les points horaires; pour cela on fera l'Analogie suivante :

La tangente de l'angle compris entre l'axe & la soustylaire, c'est ici 31′, Pl. 15. Fig. 47.
est à la hauteur du style de 250 parties,
comme la tangente de l'angle au centre du Cadran, entre la soustylaire & la ligne horaire de 11 heures, ici de 1° 52′
est au nombre des parties de l'échelle que contient la partie P11 *de la parallele à l'équinoxiale.*

Co-ar-log. de la tang. de 0° 31′, 1er terme . 204490
log. de 250, 2e terme 239794
log. tang. de 1° 52′, 3e terme 851310

Somme & reste . . 1295594

qui étant cherché dans la Table des logarithmes des nombres naturels, répond au nombre 903. Ainsi de P à 11, il y aura 903 parties de l'échelle, ce qui sera le point horaire de 11 heures.

En répétant la même Analogie pour chaque point horaire, on trouvera P 10 de 420 parties; P 9, de 242; P 8, de 137; P 7, de 65; P 6, de 2; P 5, de 73; P 4, de 162. Si l'on porte ces distances de l'échelle des parties égales sur la parallele à l'équinoxiale EQ, en partant toujours du point P, on aura un point de chaque ligne horaire. Mais afin de pouvoir tracer ces lignes, il faut encore déterminer un autre point pour chacune.

353. Tracez une autre parallele à l'équinoxiale *epq* aussi éloignée que vous pourrez de la premiere EPQ. Il suffira de tirer la ligne *epq* parallelle à EPQ. Mesurez avec le compas à verge la distance qui se trouve entre les deux paralleles de P à *p*. Je suppose que vous y ayiez trouvé 939 parties de l'échelle des parties égales. Cherchez ensuite la distance de P au centre du Cadran par l'Analogie suivante.

Pl. 15. Fig. 47. *La tangente de l'angle que fait l'axe avec la soustylaire*, qui est ici de 31′,
est à la hauteur du style de 250 parties,
comme le rayon
est à la distance cherchée de P au centre du Cadran.

co-ar-log. de la tang. de 0° 31′ 204490
log. du second terme 250 239794

Somme 444284

(Voy.

(Voy. art. 146) qui est le log. de 27723 parties qui expriment la distance du point P au centre du Cadran. En comptant 15 pouces pour chaque 1000 parties, (si cette opération se faisoit en grand), ce seroit près de 35 pieds. Mais pour la figure présente, qui est en petit, le centre du Cadran se trouve éloigné du point P de près de 7 pieds seulement.

Il faut ôter de ce nombre 27723, celui qui est contenu entre les deux paralleles, ou du point P au point *p*, que nous avons trouvé ci-devant de 939 parties : il restera 26784; c'est-à-dire, que depuis le point *p*, jusqu'au centre du Cadran, il y a 26784 parties. Pour avoir la hauteur du style sur la soustylaire au point *p*, on fera l'Analogie suivante:

La distance du point P *au centre du Cadran*, qui est ici de 27723 parties Pl. 15. *Fig.* 47.
est à la distance du point p *au même centre*, qui est ici de 26784 parties ci-devant trouvées,
comme la hauteur PS *du style*, ici de 250 parties,
est à la hauteur du même style au point *p* de la seconde parallele.

Pour trouver les logarithmes des deux premiers termes 27723 & 26784. Voyez l'art. 147.

OPÉRATION.

Co-ar-log. de 27723, 1er terme.....	555716
log. de 26784, 2e terme..........	442787
log. de 250, 3e terme............	239794
Somme & reste...	1238297

c'est le log. de 241 & même de 241 ½ pour la hauteur du style de *p* à *s*. Ensuite on répétera le même calcul de l'Analogie énoncée au commencement de l'article 352, pour trouver les points horaires sur la seconde parallele *epq*. En voici un exemple, pour

O

trouver le point horaire de 11 heures : nous pourrons nous servir des Tables des logarithmes.

PL. 15.	Co-ar-log. sin. de 0° 31′, 1er terme . . .	204492
Fig. 47.	log. de 241 hauteur *ps*, 2e terme	238202
	log. tang. de 1° 52′, 3e terme	851310
	Somme & reste . . .	1294004

lequel nombre étant cherché dans la Table des logarithmes des nombres naturels, se trouve vis-à-vis de 871 ; c'est le nombre des parties qui expriment la distance depuis le point *p*, jusqu'au point horaire 11, sur la paralle *eq*. Ainsi, en continuant le calcul, on trouvera *p* 10, de 404 parties ; *p* 9, de 233 ; *p* 8, de 132 ; *p* 7, de 62 ; *p* 6, de 2 ; *p* 5, de 70, & *p* 4, de 155 parties. Quand on aura trouvé tous les points horaires sur les deux paralleles EQ, *eq*, à droite & à gauche des points P & *p*, on menera des lignes droites qui passent sur ces points correspondans : ce seront les lignes horaires.

354. Si on veut que le Cadran soit grand, il faut prendre la hauteur du style d'un plus grand nombre de parties, comme de 1000, ou 2000, ou 3000 parties : tout dépend de la hauteur du style. Plus il sera haut, plus le centre sera éloigné. Si on lui avoit donné 1000 parties, ce qui feroit 15 pouces de haut, (c'est la moindre hauteur que l'on puisse donner pour un grand Cadran), le centre se trouveroit éloigné d'environ 140 pieds, ou 23 toises 2 pieds. On peut remarquer combien la méthode que nous donnons est avantageuse pour tracer avec beaucoup de précision ces sortes de Cadrans. Il n'est pas nécessaire d'en trouver réellement le centre : sa distance trouvée par le calcul, suffit pour calculer les points horaires.

355. C'est dans ce Cadran où l'on apperçoit visiblement la nécessité indispensable de mettre le centre hors du plan. Les angles horaires sont fort

petits à l'égard de la ſouſtylaire, puiſqu'il y en a de 8 & de 9 minutes de degré; les autres n'ont, l'un que 30′, l'autre que 42′, l'autre que 17′, &c. il eſt donc abſolument impratiquable de faire ſervir ce Cadran ſans mettre le centre bien loin du plan. *Pl. 15. Fig. 47.*

356. Nous avons vû, art. 254, que dans les Cadrans orientaux & les occidentaux, la ſouſtylaire n'eſt autre choſe que la ligne de 6 heures. Comme ce Cadran-ci eſt preſqu'entiérement oriental, la ſouſtylaire eſt preſque ſur la ligne de 6 heures; puiſqu'elle n'en eſt éloignée que d'environ 18 ſecondes de degré, qui ne font pas le tiers d'une minute; ce qui n'eſt preſque pas ſenſible.

357. L'axe S*s* doit être poſé ſur la ſouſtylaire P*p* à angles droits à l'ordinaire. Sa hauteur du bout inférieur S doit être égale à celle du ſtyle à l'endroit PS. Le bout ſupérieur *ps* du même axe, aura auſſi la même hauteur que le ſtyle *ps*; en ſorte que ſuppoſant qu'il y eût réellement deux ſtyles PS & *ps*, il faudroit que leur ſommet S & *s* fût placé dans le milieu de la groſſeur de l'axe S*s*.

358. Si le Cadran, que nous appellerons pour un moment oriental, déclinant vers le midi, étoit déclinant vers le ſeptentrion, alors au lieu de faire venir les lignes horaires d'un centre poſé vers le haut du plan, il faudroit les faire venir d'un centre poſé vers le bas du Cadran, & l'axe également regarderoit en haut: les lignes horaires viendroient d'en bas vers la droite, ſi le Cadran ſeptentrional déclinoit vers l'occident; ou vers la gauche, s'il déclinoit vers l'orient; ou bien, en ſuppoſant qu'il ſeroit tracé ſur un papier, il ne faudroit que le regarder à l'envers; on verroit à travers le papier le Cadran tel qu'il doit être. Ainſi toutes les fois que l'on voit des Cadrans, qui ont leurs lignes horaires plus écartées entr'elles vers le haut que vers le bas, ce ſont toujours des ſeptentrionaux. Si leur axe eſt obliquement

posé, ils sont toujours déclinans. Si les lignes horaires sont presque paralleles, ils seront beaucoup déclinans.

SECTION III.

Maniere de poser l'Axe des Cadrans Verticaux qui n'ont pas le centre dans le plan.

Pl. 3, 8 & 14. 359. LA maniere de construire l'Axe & de le poser, est un peu différente de celle que nous avons décrite pour les Cadrans qui ont leur centre sur le plan. Voici comment il faudra faire, supposé que le centre ne soit pas beaucoup éloigné. Les figures dont nous allons parler, se trouvent dans les planches 3, 8 & 14. On tracera sur une Table assez grande la ligne indéfinie CSX, qui représentera la soustylaire C*f*X de la fig. 46. On tracera aussi la ligne CAY, qui fasse l'angle XCY égal à la hauteur de l'Axe sur la soustylaire. On déterminera sur le Cadran, fig. 46, que l'on aura auparavant tracé sur le parquet, les points *f* & X sur la soustylaire, qui doivent servir à déterminer la longueur que l'on doit donner à l'Axe. On prendra CS, fig. 49, égale à C*f*, fig. 46, & SX égale à *fa*; on tirera, fig. 49, les perpendiculaires SA, XY égales aux distances *fg*, *a*Y de la fig. 46, & on menera la droite CY, fig. 49, qui donnera AY pour la longueur de l'Axe. On fera faire l'Axe, avec ses deux supports, par le Serrurier; on tirera par les points *a* & *f*, fig. 46, les lignes *bt* & *gh* perpendiculairement à la soustylaire; on portera la distance XY, fig. 49, sur la double équerre, fig. 21, de C en X; on portera aussi la distance AS, fig. 49, sur la triple équerre, fig. 22, de C en N; ensuite on présentera l'Axe sur la ligne AY, fig. 49, en couchant ses ſupports ſur CX, pour y marquer les points T & V; on prendra ſur la ſouſtylaire CX les diſtances *f*T & *a*V égales aux diſtances ST, VX de la fig. 49; on fera creuſer en T & en V deux trous dans leſquels on arrêtera un peu les deux ſupports, de façon qu'on puiſſe les retirer ou les enfoncer, afin qu'en appliquant la baſe ACB de la double équerre, fig. 21, ſur la droite *bat*, fig. 46, ſon point C ſur le point *a*, & en même-temps la baſe ACB de la triple équerre, fig. 22, ſur la droite *gh*, fig. 46, ſon point C ſur le point *f*; la pointe inférieure Y de l'Axe ſe trouve dans le point X de la double équerre, tandis que ſa pointe ſupérieure A ſera dans le point N de la triple équerre. Toute cette opération ſe trouve repréſentée dans la fig. 50, pl. 17. C'eſtpourquoi on fera bien de relire cette Section, en ne regardant plus que la fig. 50. C'eſt un Cadran de même déclinaiſon & pour la même latitude que celui de la fig. 46. La différence qu'il y a, c'eſt qu'il regarde l'occident. Cela ne doit pas empêcher de bien entendre ce que nous venons de dire de la maniere de poſer l'Axe.

Pl. 3, 8, 14 & 17.

Tout étant ainſi diſpoſé, on fera ſceller l'Axe, obſervant tout ce qui eſt détaillé dans la Section V du Chapitre 6, pour tout ce qui eſt applicable au ſujet préſent: ſi l'Axe eſt d'une longueur conſidérable, il faut y mettre deux ſupports.

360. Si le centre du Cadran ſe trouve fort éloigné, par exemple, comme celui de la planche 15, fig. 47, on tirera la ligne SX, pl. 8, fig. 49, d'une longueur qui convienne avec la ſouſtylaire du Cadran, terminée par ſes deux bouts par la poſition des deux ſtyles: enſuite on tirera les deux perpendiculaires XY & SA d'une longueur égale à la hauteur de chaque ſtyle; & on fera tout le reſte comme nous l'avons décrit dans l'article précédent.

CHAPITRE VIII.

Cadrans Inclinés.

ON appelle *Cadran Incliné* celui qui n'eſt ni horiſontal, ni vertical. Quoique les Cadrans Inclinés ſoient d'un uſage aſſez rare, & d'une aſſez petite utilité, nous en traiterons cependant en faveur de ceux qui ſeront curieux d'en faire. Il eſt des cas où il eſt bon d'en être inſtruit ; nous devons avertir que ces ſortes de Cadrans ſont plus compoſés & plus difficiles que les autres. Cependant, pourvu que l'on ait bien entendu tout ce qui a été dit juſqu'à préſent, on entrera plus aiſément dans l'intelligence de ceux-ci. Nous diviſerons ce Chapitre en 6 Sections: nous donnerons dans la premiere quelques notions préliminaires, avec la maniere de meſurer l'Inclinaiſon d'un plan : dans la ſeconde nous parlerons des Cadrans Inclinés ſupérieurs du midi, & inférieurs du nord, non déclinans : dans la troiſieme, des Cadrans ſupérieurs du nord, & inférieurs du midi, non déclinans : dans la quatrieme, des Cadrans Inclinés orientaux & occidentaux, non déclinans : dans la cinquieme, des Cadrans Inclinés déclinans, avec la maniere de trouver la déclinaiſon d'un plan incliné : dans la ſixieme, nous enſeignerons à tracer par le calcul pluſieurs lignes, & les points horaires des Cadrans Inclinés.

SECTION PREMIERE.

Notions préliminaires, avec la maniere de mesurer l'Inclinaison d'un plan.

361. Les Cadrans Inclinés sont ceux dont le plan fait un angle aigu avec l'horison, & l'Inclinaison est cet angle aigu que le plan fait avec l'horison; sur quoi on remarquera qu'il ne faut point confondre le côté où il faut prendre cet angle d'Inclinaison. C'est toujours du côté d'un plan horisontal que l'on commence à compter les degrés d'Inclinaison, & non du côté du vertical. Nous avons dit que l'Inclinaison d'un plan est un angle aigu; car il ne peut être ni droit, ni obtus. S'il étoit droit, le plan seroit vertical; s'il étoit obtus, il faudroit compter les degrés à rebours, c'est-à-dire, du côté opposé. Une figure éclaircira ce que nous disons. HR représente l'horison; DC représente le plan Incliné sur lequel on veut construire le Cadran; BC est un autre plan encore plus incliné; c'est-à-dire, plus approchant du vertical AC. On voit par cette figure que l'angle de l'Inclinaison d'un plan est toujours aigu, puisqu'il faut toujours compter les degrés de cet angle depuis H jusqu'à D ou B. Pl. 18. *Fig.* 51.

362. Il y a deux sortes de Cadrans Inclinés: les uns sont supérieurs, comme DC du côté de E; & les autres inférieurs, comme le côté G, qui est le dessous de DC. De plus, les Cadrans Inclinés sont ou déclinans, ou non déclinans. Ceux-ci sont tournés directement, ou vers le midi, ou vers le nord, ou vers l'orient, ou vers l'occident: les déclinans regardent obliquement ou le midi ou le nord, & les uns & les autres déclinent, ou vers l'orient, ou vers l'occident.

363. La plupart des regles, dont nous avons parlé jusqu'à présent, qui sont propres aux autres Cadrans, sont les mêmes, & communes aux Cadrans Inclinés, comme sont les suivantes : *la soustylaire & l'équinoxiale se coupent toujours à angles droits. La verticale & l'horisontale du plan se coupent à angles droits. La soustylaire passe par le pied du style, & rencontre toujours le centre du Cadran. L'équinoxiale passe par le point de six heures pris sur l'horisontale: cette équinoxiale passe aussi par un point de la méridienne; ainsi, quand on a ces deux points, on peut tracer l'équinoxiale.*

364. Outre ces regles générales, qui sont communes à tous les Cadrans, les Inclinés en ont de particulieres. Il y a un point marqué sur le plan, que l'on appelle le *zénit* ou le *nadir* ; c'est le point du plan auquel aboutiroit une ligne tirée du zénit ou du nadir du Ciel, & qui passeroit par le sommet du style. Nous appellerons ce point du plan, *point vertical* ; parce que toutes les lignes qui représentent des cercles verticaux, passent par ce point. Il s'ensuit donc, 1°. qu'il n'y a point de zénit ni de nadir dans les plans Verticaux : 2°. que ce point est le même que le pied du style dans le plan horisontal : 3°. qu'il en est différent dans le plan incliné ; en sorte qu'il est au-dessous du pied du style & de la ligne horisontale dans le plan supérieur, & au-dessus de l'un & de l'autre dans le plan inférieur.

365. La verticale du plan doit passer par le zénit ou le nadir marqué sur le plan, ou, autrement dit, sur le point vertical. Cette ligne, c'est-à-dire, la verticale du plan, doit aussi passer par le pied du style, comme dans tous les autres Cadrans. Mais l'horisontale du plan ne passe point par le pied du style, comme nous venons de le dire.

366. La méridienne passe par le point vertical. Elle doit aussi rencontrer le centre du Cadran, comme

dans tous les autres Cadrans, & de plus un point de l'horisontale, par lequel passe la ligne de déclinaison, dont nous parlerons dans la suite. Deux de ces trois points suffisent pour tracer la méridienne.

367. Nous avons dit que la méridienne est toujours une ligne verticale, ou tendante de haut en bas & à plomb. Elle est également à plomb dans tous les Cadrans Inclinés non déclinans ; mais lorsqu'ils sont déclinans, cette ligne se trouve oblique.

368. On commencera par planter le faux style, dont on trouvera le pied de la même maniere qu'aux Cadrans verticaux : on tracera la verticale qui doit passer par le pied du style, & par le point vertical. Voici la maniere de trouver ce point vertical.

369. Si le Cadran Incliné est supérieur, il faut suspendre au sommet du style S, ou au milieu du trou de la plaque, un fil avec son plomb pointu par le bas, & le point V du plan, où la pointe inférieure du plomb touchera, sera le point vertical cherché. Mais si le plan est inférieur, on suspendra le plomb de maniere que sa pointe touche au sommet du style, ou qu'elle corresponde au milieu du trou de la plaque ; & l'endroit du plan, où le fil touchera vers le haut, sera également le point vertical. Si on tire une ligne DPV, qui passe par le pied du style P & par le point vertical V ; ce sera la verticale du plan. PL. 19. *Fig.* 52.

370. Pour trouver l'Inclinaison d'un plan, on pourra s'y prendre de deux manieres. On choisira celle que l'on voudra. Voici la premiere : on tirera du pied P du style une perpendiculaire à la verticale du plan DV, savoir, PY, sur laquelle on prendra, depuis ce pied P, une partie PX égale à la hauteur du style PS. L'extrêmité X sera le centre diviseur de cette verticale, duquel on tirera une ligne XV au point vertical V. L'angle PXV, compris entre ces deux lignes, sera égal à l'Inclinaison du plan. Pour

connoître la valeur de cet angle PXV, on se servira d'un demi-cercle ou du compas de proportion, ou mieux du calcul. Pour cela, on mesurera la longueur des lignes PV & PX; ensuite on fera l'Analogie suivante :

Pl. 21. Fig. 58.

Le côté PX
est au rayon,
comme le côté PV
est à la tangente de l'angle PXV.

371. La seconde méthode de trouver l'Inclinaison d'un plan, consiste à se servir d'un instument, dont la construction est fort aisée; on prendra un demi-cercle ordinaire : le plus grand sera le plus propre à cela. On l'attachera avec du mastic, ou autrement, sur une planche de bois ou de cuivre, de la forme d'un quarré long ABCD. Il est nécessaire que cette planche soit exactement à angles droits, & que le côté AB soit bien parallele au diametre du demi-cercle. On fixera une soie au centre E du demi-cercle, avec un plomb au bout de la soie, & l'instrument sera fait. Pour s'en servir, on appliquera le côté AD sur le plan le long de la verticale DV, ou d'une ligne qui lui seroit parallele, en tenant la face ABCD dans une situation verticale & plaçant toujours AD, de façon que A soit plus élevé que D; alors le poids pendant bien librement, la soie marquera sur le demi-cercle le nombre des degrés de l'Inclinaison du plan. Il faut pourtant avouer que n'étant pas toujours aisé d'avoir un demi-cercle assez grand, pour qu'il y ait les minutes de degré, on ne sauroit avoir par cette voie l'Inclinaison d'un plan assez exactement. On pourra, dans ce cas, préférer la premiere méthode, si le demi-cercle n'étoit pas à minutes. Il est essentiel d'avoir exactement l'Inclinaison du plan.

Pl. 18. Fig. 53. — Pl. 19. Fig. 52.

372. Après cela on tracera l'horisontale en cette

ſorte : on tirera la ligne XO perpendiculaire à XV, c'eſt-à-dire, on fera l'angle droit OXV; le point O de la verticale OV, auquel aboutira la ligne XO, ſera celui par lequel doit paſſer l'horiſontale, qui doit être perpendiculaire à la verticale. Après avoir établi toutes les notions précédentes, nous paſſerons à la ſeconde Section. Pl. 19. *Fig.* 52. ou Pl. 21. *Fig.* 58.

SECTION II.

Cadrans Inclinés ſupérieurs du midi, & inférieurs du nord non déclinans.

373. Les Cadrans Inclinés, dont nous parlons dans cette Section, ſont ceux qui ſont tournés directement vers le midi ou vers le nord, quoiqu'Inclinés de façon que le côté qui eſt en talud, comme la face d'une pyramide, ſoit directement tourné vers le midi; & l'autre côté, ſuppoſé parallele à celui-ci, & qui ſeroit en pente vers la terre, ſeroit directement tourné vers le nord.

374. Après avoir fait toutes les opérations dont nous avons parlé dans la Section précédente, il faut reconnoître quelle eſt l'élévation du pole ſur le plan. Or cette élévation du pole ſe trouve facilement; car l'Inclinaiſon du plan eſt ou plus grande que l'élévation du pole ſur l'horiſon du lieu, ou plus petite, ou égale. Dans les deux premiers cas, la hauteur du pole ſur le plan, eſt égale à la différence de l'Inclinaiſon du plan, & de la hauteur du pole ſur l'horiſon du lieu. Par exemple, ſi la hauteur du pole ſur l'horiſon du lieu eſt de 50 degrés, & l'Inclinaiſon du plan de 60 degrés, la hauteur du pole ſur le plan du Cadran ſera de 10 degrés, parce que 10 degrés eſt la différence entre 50 & 60 degrés. Si l'inclinai-

ſon du plan eſt de 35 degrés, l'élévation du pole ſur l'horiſon du lieu étant toujours ſuppoſée de 50 degrés, la hauteur du pole ſur le plan du Cadran ſera de 15 degrés, qui eſt la différence entre 35 & 50. Dans la premiere hypotheſe ou l'élévation du pole ſur le plan du Cadran eſt de 10 degrés, on tracera le Cadran comme un horiſontal d'un lieu qui auroit 10 degrés de latitude; & dans la ſeconde hypotheſe, on le tracera comme un horiſontal d'un lieu qui auroit 15 degrés de latitude.

Dans le troiſieme cas, où l'inclinaiſon du plan du Cadran ſera égale à l'élévation du pole ſur l'horiſon du lieu, la hauteur du pole ſur le plan du Cadran eſt nulle; ainſi le Cadran ſera polaire, & doit être tracé comme un horiſontal ſous l'équateur, où les lignes horaires ſont paralleles.

375. Dans ces trois cas, les heures du matin doivent être marquées à la gauche de la méridienne dans les Cadrans ſupérieurs du midi; & à la droite, dans les inférieurs du nord. Du reſte, un côté du Cadran ſe trouve toujours égal à l'autre, comme dans tous les Cadrans horiſontaux.

376. Dans le premier cas, c'eſt-à-dire, lorſque l'Inclinaiſon du plan eſt plus grande que l'élévation du pole ſur l'horiſon du lieu, le centre du Cadran eſt au-deſſus de l'horiſontale & de l'équinoxiale, le Cadran étant ſupérieur. Mais ſi l'élévation du pole ſur l'horiſon du lieu eſt plus petite que l'Inclinaiſon du plan du Cadran, ce qui fait le ſecond cas, le centre du Cadran ſe trouvera au-deſſous de l'horiſontale & de l'équinoxiale dans les Cadrans ſupérieurs. C'eſt le contraire dans les Cadrans inférieurs. Dans le troiſieme cas, c'eſt-à-dire, lorſque l'élévation du pole ſur l'horiſon du lieu eſt égale à l'Inclinaiſon du plan, le Cadran n'a point de centre, puiſqu'il eſt polaire.

PL. 18. 377. On entendra mieux ceci par la figure 54.

dans laquelle IL désigne un plan Incliné, dont l'Inclinaison est plus grande que l'élévation du pole sur l'horison du lieu. Le style droit du plan IL est PS, le sommet du style est S, & le pied du style est P. La ligne XM est l'axe qui passe par l'extrêmité S du style PS. Le point C sera le centre du Cadran. La ligne HR représente l'horisontale du plan, & EN représente l'équinoxiale. Ainsi la ligne horisontale du plan se trouve placée au point H, qui est au-dessus du point P, pied du style ; & le point E est l'endroit où passe l'équinoxiale, au-dessous du pied P du style. PL. 18. *Fig.* 54.

On voit par cette figure que le centre C du Cadran se trouve au-dessus de l'horisontale HR & de l'équinoxiale EN, lorsque l'Inclinaison du plan est plus grande que l'élévation du pole sur l'horison du lieu dans les Cadrans supérieurs; mais il seroit au-dessous, si l'Inclinaison du plan étoit moindre que l'élévation du pole sur l'horison du lieu, comme il paroît par la figure 55, sur laquelle on a mis les mêmes lettres pour en faire soi-même l'application.

378. C'est le contraire dans les Cadrans inférieurs du nord ; car s'il s'agit de ceux dont l'Inclinaison est plus grande que l'élévation du pole sur l'horison du lieu, on conçoit que l'axe qui passe par le sommet du style, ne rencontre le plan qu'au-dessous du pied du style ; & si l'Inclinaison du plan est moindre que l'élévation du pole sur l'horison du lieu, l'axe rencontre le plan au-dessus du pied du style.

SECTION III.

Cadrans Inclinés supérieurs du nord & inférieurs du midi, qui ne sont pas déclinans.

379. CES Cadrans se font aussi de la même maniere que les Cadrans horisontaux des lieux, dont la latitude est égale à la hauteur du pole sur le plan de ces Cadrans Inclinés. Cette hauteur du pôle sur le plan se trouvera ainsi : ou l'inclinaison du plan du Cadran est plus grande que celle de l'équateur, ou elle est plus petite, ou ces deux Inclinaisons sont égales. Dans le premier cas, c'est-à-dire, si l'Inclinaison du plan est plus grande que celle de l'équateur, il faut ajouter à l'Inclinaison de l'équateur le complément de l'Inclinaison du plan ; la somme sera la hauteur du pole sur le plan. Par exemple, si l'Inclinaison du plan est de 64 degrés, & celle de l'équateur de 40 degrés, il faut ajouter 40 degrés à 26 degrés, qui est le complément de 64 degrés ; la somme 66 degrés sera la hauteur du pole sur le plan du Cadran. Ainsi il faudra faire ce Cadran comme l'horisontal d'un lieu, dont la latitude seroit de 66 degrés.

Dans le second cas, c'est-à-dire, si l'Inclinaison du plan est plus petite que celle de l'équateur, on ajoutera l'Inclinaison du plan à l'élévation du pole sur l'horison du lieu ; la somme sera la hauteur du pole sur le plan du Cadran. Par exemple, si l'Inclinaison du plan est de 25 degrés, & celle de l'élévation du pole sur l'horison de 50 degrés, on ajoutera 25 degrés à 50 degrés ; la somme 75 degrés sera l'élévation du pole sur le plan du Cadran. Il faudra donc faire le Cadran Incliné semblable au Cadran horisontal d'un lieu, dont la latitude est de 75 degrés.

Dans le troisieme cas, c'est-à-dire, si l'Inclinaison du plan est égale à celle de l'équateur, le Cadran sera équinoxial ; & par conséquent, on le tracera sur une circonférence divisée en 24 parties égales, qui seront les points horaires, comme nous avons dit art. 221.

380. Dans les trois cas, les Cadrans supérieurs doivent avoir les heures du matin à la droite de la méridienne, qui, dans ces Cadrans, est la même ligne que la soustylaire & la verticale du plan ; & les inférieurs doivent avoir les heures du matin à la gauche de cette même ligne.

381. Dans le premier cas, c'est-à-dire, si l'Inclinaison du plan est plus grande que celle de l'équateur, le centre du Cadran est au-dessous de l'équinoxiale & de l'horisontale du Cadran supérieur : mais il est au-dessus de ces lignes dans le Cadran inférieur. Dans le second cas, le centre du Cadran supérieur est au-dessous de l'équinoxiale : mais le centre du Cadran inférieur est au-dessus de l'horisontale, & au-dessous de l'équinoxiale ; c'est ce qui s'entendra aisément par ce que nous avons dit, art. 376.

SECTION IV.

Cadrans Inclinés orientaux & occidentaux.

382. Ces Cadrans sont ceux dont le plan est directement tourné vers l'orient ou vers l'occident. Il y en a qui sont supérieurs & d'autres qui sont inférieurs. Nous allons en donner la construction, en prenant pour exemple un supérieur oriental.

Il faut décrire, comme à l'ordinaire, la verticale

PL. 20. *Fig. 56.* du plan OF qui doit paſſer par le pied P du ſtyle; on trouvera ſur cette ligne le zénit V (369); on fera l'angle de l'inclinaiſon du plan PXV (370); le centre diviſeur de la verticale OF ſera le point X; puis on tirera la ligne XO perpendiculaire à XV; par les deux points V & O, on tirera deux horiſontales, dont la premiere CM ſera la méridienne, & la ſeconde HR l'horiſontale du plan: dans cette eſpece de Cadran la méridienne eſt perpendiculaire à la verticale; on prendra enſuite ſur la verticale la partie FV égale à XV: le point F ſera le centre diviſeur de la méridienne CM; auquel, ſi on fait l'angle CFV égal à l'élévation de l'équateur, ou au complément de l'élévation du pole, le point C de la méridienne ſera le centre du Cadran: de ce centre C on tirera une ligne CA qui paſſe par le pied P du ſtyle; ce ſera la ſouſtylaire, ſur laquelle on élevera la perpendiculaire PS égale à la hauteur du ſtyle PX, & l'on tirera la ligne CS, qui ſera l'axe. Si donc du point S on éleve une perpendiculaire SB à cet axe, le point B de la ſouſtylaire ſera celui par lequel doit paſſer l'équinoxiale EN, qui ſera celui par lequel doit paſſer l'équinoxiale EN, qui eſt toujours perpendiculaire à la ſouſtylaire: on prendra la diſtance SB, que l'on portera ſur la ſouſtylaire CBA depuis B en A; le point A ſera le centre diviſeur de l'équinoxiale, duquel on décrira un demi-cercle, que l'on diviſera en 12 parties égales, à commencer au point où AM coupe ce demi-cercle. Le reſte ſe fera à l'ordinaire comme dans les Cadrans verticaux.

383. Le Cadran Incliné occidental ſupérieur ſe fait de la même maniere que l'oriental, avec cette différence que l'angle CFV eſt à la droite de la verticale, parce que le centre du Cadran doit ſe trouver de ce côté-là. Quant aux Cadrans inférieurs, ſoit orientaux, ſoit occidentaux, on les trace de la même maniere que les ſupérieurs, en obſervant que

la

la méridienne & le centre doivent être au-dessus de l'horisontale. Pl. 20. *Fig.* 56.

384. Il faut remarquer qu'un Cadran Incliné oriental ou occidental se décrit de la même maniere qu'un vertical déclinant, dont la déclinaison est égale à l'Inclinaison du plan du Cadran oriental ou occidental, & qui est situé dans un lieu dont la hauteur du pole sur l'horison est égale au complément de la latitude du lieu où est le Cadran Incliné. Par exemple, un Cadran oriental Incliné de 35 degrés sur l'horison d'un lieu, dont la latitude ou hauteur du pole est de 49 degrés, se fait de la même maniere qu'un vertical déclinant, dont la déclinaison est de 35 degrés, & qui est situé dans un lieu qui a 41 degrés de latitude. Pour se convaincre de la vérité de cette remarque, il suffit de regarder la ligne OPV comme l'horisontale du plan, & PX comme une partie de la verticale du plan; pour lors l'angle PXV sera la déclinaison du plan, & l'angle CFV sera la hauteur du pole sur l'horison.

SECTION V.

Cadrans Inclinés Déclinans.

385. Après avoir planté le faux style, avoir trouvé son pied, le point vertical, avoir tiré la verticale & l'horisontale du plan, & avoir trouvé l'Inclinaison du plan, il faut chercher quelle est sa Déclinaison, qui se trouvera à peu près de la même maniere que celle du plan vertical. Nous ne ferons que rappeller ici en abrégé ce que nous en avons dit dans toute la Section premiere du Chapitre sixieme: nous choisirons la méthode du calcul comme la meilleure; nous avertirons seulement de ce qu'il

y faut changer, quand on en fait l'application aux plans Inclinés.

PL. 18. *Fig.* 57. 386. Il faut prendre plusieurs points de lumiere du milieu du trou de la plaque du faux style, comme *f*, F, G; ensuite tirer des lignes V*i*, VI, VK du point vertical V qui passent par ces points, & qui coupent l'horisontale aux points *i*, I, K; ces lignes V*i*, VI, VK représenteront les verticaux auxquels répond le Soleil dans les instans où on a pris les points *f*, F, G. On mesurera avec le compas à verge les lignes O*i*, OI, OK qui représentent les arcs de l'horison, compris entre le vertical du plan OV & les verticaux du Soleil, V*i*, VI, VK. On mesurera la ligne DO, ou son égale XO. Quand on aura pris les grandeurs de ces lignes, qui sont des côtés des triangles rectangles DO*i*, DOI, DOK, on cherchera par le calcul quels sont les angles en D de ces triangles; pour cela on fera l'Analogie suivante :

DO
est à O*i*,
comme le rayon
est à la tangente de l'angle OD*i*.

Cet angle OD*i* sera celui du vertical du Soleil avec le vertical du plan à l'instant où l'on a marqué le point *f*.

Les autres angles se trouveront par la même Analogie, savoir l'angle ODI en disant :

DO
est à OI,
comme le rayon
est à la tangente de l'angle ODI;

& pour l'autre angle ODK, on dira :

DO Pl. 18. Fig. 57.
est à OK,
comme le rayon
est à la tangente de l'angle ODK.

Ces trois angles donnent les angles des verticaux du Soleil avec le vertical du plan, dans les momens où l'on a marqué les points *f*, F, G. Un seul pourroit suffire ; mais nous en avons pris trois, pour faire voir comment on en répete la même opération & le même calcul sur chaque point de lumiere qu'on a marqué.

387. Ces angles étant connus, on cherchera les hauteurs du Soleil sur l'horison du lieu aux instans où l'on a pris les points *f*, F, G ; ce qui se fera de la maniere suivante :

Soit le point F, on tirera la ligne VI & la ligne DI ; du point P on abaissera sur cette ligne VI la perpendiculaire indéfinie P*d*, & du point I comme centre, & d'un intervalle égal à DI, on décrira un arc qui coupe cette perpendiculaire au point *d* ; ce point sera le centre diviseur de la ligne VI. Le centre diviseur *d* étant trouvé, on tirera de ce point une ligne au point F, lequel désigne le lieu du Soleil, & une autre au point I de l'horisontale. L'angle F*d*I sera l'angle de la hauteur du Soleil sur l'horison. Il s'agit de trouver la valeur de cet angle; pour cela il faut mesurer ces trois lignes *dp*, *p*I & *p*F : ensuite on fera les deux Analogies suivantes, dont la premiere fera connoître l'angle *pd*I, & la seconde l'angle *pd*F.

Le côté dp
est au rayon,
*comme le côté p*I
*est à la tangente de l'angle pd*I.

Seconde Analogie pour l'angle *pd*F.

Pl. 18. Fig. 57.

Le côté dp
est au rayon,
comme le côté pF
est à la tangente de l'angle pdF.

Ces deux angles étant trouvés, on ôtera le second du premier, le reste sera l'angle FdI, qui est la hauteur du Soleil cherchée : on fera les mêmes opérations du présent article sur toutes les verticales que l'on tirera, pour chaque point d'ombre, comme sur les lignes VK & Vi, que l'on appelle *verticales*, parce qu'elles représentent les verticaux du Soleil, quoiqu'elles ne soient pas perpendiculaires à l'horisontale HR.

388. Connoissant l'angle du vertical du Soleil avec le vertical du plan, connoissant aussi l'angle de la hauteur du Soleil, on cherchera l'angle du vertical du Soleil avec le Méridien; par ce moyen on trouvera la déclinaison du plan : le tout comme il a été dit, art. 251 & suiv. jusqu'à l'art. 262.

389. Etant assuré de la déclinaison du plan & de son Inclinaison, on pourra tracer le Cadran de la maniere suivante, qui est géométrique. Nous donnerons dans la Section suivante une autre méthode qui s'exécutera par le calcul.

Pl. 19. Fig. 52. & Pl. 21. Fig. 58.

On commencera par chercher la méridienne. Pour cela, soit la hauteur du style PX, la verticale OV, l'horisontale HR & le point vertical V. Il faut d'abord chercher le centre diviseur de l'horisontale, qui est toujours un point de la verticale; voici comment on le trouvera : on prendra avec un compas la longueur de XO, & on la portera sur la verticale, depuis O jusqu'à D; le point D sera le centre diviseur de l'horisontale : ensuite on fera l'angle ODL égal à la déclinaison du plan. Le point L de l'horisontale, auquel aboutira la ligne DL, sera un des points de la méridienne. Si donc on tire une ligne du point vertical V au point L, comme VL, ce sera la méridienne. Pl. 19. Fig. 52. & Pl. 21. Fig. 58.

390. Pour déterminer de quel côté de la verticale il faut tirer la ligne de Déclinaiſon DL ſur un Cadran du midi, ſoit ſupérieur, ſoit inférieur, il faut ſavoir de quel côté le plan décline : ſi c'eſt vers l'orient, on tirera la ligne de Déclinaiſon à droite de la verticale ; ſi la déclinaiſon eſt vers l'occident, on la tirera à gauche. Il n'importe que la Déclinaiſon ſoit plus grande ou plus petite que l'élévation du pole ſur l'horiſon du lieu. Dans les Cadrans du nord, ſoit ſupérieurs, ſoit inférieurs, on tirera la ligne de Déclinaiſon à gauche de la verticale, quand ils déclinent vers l'orient ; & on la tirera à droite, lorſqu'ils déclinent vers l'occident. Cela eſt toujours vrai, quelle que ſoit l'Inclinaiſon du plan, grande ou petite ; c'eſt la même raiſon pour les Cadrans Inclinés que pour les verticaux : il faut toujours que la ligne de Déclinaiſon ſe trouve du même côté de la verticale que la méridienne.

391. Pour trouver le centre du Cadran & la ſouſtylaire, on abaiſſera du pied P du ſtyle une perpendiculaire PG ſur la méridienne ; & on décrira du point L, comme centre, & de l'intervalle LD un arc, qui coupe cette perpendiculaire en un point comme G ; ce point ſera le centre diviſeur de la méridienne. On menera la ligne GL & la ligne GC, qui faſſe avec GL l'angle LGC égal à l'élévation du pole ſur l'horiſon du lieu. Le point d'interſection C de la ligne GC avec la méridienne CM, ſera le centre du Cadran, qui doit être tantôt au-deſſus de l'horiſontale, tantôt au-deſſous, ſelon que le pole élevé ſur le plan, c'eſt-à-dire, vers lequel le plan eſt tourné, eſt inférieur ou ſupérieur à l'horiſon.

Si l'on tire une ligne qui paſſe par le point C, qui eſt le centre du Cadran, & par le point P, pied du ſtyle, ce ſera la ſouſtylaire.

Pl. 19. Fig. 52. & Pl. 21. Fig. 58.

392. Pour trouver l'équinoxiale, on élevera la ligne DH perpendiculaire ſur DL; le point H où elle coupera l'horiſontale, ſera le point de 6 heures, par lequel doit paſſer l'équinoxiale. Si on tire de ce point H une perpendiculaire HBM ſur la ſouſtylaire, on aura l'équinoxiale EN, qui doit auſſi paſſer par un point M de la méridienne; lequel on déterminera en tirant du point G une ligne GM, qui doit être perpendiculaire avec GC. Ces deux points H & M ſuffiſent pour mener l'équinoxiale, indépendamment de la ſouſtylaire. On pourra faire l'un & l'autre pour avoir plus de préciſion.

393. On aura la hauteur du pole ſur le plan, ou l'angle de l'axe avec la ſouſtylaire, en élevant ſur la ſouſtylaire AC au pied P du ſtyle une ligne perpendiculaire PS de la longueur du ſtyle PX, & en tirant du centre C, par ſon extrêmité S, la droite CS qui repréſentera l'axe du Cadran, & ſera l'angle PCS égal à la hauteur du pole ſur le plan.

394. Après avoir tracé toutes ces lignes, il ſera facile de décrire les lignes horaires de la même maniere que dans les Cadrans verticaux, c'eſt-à-dire, que l'on tirera du point S une ligne SB perpendiculaire à l'Axe CS; ce ſera le rayon équinoxial; enſuite on prendra BA ſur la ſouſtylaire égale à BS; le point A ſera le centre diviſeur de l'équinoxiale: on décrira de ce point, comme centre, & d'un intervalle arbitraire, une circonférence que l'on diviſera en 24 parties égales; ou ſeulement un demi-cercle, que l'on diviſera en 12 parties égales, en commençant par le point d'interſection K d'un rayon mené au point M, ou par le point I, qui eſt l'interſection d'un autre rayon mené au point H; enfin on menera des rayons qui paſſent par les points de diviſion de cette circonférence. Ces rayons prolongés, s'il le faut, couperont l'équinoxiale en des points, qui ſeront les points horaires. Si on

mene du centre C du Cadran des lignes qui passent par ces points ; ce seront les lignes horaires.

395. Pour lever toutes les difficultés qui pourroient se rencontrer, & achever d'éclaircir cette matiere, nous ferons les cinq remarques suivantes.

1°. Nous avons dit, art. 391, que l'on doit mener une ligne GC tantôt au-dessus, tantôt au-dessous de l'horisontale : or ce centre C qui représente un des poles, savoir, celui qui est élevé sur le plan, doit être au-dessus de l'horisontale, lorsque le pole caché sous l'horison est élevé sur le plan du Cadran; parce que tous les points du Ciel cachés sous l'horison doivent être marqués au-dessus de l'horisontale. Par la raison contraire, le centre est au-dessous de cette ligne, quand le pole, qui est au-dessus de l'horison, est élevé sur le plan du Cadran.

396. 2°. Dans les Cadrans supérieurs, soit du midi, soit du nord, le point vertical est au-dessous du pied du style, & la ligne horisontale est toujours au-dessus de l'un & de l'autre; mais dans les Cadrans inférieurs, le point vertical est au-dessus de ce pied, & la ligne horisontale est au-dessous de l'un & de l'autre point.

397. 3°. Dans les Cadrans supérieurs du midi, dont l'Inclinaison est moindre que la hauteur du pole sur l'horison du lieu, le centre est au-dessous de l'horisontale, parce que ces Cadrans sont tournés vers le pole élevé sur l'horison, c'est-à-dire, vers le pole septentrional; car nous supposons ici le plan dans la partie septentrionale du monde; le contraire arrive dans les Cadrans inférieurs opposés. Mais si l'Inclinaison des Cadrans supérieurs du midi est plus grande que la hauteur du pole sur l'horison, quelquefois le centre sera au-dessus de l'horisontale, & quelquefois au-dessous. Il sera au-dessus, si le pole méridional est élevé sur le plan, & au-dessous,

ſi c'eſt le pole ſeptentrional, comme il arrive quand la Déclinaiſon du plan eſt fort grande.

398. 4°. Le centre eſt au-deſſous de l'horiſontale dans les Cadrans ſupérieurs du nord, quelle que ſoit l'Inclinaiſon du plan, ou plus grande ou plus petite que l'élévation de l'équateur ſur l'horiſon; car dans ces Cadrans le centre repréſente toujours le pole élevé ſur l'horiſon, c'eſt-à-dire, le pole ſeptentrional; parce que ces Cadrans ſont toujours tournés vers ce pole: c'eſt le contraire dans les Cadrans inférieurs oppoſés.

399. 5°. La méridienne eſt à droite de la verticale dans les Cadrans ſupérieurs & inférieurs du midi, qui déclinent vers l'orient: elle eſt à gauche dans ceux qui déclinent vers l'occident. Quant aux Cadrans ſupérieurs & inférieurs du nord, la méridienne eſt à gauche de la verticale dans ceux qui déclinent vers l'orient; elle eſt à droite dans ceux qui déclinent vers l'occident: c'eſt la même raiſon que pour les Cadrans verticaux. On voit aſſez que le centre du Cadran & la ligne de déclinaiſon doivent avoir la même ſituation que la méridienne, par rapport à la verticale.

SECTION VI.

Maniere de trouver, par le calcul, pluſieurs lignes, & les points horaires des Cadrans inclinés déclinans.

400. Il n'y a point de difficulté pour les Cadrans inclinés qui ne déclinent point. Nous avons dit dans les Sections IIe & IIIe, qu'ils ſe tracent comme les horiſontaux; ainſi la même Analogie des Cadrans horiſontaux ſervira pour ceux-ci; mais nous allons

parler des déclinans méridionaux ſupérieurs & ſeptentrionaux inférieurs, comme des ſeptentrionaux ſupérieurs & méridionaux inférieurs déclinans.

Quant aux orientaux & occidentaux, on ſe ſervira des mêmes Analogies du Cadran vertical déclinant, en faiſant les remarques de l'article 384, dans lequel on trouvera ce qu'il faut obſerver.

401. Il s'agit donc principalement des Cadrans inclinés déclinans, où le calcul paroît d'abord un peu plus embarraſſant.

Nous ſuppoſons que la verticale du plan DV eſt tirée, que l'on connoît le pied P du ſtyle, ſa hauteur PX & l'inclinaiſon du plan. On trouvera la poſition du point vertical V par l'Analogie ſuivante: Pl. 19. *Fig.* 52. & Pl. 21. *Fig.* 58.

Le rayon
eſt au côté PX, qui eſt la hauteur du ſtyle,
comme la tangente de l'angle PXV, qui eſt l'inclinaiſon du plan,
eſt au côté PV, diſtance depuis le pied P du ſtyle juſqu'au point vertical cherché V.

402. Pour trouver le point O par lequel doit paſſer l'horiſontale, & par conſéquent ſa poſition, on fera l'Analogie ſuivante:

Le rayon
eſt au côté PX, *hauteur du ſtyle*,
comme la tangente de l'angle PXO, qui eſt le complément de l'inclinaiſon du plan,
eſt au côté PO, dont O eſt le point par lequel doit paſſer l'horiſontale.

403. Pour trouver le point L de l'horiſontale, par où doit paſſer la méridienne, on fera l'Analogie ſuivante:

PL. 19. *Le rayon*
Fig. 52. *est au côté* OD *ou* XO,
& *comme la tangente de l'angle* ODL, qui est la dé-
PL. 21. clinaison du plan,
Fig. 58. *est au côté* OL, dont L est le point par où doit passer la méridienne.

404. Si l'on veut se servir de l'équinoxiale pour tracer les lignes horaires, on trouvera le point H, par où elle doit passer, par l'Analogie suivante:

Le rayon
est au côté OD *ou* XO,
comme la tangente de l'angle ODH, qui est le complément de la déclinaison du plan,
est au côté OH,

dont le point H est celui qui est cherché, par lequel doit passer l'équinoxiale. Ce point H est également celui de six heures; de ce point H on élevera une perpendiculaire EN sur la soustylaire; ce sera l'équinoxiale.

405. Les Analogies précédentes ne sont qu'une préparation du plan pour avoir plusieurs points & plusieurs lignes, qui ne doivent servir que pour trouver les trois principaux angles essentiels à la description des lignes horaires. Nous allons encore donner trois autres Analogies, qui sont le fondement de celles qui les suivront.

Pour trouver l'angle DVC fait au centre C du Cadran entre la méridienne CM & la verticale DV, ou la parallele à la verticale, on fera l'Analogie suivante:

Le rayon
est au cosinus de l'inclinaison du plan,
comme la tangente de la déclinaison du plan,
est à la tangente de l'angle DVC *compris entre la méridienne* CM *& la verticale* DV, ou *une parallele à cette verticale.*

406. Pour trouver l'arc du Méridien VF compris entre le zénit V du lieu & le point F où un vertical du plan PG coupe perpendiculairement le Méridien ou l'angle FGV qui en eſt la meſure, on fera l'Analogie ſuivante, qui eſt la ſeconde: Pl. 19. *Fig.* 52. & Pl. 21. *Fig.* 58.

Le rayon
eſt au coſinus de la déclinaiſon du plan,
comme la tangente de l'inclinaiſon du plan
eſt à la tangente de l'angle requis FGV.

407. Pour faire l'application de ces deux précédentes Analogies, il faut diſtinguer deux eſpeces de Cadrans inclinés déclinans. Les premiers ſont les déclinans du midi ſupérieurs, & du ſeptentrion inférieurs; les ſeconds ſont les déclinans du ſeptentrion ſupérieurs, & du midi inférieurs.

A l'égard des premiers, qui ſont les déclinans du midi ſupérieurs & du ſeptentrion inférieurs, il peut y avoir trois cas; car l'arc FV ou l'angle FGV, trouvé par la ſeconde Analogie, ſera plus grand que l'élévation du pole, ou il ſera plus petit, ou il lui ſera égal.

Dans le premier cas, c'eſt-à-dire, ſi l'angle FGV eſt plus grand que l'élévation du pole ſur l'horiſon LGC, on ajoutera cette élévation du pole au complément FGL de cet arc, pour avoir l'arc CF, ou l'angle CGF.

Dans le ſecond cas, c'eſt-à-dire, ſi l'angle FGV eſt plus petit que l'élévation du pole ſur l'horiſon CGL, on ajoutera le complément de l'élévation du pole ſur l'horiſon à cet angle, pour avoir l'arc CF, ou l'angle CGF.

Dans le troiſieme cas, c'eſt-à-dire, ſi l'angle PGV eſt égal à l'élévation du pole ſur l'horiſon, le Cadran n'aura point de centre, & ce ſera un polaire déclinant dans la ſphere parallele. Dans ce Cadran les lignes horaires ſeront paralleles.

Pl. 19. Fig. 52. & Pl. 21. Fig. 58.

408. Dans la feconde efpece de Cadrans inclinés déclinans, qui font les déclinans du feptentrion fupérieurs & du midi inférieurs, il peut également y avoir trois cas; car l'angle FGV fera plus grand que l'élévation du pole, ou il fera plus petit, ou il lui fera égal.

Dans les deux premiers cas, on prendra la différence entre l'angle FGV, & le complément de l'élévation du pole.

Dans le troifieme cas, le Cadran fera un équinoxial déclinant dans la fphere droite, & la fouftylaire repréfentera la ligne de 6 heures, qui fera un angle droit avec la méridienne.

409. Dans tous les cas, on fera l'Analogie fuivante, qui eft la troifieme, pour trouver FP:

Le rayon
eft à la tangente de l'angle CVD *entre la méridienne* CV *& la verticale* DV,
comme la tangente de l'angle FGV,
eft au finus de l'arc FP, *ou de l'angle* FQP.

410. L'angle FQP trouvé par cette troifieme Analogie, donne la différence des longitudes pour un Cadran polaire déclinant; & pour un Cadran équinoxial déclinant, le complément de cet angle donne l'élévation particuliere du pole fur le plan du Cadran. Les angles faits au centre de ce Cadran par la ligne de 6 heures & les lignes horaires, font les mêmes que ceux qui feroient faits par la méridienne & par les lignes horaires, au centre d'un Cadran horifontal, pour une latitude égale à l'élévation du pole fur le plan.

411. Les trois Analogies préparatoires précédentes étant faites, on procédera aux trois fuivantes pour trouver les trois angles fondamentaux. Voici la premiere pour trouver l'angle entre la méridienne & la fouftylaire :

Le rayon PL. 19.
est à la tangente de CGF, *Fig.* 52.
comme le sinus de FQP &
est à la tangente de l'angle MCP *entre la méridienne* CM *&* *la soustylaire* CP. PL. 21. *Fig.* 58.

412. On trouvera l'angle PCF entre la soustylaire CP & l'axe CS, ou la hauteur du pole sur le plan, en faisant la seconde Analogie suivante :

Le rayon
est au cosinus de CGF :
comme le cosinus de FQP
est au sinus de l'angle PCG *entre la soustylaire* CP *& l'axe* CS, ou la hauteur du pole sur le plan.

413. Pour trouver la différence des longitudes BM ou BAM, on fera l'Analogie suivante :

Le rayon
est à la tangente de l'angle PCM *entre la méridienne* CM *& la soustylaire* CP :
comme le sinus de l'angle PCS *entre l'axe & la soustylaire*
est à la cotangente de l'angle BAM *différence des Méridiens ou des longitudes.*

Il est bon de remarquer ici que, pour ne pas trop grossir ce volume, nous n'avons pas donné des figures pour tous les cas; mais quand on entendra bien celles que nous avons présentées, il sera facile de suppléer les autres.

414. Tous ces angles étant connus, on trouvera les angles faits au centre du Cadran par la soustylaire & les lignes horaires, par la même méthode des Cadrans verticaux déclinans (215 & suiv.) Pour tracer ces sortes de Cadrans (306), & pour poser l'axe, on se conformera à ce qui a été dit assez au long pour les Cadrans verticaux déclinans, art. 320 & suiv.

CHAPITRE IX.

Méridiennes.

Les Méridiennes ſont devenues ſi fréquentes depuis quelques temps, & d'un goût ſi général, que nous avons cru faire plaiſir au Public de traiter cette matiere aſſez au long. Nous tâcherons d'en détailler tellement toutes les opérations, & d'en rendre l'inſtruction & la pratique ſi claire, que tout le monde puiſſe facilement l'entendre. L'uſage de la Méridienne eſt extrêmement utile, aſſez recherché dans la vie civile, & indiſpenſable dans l'Aſtronomie: c'eſt le fondement des Cadrans ſolaires. Au moyen de la Méridienne on reconnoît les quatre points cardinaux du Monde, on détermine la variation & la déclinaiſon de l'aimant, on connoît le moment précis de midi, &c.

Il y a deux eſpeces de méridiennes, l'horiſontale & la verticale. Nous entendons par *Méridienne horiſontale*, une ligne droite tracée ſur un plan horiſontal, dans ſa commune ſection avec le Méridien du lieu: elle regarde le midi par un bout, & le ſeptentrion par l'autre bout. Cette ligne coupe l'équateur à angles droits; ou bien, elle coupe à angles droits une ligne qui ſeroit tirée du point de l'orient *vrai* à l'autre point de l'occident *vrai*. Lorſque le milieu du point de lumiere eſt ſur la Méridienne, c'eſt le midi vrai pour le lieu où eſt la Méridienne, parce que le Soleil ſe trouve pour lors au Méridien de ce même lieu.

La *Méridienne verticale* eſt auſſi une ligne droite verticale ou à plomb, & qui marque le midi vrai comme la Méridienne horiſontale: cette ligne eſt la trace verticale du Méridien du lieu, comme l'autre en eſt la trace horiſontale.

On a donné un nombre conſidérable de méthodes pour tracer la Méridienne, ſoit horiſontale, ſoit verticale, entre leſquelles nous avons choiſi ce qu'il y a de plus ſimple & de plus facile à exécuter. Nous diviſerons ce Chapitre en cinq Sections : dans la premiere, nous donnerons la maniere de tracer une Méridienne horiſontale; nous verrons dans la ſeconde comment il faut tracer la verticale; dans la troiſieme, nous enſeignerons à joindre quelques lignes horaires aux Méridiennes, ſoit horiſontales, ſoit verticales; nous traiterons dans la quatrieme de la Méridienne horiſontale du temps moyen, & dans la cinquieme de la Méridienne verticale du temps moyen.

SECTION PREMIERE.

Méridienne horiſontale.

415. ON peut dire qu'il y a deux eſpeces de Méridienne horiſontale; l'une qui ſe trace ſur un petit plan, comme quand on fait un Cadran horiſontal ordinaire, qui peut avoir juſqu'à trois pieds de diametre; & l'autre que l'on trace dans des grands eſpaces, comme dans des Egliſes, des Salles, &c. Nous donnerons quatre méthodes de tracer la Méridienne horiſontale, dont voici la premiere qui regarde principalement les petits plans.

Premiere méthode de tracer une Méridienne horiſontale.

Il faut d'abord s'aſſurer ſi le plan, ſur lequel on veut tracer la Méridienne, eſt bien plan & bien dreſſé; ce que l'on reconnoîtra, en y appliquant en tout ſens une regle bien droite. Si elle touche partout également, le plan ſera bien dreſſé. On le mettra exactement de niveau, au moyen d'un bon niveau d'air, ou de quelqu'autre espece. On mettra le niveau sur une regle posée sur son côté, laquelle doit être exactement de même largeur d'une extrêmité à l'autre. On mettra cette regle sur le plan, selon deux directions différentes, qui se croisent à peu près à angles droits. Il est bon que ce plan ait deux ou trois pieds de diametre. Plus il sera grand, plus la Méridienne aura de justesse. Une table de marbre ou de quelqu'autre pierre, qui auroit le grain fin & uni, seroit fort propre pour cela. Une table de bois pourroit se tourmenter ou gauchir par l'ardeur du Soleil, ou par la pluie qui peut survenir : car quelquefois on est obligé d'attendre quinze jours, ou même davantage, sans pouvoir tracer la Méridienne, faute d'un beau jour, où le Soleil paroisse toute la journée, tel qu'il est nécessaire pour cette opération. On peut tracer une Méridienne sur un plan beaucoup plus petit, comme d'un pied de diametre, ou moins encore : mais alors il est plus difficile de faire quelque chose de juste.

416. N'étant pas aisé de trouver un plan assez grand, assez uni, assez droit & assez solide pour demeurer long-temps bien dressé, étant exposé aux intempéries de l'air, voici ce que j'ai fait pour en avoir un qui eût toutes ces conditions. Je fis faire un chassis de bois de chêne bien sec, de 4 pieds de longueur, sur 3 pieds de largeur. Le bois du chassis avoit 4 pouces d'épaisseur, sur 3 pouces de largeur, c'est-à-dire, que ce chassis bien assemblé aux quatre coins, avoit 4 pouces de profondeur. Il y avoit dans le milieu, selon la longueur du chassis, & au fond inférieur, une traverse de 4 pouces de largeur, sur 3 pouces d'épaisseur, mise de plat, & bien assemblée aux traverses des bouts du chassis. Cette traverse du milieu affleuroit le dessous du chassis ; aux deux côtés de cette traverse & en-dessus, il y avoit une

une feuillure d'un pouce de largeur, sur environ 6 lignes de profondeur, & autant tout à l'entour de l'intérieur du chassis. Je fis clouer des tringles de bois d'environ un pouce de largeur, sur environ 6 lignes d'épaisseur dans cette feuillure, & assez près les unes des autres, d'environ 5 à 6 lignes de distance; de sorte que toute la machine ressembloit à une grille d'un pouce de profondeur.

Je fis remplir toute cette profondeur en bon plâtre bien gâché, jusqu'à ce que le dessus du chassis en fût bien affleuré, de sorte qu'en appliquant une regle dessus, elle touchoit par-tout. Cette table étant exposée à l'air (& non au Soleil), pendant huit jours en été, sécha parfaitement; & comme le plâtre & le bois avoit fait quelqu'effort, je fis redresser le dessus avec la varlope, jusqu'à ce que en y appliquant en tous sens une regle récemment dressée, elle touchât par-tout exactement.

Le plâtre étant très-sec, j'y fis passer un nombre de couches d'huile de lin bien chaude, sans attendre qu'aucune couche séchât; c'est ainsi que le plâtre fut imbibé de cette huile assez avant: car je fis continuer de passer de l'huile tant que le plâtre en put recevoir. Je laissai bien sécher cette huile, jusqu'à ce que je reconnus qu'elle étoit dure; ensuite je fis passer trois couches de peinture de céruse à l'huile, attendant qu'une couche fût séche, avant que d'en appliquer une autre. Le bois du chassis étoit peint de même. Ce plan ainsi préparé & bien sec, fut en état de conserver sa justesse assez long-temps, malgré l'ardeur du Soleil & la pluie. Si l'on vouloit en construire un dans ce goût, on pourroit le faire de la grandeur que l'on souhaiteroit. Celui que je viens de décrire réussit fort bien; chacun pourra suivre son idée là-dessus.

417. Vers une extrêmité de la largeur du plan, on plantera le faux style à coulisse, tel que nous l'avons PL. 22. *Fig.* 59.

PL. 22. décrit, art. 101. On le mettra à la hauteur convenable; car en hiver il doit être moins élevé qu'en été, parce que l'ombre est pour lors plus longue. On fixera sa hauteur, en sorte que vers les 7 ou 8 heures du matin l'ombre du style se trouve à l'extrêmité du plan; alors on fixera le faux style, observant de poser sa base à peu près du côté du midi, afin que sa tige ni son ombre n'embarrassent rien.
Fig. 59.

418. Nous avons dit, art. 73, ce que c'est que le pied du style, & comment il faut le trouver. On pourra relire cet article, pour ne pas le répéter ici. Quand on aura trouvé le point C, qui sera le pied du style, on y plantera une pointe de cuivre, (qui affleure le plan,) avec un très-petit trou au milieu pour poser une pointe de compas. On tracera plusieurs circonférences, dont le pied du style C sera le centre. On pourra en décrire 10 à 12, à environ un pouce de distance l'une de l'autre, ce que l'on fera avec un compas à verge, observant que les traits soient fins. Il sera mieux de décrire ces circonférences au crayon seulement.

419. On observera dans la matinée quand le centre de l'ovale de lumiere sera sur la premiere circonférence extérieure, comme en A (*a*); pour lors on marquera le point A avec le crayon, on observera de même quand le centre de l'ovale de lumiere touchera le point B sur la seconde circonférence; alors on marquera le point B. On en fera de même aux points N & D.

Après midi, on remarquera que l'ovale de lumiere commencera à sortir des circonférences. Ainsi quand son centre sera arrivé au point E, on y mar-

(*a*) Pour plus grande justesse on se servira de la carte à cercles concentriques, *fig.* 69, *pl.* 28, comme il est expliqué art. 241.

quera un point; on fera de même aux points F, G & H. PL. 22. *Fig.* 55.

420. Tous les points étant marqués, on tirera une ligne droite du point A à ſon autre point correſpondant H. On en tirera une autre du point B à ſon autre point correſpondant G : on en fera de même ſur toutes les circonférences. Si tous les points ſont marqués avec exactitude, toutes ces lignes doivent ſe trouver paralleles; enſuite des points A & H, comme centres, on tracera avec la même ouverture de compas, des arcs qui ſe coupent aux points I & K. De ces points d'interſection I & K, on tirera une ligne droite CM, qui doit paſſer ſur le point C, pied du ſtyle. On éprouvera enſuite ſi cette ligne CM, qui eſt la Méridienne, partage bien également toutes les paralleles AH, BG, NF, DE, ſi cela eſt, on pourra s'aſſurer que l'on a opéré exactement.

Il n'eſt pas néceſſaire que les arcs qui ſe coupent en K, ſoient tracés avec la même ouverture de compas que les arcs qui ſe coupent en I; mais il eſt eſſentiel que les deux arcs en I ſoient tracés avec une même ouverture, & les deux arcs en K avec une même ouverture, quoique différente, ſi l'on veut, de la premiere.

421. Une ſeule circonférence ſuffiroit bien pour tracer la Méridienne, mais il eſt à propos d'en décrire pluſieurs, pour s'aſſurer de la juſteſſe de l'opération : c'eſt pourquoi on fera bien de tracer autant de ſections ou arcs qu'il y a de points marqués; ils doivent tous ſe couper ſur la Méridienne CM, ſi l'on a bien opéré.

422. Obſervez que ſi on a marqué un point ſur une circonférence avant midi, & que l'on n'en marque point après midi ſur la même circonférence; ce point marqué, qui n'a point de correſpondant ſur la même circonférence, ne peut ſervir de rien. L'o-

pération n'est bonne qu'autant que l'on a marqué deux points sur la même circonférence en un même jour. Cependant on peut opérer, par exemple, sur six circonférences en six jours différens, pourvu que le même jour on marque les deux points sur la même circonférence. Il faut observer que quand on marque un point, il est nécessaire que le Soleil paroisse bien; car s'il est un peu obscurci par des nuages, on risque de marquer faux.

423. La saison la plus propre pour tracer la Méridienne horisontale par cette méthode, est le solstice d'hiver, & quinze jours ou environ avant ou après; l'ombre du Soleil étant pour lors la plus longue, on opére avec plus de précision. Cependant le solstice d'été est aussi une saison assez propre pour cela; mais il est plus difficile de s'assurer de la justesse des opérations, parce que l'ombre est alors fort courte; à moins qu'en rehaussant le style, les points corresdans puissent se trouver aussi éloignés l'un de l'autre qu'en hiver.

424. Si l'on trace la Méridienne par cette méthode en tout autre temps que vers les solstices, il y a une petite erreur à corriger. Il faut savoir qu'en toute autre saison qu'aux solstices, la déclinaison du Soleil change sensiblement dans l'intervalle du temps qui se trouve entre les instans auxquels on marque les points de lumiere correspondans sur le même cercle, & plus cet intervalle est long, plus ce changement est sensible, & encore plus vers les équinoxes; de sorte que s'il y a 7 à 8 heures d'intervalle, lorsqu'on marque les deux points, ce changemeut de déclinaison est considérable. Pour comprendre ceci, il faut observer que si le Soleil va du Tropique du Cancer au Tropique du Capricorne, c'est-à-dire, depuis le solstice d'été jusqu'au solstice d'hyver, il est plus élevé dans les pays septentrionaux avant midi qu'après midi, quand il est à même distance du Méri-

dien de part & d'autre ; & par conſéquent l'ombre du ſtyle eſt plus courte le matin que le ſoir dans les momens également éloignés de midi : ainſi en prenant des ombres égales du ſtyle, la ligne que l'on tireroit du milieu des points A & H, ne ſeroit pas la vraie Méridienne ; elle s'en écarteroit un peu vers le point A marqué avant midi, parce que le ſecond point H ne ſeroit pas aſſez éloigné de A ; c'eſt ce qui fait que cette méthode, que l'on appelle *par des hauteurs correſpondantes*, n'a pas toute la juſteſſe que l'on peut deſirer, lorſqu'on s'en ſert vers les équinoxes. PL. 22. *Fig.* 59.

425. Mais on peut corriger cette petite erreur, au moyen des deux Tables qu'on trouvera à la fin de ce Traité : elles ſont générales & propres à toutes les latitudes ; nous les avons tirées du Livre de la Connoiſſance des Temps, ann. 1760. Voici la maniere de s'en ſervir.

On ſuppoſe que lorſqu'on veut tracer une Méridienne par des hauteurs correſpondantes, ce ſoit en un jour où la déclinaiſon du Soleil eſt d'environ 5° vers le ſeptentrion. On cherchera dans la 8e Table, qui eſt *de la déclinaiſon du Soleil pour tous les degrés de l'écliptique*, à quel degré de ſigne il répond alors dans la ſeconde colonne qui a en tête, *le Bélier & la Balance* : on le trouvera à peu près à 13 degrés du Bélier ; & ſuppoſant 6 heures d'intervalle entre les deux points de lumiere correſpondans A, H, on cherchera dans la 6e Table, qui eſt celle de l'*équation générale*, quelle eſt l'équation qui répond au 3e degré du Bélier, ou à 17° de la Vierge, & à 6 heures d'intervalle entre les deux obſervations A, H. On ne trouvera dans la premiere les degrés des ſignes que de 10 en 10, c'eſt-à-dire, 10° 20° du Bélier ; & comme 13° dont il s'agit ſont entre 10° & 20°, & plus près de 10° que de 20°, il faut prendre une partie proportionnelle entre les 33″ qu'on trouve

PL. 22. *Fig. 59.* vis-à-vis le 10ᵉ degré du Bélier ſous 6 heures d'intervalle, & les 31″ qu'on voit vis-à-vis le 20ᵉ degré du même ſigne & du même intervalle de 6 heures. Or entre 33″ & 31″ n'y ayant que 2″ de différence, il en faut conclure que la partie proportionnelle priſe, on aura 32″ d'équation, que l'on multipliera par les trois premiers chiffres de la tangente naturelle de la latitude en la maniere ſuivante:

Nous ſuppoſons la latitude de 44° 50′, dont les trois premiers chiffres de la tangente naturelle ſont 994
qu'on multipliera par les 32″ ci-deſſus 32

1988
2982

Produit . . . 31808

duquel on retranchera les trois derniers chiffres à droite. Il faut remarquer que le premier chiffre à gauche de ceux qui ſont ainſi retranchés, doit être regardé comme des dixiemes d'une unité qu'on ſuppoſe diviſée en dix parties égales. Dans le cas préſent les deux premiers chiffres du produit 31 expriment 31 ſecondes, & le chiffre 8, qui eſt le premier à gauche de ceux qui ſont retranchés, ſignifie 8 dixiemes d'une ſeconde, & par conſéquent bien près d'une ſeconde entiere; ainſi au lieu de dire 31 ſecondes, il faudra dire 32 ſecondes. Voilà la premiere opération; il en faut une autre.

426. Après cette premiere Table d'*équation générale* ſuit la ſeconde, à laquelle on trouvera vis-à-vis du 10ᵉ degré du Bélier, & ſous 6 heures d'intervalle, deux ſecondes; & vis-à-vis du 20ᵉ degré du même ſigne, & ſous le même intervalle, on trouvera 4 ſecondes. Or la partie proportionnelle, pour convenir au 13ᵉ degré du Bélier, ne peut être que 3 ſecondes, ne tenant pas compte de parties plus petites que des ſecondes. En ôtant ces 3″ des 32″ ci-deſſus,

il reſtera 29″ pour la correction qu'il faut faire à la Méridienne. Si la déclinaiſon du Soleil étoit méridionale, il faudroit ajouter ce qu'on auroit trouvé dans la ſeconde opération (qui ſeroit peut-être différent) du réſultat de la premiere, qui auroit pû être auſſi une autre quantité de ſecondes. PL. 22. *Fig.* 59.

427. Pour appliquer cette correction de 29″ ſur la Méridienne, il faut avoir une montre qui marque au moins les minutes; il ſera encore mieux qu'elle marque les ſecondes. Lorſque le point de lumiere ſera arrivé ſur la circonférence, par exemple à H; on y marquera un point. On attendra encore les 29″ que nous venons de trouver; & à la fin de ces 29″, on marquera un autre point L à l'endroit où ſe trouve pour lors l'image du Soleil. De ce point L on tirera une ligne qui viſe au pied du ſtyle, & qui coupe la circonférence en *r*. Cette interſection *r* eſt le véritable point d'où il faut tracer les ſections I & K, & non du point H; le tout, ſuppoſé que le Soleil aille du ſolſtice d'été au ſolſtice d'hiver; mais s'il alloit du ſolſtice d'hiver au ſolſtice d'été, il faudroit tranſporter l'eſpace H*r*, qui eſt ſur la circonférence, de *r* en *s*, & faire les ſections I & K du point *s* & du point A, pour avoir la méridienne CM. C'eſt ainſi qu'en employant cette correction, on peut tracer la Méridienne en tout temps.

Seconde méthode de tracer la Méridienne horiſontale.

428. La ſeconde méthode de tracer une Méridienne horiſontale, s'exécutera au moyen des étoiles, de la maniere ſuivante: au-devant du plan ſur lequel on doit tracer la Méridienne, & du côté du Septentrion, on plantera verticalement dans la terre deux fortes perches A & B, éloignées l'une de l'autre de quelques pieds, & placées l'une vers l'orient & l'autre vers l'occident. Ces perches auront 8 à 10 PL. 23. *Fig.* 60.

PL. 23. *Fig.* 60. pieds de hauteur; on attachera horiſontalement une ficelle F tendue de l'une à l'autre perche, que l'on affermira le mieux que l'on pourra. On diſpoſera deux autres fortes perches D & L vers le midi, en ſorte que le plan ME ſoit entre les quatre perches, qui formeront un quarré long. On attachera auſſi horiſontalement une autre ficelle G d'une perche à l'autre. Les deux perches du côté du ſeptentrion ſeront auſſi éloignées que l'on pourra de celles qui ſont poſées du côté du midi; enſuite on attachera horiſontalement ou à peu près un fil blanc bien fin, ou une ſoie blanche H du milieu d'une ficelle G à l'autre milieu de l'autre ficelle F, en ſorte que chaque bout de ce fil blanc puiſſe couler aiſément d'un bout de ficelle à l'autre. Aux deux extrêmités de ce fil blanc horiſontal, on attachera deux autres ſoies blanches ou fils très-blancs & bien fins I & K, avec un plomb au bout de chacun. Afin de fixer ces plombs plus aiſément, on arrangera deux ſceaux pleins d'eau, de façon que chaque plomb plonge dans un ſceau. On fera en ſorte que le fil horiſontal H réponde par-deſſus & vers le milieu du plan ME, ſur lequel on doit tracer la Méridienne.

PL. 23. *Fig.* 61. 429. Tout étant diſpoſé, comme nous venons de le décrire, ou de quelqu'autre façon, chacun ſelon ſon génie, placez-vous devant la ſoie verticale I, qui eſt du côté du midi, & viſez vers le ſeptentrion, en ſorte que les deux fils I & K ou I & H vous cachent l'étoile polaire. Pour cela, vous ferez couler un bout du fil H du côté de l'orient ou de l'occident, juſqu'à ce que vous voyiez les fils diſpoſés à vous cacher l'étoile polaire P, dans le moment où le quadrilatere de la grande Ourſe eſt à droite des ſoies, c'eſt-à-dire, vers l'orient, & les trois de la queue à gauche; en ſorte que la premiere de la queue ſoit prête à paſſer. L'on voit, fig. 61, la diſpoſition de ces étoiles.

Les ſoies des plombs étant ainſi placées dans le plan du Méridien, ſi vous menez une ligne EM ſur le plan qui eſt au-deſſous de la ſoie H, de maniere que cette ligne ſoit dans le même plan, ou ce qui eſt la même choſe, qu'elle ſoit entiérement cachée par les deux ſoies verticales I & K; ce ſera la Méridienne, & ſi on laiſſoit la ſoie ou le fil horiſontal H qui ſupporte les plombs, l'ombre de ce fil marqueroit midi, lorſqu'elle tomberoit ſur la Méridienne EM. Si l'on poſe un fil de fer ou de cuivre ſur quelqu'endroit de cette ligne, & qu'il ſoit bien à plomb, ſon ombre marquera exactement midi, lorſqu'elle ſera ſur la Méridienne. Egalement ſi l'on poſe un ſtyle, où il y ait une plaque percée, en ſorte que le centre de ſon trou donne perpendiculairement ſur la Méridienne EM; le point de lumiere marquera midi, lorſque ſon centre ſera ſur la Méridienne EM, & cela en tout temps. Cette méthode, toute méchanique qu'elle eſt, eſt très-bonne & très-ſûre, ſans s'embarraſſer ſi le plan eſt bien horiſontal. PL. 23. *Fig.* 60 & 61.

Troiſieme méthode de tracer une Méridienne horiſontale.

430. La troiſieme methode de tracer une Méridienne horiſontale s'exécutera par le calcul, & ſans décrire aucun cercle ſur le plan, quoiqu'on en voye dans la figure que nous citons; mais il eſt eſſentiel que le plan ſoit parfaitement horiſontal & exactement dreſſé, ſans quoi tout ſeroit faux. Après avoir poſé un ſtyle à plaque percée, on trouvera ſon pied avec ſoin; enſuite, à quelqu'heure que ce ſoit, vers les 7 ou 8, ou 9 heures du matin, ou dans la ſoirée, ſi l'on veut, on marquera un point comme D, au centre de l'ovale de lumiere (*a*). On meſurera, avec les parties égales du compas à verge, la diſtance du PL. 22. *Fig.* 59.

(*a*) Ou mieux, au moyen de la carte à cercles concentriques. Voy. l'art. 242.

PL. 22. *Fig. 59.* point D au pied C du ſtyle, dont on meſurera auſſi exactement la hauteur. On écrira ces deux meſures de même que l'heure qu'il étoit à peu près, lorſque l'on a marqué le point D; enſuite on fera l'Analogie ſuivante :

La diſtance de D *à* C
eſt au rayon,
comme la hauteur du ſtyle
eſt à la tangente de la hauteur du Soleil.

La hauteur du Soleil étant ainſi trouvée, & en ayant ſouſtrait la réfraction, pris le complément de cette hauteur, celui de l'élévation du pole, & ayant examiné la déclinaiſon du Soleil pour le jour & l'heure à laquelle on a marqué le point D, on trouvera l'angle du vertical du Soleil avec le Méridien, comme il a été enſeigné, art. 249 & 250, lequel étant connu, on menera une ligne CM du pied C du ſtyle, qui faſſe avec CD un angle DCM égal à l'angle fait par le vertical du Soleil avec le Méridien, du côté où elle doit être; cette ligne CM ſera la Méridienne.

Quatrieme méthode de tracer une Méridienne horiſontale.

431. L'on peut faire un autre uſage du point D dont nous venons de parler dans l'article précédent; c'eſt de trouver avec préciſion l'heure qu'il étoit réellement au Soleil dans l'inſtant où l'on a marqué ce point de lumiere D, & par ce moyen le moment de midi; ce qui ſera très-avantageux pour tracer la Méridienne. Ceci s'exécutera par le calcul qui eſt preſque le même que celui de l'art. 250, dont nous avons fait mention dans l'article précédent. En voici la méthode.

432. Il eſt néceſſaire d'avoir une montre ou une pendule: ſi elle eſt à ſecondes, on aura bien plus de préciſion. Lorſque la montre ou la pendule marquera

précisément, par exemple, 9 heures, (quoiqu'elle ne fût pas mise juste à la véritable heure) l'on marquera dans le même instant le point D sur le plan au milieu de l'ovale de lumiere; & l'ayant mesuré, & fait l'Analogie de l'article précédent, on aura la hauteur du Soleil, dont on soustraira la réfraction; ensuite l'on fera le calcul suivant. Pl. 22. *Fig.* 59.

233. Supposons que ce soit le 13 Novembre 1773. Le Soleil ce jour-là à midi décline de 18° 8′, dont nous retrancherons 2 minutes, parce qu'il n'est pas encore midi, & qu'on en est éloigné d'environ 3 heures. Il faut ajouter 90° à 18° 6′, parce que la déclinaison est méridionale; ce qui fera 108° 6′, qui sera la distance du Soleil au pole.

Supposons que le calcul nous ait donné la hauteur du Soleil de 11° 29′, dont il faut ôter la réfraction, qui est 4′: restera 11° 25′ pour la véritable hauteur du Soleil, dont il faut prendre le complément, qui est 78° 35′, c'est la distance du Soleil au zénit. Nous supposons le complément de la hauteur du pole 45° 5′, & voilà les élémens au moyen desquels il s'agit de trouver l'heure qu'il étoit réellement au Soleil dans l'instant où l'on a marqué le point de lumiere.

434. A cet effet, nous nous proposons de trouver l'angle SPZ du triangle sphérique PSZ (*pl.* 23, *fig.* 62) dont nous connoissons les trois côtés; pour cela ajoutez ensemble ces trois arcs:

PZ compl. de la haut. du pole........ 45° 5′
SZ compl. de la haut. du Sol. ou dist. du
Sol. au zénit.................... 78° 35′
PS dist. du Sol. au pole P.......... 108° 2′

Somme.... 231° 42′
115° 51′..... demi-somme.. 115° 51′
ôtez-en 45° 5′..... ôtez-en..... 108° 2′

1er excès 70° 46′. reste pour le 2e excès.. 7° 49′

Pl. 23. Fig. 62. Remarquez que 71° 58′ est le supplément de 108° 2′.

Faites ensuite cette Analogie.

Le produit des sinus de PZ *&* *de* PS
est au produit des sinus des deux excès
comme le quarré du rayon
est au quarré de la moitié du sinus de l'angle cherché SPZ.

Co-Ar-Log. du sin. de PZ	014988
co-ar-log. du sin. de PS	002188
log. sin. du premier excès 70° 46′	997506
log. sin. du second excès 7° 49′	913355
Somme . . .	1928037
prenez-en la moitié, qui est	964018

c'est le log. sin. de 25° 54′.

Doublez ce nombre de degrés, il viendra 51° 48′ pour l'angle horaire SPZ avec le Méridien où se trouvoit le Soleil au moment où l'on a marqué le point de lumiere D. Il faut réduire en temps ces 51° 48′, à raison de 15° par heure, & de 15′ de degré pour une minute d'heure, cela fera 3 heures 27′ 12″, qu'il faut ôter de 12 heures, parce que le point de lumiere a été marqué avant midi; ce sera 8 heures 32′ 48″, qui étoit la véritable heure au Soleil à l'instant où l'on a marqué le point de lumiere: & comme il étoit pour lors 9 heures précises à la montre, il s'ensuit que la montre avançoit de 27′ 12″. Il n'est pas nécessaire de rètarder effectivement la montre ou la pendule: il sera mieux de tenir compte de son avancement; ainsi au moment qu'il sera midi 27′ 12″ à la montre, on marquera un point sur le plan au milieu de l'ovale de lumiere; ce sera le point de midi, sur lequel & le pied du style, on fera passer la ligne méridienne.

Cette méthode de tracer une Méridienne est la

plus commode de toutes, parce qu'on peut s'en ſervir en tout temps, en hiver ou en été ; elle eſt toujours également juſte. PL. 23. *Fig.* 52.

435. Comme dans la méthode que nous venons de détailler dans l'article précédent, il ne s'agit que de trouver la hauteur du Soleil, pour connoître l'heure qu'il eſt, & le moment de midi, on pourra en faire l'application auſſi-bien ſur le plan vertical que ſur le plan horiſontal. On peut encore prendre la hauteur du Soleil, au moyen d'un quart-de-cercle Aſtronomique, ou bien d'un graphometre exactement diviſé, & s'il ſe peut aſſez grand pour que les minutes de degré de deux en deux y ſoient aſſez ſenſibles. Il convient toujours de prendre la hauteur du Soleil plutôt vers les 9 heures, que vers les 10 à 11 avant midi, parce que le Soleil ne monte pas aſſez ſenſiblement lorſqu'il eſt près de midi.

436. Remarquez que ſi le plan horiſontal n'eſt pas bien exact, & qu'il ſe trouve un enfoncement dans l'endroit où on a marqué le point de lumiere D, on examinera, au moyen d'un bon niveau d'air, de combien de parties de l'échelle ce point D eſt plus bas que le point C du pied de ſtyle; on ajoutera ce nombre de parties que l'on aura trouvées à la hauteur du ſtyle. Enſuite on fera le calcul, comme nous l'avons dit. Si le point D eſt reconnu plus haut que le pied C du ſtyle, on ôtera du nombre des parties de la hauteur du ſtyle, ce que l'on aura trouvé de plus au point D : le reſte ſe fera comme nous venons de l'enſeigner.

437. Il eſt à propos, pour une plus grande préciſion, de prendre pluſieurs points de lumiere ſoit le ſoir, ſoit le matin, lorſqu'il s'agit de tracer la Méridienne par l'angle du vertical du Soleil avec le Méridien (430) ; ou lorſqu'on voudra la tracer par l'inſtant de l'heure de midi trouvé par le calcul (431). On réiterera pluſieurs fois les mêmes opérations en

des jours différens, & même à quelque partie d'heure différente avant midi par de nouveaux points de lumiere.

438. Quant aux grandes Méridiennes horisontales que l'on trace dans les salles ou sur le parquet, ou dans des Eglises sur le carreau, on les décrira de la maniere suivante :

Pl. 24. *Fig.* 62. On attachera une plaque A de fer ou de cuivre à la face du mur qui fait le côté d'une fenêtre, ou bien dans la fenêtre même, ôtant pour cela un paneau de vître, si l'emplacement est fort élevé, ou un grand carreau de vître, s'il n'est pas beaucoup élevé ; on mettra à sa place la plaque, qui aura 8 à 10 pouces en quarré, ou beaucoup plus, si elle est fort élevée. Le trou doit être d'une grandeur proportionnée à l'élévation de la plaque. En général plus elle est élevée, plus le trou doit être grand, même jusqu'à un pouce de diametre pour une grande élévation. Afin de bien déterminer la grandeur de ce trou, on pourra en essayer de plusieurs diametres, au moyen de cartons que l'on présentera en place, pour avoir un point de lumiere bien net & bien distinct. On peut mettre cette plaque au toît, si le local le demande, la plaçant horisontalement ou en pente. Quoique la direction de la plaque ne soit pas quelque chose d'essentiel, il est cependant plus avantageux de la poser parallelement au cercle de 6 heures, ou à l'axe de la terre, du moins à peu près.

439. Pour savoir la hauteur à laquelle il faut poser la plaque, eu égard à l'étendue de la chambre ou salle, ou Eglise dans laquelle on veut tracer la Méridienne, il faut mesurer avec le pied de Roi, si l'on veut, la longueur que l'on peut donner à cette Méridienne, en la prenant depuis le pied du style, qui est le point correspondant directement & verticalement au-dessous du trou de la plaque. Cette mesure étant prise, il s'agit de déterminer le point où

doit tomber l'image du Soleil au solstice d'hiver, qui est le temps où l'ombre est la plus longue. Pour cela il faut savoir la hauteur Méridienne du Soleil; on la connoîtra par la différence entre l'élévation de l'équateur dans le lieu où l'on est, & la déclinaison du Soleil. Si, par exemple, l'élévation de l'équateur, (qui est toujours le complément de la hauteur du pole,) est de 41° 9'; comme la déclinaison du Soleil au solstice d'hiver est de 23° 28', la hauteur méridienne du Soleil se trouvera de 17° 41', qui est la différence entre 41° 9', & 23° 28'. On trouvera donc la hauteur où doit être placée la plaque, sachant la hauteur méridienne du Soleil par l'Analogie suivante :

Le rayon
est à la tangente de la hauteur Méridienne du Soleil,
comme la longueur de la Méridienne
est à la hauteur de la plaque.

Si la Méridienne que l'on veut tracer a, par exemple, 24 pieds de longueur, on résoudra ainsi cette Analogie :

log. tangente de la hauteur Méridienne du Soleil, 17° 14'	950355
logarithme du nombre 288 pouces, ou 24 pieds	245939
Somme & reste. . .	1196294

qui est le logarithme de 92 pouces ou environ; ce qui fait 7 pieds 8 pouces. C'est la hauteur cherchée où doit se trouver le trou de la plaque.

440. Si la hauteur du style ou du trou de la plaque est déterminée par la situation du local, & qu'on veuille savoir la longueur de la Méridienne, on fera l'Analogie suivante, dans laquelle 72° 19' est le complément de la hauteur Méridienne 17° 41' au solstice d'hiver.

Pl. 24. Fig. 62. *Le rayon*
est à la tangente de 72° 19′ qui est le complément de la hauteur Méridienne du Soleil 17° 41′ au solstice d'hiver, la hauteur du pôle étant supposée de 48° 51′,
comme la hauteur du trou de la plaque
est à la longueur de la Méridienne.

441. Il est à remarquer que pour mesurer la hauteur du style, ou la hauteur du trou de la plaque, il faut en connoître le pied, qui est le point du plan auquel répond directement & verticalement le trou de la plaque. Pour trouver ce pied, on bouchera le trou de la plaque avec du liége ou de la cire ; on fera un petit trou au milieu du bouchon, au travers duquel on fera couler un fil avec un plomb pointu. Le point du plan où touchera la pointe du plomb, sera le pied du style. Mais comme bien souvent le pied du style est embarrassé par le bas de la fenêtre, voici le moyen de mesurer la hauteur du style, ou trou de la plaque, sans avoir le pied du style.

442. On posera horisontalement, & sur l'appui de la fenêtre, une regle de 2 ou 3 pieds de longueur, ou plus, s'il le faut, dont un boût soit dessous le plomb suspendu au trou de la plaque, & l'autre bout au-dedans la salle. On mettra exactement cette regle de niveau ; ensuite on mesurera la hauteur du trou de la plaque au-dessus d'un bout de la regle ; & de l'autre bout, qui est dans la salle, on mesurera la distance depuis le dessus de la regle jusques sur le parquet. Ces deux mesures jointes ou additionnées ensemble, & exprimées en parties de l'échelle, feront la véritable hauteur du trou de la plaque. Nous supposons que le parquet est de niveau.

443. La plaque étant posée & le local tout prêt, la meilleure maniere de tracer la Méridienne est de marquer un point X sur le plan, au milieu du point de

de lumiere qui vient du trou de la plaque, à l'inſtant de midi. Si l'on tire une ligne droite qui paſſe par ce point X & ſur le pied du ſtyle, ce ſera la Méridienne, que l'on prolongera autant qu'il le faudra. Pour trouver l'inſtant de midi, voyez les art. 432, 433 & 434. PL. 24. *Fig.* 62.

444. Si le pied du ſtyle ne paroît point ſur le parquet, mais qu'il ſoit plus élevé, comme ſur l'appui de la fenêtre, ou autre choſe, ou bien caché dans l'épaiſſeur du mur, on tendra un fil BX à ce point plus élevé, ou bien du centre du trou de la plaque A juſques ſur le parquet au point X, que l'on a marqué à l'inſtant de midi; ce fil étant bien tendu en pente, on attachera un autre fil ED avec un plomb pointu D ſur le premier fil BX, auſſi près que l'on pourra de la fenêtre ou de la muraille. Le point *a*, où la pointe du plomb touchera le parquet ou le carreau, ſera celui vers lequel on tirera la ligne Méridienne MX*a* du point X, que l'on aura marqué à l'inſtant de midi.

445. On peut employer la méthode de l'art. 431, pour la grande Méridienne horiſontale, ſi l'on a une montre ou une pendule à ſecondes. On marquera un point ſur le plan, à l'inſtant, par exemple, de 9 heures préciſes à la montre: & après avoir meſuré la hauteur du trou de la plaque, & la diſtance du point de lumiere au pied du ſtyle, on fera l'Analogie de l'art. 430, qui donnera la hauteur du Soleil; on en ôtera la réfraction, & enſuite on fera le calcul indiqué dans les art. 433 & 434, qui fera connoître l'heure qu'il étoit au Soleil au moment où l'on a marqué le point de lumiere. On verra par-là ſi la montre étoit en avance ou en retard ſur le Soleil; & tenant compte de cette avance ou de ce retard, on marquera un point ſur le plan à l'inſtant de midi. On obſervera, ſi le cas y échet, ce qui eſt marqué art. 336.

446. La méthode de tracer une Méridienne, en marquant un point à l'inſtant de midi, n'exige point que le plan ſoit bien dreſſé, ni même de niveau; mais il eſt eſſentiel que le point qu'on marque avant midi, pour calculer l'heure qu'il eſt, ſoit exactement au même niveau que le pied du ſtyle; ſans quoi l'opération ſeroit fauſſe; ainſi l'on prendra les précautions énoncées dans l'art. 436.

447. Lorſqu'on tirera la ligne Méridienne, il ne convient pas de ſe ſervir d'une regle: on pourroit bien ne pas mener une ligne aſſez droite. Il ſera mieux de ſe ſervir d'une ſoie, que l'on noircira ou blanchira avec de la craie; on la poſera bien tendue ſur deux cales, (pour qu'elle ne touche point le parquet, mais qu'elle en ſoit fort près;) on examinera ſi cette ſoie eſt bien préciſément ſur les deux points *a* & X au moyen d'une équerre; enſuite on la pincera comme font les Charpentiers lorſqu'ils tracent leurs ouvrages. C'eſt ainſi que la ligne Méridienne ſera parfaitement droite, puiſque la ſoie étant bien tendue aura marqué ſa trace ſur le plan, quoique d'ailleurs il s'y trouve des enfoncemens & des élévations. On gravera cette trace d'une façon convenable.

448. On peut avoir quelquefois des raiſons pour ne pas graver réellement la ligne Méridienne ſur le parquet ou le carreau, ſoit parce qu'on ne voudra pas que cette ligne paroiſſe, ſoit que le ſol ne ſoit pas propre à être gravé avec préciſion, &c. En ce cas, il eſt d'uſage de planter ſur le parquet ou le carreau, un piton de fer ou de cuivre à chaque extrêmité de la Méridienne, fort près du mur. Quand on veut voir l'heure de midi, on tend un fil d'un piton à l'autre; c'eſt pour lors une Méridienne. Et afin que ce fil puiſſe être placé avec préciſion, on fera une petite entaille ou fente ſur le bout ſupérieur de chaque piton, & c'eſt dans ce cran qu'on poſera le fil. Quant

à la hauteur des pitons, on fera en ſorte que le fil, y étant tendu, ſoit très-près du plancher, mais pourtant qu'il n'y touche point. On obſervera de faire ces crans ou entailles ſur les pitons avec ſoin, pour qu'ils répondent exactement ſur la Méridienne, que l'on aura auparavant tracée au moyen de la ſoie noircie ou blanchie, comme nous avons dit ci-deſſus. Quand on aura vû l'heure de midi, on pourra ôter ce fil, qui ne ſervira que lorſqu'on voudra connoître l'heure de midi. Cette Méridienne eſt ordinairement nommée *Méridienne filée.*

449. Si le plan ſur lequel on veut décrire la Méridienne, étoit bien dreſſé & bien horiſontal, on pourroit la tracer par des cercles concentriques, comme nous l'avons dit ci-devant, quand même le pied du ſtyle ne ſeroit pas ſur le plan. En ſuppoſant que le point du pied du ſtyle eſt ſur l'appui d'une fenêtre, on peut s'en ſervir comme centre, & tracer ſur le parquet pluſieurs demi-cercles; prendre les points de lumiere du trou de la plaque correſpondans ſur chaque circonférence, & faire le reſte comme nous l'avons dit ci-devant; employer même la correction des articles 424 & ſuiv. ſi le cas y échéoit. Si le pied du ſtyle ne paroît point du tout, on peut également tirer des cercles concentriques ſur le plan, par le trou de la plaque, qui ſervira de centre; & après avoir trouvé exactement le milieu entre les points correſpondans, on tirera la ligne Méridienne, qui paſſe par ces points, & par le point que marquera un plomb pointu ſuſpendu par ſon fil à un autre fil tendu du centre du trou de la plaque au point le plus éloigné que l'on aura trouvé par les cercles concentriques. Mais il faut toujours que le plan ſoit bien horiſontal.

450. Si le jambage ou côté d'une fenêtre étoit parfaitement à plomb & bien droit, on pourroit s'en ſervir pour tracer une Méridienne. On n'aur-

qu'à marquer ſur le plancher toute la trace de l'ombre de ce jambage de fenêtre au moment de midi; ce ſeroit une Méridienne, qui n'exige pas que le plan ſoit bien dreſſé ni bien horiſontal; mais il eſt néceſſaire que le côté de la fenêtre ſoit bien droit & bien à plomb, ſans quoi cette Méridienne ſeroit fauſſe en certains temps de l'année. Remarquez que cette Méridienne ne ſeroit pas propre à marquer des heures, ſi l'on vouloit y en joindre quelqu'une.

SECTION II.

Méridienne verticale.

451. COMME il convient de ſe regler toujours ſur la grandeur du plan où l'on veut tracer une Méridienne, il faut voir la longueur que l'on peut donner à cette ligne, qui ſe trouvera toujours verticale, lorſque le plan eſt bien vertical. Plus on la fera longue, plus on aura de préciſion. Pour ſavoir quelle hauteur on donnera au ſtyle, ou plaque percée, ſelon la longueur que l'on peut donner à la Méridienne, on fera l'Analogie ſuivante.

> *La tangente de la plus grande hauteur Méridienne du Soleil*
> *eſt au rayon*, ſi le plan ne décline point, ou *au coſinus de la déclinaiſon du plan*, ſi le plan eſt déclinant
> *comme la longueur de la Méridienne*, depuis la ligne horiſontale paſſant par le pied du ſtyle
> *eſt à la hauteur du ſtyle.*

Suppoſons que le plan vertical ne décline point, & qu'il ſoit aſſez haut pour pouvoir donner 15 pieds ou 2160 lignes de longueur à la ligne Méridienne, à compter depuis le pied du ſtyle juſqu'au bas de la ligne où le point de lumiere doit aller au ſolſtice d'été. Ce jour-là le Soleil a 23° 28′ de déclinaiſon ſeptentrionale, qu'il faut ajouter à l'élévation de l'équateur, que nous ſuppoſons être de 45° 10′; ce qui fait 68° 38′ : c'eſt la hauteur Méridienne du Soleil ce jour-là.

Co-ar-log. de la tang. de 68° 38′ 959243
log. de 2160 333445

Somme & reſte 1292688

c'eſt le log. du nombre de 845 lignes; ou 5 pieds 10 pouces 5 lignes, que l'on donnera à la hauteur du ſtyle, à compter depuis ſon pied (ſur le mur) juſqu'au trou de la plaque.

Autre exemple : ſuppoſons maintenant que le plan décline de 35°, dont le complément eſt 55°, & qu'on veut donner à la Méridienne 15 pieds de longueur, à compter depuis ſon interſection L avec la ligne horiſontale HR, juſqu'au Capricorne ♑, pour la même latitude.

Co-ar-log. tang. de 68° 38′ 959243
log. ſin. de 55° 991336
log. de 2160 lignes, ou 15 pieds . . . 333445

Somme & reſte 2284024

c'eſt le log. de 692 lignes, qui font 57 pouces 8 lignes, ou 4 pieds 9 pouces 8 lignes pour la hauteur qu'on doit donner au ſtyle ou plaque percée, qu'il faut attacher à un gros cercle de fer bien rivé, ſur trois bons ſupports de fer ſcellés dans le mur, à peu près comme l'on voit dans la fig. 79, pl. 16. Cette plaque peut être poſée parallelement au mur ou à l'axe de la terre ; ſa ſituation n'eſt pas eſſentielle. On trouvera le pied du ſtyle, comme nous l'avons dit ailleurs, ſur lequel on tirera une ligne horiſontale & une verticale, ſuppoſé que ces deux lignes ſoient néceſſaires, comme nous le dirons ci-après.

452. Si la hauteur du ſtyle eſt déterminée, on fera l'Analogie ſuivante, pour trouver la longueur de la Méridienne :

Le rayon, ſi le plan ne décline pas, *ou le coſinus de la déclinaiſon du plan*, s'il eſt déclinant,
eſt à la tang. de la plus grande haut. Mérid. du Sol.
comme la hauteur du ſtyle
eſt à la longueur de la Méridienne.

Comme cette Analogie n'eſt que l'inverſe de la précédente, nous ne croyons pas qu'il ſoit néceſſaire d'en donner des exemples.

453. Nous donnerons deux méthodes pour tracer la Méridienne verticale ; voici la premiere.

Premiere méthode de tracer une Méridienne verticale.

On marquera le point du plan ſur lequel tombe le centre de lumiere, qui vient du trou de la plaque à l'inſtant de midi, qu'on ſuppoſe connu. Si on tire une verticale qui paſſe par ce point, & ſuffiſamment prolongée, ce ſera la Méridienne. Cette méthode de tracer une Méridienne eſt la plus facile ; elle eſt bonne, ſoit que le plan décline ou qu'il ne décline point : mais nous entendons toujours qu'il ſoit bien vertical, du moins à l'endroit où la ligne Méridienne eſt décrite.

454. Mais ſi le plan eſt tant ſoit peu, ou même beaucoup en pente, ou incliné d'une façon ou de l'autre, qu'il ſoit déclinant ou non déclinant, on ſuſpendra un plomb à un fil ſuffiſamment long au centre du trou de la plaque ; & à l'inſtant de midi, on marquera deux points ſur le plan, un à chaque extrêmité de l'ombre du fil : on tracera une ligne ſur le plan d'un point à l'autre, prolongée autant qu'il le faudra. Ce ſera la Méridienne, qui ſe trouvera d'autant plus oblique, que le plan ſera plus en pente & déclinant. Si le plan n'eſt pas droit, qu'il y ait des ornemens

d'architecture ſaillans ou enfoncés, en un mot de quelque figure qu'il ſoit, &c. on marquera un nombre de points ſur toute la trace de l'ombre du fil, ſe faiſant aider par pluſieurs perſonnes, qui toutes enſemble & dans le même inſtant marqueront chacune un ou deux points; enſuite on menera la ligne Méridienne qui paſſe par tous ces points: elle ſera tortueuſe ou courbe, ſelon la configuration du plan.

Si le plan étoit, par exemple, un eſcalier, l'on pourroit également y tracer une Méridienne par la même méthode. En ſuppoſant qu'on ne peut marquer qu'un point à l'inſtant de midi, & que cependant il en faudroit deux ou trois à chaque marche, l'on peut marquer tous ceux qui manqueront au moyen d'une lanterne, lorſqu'il ſera bien nuit: on la poſera en un endroit aſſez élevé & bien fixe. Il faut qu'elle ſoit poſée en ſorte que l'ombre du fil tombe préciſément ſur le point qu'on a marqué par le Soleil. La même ombre donnant ſur toutes les autres marches de l'eſcalier, déſignera où il faudra marquer tous les autres points. Cette lanterne doit très-bien éclairer; on n'y mettra qu'une ſeule lumiere, & il faut qu'elle ſoit aſſez éloignée du fil, qui doit être une petite ficelle. Cette méthode eſt la meilleure & la plus facile pour les plans irréguliers.

Seconde Méthode de tracer une Méridienne verticale.

455. Pour la ſeconde méthode, il faut commencer par chercher la déclinaiſon du plan; à cet effet, on fera tout ce que nous avons dit dans toute la Section I du Chapitre VI, laquelle déclinaiſon étant trouvée, on tirera une ligne du centre diviſeur D vers L, qui faſſe avec la verticale PD un angle PDL égal à la déclinaiſon du plan; le point L, où la ligne DL coupe l'horiſontale, eſt celui ſur lequel doit paſſer la Méridienne CLM. PL. 11. *Fig.* 42.

Pour trouver par le calcul ce point L, on fera

l'Analogie ſuivante, ſuppoſant toujours qu'on connoiſſe la déclinaiſon du plan :

Le rayon
eſt à la tangente de la déclinaiſon du plan,
comme la hauteur du ſtyle PS *ou* PD,
eſt à la diſtance du pied P *du ſtyle au point* L,
par où doit paſſer la Méridienne.

Pl. 10. Fig. 41. Suppoſons la déclinaiſon du plan de 30°, & la hauteur du ſtyle de 5645 parties ; voici le calcul :

log. tangente de 30°	976144
log. du nombre naturel 5645	375166
Somme & reſte	1351310

qui eſt le logarithme de 3259 parties ; c'eſt la diſtance ſur l'horiſontale du point P au point L, par où doit paſſer la Méridienne, qu'on placera à droite de la verticale aux plans déclinans du midi à l'orient, & à la gauche aux déclinans vers l'occident.

SECTION III.

Maniere de joindre quelques lignes horaires à une Méridienne, ſoit horiſontale, ſoit verticale.

456. Il eſt de la plus grande utilité, & l'on peut dire même néceſſaire de joindre quelques lignes horaires avant & après midi, à une Méridienne, ſoit horiſontale, ſoit verticale. C'eſt une reſſource bien commode dans le cas où le Soleil n'éclaire point au moment de midi ; ce qui certainement n'eſt pas rare, ſur-tout en hiver. L'on peut encore ſe retarder un peu, & trouver, en arrivant devant la Méridienne, que le moment de midi eſt paſſé, &c. il convient

donc d'enseigner ici comment il faut s'y prendre pour faire cette utile opération. Pl. 24. *Fig.* 63.

On doit trouver le centre du Cadran ; à cet effet, tirez la ligne indéfinie CM sur un plan à part, autre que celui où est la Méridienne déja tracée. Cette ligne CM vous représentera la Méridienne. Placez à volonté le point P sur cette ligne, qui sera le pied du style. De ce point P élevez une perpendiculaire PS sur la ligne CM. Mesurez sur le plan où est déja la Méridienne, la hauteur du trou de la plaque, autrement dit la hauteur du style, & portez cette hauteur sur le plan à part de P à S ; ce sera la hauteur du style. Sur le point S tirez la ligne SC, qui fasse avec la ligne SP un angle égal au complément de la hauteur du pole sur l'horison du lieu où l'on est. Le point C où la ligne SC rencontrera la Méridienne CM, sera le centre du Cadran.

457. On peut trouver le centre C du Cadran avec plus de précision par le calcul ; en voici l'Analogie :

Le rayon
est à la cotangente de la hauteur du pole,
comme la hauteur du style
est à la distance du pied P *du style au centre* C *du Cadran.*

458. Aux grandes Méridiennes horisontales, il est rare que le pied du style soit sur le carreau ou le parquet ; il est bien souvent caché dans l'épaisseur de la muraille, ou autrement embarrassé ; en ce cas, suspendez un plomb par un fil, aussi près que vous pourrez du trou de la plaque, faisant en sorte qu'étant bien libre & en repos, sa pointe touche sur la Méridienne déja tracée ; mesurez la distance horisontale du trou de la plaque au fil, & portez cette distance sur le plan à part, fig. 63, du point P au point *a* : marquez aussi sur la Méridienne déja tracée,

Pl. 24. Fig. 62 & Fig. 63. fig. 62, le point *a* où le plomb aura touché. Comme on a déja porté la distance, fig. 62, du fil au trou de la plaque de P en *a*, fig. 63, on élevera sur le point P, fig. 63, la perpendiculaire PS, comme nous avons dit, art. 456, & on fera tout le reste de même.

459. Lorsqu'on aura trouvé le point C centre du Cadran, il sera aisé de trouver & de tracer les angles horaires que l'on voudra, soit géométriquement, comme à l'art. 163 & suiv. soit par le calcul, art. 175 & suiv. Quand on aura tracé sur le plan à part, fig. 63, toutes les lignes horaires que l'on voudra, on y prolongera de part & d'autre de la Méridienne la perpendiculaire SP; ou si le pied du style ne paroît pas sur le plan où est la Méridienne, on prolongera la perpendiculaire *d a* jusqu'à *b*, fig. 63, afin qu'elle coupe toutes les lignes horaires. On tirera une autre perpendiculaire *fg*, prolongée de part & d'autre vers le bas M de la Méridienne CM, fig. 63, de sorte qu'elle coupe pareillement les lignes horaires qu'on aura marquées. On prendra toutes les mesures ou tous les points d'intersection des lignes horaires avec la perpendiculaire *db*, fig. 63, sur une regle bien mince, que l'on posera bien juste sur la perpendiculaire *bd*, fig. 63; on en fera autant sur l'autre perpendiculaire *fg* au bas M de la Méridienne; & après avoir mesuré exactement la distance d'une perpendiculaire *b a d* à l'autre *g* M *f*, on portera toutes ces mesures & points sur la Méridienne, fig. 62, en cette sorte : on tirera sur le point *a*, fig. 62, la perpendiculaire *db* à la Méridienne *a* M déja tracée, sur laquelle perpendiculaire on portera les mêmes points horaires qui sont déja marqués sur la ligne *db*, fig. 63 : on portera la distance de *a* à M, fig. 63, sur la Méridienne *a* M, fig. 62, au point M, sur lequel on élevera la perpendiculaire *fg*. On prendra tous les points horaires marqués sur la perpendiculaire *fg*, fig. 63, que l'on portera sur la ligne *fg*, fig. 62 : en-

suite on tirera des lignes d'une perpendiculaire à l'autre, fig. 62, qui passent sur tous ces points correspondans; ce seront les lignes horaires que l'on fera plus longues que la Méridienne ; car il faut toujours observer que toutes les lignes horaires qui accompagnent une Méridienne, doivent être plus longues qu'elle; autrement le point de lumiere ne les atteindroit pas en certains temps de l'année; attendu que c'est un style qui marque l'heure par un point. Si c'étoit un axe qui marqueroit l'heure par l'ombre de toute sa longueur, il ne seroit pas nécessaire de prolonger les lignes horaires dont nous venons de faire mention. On doit être averti que cette méthode de tracer des lignes horaires aux côtés de la Méridienne, n'est bonne que dans le cas où le plan horisontal est parfaitement de niveau & bien dressé; sans cela les lignes horaires seroient fausses: mais non pas la Méridienne qui n'exige point un plan parfait. Ce n'est pas qu'il ne soit possible de tracer ces lignes horaires sur des plans horisontaux irréguliers; mais il faudroit dans ce cas faire un nombre d'opérations, que peu de personnes sont en état d'exécuter, & dont par conséquent nous ne parlerons pas. Les lignes horaires devroient être d'autant plus tortueuses, que le plan seroit plus imparfait. PL. 24. *Fig.* 62.

460. Si l'on veut joindre quelques lignes horaires à une Méridienne verticale, il faut commencer par trouver le pied du style ; tirer la verticale du plan & l'horisontale ; prendre la hauteur du style, que l'on portera sur la verticale du pied P du style en D, qui sera le centre diviseur de l'horisontale. On connoîtra la déclinaison du plan, si l'on tire une ligne de D au point L, où la Méridienne coupe l'horisontale; l'angle PDL sera la déclinaison du plan. Pour connoître la valeur de cet angle, on s'y prendra comme il est dit art. 237 ou 238, ou mieux par le calcul, art. 239. Ensuite pour trouver le centre PL. 11. *Fig.* 42.

Pl. 11. *Fig.* 42. du Cadran, on prendra la longueur de la ligne DL; que l'on portera sur l'horisontale de L à H, & du point H on tirera une ligne HC, qui fasse avec la ligne HL l'angle LHC égal à la hauteur du pole sur l'horison du lieu. Le point C où la ligne HC rencontrera la Méridienne CM, sera le centre du Cadran, duquel on tirera la ligne CPB, qui passe sur le pied P du style; ce sera la soustylaire. On sera le reste comme il est dit art. 267 & suiv. moyennant quoi on tracera les lignes horaires que l'on voudra, aux côtés de la Méridienne.

461. Il sera mieux de faire tout cela par le calcul. Après avoir donc trouvé la déclinaison du plan, on fera l'Analogie suivante pour trouver le centre du Cadran :

Le rayon
est à la tangente de la hauteur du pole;
comme la longueur de la ligne DL *ou* HL,
est à la distance sur la Méridienne du point L *jusqu'au centre* C *du Cadran.*

Du centre C du Cadran on tirera la ligne CPB, qui passe sur le pied P du style; ce sera la soustylaire; ensuite on cherchera les trois angles fondamentaux par les Analogies des art. 271, 272, 273 & 274; lesquels étant trouvés, on calculera les angles horaires, comme il est dit aux articles 275, 276, &c.

462. On peut marquer aux côtés de la Méridienne, soit horisontale, soit verticale, jusqu'à deux heures avant & après midi, avec les minutes de cinq en cinq. On fera bien de tracer aussi une ligne horaire d'une minute avant & après midi, si la Méridienne est assez grande pour cela; mais il faut toujours observer (459) que toutes ces lignes horaires, quelles qu'elles soient, doivent être plus longues que la Méridienne. On pourra les distinguer soit

par une couleur différente, ſoit par des points, ou en les faiſant d'une différente groſſeur, &c.

SECTION IV.

Méridienne horiſontale du temps moyen.

463. Nous commencerons par expliquer ce que l'on doit entendre par *temps moyen*. On diſtingue deux ſortes de temps, *le temps vrai* & *le temps moyen*. Pour concevoir la différence qu'il y a entre l'un & l'autre, il eſt à remarquer que les jours naturels ne ſont pas égaux entr'eux. On entend par jours naturels, la durée d'une révolution apparente du Soleil d'orient en occident, telle que nous la voyons du moment de midi juſqu'au moment de midi du jour ſuivant.

Le temps vrai, que l'on nomme auſſi *apparent*, eſt meſuré par le mouvement apparent du Soleil d'orient en occident, tel qu'il eſt en effet, & tel que le marquent tous les Cadrans ſolaires. Le temps moyen eſt celui que l'on conçoit s'écouler toujours uniformément, & d'une maniere toujours égale; de ſorte qu'une pendule bien réglée étant miſe ſur l'heure du Soleil un certain jour de l'année, ne ſe rencontrera plus avec le Soleil qu'à pareil jour de l'année ſuivante : tous les autres jours elle s'en trouvera différente, parce que le Soleil ne paroît pas avoir une mouvement égal & uniforme; au lieu que celui de la pendule ne peut être que toujours égal. Par exemple, ſi l'on met la pendule à midi du Soleil le premier Novembre, elle avancera tous les jours ſur le Soleil, ſelon une gradation connue, en ſorte que le 10 Février ſuivant, l'heure de la pendule précédera l'heure vraie du Soleil de 31 minutes 5, secondes. Après le 10 Février, la différence diminuera chaque jour; en sorte que le 15 Mai, l'heure moyenne, c'est-à-dire, celle de la pendule, n'avancera plus sur le Soleil que de 12 minutes 8 secondes. Après le 15 Mai, la différence ira toujours en augmentant, en sorte que le 26 Juillet, l'heure moyenne avancera sur l'heure vraie de 22 minutes 15 secondes. Après le 26 Juillet, la différence ira toujours en diminuant; en sorte que le premier Novembre l'heure du temps moyen, ou de la pendule, se rencontrera avec l'heure vraie du Soleil.

464. On appelle *équation du temps* ou *de l'horloge*, la différence qu'il y a chaque jour entre le mouvement vrai du Soleil, ou sa révolution inégale de chaque 24 heures, & la marche toujours égale & réguliere d'une bonne pendule. Comme il y a tous les jours une différence réelle, on en a composé des Tables, qui marquent chaque jour de combien de secondes l'heure vraie précéde ou suit celle de la pendule à midi de chaque jour; c'est ce que l'on appelle la *Table des équations.*

465. Il faut observer que le temps, dont l'heure marquée à la pendule devance l'heure du Soleil, est quelquefois de plus de demi-heure, ainsi que nous venons de l'expliquer. Cette différence a paru trop considérable pour l'usage civil. On a cherché un expédient pour rapprocher ou tenir plus près l'une de l'autre, l'heure vraie & l'heure moyenne.

Cet expédient a été de ne plus mettre la pendule d'accord avec le Soleil le premier Novembre à midi; mais de la mettre ce jour-là sur 11 heures 43′ 50″, lorsqu'il est midi au Soleil.

Par ce moyen la pendule avance quelquefois sur le Soleil, & quelquefois le Soleil avance sur la pendule : mais aussi l'heure moyenne n'avance jamais sur l'heure vraie que de 14′ 39″, (ce qui arrive vers le 10 Février), & ne peut retarder sur l'heure vraie que de 16′ 10 à 12″, (c'est vers le 2 ou 3 Novembre), comme on peut le voir au Chapitre XI de ce Traité dans les quatre Tables du *Temps moyen au midi vrai*, où l'on a marqué pour tous les jours de l'année quelle doit être l'heure à la pendule reglée sur le temps moyen, quand il est midi vrai au Soleil. Ce que nous venons de dire, regarde principalement la pendule à secondes, qui est d'une justesse supérieure à toutes les autres.

466. En mettant, comme nous venons de le dire, la pendule à 11 heures 43′ 50″ lorsqu'il est midi au Soleil; il en résulte un autre avantage; c'est qu'il y a quatre momens dans l'année auxquels le temps moyen & le temps vrai concourent l'un avec l'autre. L'équation pour lors est nulle. Cela arrive vers le 15 Avril, le 16 Juin, le 31 Août & le 24 Décembre.

467. Puisque le temps moyen précéde quelquefois le temps vrai, & qu'il le suit quelquefois, il s'ensuit nécessairement que la ligne Méridienne du temps moyen doit passer de côté & d'autre de celle du temps vrai, & qu'elle doit serpenter autour de cette ligne; aussi a-t-elle à peu près la figure d'un 8 de chiffre fort allongé, & coupé en quatre points par la Méridienne du temps vrai, qui est toujours une ligne droite, quand elle est tracée sur un plan droit. Ces quatre points d'intersection des deux Méridiennes, sont pour les quatre momens de l'année auxquels ces deux temps se rencontrent.

PL. 25. *Fig.* 64. & PL. 27. *Fig.* 67.

468. Il paroît par cette figure de la Méridienne du temps moyen, que le point de lumiere qui vient du trou de la plaque, passe une fois dans un jour sur un côté de la ligne courbe, & le même jour sur la courbe de l'autre côté opposé. Or il n'y a qu'une de ces deux branches qui marquent le midi moyen pour un certain temps de l'année, & l'autre branche le marque pour une autre saison.

469. La Méridienne du temps moyen est fort utile, & très-commode pour regler une montre, une pendule ou une horloge avec grande facilité, sans être obligé d'avoir recours aux Tables d'équation, qui causent souvent quelqu'embarras à ceux qui ne conçoivent pas bien la différence du temps moyen & du temps vrai. La Méridienne du temps moyen a été imaginée pour cet usage; car si on met un jour quelconque la pendule à Midi précis, au moment où le point de lumiere du trou de la plaque tombe sur la courbe du mois où l'on est; si cette pendule est bien reglée, elle doit toujours suivre le midi du temps moyen, lorsque le point de lumiere se rencontre sur la suite de la même courbe, & cela d'un bout de l'année à l'autre. Ainsi on pourra regler une pendule immédiatement sur la Méridienne du temps moyen; ce qui est bien plus simple & plus facile pour ceux en qui on ne doit pas supposer une certaine intelligence & des connoissances supérieures.

470. Avant que de rien faire, il est nécessaire de s'assurer que le plan qu'on destine à la Méridienne horisontale du temps moyen, soit bien de niveau & bien dressé; sans quoi les opérations dont nous allons parler, seront d'autant plus fausses, que le plan sera plus imparfait.

471. Pour décrire la Méridienne horisontale du temps moyen, il faut commencer par tracer à l'ordinaire celle du temps vrai, comme nous l'avons dit dans la premiere Section de ce Chapitre, art. 438 & suivans; car nous entendons parler principalement de la grande Méridienne horisontale, que l'on trace sur le parquet ou sur le carreau, dans des salles ou dans des Eglises. Il n'y a guere que celle-là sur laquelle on trace ordinairement la Méridienne du temps moyen. Aux deux côtés de la Méridienne du temps vrai, on tirera une ligne horaire d'un quart d'heure, c'est-à-dire, la ligne horaire de 11 heures 3 quarts

&

& de midi un quart. Pour cela, on ſuivra, ſi l'on veut, la méthode des art. 356 & ſuiv.

472. On cherchera ſur la Méridienne du temps vrai, les points auxquels répondent les degrés des ſignes du Zodiaque de trois en trois degrés. En voici d'abord la méthode géométrique.

Sur le plan où eſt la Méridienne, ou bien ſur un plan à part, tirez une ligne droite PM, qui repréſentera la Méridienne. Elevez la perpendiculaire PS, qui ſoit égale à la hauteur du ſtyle. Du point S, comme centre, & du rayon convenable à votre échelle des cordes, ou à votre échelle des parties égales, vous décrirez l'arc PX, ſur lequel vous prendrez tous les angles des ſignes en cette ſorte : tirez la ligne SB, qui faſſe l'angle PSB égal à l'élévation du pole ſur l'horiſon du lieu ; & vous aurez ſur la Méridienne PM le point B, qui ſera le premier degré du Bélier ♈ & de la Balance ♎. Tirez les lignes SC & SM, qui faſſent avec SB les deux angles égaux CSB & BSM de 23° 28′, & vous aurez les premiers degrés de l'Ecreviſſe ♋ & du Capricorne ♑, qui ſont les deux Tropiques ; le premier eſt celui de l'été, & le ſecond celui de l'hiver. Enſuite, tirez les lignes SD & SG, qui faſſent avec la ligne SB les deux angles égaux de 20° 11′, & vous aurez les premiers degrés du Sagittaire ♐, du Verſeau ♒, du Lion ♌, & des Gemeaux ♊. Tirez les lignes SE & SF, qui faſſent avec SB les angles égaux ESB & FSB de 11° 29′, & vous aurez les premiers degrés du Taureau ♉, de la Vierge ♍, du Scorpion ♏, & des Poiſſons ♓. Voilà donc le premier degré ou le dernier de chaque ſigne du Zodiaque. Ces degrés doivent toujours ſe compter depuis la ligne SB qui repréſente l'équateur. PL. 16. *Fig.* 44.

473. Il faut maintenant marquer ſur la Méridienne les degrés intermédiaires de chaque ſigne pris de trois en trois. Nous ne les marquerons ſur la figure

que de 15 en 15, à cause de sa petitesse. A cet effet, tirez les lignes SO & SH, qui fassent avec SB les deux angles égaux OSB & HSB de 22° 38′, & vous aurez les 15es degrés de l'Ecrevisse ♋, des Gemeaux ♊, du Sagitaire ♐, & du Capricorne ♑. Tirez les lignes SN & SL, qui fassent avec SB les deux angles égaux NSB & LSB de 16° 21′, & vous aurez les 15es degrés du Lion ♌, du Taureau ♉, du Scorpion ♏ & du Verseau ♒. On en fera de même pour le point K & le point I. C'est ainsi que l'on continuera en marquant sur la Méridienne les degrés de trois en trois.

474. Il n'est pas nécessaire dans la pratique de tirer réellement les lignes SC, SO, SG, &c. Il suffira de marquer sur la Méridienne les intersections que ces lignes doivent faire sur elle; ce qui s'exécutera en appliquant une regle sur le point S, & qui passe sur le degré de l'arc PX dont il s'agira.

475. On opérera bien plus juste en cherchant par le calcul les points des degrés des signes du Zodiaque sur la Méridienne. Pour cela il faut savoir la hauteur Méridienne du Soleil à tous les degrés des signes. Il y a à cet effet trois choses à connoître, 1°. la hauteur de l'équateur sur l'horison, qui est toujours le complément de la hauteur du pole sur l'horison du lieu. 2°. Il faut avoir la déclinaison du Soleil ou son éloignement de l'équateur au degré du signe dont il s'agit. 3°. Si la déclinaison est septentrionale, on l'ajoutera à la hauteur de l'équateur; ou on la soustraira si cette déclinaison est méridionale, la somme ou la différence sera la hauteur Méridienne du Soleil. Par exemple, au 9e degré de l'Ecrevisse ♋, la déclinaison du Soleil est septentrionale & de 23° 10′, qu'il faut ajouter au complément de la hauteur du pole que nous supposons de 41°; ce sera 64° qui feront la hauteur Méridienne du Soleil : mais si la déclinaison du Soleil est méridionale, la hauteur mé-

ridienne du Soleil ſera égale à l'excès ou à la différence entre le complément de l'élévation du pole & la déclinaiſon du Soleil. Par exemple, au troiſieme degré du Scorpion, la déclinaiſon du Soleil eſt méridionale & de 12° 32′. On ôtera ces 12° 32′ de la hauteur de l'équateur, qui eſt ſuppoſée de 41°, reſtera 28° 28′ pour la hauteur Méridienne du Soleil. Lorſque le Soleil eſt à l'équateur, ſa hauteur Méridienne eſt égale à l'élévation de l'équateur, qui eſt toujours, comme nous l'avons dit pluſieurs fois, le complément de l'élévation du pole.

476. Ces élémens étant ainſi entendus, on fera l'Analogie ſuivante :

Le rayon
eſt à la cotangente de la hauteur Méridienne du Soleil,
comme la hauteur du ſtyle
eſt à la diſtance du pied du ſtyle, juſqu'au point du degré du ſigne ſur la Méridienne.

Exemple. Suppoſons que l'on veuille marquer ſur la Méridienne le point du 21e degré de l'Ecreviſſe ♋, & le 9e des Gemeaux ♊; la déclinaiſon du Soleil eſt pour lors ſeptentrionale, puiſqu'elle l'eſt depuis l'Ecreviſſe juſqu'au Bélier & la Balance; & depuis le Bélier & la Balance, elle eſt méridionale. Au 21e degré de l'Ecreviſſe, & au 9e des Gemeaux ♊, la déclinaiſon du Soleil eſt de 21° 50′, qu'il faut ajouter à 41°, complément de la hauteur du pole; la ſomme 62° 50′, ſera la hauteur Méridienne du Soleil. Le complément de 62° 50′ eſt 27° 10′; ce ſera le ſecond terme de l'Analogie. Suppoſons la hauteur du ſtyle de 15 pieds, qui ſont 2160 lignes, ce ſera le troiſieme terme.

log. tangente de 27° 10'......... 971028
log. du nombre naturel 2160..... 333445

Somme & reste.. 1304473

qui est le log. de 1108; ce qui fait 7 pieds 8 pouces 4 lignes; ce sera la distance du point P sur la Méridienne jusqu'au point du 21e degré du signe de l'Ecrevisse ♋, & du 9e des Gemeaux ♊.

Autre exemple. Supposons que l'on veuille marquer sur la Méridienne le point du 27e degré du Scorpion ♏, & le 3e du Verseau ♒ : la déclinaison du Soleil est alors méridionale & de 19° 31'; ôtez ces 19° 31' de 41°, restent 21° 29', dont le complément est 68° 31'.

log. tangente de 68° 31'......... 1040497
log. du nombre naturel 2160...... 333445

Somme & reste... 1373942

qui est le log. de 5488 lignes; ce qui fait 38 pieds 1 pouce 4 lignes depuis le pied P du style jusqu'au point du 27e degré du Scorpion ♏, & du troisieme du Verseau ♒.

477. Avant de passer outre il faut examiner la Table ci-contre (*a*). Nous l'avons disposée d'une façon à représenter le cours naturel du Soleil, lorsqu'il parcourt pendant toute l'année tous les signes du Zodiaque. Voici l'explication de cette Table, &

(*a*) Il faut être averti que nous donnons premiérement la Table de l'ancienne édition de cet Ouvrage, pour éviter la dépense de refaire les deux planches 25 & 27, auxquelles elle se rapporte. Nous n'avons pas cru devoir occasionner une augmentation du prix de ce Livre, pour une simple explication, que l'on entendra aussi bien par l'ancienne Table que par la nouvelle. Nous donnons celle-ci tout de suite pour qu'on en fasse usage dans la pratique. L'on peut confronter ces deux Tables, & l'on verra combien l'équation a changé. L'on appercevra quelque différence dans les degrés de la déclinaison du Soleil : on s'y est conformé au sentiment le plus commun des Astronomes.

Signes septentrionaux & descendans. | Signes méridionaux & descendans.

Signes septentrionaux & ascendans. | Signes méridionaux & ascendans.

	Degrés des Signes de trois en trois.	Déclinais. du Soleil. D.	M.	Nombre des sec. de l'équation	Cinq. du nom. de ces second.		Degrés des Signes de trois en trois.	Déclinais. du Soleil. D.	M.	Nombre des sec. de l'équation du tems.	Cinq. du nom. de ces second.
				Additiv.							
♋	3°	23°	26'	112''	22	♋	30	23°	28'	72''	14
	6	23	20	151	30		27	23	26	32	6
										Additiv.	
	9	23	10	189	38		24	23	20	8	2
	12	22	56	224	45		21	23	10	47	9
	15	22	38	256	51		18	22	56	84	17
	18	22	16	285	57		15	22	38	118	23*
	21	21	50	310	62		12	22	16	149	30
	24	21	20	329	66		9	21	50	176	35
	27	20	47	345	69		6	21	20	199	40
	30	20	11	355	71		3	20	47	218	43*
♌	3	19	31	358	71*	♊	30	20	11	231	46
	6	18	48	356	71		27	19	31	239	48
	9	18	2	350	70		24	18	48	242	48
	12	17	13	335	67		21	18	2	238	47*
	15	16	21	314	63		18	17	13	230	46
	18	15	27	290	58		15	16	21	216	43
	21	14	31	260	52		12	15	27	196	39
	24	13	32	225	45		9	14	31	171	34
	27	12	32	184	37		6	13	32	142	28
	30	11	29	139	28		3	12	32	107	21
♍	3	10	25	89	18	♉	30	11	29	69	14
	6	9	19	37	7		27	10	25	26	5
				Soustr.						Soustra.	
	9	8	12	19	4		24	9	19	20	4
	12	7	4	78	15*		21	8	12	69	14
	15	5	55	138	27*		18	7	4	121	24
	18	4	45	202	40		15	5	55	175	35
	21	3	34	266	53		12	4	45	230	46
	24	2	23	330	66		9	3	34	287	57
	27	1	12	394	79		6	2	23	343	68*
	30	0	0	457	91		3	1	12	400	80
♎	3	1	12	518	103*	♈	30	0	0	456	91
	6	2	23	578	115*		27	1	12	510	102
	9	3	34	635	127		24	2	23	563	112*
	12	4	45	690	138		21	3	34	614	123
	15	5	55	740	148		18	4	45	661	132
	18	7	4	787	157		15	5	55	705	141
	21	8	12	831	166		12	7	4	746	149
	24	9	19	870	174		9	8	12	782	156
	27	10	25	902	180		6	9	19	813	162*
	30	11	29	929	186		3	10	25	838	167*
♏	3	12	32	948	189*	♓	30	11	29	[illegible]	171*
	6	13	32	962	192		27	12	32	871	174
	9	14	31	968	195*		24	13	32	879	176
	12	15	27	968	195*		21	14	31	879	176
	15	16	21	963	192*		18	15	27	873	174*
	18	17	13	945	189		15	16	21	860	172
	21	18	2	920	184		12	17	13	840	168
	24	18	48	890	178		9	18	2	813	162*
	27	19	31	853	170*		6	18	48	779	156
	30	20	11	808	161*		3	19	31	737	147
♐	3	20	47	760	152	♒	30	20	11	688	137*
	6	21	20	701	140		27	20	47	633	126*
	9	21	50	634	127		24	21	20	572	114
	12	22	16	563	112*		21	21	50	505	101
	15	22	38	488	97*		18	22	16	433	86*
	18	22	56	410	82		15	22	38	357	71
	21	23	10	328	65*		12	22	56	278	55*
	24	23	20	243	48*		9	23	10	195	39
	27	23	26	157	31		6	23	20	100	20
	30	23	28	68	13*		3	23	26	21	4
						♑				Additiv.	

Signes ſeptentrionaux & deſcendans. — Signes méridionaux & deſcendans. | Signes ſeptentrionaux & aſcendans. — Signes méridionaux & aſcendans.

Degrés des Signes de trois en trois.	Déclinaiſ. du Soleil. D.	M.	Nombre des ſec. de l'équation Additiv.	Cinq. du nom. de ces ſecond.	Degrés des Signes de trois en trois.	Déclinaiſ. du Soleil. D.	M.	Nombre des ſec. de l'équation du tems.	Cinq. du nom. de ces ſecond.
♋ 3°	23°	26′	113″	22*	♋ 30°	23°	28′	72″	14
6	23	20	155	31	27	23	26	32	6
								Additiv.	
9	23	10	193	38*	24	23	20	9	2
12	22	55	230	46	21	23	10	49	10
15	22	37	263	52*	18	22	55	87	17
18	22	15	293	58*	15	22	37	122	24
21	21	49	318	63*	1/2	22	15	153	30*
24	21	20	339	68	9	21	49	181	36
27	20	47	355	71	6	21	20	205	41
30	20	10	365	73	3	20	47	224	45
♌ 3	19	31	369	74	♊ 30	20	10	237	47*
6	18	48	358	73*	27	19	31	245	49
9	18	2	360	72	24	18	48	248	49*
12	17	13	347	69	21	18	2	245	49
15	16	21	328	65*	18	17	13	237	47*
18	15	27	303	60*	15	16	21	223	44*
21	14	31	272	54	12	15	27	203	40*
24	13	32	236	47	9	14	31	178	35*
27	12	32	195	39	6	13	32	148	29*
30	11	29	150	30	3	12	32	113	22*
♍ 3	10	25	100	20	♉ 30	11	29	74	15
6	9	19	47	9	27	10	25	31	6
			Squſtra.					Souſtra.	
9	8	12	10	2	24	9	19	16	3
12	7	4	70	14	21	8	12	66	13
15	5	55	132	26	18	7	4	118	23
18	4	45	195	39	15	5	55	173	34*
21	3	34	260	52	12	4	45	229	46
24	2	23	325	65	9	3	34	286	57
27	1	12	390	78	6	2	23	343	68*
30	0	0	454	91	3	1	12	401	80
♎ 3	1	12	517	103	♈ 30	0	0	457	91
6	2	23	579	116	27	1	12	513	102*
9	3	34	638	127*	24	2	23	566	113
12	4	45	694	139	21	3	34	613	123*
15	5	55	746	149	18	4	45	666	133
18	7	4	795	159	15	5	55	711	142
21	8	12	839	168	12	7	4	752	150
24	9	19	878	175*	9	8	12	788	157*
27	10	25	911	182	6	9	19	819	164
30	11	29	938	187*	3	10	25	845	169
♏ 3	12	32	959	192	♓ 30	11	29	865	173
6	13	32	973	194*	27	12	32	879	176
9	14	31	980	196	24	13	32	886	177
12	15	27	980	196	21	14	31	886	177
15	16	21	973	104*	18	15	27	881	176
18	17	13	958	191*	15	16	21	867	173
21	18	2	935	187	12	17	13	846	169
24	18	48	905	181	9	18	2	818	163*
27	19	31	867	173	6	18	48	783	156*
30	20	10	822	164	3	19	31	741	148
♐ 3	20	47	770	154	♒ 30	20	10	692	138
6	21	20	712	142	27	20	47	636	127
9	21	49	647	129	24	21	20	574	115
12	22	15	577	115	21	21	49	506	101
15	22	37	502	100	18	22	15	433	86*
18	22	55	423	84*	15	22	37	355	71
21	23	10	339	68	12	22	55	273	54*
24	23	20	253	50*	9	23	10	189	38
27	23	26	165	33	6	23	20	102	20
30	23	28	75	15	3	23	26	13	2*
					♑			Additiv.	

premiérement de la premiere colonne, qui contient de trois en trois les degrés de tous les ſignes. Suppoſons le Soleil au Tropique d'été ou de l'Ecreviſſe ♋; il en parcourt les degrés en deſcendant, & il entre dans le ſigne du Lion ♌ : il en parcourt les degrés, & il entre dans le ſigne de la Vierge ♍ : delà il vient dans le ſigne de la Balance ♎, il eſt alors à l'équateur, & c'eſt l'équinoxe de Septembre. Il parcourt les degrés de la Balance, & il entre dans le ſigne du Scorpion ♏; delà il parcourt le ſigne du Sagittaire ♐ juſqu'à celui du Capricorne ♑ ; c'eſt alors le ſolſtice d'hiver. Il parcourt en remontant, les degrés du Capricorne, & il entre dans le ſigne du Verſeau ♒ ; delà dans le ſigne des Poiſſons ♓ juſqu'au ſigne du Bélier, qui eſt ſur l'équateur ; c'eſt l'équinoxe du mois de Mars. Le Soleil montant toujours, parcourt les degrés du Taureau ♉, des Gemeaux ♊, & revient enfin au ſigne de l'Ecreviſſe ♋. L'on voit auſſi bien clairement dans cette Table, quels ſont les ſignes ſeptentrionaux, & quels ſont les méridionaux : quels ſont les ſignes deſcendans & quels ſont les aſcendans.

La ſeconde colonne contient les degrés de la déclinaiſon du Soleil de trois en trois ſeulement. L'on y remarquera que les trois ſignes méridionaux deſcendans, ont reſpectivement la même déclinaiſon que les trois ſignes méridionaux aſcendans : ſemblablement les trois ſignes ſeptentrionaux deſcendans ont la même déclinaiſon que les trois autres ſignes ſeptentrionaux aſcendans ; & enfin que les ſix ſignes méridionaux ont reſpectivement la même déclinaiſon que les ſix ſignes ſeptentrionaux. La même déclinaiſon du Soleil eſt donc répétée quatre fois dans toute cette Table, qui repréſente à cet égard tout le Zodiaque.

La troiſieme colonne de cette Table contient, réduite en ſecondes, l'équation du temps convenable & correſpondante à chaque degré de chaque ſigne du Zodiaque. Cette équation est différente à chaque degré de signe, & n'est pas du tout répétée : en quoi elle est très-différente de la déclinaison du Soleil.

La quatrieme colonne contient seulement le cinquieme du nombre des secondes contenues dans la troisieme, pour épargner la peine de faire ce petit calcul, lorsqu'on trace une Méridienne du temps moyen. Les étoiles qu'on y voit, signifient les demi-unités.

478. Cette Table est nécessaire pour la construction de la Méridienne du temps moyen ; c'est son principal usage. Nous avons vu, art. 473, 474, 475 & 476, comment on trouve, sur la Méridienne, les points de l'entrée du Soleil au commencement de chaque signe du Zodiaque & à leurs degrés intermédiaires, on les marquera donc tous dans le même ordre qu'ils sont disposés dans la Table ; ensuite on tirera des perpendiculaires à la Méridienne sur chacun, & qui se terminent de chaque côté aux deux lignes horaires de 11 heures 3 quarts, & de midi un quart. Pour tirer ces perpendiculaires avec facilité, on appliquera une regle dont le bord soit tout le long de la ligne Méridienne ; on appuyera une équerre le long du côté de la régle, & par ce moyen on tracera les perpendiculaires d'un côté seulement de la Méridienne ; ensuite avec une petite regle on les prolongera de l'autre côté. Ces perpendiculaires représentent les paralleles que le Soleil décrit quand il répond aux degrés de l'écliptique que ces points désignent, ou du moins ces perpendiculaires ne different pas sensiblement des lignes courbes qui représentent ces paralleles, parce qu'elles doivent être fort courtes ; puisqu'il ne faut les prolonger de part & d'autre que jusqu'aux deux lignes horaires de 11 heures trois quarts & de midi un quart. A la rigueur, il faudroit que ces perpendiculaires ne fussent pas des lignes droites, mais courbes, excepté celle qui représente l'équateur ; mais pour une Méridienne

horiſontale, il n'y a pas d'erreur ſenſible à décrire des lignes droites.

479. Il faut maintenant expliquer l'uſage de la troiſieme & de la quatrieme colonne de la Table. La troiſieme colonne contient, réduite en ſecondes, l'équation du temps, correſpondante à chaque degré de ſigne, pour être appliquée à la Méridienne du temps moyen. L'on va voir, art. 481, l'uſage & la raiſon de la quatrieme colonne, qui contient le cinquieme de chaque équation. L'on doit concevoir que les deux ſegmens de chaque perpendiculaire, dont l'un eſt contenu entre la ligne horaire de 11 heures 3 quarts & la Méridienne, & l'autre entre la Méridienne & la ligne de midi un quart, ſont diviſés chacun en autant de parties égales qu'il y a des ſecondes entre 11 heures 3 quarts & midi; ou entre midi & midi un quart; c'eſt-à-dire, en 900 parties, parce qu'il y a 900 ſecondes dans 15 minutes, ou dans un quart-d'heure.

480. On prendra ſur chaque perpendiculaire de côté & d'autre, autant de ces 900 parties qu'il y a de ſecondes dans l'équation du jour auquel le Soleil décrira le parallele qui répond à la perpendiculaire; mais comme le Soleil décrit le parallele en deux jours différens, ou pour mieux dire en deux ſaiſons différentes, il y a auſſi deux équations: on marquera donc le nombre des parties, qui eſt égal à celui d'une équation ſur la perpendiculaire d'un côté de la Méridienne: on marquera auſſi de l'autre côté le nombre des parties qui eſt égal à celui des ſecondes de l'autre équation. Quand le midi moyen doit précéder le midi vrai, on marque entre la Méridienne & la ligne de 11 heures 3 quarts, le nombre des parties déterminé par l'équation, ou plutôt le point qui eſt le terme de ces parties; & lorſque le midi vrai précéde l'autre, on marque le point entre la Méridienne & la ligne horaire de midi un quart. Pour

connoître de quel côté de la Méridienne, il faut poser l'équation, on remarquera que les équations appellées dans la Table *additives*, se placent toujours du côté occidental de la Méridienne, ou entre la la Méridienne & la ligne horaire de 11 heures 3 quarts; & les équations *soustractives* se posent à l'orient de la même Méridienne, ou entre la Méridienne & la ligne horaire de midi un quart.

Exemple. Au 3e degré du Bélier ♈, l'équation étant additive, on la posera du côté occidental de la Méridienne, jusqu'au 24e degré inclusivement du même signe: au 27e, on posera l'équation du côté oriental de la Méridienne, c'est-à-dire, entre la Méridienne & la ligne horaire de midi un quart. On continuera de marquer ainsi du côté oriental de la Méridienne, les équations correspondantes à chaque degré de signe jusqu'au 24e des Gemeaux ♊ inclusivement: & on posera l'équation du 27e degré du côté occidental de la Méridienne, jusqu'au 6e degré inclusivement du signe de la Vierge ♍, après lequel trouvant le mot *soustractive*, on recommencera à marquer l'équation du côté oriental de la Méridienne jusqu'au 3e degré inclusivement du Sagittaire ♐, qui se trouve tout au bout inférieur de la Méridienne; ensuite, trouvant le mot *additive*, on posera l'équation du côté occidental, en remontant jusqu'au 30e degré des Poissons ♓, ou le premier du Bélier ♈, par où l'on avoit commencé.

481. On réduira tout ceci en pratique au moyen du compas de proportion, ce qui se fera ainsi: la ligne des parties égales du compas de proportion, qui est celle dont il faut se servir, ne contenant pas 900 parties, mais seulement 200, on choisira la plus grande partie aliquote de 900, qui soit contenue dans 200: par exemple 180, qui est le cinquieme de 900. On prendra, avec le compas à

pointes ou compas ordinaire, un côté de la longueur entiere d'une perpendiculaire, c'eſt-à-dire, depuis l'une des deux lignes horaires juſqu'à la Méridienne, là où l'on voudra marquer l'équation, on portera cette diſtance ſur le compas de proportion aux points 180 & 180, l'ouvrant pour cet effet autant qu'il le faudra. Le compas de proportion demeurant ainſi ouvert, on prendra le cinquieme du nombre des ſecondes, qui convient à l'équation, & qui doit être marqué ſur le degré du ſigne dont il s'agit. Par exemple, ſuppoſons qu'il faille marquer le point d'équation au 6e degré du Sagittaire ♐; l'on verra dans la Table que l'équation eſt de 701 ſecondes *ſouſtractives*: le cinquieme ſera 140; on prendra avec un compas ordinaire la longueur entiere du côté oriental de la perpendiculaire tirée ſur le ſixieme degré du Sagittaire, en poſant une pointe ſur la Méridienne, & l'autre ſur la ligne horaire de midi un quart; on portera cette diſtance ſur le compas de proportion aux points 180 & 180, l'ouvrant pour cet effet autant qu'il le faudra; le compas de proportion demeurant ainſi ouvert, comme nous venons de le dire, on prendra avec le compas ordinaire la diſtance des points 140 & 140, que l'on portera ſur la perpendiculaire dont il s'agit, en poſant une pointe ſur l'interſection de la Méridienne, & l'autre pointe ſur la même perpendiculaire, en tirant vers la ligne horaire. L'on fera de même ſur toutes les perpendiculaires.

482. Si le ſegment ou le côté de la perpendiculaire compris entre la Méridienne & la ligne horaire qui eſt à un côté, étoit trop grand pour être contenu entre les points 180 & 180, quelqu'ouverture que l'on donnât au compas de proportion, il faudroit en ce cas tirer une ligne qui partageât en deux parties égales toutes les perpendiculaires de chaque côté de la Méridienne entre les deux lignes horaires;

les deux angles horaires ſe trouveroient ainſi partagés en deux, alors on prendroit la moitié d'un côté de la perpendiculaire, que l'on porteroit ſur 180 & 180 du compas de proportion; enſuite on prendroit, par exemple, la diſtance de 140 & 140, que l'on porteroit deux fois ſur la perpendiculaire.

483. Tous les points des équations étant marqués ſur les perpendiculaires, on les joindra les uns aux autres par des lignes qui, toutes enſemble, feront une courbe, qui ſera la Méridienne du temps moyen, ſur laquelle ſe trouveront les quatre interſections avec la Méridienne du temps vrai, dont deux aux deux extrêmités, & deux autres vers le milieu, où la courbe ſe croiſe, & l'on verra que ces quatre interſections ſe rencontreront aux quatre momens de l'année, où le temps vrai & le temps moyen concourent enſemble (466). L'on pourra ſe ſervir fort utilement de l'inſtrument à tracer des courbes, repréſenté par la fig. 86, pl. 36, pour tracer celle de la Méridienne du temps moyen. On en courbera la regle flexible par les trois vis, en ſorte qu'elle paſſe par les points d'équation deſtinés à former la ligne courbe de la Méridienne du temps moyen; ainſi en faiſant parcourir ſucceſſivement cet inſtrument ſur tous les différens endroits de cette courbe, & y ajuſtant la regle flexible, on tracera correctement cette Méridienne.

484. Pour finir la Méridienne du temps moyen, on y marquera autour les mois de l'année. On poſera le mot *Mars* de façon que ſa premiere lettre ſoit entre le 9e & le 12e degré des Poiſſons du côté occidental de la Méridienne, & en montant. Le mot *Avril* ſe poſera du même côté, & en montant; en ſorte que la premiere lettre ſoit entre le 9e & le 12e degré du Bélier. On poſera le mot *Mai* du côté oriental, & ſa premiere lettre entre le 9e & le 12e degré du Taureau, toujours en montant.

La premiere lettre du mot *Juin* ſe poſera auſſi du côté oriental & en montant, entre le 9e & le 12e degré des Gemeaux. Le mot *Juillet* ſe poſera du côté occidental, & en deſcendant; en ſorte que ſa premiere lettre ſoit au 9e degré de l'Ecreviſſe. Le mot *Août* ſe poſera du côté occidental en deſcendant; en ſorte que ſa premiere lettre ſoit au 9e degré du Lion. Le mot *Septembre* ſe poſera du côté oriental en deſcendant; en ſorte que ſa premiere lettre ſoit au 9e degré de la Vierge. Le mot *Octobre* ſe poſera du côté oriental en deſcendant; en ſorte que ſa premiere lettre ſe trouve au 9e degré de la Balance. Le mot *Novembre* ſe poſera du côté oriental en deſcendant; en ſorte que ſa premiere lettre ſoit au 9e degré du Scorpion. Le mot *Décembre* ſe poſera du côté oriental en deſcendant; en ſorte que ſa premiere lettre ſoit au 9e degré du Sagittaire. Le mot *Janvier* ſe poſera du côté occidental en montant; en ſorte que ſa premiere lettre ſoit entre le 9e & le 12e degré du Capricorne. Si la Méridienne n'eſt pas bien grande, le nom entier de chaque mois ne pourra pas ſe mettre en certains endroits, on le mettra en abrégé; mais il convient toujours que la premiere lettre ſoit poſée aux endroits que nous venons d'indiquer: nous avons marqué ſur la figure 64, tout ce dont nous venons de parler; ſavoir, les paralleles des ſignes par des lignes ponctuées, avec tous les chiffres qui déſignent leurs degrés; les caracteres des ſignes; les cinquiemes des équations convenables ſur chaque ligne ponctuée. Mais la Méridienne étant finie, tout cela devient inutile; il faut l'effacer, & ne laiſſer que les lignes horaires des quarts, la Méridienne du temps moyen & celle du temps vrai, avec les noms des mois.

SECTION V.

Meridienne verticale du temps moyen.

A L'ÉGARD de la méridienne verticale du temps moyen, comme elle eſt à rebours de l'horiſontale, & que d'ailleurs le plan eſt preſque toujours déclinant, il convient d'expliquer pluſieurs pratiques qui lui ſont particulieres.

485. L'on examinera d'abord la Table ſuivante, page 289, où l'on verra l'ordre naturel des ſignes du Zodiaque, tel que le Soleil paroît les parcourir par le point de lumiere qui vient du trou de la plaque dans la Méridienne verticale du temps moyen dont il s'agit ici. C'eſt la Méridienne horiſontale renverſée. Il faudra, comme à celle-là, tracer les deux lignes horaires d'un quart-d'heure avant & après midi, comme il a été expliqué art. 460 & 461. Enſuite, on marquera ſur la Méridienne du temps vrai les points des paralleles des ſignes du Zodiaque, comme il s'enſuit, (ſi l'on veut ſe ſervir de la méthode géométrique),
PL. 26. PM ſera la longueur entiere de la Méridienne ver-
Fig. 65. ticale; PS ſera la hauteur du ſtyle; ſi le plan ne décline pas; on tirera la ligne SB, qui faſſe avec PS un angle BSP égal au complément de la hauteur du pole ſur l'horiſon du lieu. Le point B marqué ſur la Méridienne, ſera celui du Bélier ♈ & de la Balance ♎. On marquera ainſi tous les autres ſignes avec leurs degrés de trois en trois, dans le même ordre qu'on le voit dans cette Table. Quoique cet ordre des ſignes ſoit différent de celui qui eſt dans la Table de la Méridienne horiſontale, la déclinaiſon du Soleil eſt pourtant la même à chaque degré de ſigne. C'eſt comme ſi dans cette Table on mettoit

le Capricorne au lieu du Cancer, le Verſeau & le Sagittaire au lieu des Gemeaux & du Lion, &c. mais les équations doivent ſuivre le renverſement de l'ordre des ſignes, comme on peut le remarquer dans la Table ſuivante, page 289.

486. On fera toujours mieux de chercher par le calcul les points des paralleles des ſignes ſur la Méridienne. En ſuppoſant que l'on ait tiré l'horiſontale HR, & que le point d'interſection de cette ligne avec la Méridienne ſoit nommé L, on meſurera avec l'échelle des parties égales, la diſtance de ce point L jusqu'au ſommet du ſtyle S, ou centre du trou de la plaque. Obſervez que cette meſure du point L au ſommet du ſtyle, n'eſt point ce que l'on appelle la hauteur du ſtyle; car le plan étant déclinant, le pied du ſtyle eſt différent du point L : or la hauteur du ſtyle eſt la meſure de ſon pied P juſqu'à ſon ſommet S, au lieu qu'ici c'eſt autre choſe; il s'y agit de la diſtance du point L au ſommet du ſtyle; & non du point P pied du ſtyle; cette meſure étant écrite à part, on fera l'analogie ſuivante :

PL. 26. *Fig.* 66.

Le rayon
eſt à la tangente de la hauteur Méridienne du Soleil, pour un degré déterminé d'un ſigne :
comme la diſtance du point L *au ſommet du ſtyle* S
eſt à la diſtance du point L *ſur la Méridienne juſqu'au point du ſigne dont il s'agit.*

Exemple. Suppoſons pour le ſecond terme de cette Analogie, qu'il ſoit queſtion de marquer ſur la Méridienne le point du 18e degré du ſigne du Scorpion. Il faut d'abord chercher la hauteur Méridienne du Soleil, lorſqu'il eſt à ce degré. Je remarque dans la Table ſuivante, que la déclinaiſon du Soleil eſt méridionale, & de 17° 13′ qu'il faut ſouſtraire du complément de l'élévation du pole (475), que je ſuppoſe de 45° 10′ : reſtera 27° 57′, qui ſera la hauteur Méridienne du Soleil, lorſqu'il eſt au 18e degré du Scorpion.

Suppoſons, pour le troiſieme terme de l'Analogie, que la diſtance du point L au ſommet du ſtyle eſt de 2684 parties de l'échelle des parties égales.

log. tang. de 27° 57′, 2e terme 972476
log. du nombre naturel 2684, 3e terme 342878

Somme & reſte. . . 1315354

qui eſt le logarithme du nombre 1424 parties de l'échelle : c'eſt donc la diſtance du point L ſur la Méridienne au point du 18e degré du Scorpion.

Autre exemple. On veut marquer ſur la Méridienne le 30e degré des Gémeaux, qui eſt auſſi le premier de l'Ecreviſſe. On trouve dans la Table de la page ſuiv. que la déclinaiſon du Soleil eſt pour lors ſeptentrionale, & de 23° 28′, qu'on ajoutera au complément de la hauteur du pole 45° 10′, cela fait 68° 38′ ; c'eſt la hauteur Méridienne du Soleil, lorſqu'il eſt au premier degré de l'Ecreviſſe, qui eſt le ſolſtice d'été.

log. tang. de 68° 38′, 2e terme. . . . 1040757
log. du nombre nat. 2684, 3e terme. . 342878

Somme & reſte. 1383635

qui eſt le logarithme du nombre de 6860 parties de l'échelle des parties égales : c'eſt la diſtance depuis
Pl. 26. le point L juſqu'au bout inférieur de la Méridienne,
Fig. 66. où ſe trouve le premier degré de l'Ecreviſſe ; ainſi des autres.

487. Si le pied du ſtyle ne paroît point, pouvant être embarraſſé, ou couvert par le fer qui ſupporte le ſtyle ; en ce cas, on ne peut pas tracer l'horiſontale du plan, qui doit paſſer par le pied du ſtyle ; pour lors il faudra s'y prendre d'une autre maniere.

Ancienne

Signes méridionaux & ascendans | Signes septentrionaux & ascendans.

	Degrés des Signes de trois en trois.	Déclinais. du Soleil. D.	M.	Nombre des sec. de l'équation. Additiv.	Cinq. du nom. de ces second.		Degrés des Signes de trois en trois.	Déclinais. du Soleil. D.	M.	Nombre des sec. de l'équation du tems.	Cinq. du nom. de ces second.
♑	3°	23°	26'	21"	4		30	23°	28'	68"	13*
	6	23	20	100	20		27	23	26	157	31
	9	23	10	195	39		24	23	20	243	48*
	12	22	56	278	55		21	23	10	328	65*
	15	22	38	357	71		18	22	56	410	82
	18	22	16	433	86*		15	22	38	488	97*
	21	21	50	505	101		12	22	16	563	112*
	24	21	20	572	114		9	21	50	634	127
	27	20	47	633	126*		6	21	20	701	140
	30	20	11	688	137*		3	20	47	760	152
♒						♐					
	3	19	31	737	147		30	20	11	808	161*
	6	18	48	779	156		27	19	31	853	170*
	9	18	2	813	162*		24	18	48	890	178
	12	17	13	840	168		21	18	2	920	184
	15	16	21	860	172		18	17	13	945	189
	18	15	27	873	174*		15	16	21	963	192*
	21	14	31	879	176		12	15	27	968	195*
	24	13	32	879	176		9	14	31	968	195*
	27	12	32	871	174		6	13	32	962	192
	30	11	29	858	171*		3	12	32	948	189*
♓						♏					
	3	10	25	838	167*		30	11	29	929	186
	6	9	19	813	162*		27	10	25	902	180
	9	8	12	782	156		24	9	19	870	174
	12	7	4	746	149		21	8	12	831	166
	15	5	55	705	141		18	7	4	787	157
	18	4	45	661	132		15	5	55	740	148
	21	3	34	614	123		12	4	45	690	138
	24	2	23	563	112*		9	3	34	635	127
	27	1	12	510	102		6	2	23	578	115*
	30	0	0	456	91		3	1	12	518	103*
♈						♎					
	3	1	12	400	80		30	0	0	457	91
	6	2	23	343	68*		27	1	12	394	79
	9	3	34	287	57		24	2	23	330	66
	12	4	45	230	46		21	3	34	266	53
	15	5	55	175	35		18	4	45	202	40
	18	7	4	121	24		15	5	55	138	27*
	21	8	12	69	14		12	7	4	78	15*
	24	9	19	20	4		9	8	12	19	4
				Soustra.						Soustr.	
	27	10	25	26	5		6	9	19	37	7
	30	11	29	69	14		3	10	25	89	18
♉						♍					
	3	12	32	107	21		30	11	29	139	28
	6	13	32	142	28		27	12	32	184	37
	9	14	31	171	34		24	13	32	[illegible]	45
	12	15	27	196	39		21	14	31	260	52
	15	16	21	216	43		18	15	27	290	58
	18	17	13	230	46		15	16	21	314	03
	21	18	2	238	47*		12	17	13	335	67
	24	18	48	242	48		9	18	2	350	70
	27	19	31	239	48		6	18	48	356	71
	30	20	11	231	46		3	19	31	358	71*
♊						♌					
	3	20	47	218	43*		30	20	11	355	71
	6	21	20	199	40		27	20	47	345	69
	9	21	50	176	35		24	21	20	329	66
	12	22	16	149	30		21	21	50	310	62
	15	22	38	118	23*		18	22	16	285	57
	18	22	56	84	17		15	22	38	250	51
	21	23	10	47	9		12	22	56	224	45
	24	23	20	8	2		9	23	10	189	38
				Additiv.							
	27	23	26	32	6		6	23	20	151	30
	30	23	28	72	14		3	23	26	112	22
						♋					
										Additiv.	

Signes méridionaux & descendans | Signes septentrionaux & descendans.

Nouv. Table de la Déclin. du Sol. & de l'Equat. du temps aux degrés de l'Eclip. pris de trois en trois, pour la Mérid. vert. du temps moyen.

Signes méridionaux & ascendans. | Signes septentrionaux & ascendans.

Signe	Degrés des Signes de trois en trois.	Déclinais. du Soleil. D.	M.	Nombre des sec. de l'équation Additiv.	Cinq. du nom. de ces second.	Signe	Degrés des Signes de trois en trois.	Déclinais. du Soleil. D.	M.	Nombre des sec. de l'équation du tems.	Cinq. du nom. de ces second.
♑	3°	23°	26′	13″	2 *		30	23°	28′	70″	15
	6	23	20	102	20		27	23	26	165	33
	9	23	10	189	38		24	23	20	253	50 *
	12	22	55	273	54 *		21	23	10	339	68
	15	22	37	355	71		18	22	55	423	84 *
	18	22	15	433	86 *		15	22	37	502	100
	21	21	49	506	101		12	22	15	577	115
	24	21	20	574	115		9	21	49	647	129
	27	20	47	636	127		6	21	20	712	142
	30	20	10	692	138		3	20	47	770	154
♒						♐					
	3	19	31	741	148		30	20	10	822	164
	6	18	48	783	156 *		27	19	31	867	173
	9	18	2	818	163 *		24	18	48	905	181
	12	17	13	846	169		21	18	2	935	187
	15	16	21	867	173		18	17	13	958	191 *
	18	15	27	881	176		15	16	21	973	194 *
	21	14	31	886	177		12	15	27	980	196
	24	13	32	886	177		9	14	31	980	196
	27	12	32	879	176		6	13	32	973	194 *
	30	11	29	865	173		3	12	32	959	192
♓						♏					
	3	10	25	845	169		30	11	29	938	187 *
	6	9	19	819	164		27	10	25	911	182
	9	8	12	788	157 *		24	9	19	878	175 *
	12	7	4	752	150		21	8	12	839	168
	15	5	55	711	142		18	7	4	795	159
	18	4	45	666	133		15	5	55	746	149
	21	3	34	618	123 *		12	4	45	694	139
	24	2	23	566	113		9	3	34	638	127 *
	27	1	12	513	102 *		6	2	23	579	116
	30	0	0	457	91		3	1	12	517	103
♈						♎					
	3	1	12	401	80		30	0	0	454	91
	6	2	23	343	68 *		27	1	12	390	78
	9	3	34	286	57		24	2	23	325	65
	12	4	45	229	46		21	3	34	260	52
	15	5	55	173	34 *		18	4	45	195	39
	18	7	4	118	23		15	5	55	132	26
	21	8	12	66	13		12	7	4	70	14
	24	9	19	16	3		9	8	12	10	2
				Soustra.						Soustra.	
	27	10	25	31	6		6	9	19	47	9
	30	11	29	74	15		3	10	25	100	20
♉						♍					
	3	12	32	113	22 *		30	11	29	150	30
	6	13	32	148	29 *		27	12	32	195	39
	9	14	31	178	35 *		24	13	32	236	47
	12	15	27	203	40 *		21	14	31	272	54
	15	16	21	223	44 *		18	15	27	303	60 *
	18	17	13	237	47 *		15	16	21	328	65 *
	21	18	2	245	49		12	17	13	347	69
	24	18	48	248	49 *		9	18	2	360	72
	27	19	31	245	49		6	18	48	368	73 *
	30	20	10	237	47 *		3	19	31	369	74
♊						♌					
	3	20	47	224	45		30	20	10	365	73
	6	21	20	205	41		27	20	47	355	71
	9	21	49	181	36		24	21	20	339	68
	12	22	15	153	30 *		21	21	49	318	63 *
	15	22	37	122	24		18	22	15	293	58 *
	18	22	55	87	17		15	22	37	263	52 *
	21	23	10	49	10		12	22	55	230	46
	24	23	20	9	2		9	23	10	193	38 *
				Additiv.							
	27	23	26	32	6		6	23	20	155	31
	30	23	28	72	14		3	23	26	113	22 *
						♋				Additiv.	

Signes méridionaux & descendans. | Signes septentrionaux & descendans.

On trouvera le centre du Cadran (461), lequel étant connu, de même que ſa diſtance juſqu'au centre du trou de la plaque, que l'on meſurera, & que nous appellerons la longueur de l'axe, on fera l'Analogie ſuivante : Pl. 26. *Fig.* 66.

Le coſinus de la hauteur Méridienne du Soleil à un ſigne déterminé,
eſt à la longueur de l'axe CS,
comme le coſinus de la déclinaiſon du Soleil,
eſt à la diſtance CF *du centre du Cadran juſqu'au point* F *du ſigne* dont il s'agit ſur la Méridienne.

Exemple. Suppoſons qu'il ſoit queſtion de marquer ſur la Méridienne le point du 21e degré du Bélier : la déclinaiſon du Soleil eſt pour lors ſeptentrionale, & de 8° 12', qu'il faut ajouter au complément de l'élévation du pole 45° 10'; ce ſera 53° 22' pour la hauteur Méridienne du Soleil ; il faut en prendre le complément, qui eſt 36° 38', dont le ſinus ſera le premier terme de l'Analogie. Pour le troiſieme terme, il faut prendre le ſinus de 81° 48': complément de la déclinaiſon 8° 2'. Nous ſuppoſerons, pour le ſecond terme, que la longueur de l'axe eſt de 3965 parties de l'échelle des parties égales.

Co-ar-log. du ſin. de 36° 38', 1er terme	022425
log. de la long. de l'axe 3965, 2e terme.	359824
log. ſin. de 81° 48', 3e terme	999554
Somme & reſte. . .	1381803

qui eſt le logarithme du nombre 6577 parties, qui ſera la diſtance depuis le centre du Cadran ſur la Méridienne juſqu'au point du 21e degré du Bélier.

488. Tous les points des degrés des paralleles des ſignes étant marqués ſur la Méridienne, on tirera des perpendiculaires qui paſſeront ſur chaque point, & qui ſe termineront aux deux lignes horaires de

PL. 26. midi un quart, & de 11 heures 3 quarts (478).

Fig. 66. 489. Lorſque le plan vertical, ſur lequel on doit tracer la Méridienne du temps moyen, eſt fort déclinant, ou que la hauteur du ſtyle eſt fort grande, il eſt à propos, pour une plus grande exactitude, de décrire des arcs de ſignes, au lieu de lignes droites perpendiculaires, dont nous avons parlé juſqu'à préſent. Il ſuffira pourtant de décrire des arcs de ſignes aux environs du Tropique du Capricorne; parce que dans ces endroits la courbe de la Méridienne du temps moyen eſt aſſez écartée de la Méridienne du temps vrai, les équations étant un peu grandes; au lieu qu'elles ſont petites pour les paralleles voiſins du Tropique du Cancer. Pour cela, on commencera à trouver & à marquer les points des ſignes ſur la Méridienne du temps vrai, à l'ordinaire; enſuite il s'agit de trouver ſur les deux lignes horaires de 11 heures 3 quarts, & de midi un quart, un point pour le degré de chaque ſigne, qui ſe trouvera plus haut d'un côté, & plus bas de l'autre que le point correſpondant du même degré du ſigne, marqué ſur la Méridienne du temps vrai. Ainſi après avoir trouvé les trois angles fondamentaux, & avoir tracé les deux lignes horaires d'un quart-d'heure avant midi, & d'un quart-d'heure après-midi, il faudra chercher l'angle que fait l'axe avec chacune de ces deux lignes horaires, ce que l'on trouvera par l'Analogie ſuivante:

Le rayon
eſt au coſinus de la différence ou de la ſomme entre la diſtance du Soleil au Méridien, & la différence des longitudes (275),
comme la cotangente de la hauteur du pole ſur le plan, ou de l'angle entre l'axe & la ſouſtylaire,
eſt à la cotangente de l'angle formé entre l'axe & la ligne horaire dont il s'agit.

Supposons que le plan sur lequel est la Méridienne, soit déclinant vers l'occident de 42° 36′, à la latitude de 44° 50′; les trois angles fondamentaux seront tels : celui entre la Méridienne & la soustylaire sera de 34° 15′; celui de la hauteur du pole sur le plan, de 31° 28′; & la différence des longitudes, de 52° 31′. L'angle horaire entre 11 heures 3 quarts & la Méridienne sera de 3° 46′, & celui qui est compris entre la Méridienne & midi un quart, sera de 3° 28′. Puisque la déclinaison du plan est supposée occidentale, la soustylaire se trouvera du côté de l'orient de la Méridienne, & par conséquent la ligne horaire de midi un quart sera aussi du côté de la soustylaire; mais la ligne horaire de 11 heures 3 quarts sera du côté opposé à la soustylaire, ou au côté occidental du Cadran. Pl. 26. *Fig.* 66.

490. Maintenant, si l'on veut trouver l'angle ECS, entre la ligne horaire EC de 11 heures $\frac{3}{4}$ & l'axe CS, on fera l'Analogie suivante:

Le rayon
est au sinus de l'angle B ♈ A, *ou* B ♈ S *de* 33° 44′,
comme la tangente de l'angle CBS *de* 58° 32′,
est à la tangente de l'angle C ♈ S, complément de l'angle cherché ECS.

log. sinus de 33° 44″, 2ᵉ terme....	974455
log. tang. de 58° 32′, 3ᵉ terme....	1021325
Somme & reste...	1995780

qui est le log. tangente de 42° 13′, dont le complément 47° 47′ est l'angle cherché ECS, entre la ligne horaire CE de 11 heures trois quarts & l'axe CS.

Le sinus de 33° 44′, qu'on a pris pour le second terme de cette Analogie, est le cosinus de 56° 16′, somme de 3° 45′ & de 52° 31′, c'est-à-dire, de la distance du Soleil au Méridien pour 11 heures $\frac{3}{4}$,

PL. 26. & de la différence des longitudes ; & la tangente
Fig. 66. de 58° 32′, qui fait le troisieme terme, est la cotangente de la hauteur du pole sur le plan, qui est de de 31° 28′, comme on l'a trouvé (489).

491. Pour avoir l'angle GCS de l'axe CS avec la ligne CG de midi ¼, on fera cette Analogie :

Le rayon
est au sinus B♎S, *ou* B♎A *de* 41° 14′,
comme la tangente de l'angle CBS *de* 58° 32′,
est à la tangente de l'angle C♎S, complément
de l'angle ♎CS, ou GCS.

log. sin. de 41° 14′, 2ᵉ terme......	981897
log. tang. de 58° 32′, 3ᵉ terme....	1021325
Somme & reste....	1003222

qui est le log. tangente de 47° 7′, dont le complément 42° 53′ donne l'angle cherché ♎CS formé entre l'axe CS, & la ligne horaire C♎, ou CG de midi ¼.

Dans cette Analogie, pour avoir le second terme, on a pris la distance du Soleil au Méridien pour midi ¼ ; c'est 3° 45′: on la soustrait de la différence des longitudes, qui est 52° 31′; il est resté 48° 46′: son complément est 41° 14′, dont on a pris le sinus pour le second terme. La tangente de 58° 32′ est la cotangente de 31° 28′, qui est la hauteur du pole sur le plan.

492. Après avoir trouvé les angles entre l'axe & les lignes horaires de 11 heures ¾ & de midi ¼, c'est-à-dire, l'angle ECS de 47° 47′ dont le complément C♈S est de 42° 13′; & l'angle GCS de 42° 53′ dont le complément C♎S est de 43° 7′. On cherchera sur chacune de ces lignes CE, CG les distances particulieres depuis le centre C du Cadran, jusqu'à chaque point des signes qu'on y veut marquer.

Supposons d'abord qu'on veut trouver sur la ligne de 11 heures $\frac{3}{4}$ la distance CE depuis le centre C jusqu'au 30e degré des ♊, qui est le commencement du ♋, on fera pour cela l'Analogie suivante : PL. 26. *Fig.* 66.

Le sinus de l'angle CES de 18° 45′
est à la longueur de l'axe CS, de 3965 parties,
comme le sinus de 66° 32′
est à la distance CE.

log. de 3965, long. de l'axe, 2e terme.	359824
log. sin. de 66° 32′, 3e terme	996251
Somme ...	1356075
dont il faut soustraire le log. sin. de 18° 45′, 1er terme, qui est	950710
Reste	405365

qui est le log. du nombre 11315 parties de l'échelle des parties égales pour la distance CE.

Pour avoir le premier terme de cette Analogie, on a pris l'angle C♈S, qui est de 42° 13′ : on en a ôté 23° 28′, qui est la déclinaison du Soleil au 30e degré des ♊ ; & il est resté 18° 45′ dont le sinus a été pris pour le premier terme de l'Analogie. Le troisieme est le cosinus de la déclinaison du Soleil au 30e degré des ♊.

On voit par-là que le second & le troisieme terme seront les mêmes, toutes les fois que les signes pour lesquels on fera ces Analogies, auront une même déclinaison, soit qu'on la prenne vers le midi ou vers le nord ; & que par conséquent dès qu'on aura une fois trouvé la somme de ces termes dans une premiere Analogie, il suffira de l'écrire, pour en ôter le premier terme des autres Analogies, comme on va le voir dans les Analogies suivantes, où le second & le troisieme terme seront les mêmes que dans celle qu'on vient de résoudre. C'est pour cette raison que nous

PL. 26. nous servons de la méthode des art. 148 & 149
Fig. 66. pour faire ce calcul.

493. Supposons ensuite qu'il faille trouver la distance CG sur la ligne horaire de midi $\frac{1}{4}$, de sorte que le point G soit le 30ᵉ degré des ♊, il faudra faire cette Analogie :

Le sinus de l'angle CGS de 23° 39′
est à la longueur de l'axe 3965 :
comme le sinus de 66° 32′,
est à la distance CG.

c'est la même somme	1356075
dont il faut soustraire le log. sin. de 23° 39′, qui est	960331
Reste	395744

qui est le log. de 9067 parties de l'échelle des parties égales pour la distance CG.

On a trouvé le premier terme de cette Analogie, en ôtant la déclinaison du Soleil 23° 28′ de l'angle C♎S de 47° 7′, complément de l'angle ♎CS entre la ligne horaire CG & l'axe CS : il est resté 23° 39′; dont on a pris le sinus pour le premier terme. Le troisieme terme est toujours le cosinus de la déclinaison.

494. Qu'on se propose encore de trouver sur ces deux lignes horaires CE, CG les distances C*e*, C*g* comprises entre le centre C & le 30ᵉ degré du ♐, ou le commencement du ♑, dont la déclinaison est est aussi de 23° 28′, quoique méridionale. Pour avoir la distance C*e*, on fera cette Analogie :

Le sinus de l'angle C*e*S, *de* 65° 41′
est à la longueur de l'axe 3965 :
comme le sinus de 66° 32′,
est à la distance C*e*.

la ſomme eſt encore la même..... 1356075 Pl. 26.
log. ſin. de 65° 41′ à ſouſtraire.... 995965 *Fig.* 66.

Reſte.... 360110

qui eſt le log. de 3991 parties de l'échelle des parties égales pour la diſtance Ce.

495. On trouvera la diſtance Cg par l'Analogie ſuivante :

Le ſinus de l'angle CgS de 70° 35′,
eſt à la longueur de l'axe 3965 :
comme le ſinus de 66° 32′,
eſt à la diſtance Cg.

la ſomme eſt toujours la même..... 1356075
log. ſin. de 70° 35′ à ſouſtraire.... 997457

Reſte.... 358618

qui eſt le log. de 3856 parties de l'échelle des parties égales pour la diſtance CG.

Le premier terme eſt le ſinus de la ſomme de l'angle C♎S de 47° 7′ & de la déclinaiſon 23° 28′ : le troiſieme terme eſt le coſinus de cette déclinaiſon.

496. Il paroît que ces exemples ſont ſuffiſans : on y trouve comment on doit s'y prendre pour marquer des points des arcs des ſignes ſur une ligne CE, qui eſt avant midi, & ſur une ligne horaire CG, qui eſt après midi. On y voit auſſi ce qu'il faut obſerver, lorſque la déclinaiſon eſt ſeptentrionale, & lorſqu'elle eſt méridionale. C'en eſt aſſez pour prévenir toutes les difficultés qu'on pourroit avoir.

On peut auſſi employer de ſemblables Analogies pour trouver ſur la Méridienne les points des arcs des ſignes. Il ne ſera peut-être pas hors de propos de le faire voir, quoique nous ayons déja donné (486) une autre méthode de trouver ces points ſur la Méridienne. Ainſi, pour avoir la diſtance CF depuis le centre C juſqu'au point F, qui eſt le 30e degré des ♊, on fera l'Analogie ſuivante :

Pl. 26. Fig. 66.

Le sinus de l'angle CFS *de* 21° 22′
est à la tangente de l'axe CS 3965 :
comme le sinus de 66° 32′,
est à la distance CF.

il faut mettre la même somme.....	1356075
log. sin. de 21° 22′ à soustraire....	956150
Reste...	399925

qui est le log. de 9983 parties de l'échelle des parties égales pour la distance CF.

Dans cette Analogie, on a pris pour le premier terme le sinus de 21° 22′; c'est la différence de la latitude 44° 50′, & de la déclinaison 23° 28′; car l'angle MCS de la Méridienne CM avec l'axe CS, étant toujours égal au complément de la latitude, l'angle CMS, qui est le complément de MCS est égal à la latitude 44° 50′, & l'angle CFS est égal à l'angle CMS moins l'angle FSM, égal à la latitude moins la déclinaison. Le troisieme terme est le cosinus de la déclinaison.

497. Enfin, pour trouver la distance C*f* depuis le centre C du Cadran jusqu'au point *f*, commencement du ♑, on fera l'Analogie suivante:

Le sinus de l'angle C*f*S *de* 68° 18′,
est à la longueur de l'axe CS *de* 3965 :
comme le sinus de 66° 32′,
est à la distance C*f*.

c'est la même somme...........	1356075
log. sin. de 68° 18′ à soustraire....	996808
Reste....	359267

qui est le log. de 3914 parties de l'échelle des parties égales pour la distance C*f*.

Le premier terme est la somme de la latitude 44° 50′ ajoutée à la déclinaison 23° 28′: le troisieme terme est le cosinus de cette déclinaison.

Ayant donc fait CE de 11315 parties de l'échelle des parties égales: CF de 9983, & CG de 9067 de ces parties, on fera passer par ces trois points E, F, G, la courbe EFG, qui sera l'arc du 30e degré des ♊. On prendra aussi C*e* de 3991; C*f* de 3914, & C*g* de 3856 de ces parties; & on fera passer sur ces trois points *e*, *f*, *g*, le parallele du 30e degré du ♐. Pour tracer cette courbe sur le mur, l'on peut se servir de l'instrument représenté *pl.* 36, *fig.* 86, en ajustant sa regle flexible par les trois vis, en sorte qu'elle passe par ces trois points. Nous dirons ici par occasion, que si l'on vouloit décrire sur un Cadran les arcs des signes sur toutes les lignes horaires, l'on pourroit le faire par la même voie, en cherchant l'angle que fait l'axe avec chaque ligne horaire; marquant un point sur chacune pour chaque signe; & ensuite menant une ligne qui passât par tous ces points. L'instrument à tracer les courbes y seroit fort utile. PL. 26. *Fig.* 66.

498. Si la Méridienne est fort grande, ou que le plan soit beaucoup déclinant, comme dans l'exemple présent, on pourra, pour une plus grande précision, chercher les points de tous les degrés des signes, du moins de trois en trois degrés, & décrire par ces points les courbes de leurs paralleles. Nous ajouterons encore les Analogies qu'il faut faire pour trouver les points de la ligne équinoxiale, qui est toujours une ligne droite.

Pour trouver sa distance CM comprise entre le centre C du Cadran, & le point de la ligne équinoxiale sur la Méridienne, on fera l'Analogie suivante:

Le sinus de la latitude 44° 50′
est à la longueur de l'axe CS 3965:
comme le rayon
est à la distance CM.

Pl. 26. Fig. 66.

log. du nombre 3965, 2e terme...	359824
log. du rayon, 3e terme.........	1000000
Somme....	1359824
log. ſin. de 44° 50′, 1er terme à ſouſt.	984822
Reſte...	375002

qui eſt le log. du nombre 5624 parties pour la diſtance CM.

Dans cette Analogie, le premier terme eſt le ſinus de l'angle CMS, qui, comme on l'a déja dit, eſt égal à la latitude.

On trouvera ſur CE, ligne de 11 heures $\frac{1}{4}$, la diſtance C♈, depuis le centre C juſqu'au point équinoxial ♈ en faiſant cette Analogie :

Le ſinus de l'angle C♈S de 42° 13′
eſt à la longueur de l'axe 3965 :
comme le rayon
eſt à la diſtance C♈.

c'eſt la même ſomme...........	1359824
log. ſin. de 42° 13′ à ſouſtraire....	982733
Reſte....	377091

qui eſt le log. du nombre 5901 parties de l'échelle des parties égales pour la diſtance C♈, les deux points ♈ & M ſuffiſent pour tracer la ligne équinoxiale, puiſque c'eſt une ligne droite; cependant ſi l'on veut avoir ſur la ligne CG de midi $\frac{1}{4}$, le point équinoxial ♎, ou la diſtance C♎, on fera cette Analogie :

Le ſinus de l'angle C♎S de 47° 7′
eſt à la longueur de l'axe CS de 3965 :
comme le rayon
eſt à la diſtance C♎.

c'eſt encore la même ſomme.....	1359824
log. ſin. de 47° 7′ à ſouſtraire....	986495
Reſte...	373329

qui eſt le log. de 5411 parties de l'échelle des parties égales pour la diſtance C ♎.

499. Ayant donc montré dans les dix articles précédens, comment il faut trouver les points des paralleles des ſignes ſur la Méridienne, & ſur les deux lignes horaires d'un quart-d'heure avant & après midi, pour décrire les arcs de ſignes, s'il eſt beſoin, il reſte à expliquer dans quel ordre il faut placer ces ſignes. On commencera, ſi l'on veut, par le Bélier ♈, que l'on poſera à la gauche ou à l'occident de la Méridienne, & ſes degrés 3, 6, 9, 12, &c. en deſcendant; enſuite viendra le Taureau ♉ du même côté & en deſcendant; enſuite les Gémeaux ♊, dont le dernier degré ſe trouvera au bout inférieur de la Méridienne, de même que le premier degré du Cancer ♋, & la ſuite du Cancer ♋, ſavoir, 3, 6, 9, 12, 15, &c. ira en montant, & de l'autre côté de la Méridienne, qui eſt le côté oriental. Après le Cancer ♋ viendra toujours en montant & du côté oriental le Lion ♌, & enſuite la Vierge ♍; & après la Vierge ♍, la Balance ♎, toujours du même côté oriental & en montant; enſuite le Scorpion ♏, le Sagittaire ♐, dont le dernier degré ſe trouvera tout-à-fait au bout ſupérieur de la Méridienne, de même que le premier degré du Capricorne ♑, dont la ſuite ira en deſcendant du côté occidental; enſuite le Verſeau ♒, & enfin les Poiſſons ♓, dont le dernier degré eſt auſſi le premier du Bélier ♈. L'on voit dans la Table de la page 289 ou 290, toute cette diſpoſition, telle que nous venons de la décrire. On peut remarquer la même choſe dans la fig. 67, pl. 27.

Pl. 26. *Fig.* 66. & Pl. 27. *Fig.* 67.

500. Après avoir marqué ſur la Méridienne toutes les perpendiculaires ou arcs qui repréſentent le lieu de chaque ſigne de trois en trois degrés, on marquera auſſi ſur ces mêmes perpendiculaires ou arcs de ſignes, les points qui terminent chaque équation

Pl. 27. convenable à ces degrés, comme nous avons dit
Fig. 67. pour la Méridienne horisontale, & voici dans quel ordre.

501. On commencera du côté occidental de la Méridienne : on posera le point d'équation 80 (481) sur le troisieme degré du Bélier ♈ ; 68 ½ sur le 6e ; ainsi de suite, en descendant jusqu'au 24e degré inclusivement, où l'on posera le point d'équation 4. Ensuite sur le 27e degré, on posera le point d'équation 5 du côté oriental de la Méridienne, & on continuera du même côté tout le signe du Taureau ♉, & une partie des Gemeaux ♊ jusqu'au 24e degré de ce signe inclusivement ; & sur le 27e degré suivant, on posera le point d'équation 6 du côté occidental, & ensuite 14, qui se trouvera sur le dernier degré des Gemeaux ♊, & sur le premier du Cancer ♋, au bout inférieur de la Méridienne. Ensuite on marquera en montant toujours du côté occidental sur le 3e degré du Cancer ♋ le point d'équation. On continuera en montant, & du côté occidental, tout ce signe du Cancer ♋ & tout celui du Lion ♌ jusqu'au 6e degré de la Vierge ♍ inclusivement, sur lequel on posera le point d'équation 7. Ensuite on passera du côté oriental, & on posera sur le 9e degré suivant de la Vierge ♍ le point d'équation 4. On continuera en montant, & du même côté oriental, tout ce signe de la Vierge ♍, tout celui de la Balance ♎, tout celui du Scorpion ♏ & celui du Sagittaire ♐, jusqu'au dernier degré de ce signe qui se trouvera au bout supérieur de la Méridienne, & qui est le premier degré du Capricorne ♑. Au troisieme degré du Capricorne ♑, on passera du côté occidental de la Méridienne, sur lequel on posera le point d'équation 4 en descendant. On continuera ainsi en descendant, & du côté occidental, tout le signe du Capricorne ♑, celui du Verseau ♒, & enfin celui des Poissons ♓, dont le

30ᵉ degré sera aussi le premier du Bélier ♈, sur lequel on posera le point d'équation 91. Remarquez que nous avons toujours entendu parler de la 4ᵉ & de la 8ᵉ colonne de la Table de la page 289 ou 290, qui contient le cinquieme du nombre des secondes qui composent l'équation. PL. 27. *Fig.* 67.

502. Remarquez que le plan vertical étant presque toujours déclinant, les arcs des signes, soit qu'ils forment des lignes droites, soit courbes, ne sont point de la même longueur de chaque côté de la Méridienne ; c'est pourquoi il est nécessaire de prendre toujours avec le compas ordinaire, la longueur du parallele de signe du même côté de la Méridienne sur lequel on doit marquer le point d'équation ; on en fera autant de l'autre côté.

503. Tous les points d'équation étant marqués sur tous les paralleles des signes, on les joindra les uns aux autres par une ligne courbe (483); ce qui sera la Méridienne du temps moyen, comme nous avons dit de la Méridienne horisontale.

504. On remarquera que les deux lignes horaires qu'on trace, désignent des momens éloignés du midi vrai, seulement d'un quart-d'heure, parce que l'équation du Soleil n'est que d'environ un quart-d'heure, soit en avance, soit en retard par rapport au midi vrai dans le temps qu'elle est la plus grande, savoir, vers le 10 Février & le 2 ou 3 Novembre. Le midi moyen avance sur le vrai de 14′ 39″ vers le 11 Février, & il retarde de 16′ 10 à 12″ vers le 2 ou 3 Novembre.

505. On observera encore que quand nous avons dit qu'il falloit concevoir que les perpendiculaires ou arcs qui représentent les paralleles des signes, étoient divisés en parties égales pour représenter le nombre des secondes qui composent chaque équation : cela suppose que la lumiere du Soleil parcourt sur le plan des espaces sensiblement égaux dans des

PL. 27. Fig. 67. temps égaux ; ce qui arrive à l'égard des plans horisontaux & des plans verticaux non déclinans, ou du moins très-peu déclinans. Mais quand les plans sont considérablement déclinans, les espaces parcourus en temps égaux sont sensiblement inégaux, comme on peut l'observer dans les espaces horaires de 11 heures 3 quarts, & de midi un quart, qui sont d'autant plus inégaux que la déclinaison du plan est plus grande. Il faut pour lors tirer des lignes horaires de cinq en cinq minutes, qui diviseront en trois parties chaque quart-d'heure ; & on regardera chaque espace horaire de cinq minutes, comme divisé en 300 parties égales. On partagera en trois parties égales chaque cinquieme d'équation, qu'on portera sur chaque espace horaire. Cette précaution devient plus nécessaire, quand au lieu des perpendiculaires à la Méridienne, on décrit les courbes des arcs des signes.

506. Il ne reste plus, pour finir la Méridienne du temps moyen, que de marquer autour les noms des mois de toute l'année, & dans l'ordre suivant : on posera le mois de Mars, en sorte que sa premiere lettre soit placée entre le 9e & le 12e degré des Poissons ♓, du côté occidental de la Méridienne, & on fera aller l'écriture en descendant. Le mois d'Avril commencera entre le 9e & le 12e degré du Bélier ♈, du côté occidental, & en descendant. Le mois de Mai commencera entre le 9e & le 12e degré du Taureau ♉, en descendant & du côté oriental. Le mois de Juin commencera entre le 9e & le 12e degré des Gémeaux ♊, en descendant & du côté oriental. Le mois de Juillet commencera au 9e degré du Cancer ♋ ou de l'Ecrevisse, en montant & du côté occidental. Le mois d'Août commencera au 9e degré du Lion ♌, en montant & du côté occidental. Le mois de Septembre commencera au 9e degré de la Vierge ♍, du côté oriental, & en montant. Le mois d'Octobre commencera au 9e degré de la Balance

lance ♎, du côté oriental, & en montant. Le mois de Novembre commencera au 9e degré du Scorpion ♏, du côté oriental, & en montant. Le mois de Décembre commencera au 9e degré du Sagittaire ♐, du côté oriental, & en montant. Le mois de Janvier commencera entre le 9e & le 12e degré du Capricorne ♑, du côté occidental, & en descendant. PL. 27. *Fig.* 67.

507. On observera que, quand nous disons *en montant*, cela veut dire que l'écriture du nom du mois doit aller de bas en haut; & par le mot *en descendant*, il faut entendre que l'écriture du nom du mois doit aller de haut en bas. Cette maniere d'écrire les noms des mois, désigne mieux la marche du Soleil, que si on les écrivoit horisontalement: c'est ainsi que le tout est disposé dans la figure. On peut encore le remarquer, quoique plus en petit, dans la pl. 37.

508. Afin que la Méridienne du temps moyen ne présente rien de confus à la vûe, il sera bon de peindre sa courbe, & les noms des mois, en rouge à l'huile, composé avec du brun rouge d'Angleterre mêlé avec du cinabre & de l'huile de lin ou de noix préparée & rendue siccative, comme le pratiquent les Peintres. Les lignes horaires d'un quart-d'heure, & les autres, si l'on en a tracées, seront de la même longueur que la Méridienne du temps vrai: en supposant toujours que ce sera un rayon de lumiere venant du trou d'une plaque qui marquera l'heure; mais si, avec la plaque portant un trou, il y a encore un axe, comme on le voit en la planche 37, il ne sera pas nécessaire que les lignes horaires, qui seront aux deux côtés de la Méridienne, soient aussi longues que cette derniere ligne, parce que l'ombre de l'axe que l'on doit faire assez long, les atteindra, & marquera l'heure avec la même précision qu'un rayon de lumiere. On effacera les perpendiculaires, & même les

arcs & les caracteres des ſignes avec les chiffres qui déſigent leurs degrés. Il n'y aura donc que les noms des mois qui reſteront, avec les lignes horaires & les deux Méridiennes.

509. On fera bien, pour la pratique, de tracer la Méridienne du temps moyen ſur un papier dans toute ſa grandeur. Pour cela on en collera enſemble, & bout à bout, pluſieurs feuilles du plus grand & du plus fort, qu'on étendra ſur un parquet, & que l'on arrêtera avec de la cire ou autrement. On tirera au milieu, & ſelon la longueur de ce papier, une ligne droite ſuffiſamment prolongée, qui repréſentera la Méridienne du temps vrai. On choiſira un point hors le papier ſur cette ligne, que l'on regardera comme le centre du Cadran. On tracera au long de cette ligne droite les paralleles des ſignes, comme nous avons dit ailleurs; & après avoir emporté ce grand papier dans ſon cabinet, on finira cette Méridienne. La courbe étant tracée, on la découpera à jour bien proprement avec la pointe d'un canif, en faiſant une fente de la largeur d'une demi-ligne, pour que la pointe d'un crayon puiſſe paſſer à travers. On y laiſſera de diſtance en diſtance de petits eſpaces ſans être découpés, afin que le papier puiſſe ſe ſoutenir. On fera une petite ouverture à chaque endroit où il faut poſer la premiere lettre du nom de chaque mois: on fera d'eſpace en eſpace des trous de trois ou quatre lignes en quarré le long de la Méridienne du temps vrai.

510. Pour appliquer enſuite cette Méridienne du temps moyen dans ſa vraie poſition ſur le plan, on marquera le premier point du bout ſupérieur de la Méridienne du temps moyen ſur le mur; on en marquera un autre vers le milieu, & le dernier du bout inférieur de la Méridienne. On préſentera le papier ſur ſa place, & on vérifiera ſi les trois points marqués ſur le mur ſe rencontrent bien avec les mêmes

points marqués ſur le papier ; car ordinairement ils ne ſe rencontrent pas juſte, parce que le papier eſt fort ſujet à s'étendre & à ſe raccourcir, ſuivant la température de l'air. Si l'on reconnoît que le papier s'eſt raccourci, on l'humectera dans toute ſon étendue, avec un linge mouillé, en tapant doucement deſſus d'un bout à l'autre, tandis qu'il eſt étendu ſur le plan, & qu'il y eſt attaché dans ſa partie ſupérieure par de petites pointes. Ce papier s'étendra ſur le champ, & peut-être trop ; en ce cas, on attendra qu'il ait un peu ſéché ; & lorſqu'on appercevra que les trois points en queſtion ſe rencontreront bien, on arrêtera promptement le papier, au moyen d'un nombre de petites pointes, que l'on plantera tout au long de chaque côté & par les bouts. On obſervera, en faiſant cette opération, que la ligne Méridienne du temps vrai, tracée ſur le papier, ſoit préciſément ſur le milieu de celle qui eſt tracée ſur le mur ; ce que l'on reconnoîtra au travers des trous que l'on aura faits au papier de diſtance en diſtance le long de la Méridienne du temps vrai.

511. Le papier étant bien arrêté ſur le plan, on paſſera le crayon à travers la découpure de la courbe du temps moyen. On marquera auſſi un petit trait qui déſignera le commencement de chaque mois à travers les trous que l'on aura faits pour cela. Tout étant ainſi marqué ſur le plan, on ôtera le papier, & on fera ſuivre par le Peintre tous les traits en ſa préſence.

512. Pour peindre la courbe de la Méridienne du temps moyen avec plus de juſteſſe, on peindra d'abord un trait à un côté de la trace du crayon, la laiſſant paroître toujours un peu ; obſervant que ce trait de peinture ſoit exactement d'une égale largeur par-tout. Ce trait étant fini, on en peindra un autre au côté oppoſé au premier & qui le touche, ou pour mieux dire, qui le double en largeur. Par ce

moyen, la trace du crayon se trouvera précisément au milieu du trait de peinture, auquel on pourra donner 3 ou 4 lignes de largeur, ou plus, selon qu'il devra être vu de loin.

513. On peut tracer, si l'on veut, une Méridienne du temps moyen sur un grand Cadran vertical, où toutes les heures & même les minutes de cinq en cinq seroient marquées. On en voit un exemple en la planche 37. Pour que cette Méridienne soit assez sensible, il convient de lui donner au moins six ou sept pieds de longueur, ou même davantage, si le Cadran est élevé & vû de loin. Au moyen des regles que nous avons données, on trouvera l'endroit de l'axe où il faudra placer la plaque percée, à laquelle on donnera un pied de diametre, & que l'on attachera avec des vis ou des rivures sur un anneau plat vers le milieu de l'axe, ou même plus loin du centre du Cadran, selon la longueur que l'on pourra donner à la Méridienne; car plus on éloignera la plaque percée du centre du Cadran, plus de longueur il faudra donner à la Méridienne. Cet anneau plat sera d'une même piece avec l'axe; il doit être fort & de la même épaisseur, afin que l'axe ne puisse point fléchir en cet endroit. On observera de ne mettre aucun support qui puisse empêcher le point de lumiere de marquer sur la partie supérieure de la Méridienne au solstice d'hiver, lorsque l'ombre est la plus courte. On en posera cependant le plus près que l'on pourra du trou de la plaque, & de l'extrémité supérieure de la courbe du temps moyen, afin que l'axe soit plus solide. A quoi l'on réussira mieux: si on met le dernier support, c'est-à-dire, le plus bas, sur deux pieds écartés l'un de l'autre, en maniere de fourche ou d'un λ renversé, auquel on pourra donner une figure plus élégante, en l'ornant par des enroulemens & autres décorations, selon le génie de l'ouvrier. Il ne faut pas manquer de placer le

trou de la plaque (lequel doit avoir 6 lignes de diametre) au centre de la grosseur de l'axe ; à cet effet, on emboutira ou cambrera suffisamment le milieu de la plaque, c'est-à-dire, qu'on y fera un petit enfoncement. Si l'on ne disposoit ainsi le trou de la plaque, le point de lumiere marqueroit faux, & ne se rencontreroit point avec l'ombre de l'axe. Le point de lumiere qui n'est destiné qu'à marquer le midi du temps moyen & du temps vrai, indiquera néanmoins les heures comme l'ombre de l'axe : celle-ci marquera également le midi du temps vrai, comme le point de lumiere. Un Cadran dans ce goût doit être grand autant qu'il sera possible.

Réflexion sur les Méridiennes du temps moyen.

514. En supposant une exécution parfaite dans la Méridienne du temps moyen, soit horisontale, soit verticale, telle que nous venons de l'expliquer assez au long ; il y reste néanmoins une petite imperfection, qu'il paroît difficile de corriger. Pour comprendre ce que nous disons ici, il faut remarquer (505) que les espaces ou angles horaires ne sont point égaux entr'eux, soit dans le Cadran horisontal, soit dans le vertical ; c'est-à-dire, que de midi à une heure, il n'y a pas si loin que d'une heure à deux heures. Par exemple, le Cadran horisontal, à la latitude de Paris, a son angle horaire de midi à une heure de 11° 25' ; & de midi à 2 heures, l'angle horaire est de 23° 30'. Pour que ces deux angles fussent égaux, il faudroit que le premier étant de 11° 25', le second fût de 22° 50' : le second angle surpasse donc le premier de 40' de degré. S'il y a une inégalité si sensible entre les espaces ou angles horaires dans une ou deux heures, il faut nécessairement dire qu'il y a une inégalité réelle, quoique moins sensible entre les espaces horaires d'un quart-d'heure.

Il y a donc une inégalité entre les minutes de degré qui composent un quart-d'heure, & par conséquent entre les secondes de degré, qui composent la minute, cependant nous avons dit qu'il faut regarder l'angle ou espace horaire d'un quart-d'heure, comme divisé en 900 parties égales, qui sont le nombre des secondes que contient un quart-d'heure. Ces 900 parties ne devroient donc pas être égales.

515. Pour avoir une parfaite justesse, il seroit nécessaire de faire le calcul ordinaire pour toutes les secondes de degrés qui composent le quart-d'heure, afin qu'ils fussent dans la même proportion que tous les autres angles horaires ; mais il faudroit pour cela avoir des Tables de Sinus & Tangentes calculées non-seulement pour toutes les secondes de degré, mais encore pour toutes les tierces.

Après avoir fait le calcul de ces 900 angles horaires, il faudroit les tracer réellement sur le plan; & par conséquent tirer au-dedans de l'angle horaire d'un quart-d'heure 900 lignes horaires, chacune selon l'angle que le calcul auroit donné, & de toute la longueur de la Méridienne : & s'il s'agissoit d'un Cadran vertical déclinant, il faudroit faire autant de calcul pour l'autre côté de la Méridienne, & tirer aussi autant d'angles & de lignes horaires. Ce ne seroit pas une petite difficulté de trouver des instrumens propres à exécuter sur un plan de si petits angles horaires, dont les sinus ou les cordes seroient si courtes; il faudroit un rayon d'une longueur immense, &c. L'on peut dire que tout cela seroit en quelque maniere impossible.

516. Quoi qu'il en soit, je laisse le soin, à quiconque voudra l'entreprendre, de perfectionner la Méridienne du temps moyen, qui étant bien exécutée comme nous l'avons expliqué, sera propre pour régler les horloges, les montres & les pendules ordinaires, dont la marche étant bien conforme

à la Méridienne du temps moyen, faite avec ſoin, on aura tout lieu d'être ſatisfait de leur juſteſſe.

517. Il faut remarquer que ſi l'on compare la Table *du temps moyen au midi vrai*, telle qu'elle eſt chaque année dans la Connoiſſance des Temps, à la Méridienne du temps moyen; on trouvera que la Méridienne ne ſuit point préciſément la Table dans le nombre des ſecondes d'équation, marqué jour par jour; parce que cette Table change chaque année. Cependant cette Méridienne ne laiſſera pas que de marquer véritablement le temps moyen dans ſon total. Ainſi il ſera toujours avantageux de s'y conformer.

CHAPITRE X.

Cadrans portatifs.

LE Cadran portatif eſt celui que l'on peut porter ſur ſoi, & au moyen duquel on peut connoître l'heure au Soleil par-tout où l'on ſe trouve. On en fait de toutes ſortes de façons, chacun en invente ſelon ſon génie. On peut réduire ce grand nombre à trois eſpeces : dans la premiere, nous mettrons ceux qui ſont horiſontaux ou équinoxiaux, & que l'on oriente au moyen d'une bouſſole qui y eſt conſtruite; dans la ſeconde, nous comprendrons ceux qui montrent l'heure par la hauteur du Soleil; dans la troiſieme, nous mettrons le Cadran analemmatique, qui n'eſt point à bouſſole, & qui ne montre pas l'heure par la hauteur du Soleil. Parmi ces Cadrans portatifs, il y en a qui ſont univerſels, & d'autres qui ſe tracent pour une latitude particuliere. Notre intention n'eſt pas de traiter de tous les Cadrans portatifs que l'on fait, ni que l'on peut faire, mais ſeulement de ceux qui nous ont paru les meilleurs. En faisant leur description, nous dirons ce que nous en pensons. Nous diviserons ce Chapitre en cinq Sections : dans la premiere, nous parlerons des Cadrans portatifs à boussole ; dans la seconde, de ceux qui marquent l'heure par la hauteur du Soleil, nous en décrirons deux ; dans la troisieme, nous ferons connoître le Cadran analemmatique ; dans la quatrieme, nous parlerons de l'Anneau Astronomique ; & dans la cinquieme, nous ferons la description d'un Cadran équinoxial universel sans boussole ; il est de nouvelle invention quant à sa composition & à sa construction.

SECTION PREMIERE.

Cadrans portatifs à boussole.

518. ON en fait de beaucoup de sortes ; celui qui est le plus répandu dans le Public sous le nom ordinaire de *Butterfield*, ne peut être mis dans la classe des bons Cadrans portatifs. Il a des défauts considérables. Sa boussole est trop petite pour être susceptible de quelque précision : on n'y met point d'aiguille de déclinaison, qui est si nécessaire pour suivre la variation de l'aimant, qui change si souvent : quand même on y en mettroit une, les divisions du cercle qu'il faudroit tracer dans le fond de la boussole, ne seroient pas assez sensibles, à cause de son trop petit diametre. Les trois ou quatre Cadrans qui sont tracés sur son plan horisontal pour différentes latitudes, rendent cette surface confuse, en sorte qu'on a peine à distinguer l'heure. Il arrive souvent qu'on se sert de ce Cadran dans des lieux, dont la latitude est différente de celle des trois ou quatre Cadrans gravés sur

ſon plan. L'axe eſt ſi épais, que l'on ne voit l'heure à midi ou vers le midi que bien imparfaitement. On ne manque pas ordinairement d'élever l'axe à la hauteur du pole du lieu où l'on ſe trouve, ſans s'embarraſſer ſi des trois ou quatre Cadrans il y en a un qui ſoit décrit ſelon cette même hauteur du pole. On peut donc être convaincu que le *Butterfield* eſt un mauvais Cadran, & qu'il ne faut pas compter d'y voir l'heure que très-imparfaitement. Il y en a quantité d'autres qui ont également une fort petite bouſſole, & toujours ſans aiguille de déclinaiſon. On en fait auſſi dont le Cadran eſt mobile ſur un pivot, & qui s'orientent d'eux-mêmes par la vertu magnétique. Tous ceux-là ne peuvent être comptés parmi les bons Cadrans portatifs à bouſſole; la déclinaiſon de l'aimant ne pouvant point ſe changer, & la bouſſole étant trop petite.

519. En fait de Cadrans à bouſſole, celui dont nous allons donner la deſcription, eſt peut-être le ſeul bon. C'eſt feu M. Langlois, Ingénieur du Roi pour les Inſtrumens de Mathématiques, qui l'a perfectionné. La Figure le repréſente dans toute ſa grandeur ordinaire.

On y voit d'abord une bouſſole, dont le fond GF eſt diviſé en 360 degrés. On y apperçoit l'aiguille de déclinaiſon D poſée au travers du diametre, & appliquée ſur le fond de la bouſſole. Cette aiguille peut tourner ſur ſon centre, étant attachée à frottement dur comme la tête d'un compas. Au-deſſus de cette aiguille de déclinaiſon, & ſur le fond de la bouſſole, eſt poſée une languette mobile L, qui ſe leve & ſe baiſſe au moyen d'un bouton à vis B, poſé à l'extérieur de la bouſſole. Cette languette ſert à relever & à arrêter l'aiguille aimantée G, lorſqu'on ne ſe ſert point du Cadran. Le pivot qui ſoutient l'aiguille aimantée, ſeroit bientôt émouſſé ſans l'opération de cette languette, qui empêche que

PL. 28. *Fig.* 68.

la *chapelle* ou *châpe* de l'aiguille aimantée ne batte ſur le pivot, lorſqu'on tranſporte le Cadran. On a gravé dans le fond de la bouſſole une roſette ordinaire des huit principaux vents. L'aiguille aimantée G va en pointe de chaque bout, & a la même forme & la même meſure que l'aiguille de déclinaiſon. La moitié de cette aiguille aimantée eſt bleue; c'eſt le côté qui ſe dirige vers le nord, & l'autre moitié G eſt blanche, & c'eſt le côté qui ſe dirige vers le ſud ou le midi.

Cette bouſſole eſt ſurmontée par une plaque octogone HHC qui repréſente l'horiſon, & qui a une aſſez grande ouverture pour laiſſer voir toute la bouſſole à découvert. On met un verre pour garantir l'aiguille aimantée, lequel eſt engagé & arrêté entre le deſſus de la bouſſole & la plaque octogone, qui eſt elle-même arrêtée contre la bouſſole par trois vis poſées en-deſſous.

Au-deſſus de la plaque octogone & ſur le bord deſtiné à être le côté du nord, eſt poſée par des vis une charniere C pour tenir le cercle équinoxial EE, qui peut s'élever & ſe baiſſer par ſon moyen: on a retranché une partie de ce cercle, parce qu'elle ſeroit non-ſeulement inutile, mais parce qu'elle empêcheroit en certain temps de voir l'heure. C'eſt ſur le plan ſupérieur EE de ce cercle équinoxial que ſont marquées les heures de même que ſur l'épaiſſeur ou le champ II du dedans, laquelle eſt aſſez conſidérable pour cela. Ces heures ne ſont autre choſe qu'un Cadran équinoxial, diviſé en 24 parties égales, dont on a retranché les heures de la nuit, comme inutiles. Le point horaire de midi eſt au milieu C, & du côté de la charniere; les deux points horaires de 6 heures du matin & du ſoir ſont juſtement ſur la ligne diametrale KX du cercle équinoxial. C'eſt ſur cette ligne diametrale qu'eſt poſé un axe mobile XK, deſtiné à porter dans ſon milieu N le ſtyle NA.

Au milieu de cet axe eſt une échancrure T néceſſaire pour voir l'heure, aux jours équinoxiaux. Le ſtyle NA tient à vis au milieu de l'axe KX, & il a une petite queue ou talon N aſſez fort, par lequel on le prend, quand on veut le relever & le faire tourner d'un côté ou de l'autre. Comme ce ſtyle eſt auſſi délié qu'une épingle, on pourroit l'endommager ou même le caſſer ſans ce talon. Pl. 28. *Fig.* 68.

A un bout de cet axe eſt un quarré Q, dont deux faces étant paralleles, ſelon la longueur du ſtyle, il ſe trouve retenu par un reſſort R attaché au-deſſous du cercle équinoxial. Ce reſſort appuyant contre une des faces du quarré, oblige le ſtyle à ſe tenir toujours ſitué à angles droits par rapport au plan du cercle équinoxial. Sur le côté occidental de l'horiſon, ou plaque octogone HH, eſt fixé par une vis un quart-de-cercle M, qui repréſente une portion du Méridien. Il eſt diviſé en 90°, dont le premier degré commence au bout ſupérieur. Ce Méridien eſt enchaſſé de toute ſon épaiſſeur dans une échancrure faite à côté du cercle équinoxial, qui permet à ce dernier de couler, de baiſſer ou hauſſer à volonté. On grave dans tout le deſſous & par-tout où l'on peut trouver de la place, le nom des principales villes avec leurs latitudes.

520. Quand on voudra ſe ſervir de ce Cadran, que l'on appelle *Cadran équinoxial à bouſſole*, on élevera le cercle équinoxial EE, en ſorte que la pointe de la fleur-de-lys, qui eſt gravée ſur ſon champ ou ſon épaiſſeur à côté de ſon échancrure, ſe rencontre ſur le Méridien au degré de la hauteur du pole du lieu où l'on ſe trouve; c'eſt ce qu'on fera au moyen de la portion du Méridien M. Ses diviſions étant à rebours, c'eſt-à-dire, les premiers degrés commençant à ſa partie ſupérieure, le cercle équinoxial EE ſe trouvera parallele à l'équateur, ou au complément de la hauteur du pole, quoiqu'on ne l'ait mis qu'à

Pl. 28. Fig. 68. l'élévation du pole. On marque ainsi à rebours les degrés de ce Méridien pour n'avoir pas l'embarras de chercher le complément de l'élévation du pôle, ce qui pourroit être une difficulté pour ceux qui ne sont pas versés en cette matiere. Après qu'on aura mis le cercle équinoxial à l'élévation convenable, on relevera le style NA en en-haut, si le Soleil se trouve dans les signes septentrionaux, c'est-à-dire, depuis le mois de Mars jusqu'au mois de Septembre ; ou on le tournera en en-bas, si le Soleil se trouve dans les signes méridionaux, c'est-à-dire, depuis le mois de Septembre jusqu'au mois de Mars.

Tout étant ainsi arrangé, on posera le Cadran aussi horisontalement que l'on pourra. On présentera le côté C de la charniere du cercle équinoxial vers le nord, en tournant ou d'un côté ou de l'autre le Cadran, jusqu'à ce que le bout bleu de l'aiguille aimantée G, étant reposé, soit situé précisément sur l'aiguille de déclinaison D. Alors l'ombre du style NA marquera l'heure sur le plan du cercle équinoxial EE depuis le mois de Mars jusqu'au mois de Septembre ; ou bien au-dedans II de ce cercle ou sur son champ, depuis le mois de Septembre jusqu'au mois de Mars.

521. Quand on voudra retirer le Cadran, on commencera par tourner le style, en sorte qu'il soit couché & parallele au cercle équinoxial ; ensuite on couchera le cercle équinoxial sur la plaque octogone : on couchera aussi le quart de cercle Méridien sur l'équinoxial. On relevera la languette L en tournant à droite le bouton B pour arrêter l'aiguille aimantée G, qui par ce moyen ne touchera plus sur le pivot, & on mettra le Cadran dans son étui.

522. Lorsqu'on fera usage de ce Cadran, on l'éloignera de tout fer qui pourroit se trouver assez près, même caché. Plus le fer sera gros, plus il en faudra éloigner le Cadran, sur-tout de celui qui pour-

roit être aimanté, comme couteaux ou autre choſe. PL. 28.
On obſervera encore de ne jamais ſe ſervir du Cadran aux rayons du Soleil qui paſſent au travers d'une vitre. L'heure que l'on trouveroit, ne ſeroit pas la véritable : c'eſt une regle générale pour tous les Cadrans. *Fig.* 68.

523. Si l'on s'apperçoit que ce Cadran avance ou retarde ſur quelque bon Cadran fixe que l'on ſaura être bien fait, cela ne pourra provenir que de ce que la déclinaiſon de l'aimant aura changé. En ce cas, on poſera de niveau le Cadran auprès du grand Cadran, & on fera convenir l'heure avec celle du grand Cadrn, ſans avoir aucun égard ni à l'aiguille aimantée, ni à celle de déclinaiſon. On remarquera alors ſur quel degré de la bouſſole l'aiguille aimantée ſe ſera arrêtée. On ôtera le verre de la bouſſole, en déviſſant les trois vis qui la tiennent attachée à la plaque octogone, & on tournera doucement avec une pointe de bois, l'aiguille de déclinaiſon pour la mettre ſur le degré, où l'on aura remarqué que l'aiguille aimantée ſe ſera arrêtée ; enſuite on remontera le tout, & le Cadran ſe trouvera ajuſté comme il faut.

524. Le Cadran équinoxial ainſi conſtruit eſt très-bien entendu ; il eſt univerſel, & peut ſervir partout. Sa bouſſole eſt d'une grandeur ſuffiſante pour bien faire ſa fonction. Le fond de la bouſſole étant gradué, & y ayant une aiguille de déclinaiſon, on peut changer cette déclinaiſon toutes les fois que l'aimant en change. Ainſi on peut conclure que c'eſt ce qu'il y a de mieux en fait de Cadrans à bouſſole.

525. Comme il arrive qu'avec le temps l'aiguille aimantée perd, ou du moins diminue de ſa vertu magnétique, nous donnerons ici la maniere ordinaire de la lui reſtituer. Ayant un bon aimant, ſoit naturel, ſoit artificiel, on prendra avec les deux

Pl. 28. Fig. 68. doigts de la main droite l'aiguille aimantée par le bout blanc, & on la frottera ſur le pole ſud de l'aimant, en commençant au bout par lequel on tient l'aiguille, la faiſant gliſſer ſur l'aimant en tirant vers ſoi; enſuite on retirera l'aiguille, lui faiſant faire un grand détour avec le bras. On lui fera retoucher l'aimant ſept à huit fois, en faiſant un grand détour à chaque fois; ce qui eſt néceſſaire pour faire ſortir l'aiguille du tourbillon magnétique. On ſe gardera bien de la paſſer ſur l'aimant en venant & revenant, on gâteroit tout; mais toujours en tirant vers ſoi, de façon que l'aimant la touche premiérement par le bout blanc, & qu'il finiſſe de toucher au bout bleu. On produiroit le même effet, ſi l'on tenoit l'aiguille par le bout bleu, & qu'on la paſſât ſur le pole nord de l'aimant; le bout bleu ſe dirigeroit également vers le nord, comme dans la premiere maniere. Il faut remarquer qu'il y a des ouvriers qui ne bleuiſſent pas le bout de l'aiguille qui doit ſe diriger vers le nord; mais ils y font toujours quelque marque qui le diſtingue du bout oppoſé qui doit ſe tourner vers le ſud.

526. Ce Cadran n'a point d'autre défaut que les inconvéniens ordinaires de la bouſſole, qui ſont la variation de la déclinaiſon de l'aimant qui change aſſez ſouvent, & qui n'eſt pas la même dans tous les pays. L'endroit d'ailleurs où l'on poſe le Cadran a quelquefois quelque vertu magnétique, qui détourne l'aiguille aimantée de ſa vraie direction. Il arrive auſſi qu'il y a du fer caché vers l'endroit où l'on poſe le Cadran, &c.

SECTION II.

Cadrans portatifs qui marquent l'heure par la hauteur du Soleil.

527. ON fait diverſes ſortes de ces Cadrans qui marquent l'heure par les hauteurs du Soleil. Parmi ce nombre, nous en choiſirons deux qui nous ont paru les meilleurs. Le premier eſt le cylindre portatif; le ſecond ſe trace ſur une plaque droite & plane. Pour tracer ces ſortes de Cadrans, il faut ſavoir les hauteurs du Soleil à toutes les heures du jour de 10 en 10 degrés de chaque ſigne; nous commencerons donc par enſeigner la méthode de trouver ces hauteurs du Soleil; ce qui ſe fera mieux par le calcul que graphiquement. On en trouve des Tables toutes faites; mais elles ſont toutes pour la hauteur du pole de Paris, ou pour le 49e degré. Nous en donnons dix à la fin de cet Ouvrage de degré en degré pour toute l'étendue de la France. Cependant, en faveur de ceux qui, deſirant une plus grande exactitude, voudront faire le calcul exprès pour la latitude du lieu où ils ſe trouvent, nous en enſeignerons ici la méthode. Ce calcul eſt un peu long & compoſé; mais enfin on peut ſe réſoudre à en prendre la peine, dès qu'il ne ſera queſtion que de faire une ſeule Table, qui pourra ſervir à conſtruire une infinité de Cadrans pour la même latitude.

528. Ce calcul regarde le triangle SPZ (*pl.* 23, *fig.* 62) ou un ſemblable, dont le côté PZ ſeroit l'arc du Méridien, complément de la hauteur du pole PR, le côté PS ſeroit l'arc du cercle horaire PS*p* compris entre le Soleil S & le pole élevé P, & le côté SZ ſeroit l'arc du vertical ZSN compris

PL. 23. *Fig.* 62.

Pl. 23. Fig. 62. entre le Soleil S & le zénit Z, lequel arc SZ est le complément de l'arc OS hauteur du Soleil qu'on cherche. On connoît dans ce triangle SPZ les deux côtés PZ, PS avec l'angle compris SPZ, & on cherche le côté ZS. Le côté PZ est le complément de la hauteur du pole, le côté PS est la distance du Soleil S au pole élevé P, qui est égale a 90° plus ou moins la déclinaison, suivant qu'elle est de différente ou de même dénomination que ce pole élevé P, & l'angle SPZ est égal à la distance du Soleil à midi qui est de 15° par heures. Pour trouver le côté SZ, il faut d'abord imaginer un arc de grand cercle ZV, qui soit abaissé du zénit Z perpendiculairement sur le côté PZ, & chercher le segment PV par cette

PREMIERE ANALOGIE

Le rayon
est à la cotangente de la hauteur du pole,
comme le cosinus de l'angle SPZ *ou de la distance du Soleil à midi,*
est à la tangente du segment PV.

529. L'arc ZV tombera sur le côté PS toutes les fois que l'angle SPZ sera aigu; mais il tombera au-delà du pole P sur la partie du cercle *p*SP prolongée dans l'autre hémisphere, lorsque l'angle SPZ sera obtus. Ce sont deux cas qu'il faut bien distinguer. Le premier cas est pour toutes les heures depuis six heures du matin jusqu'à midi, & depuis midi jusqu'à six heures du soir. Le second cas est pour les heures depuis six heures du soir jusqu'à minuit, & depuis minuit jusqu'à six heures du matin.

Dans le premier cas, ôtez le segment PV du côté PS, il restera SV; faites cette

SECONDE ANALOGIE

Le

Le cosinus de PV PL. 23. *Fig.* 62.
est au cosinus de SV, ou SP moins PV,
comme le cosinus de PZ, *ou le sinus de la hauteur du pole,*
est au cosinus du côté SZ, *qui est le sinus de* OS, *hauteur du Soleil qu'on cherche.*

Dans le second cas, ajoutez le segment PV au côté PS, la somme sera SP, plus PV, & faites cette

SECONDE ANALOGIE.

Le cosinus de PV
est au cosinus de SV, *ou* SP *plus* PV:
comme le cosinus de PZ
est au cosinus de SZ.

530. Pour rendre la chose plus claire, nous allons donner deux exemples. Supposons, 1°. qu'on veuille trouver la hauteur du Soleil pour la latitude de 44° 50′ à 7 heures du matin, lorsque le Soleil entre au Cancer ♋, & que par conséquent la déclinaison est septentrionale de 23° 28′. Dans cette supposition, le côté PZ sera de 45° 10′, complément de 44° 50′, le côté PS sera de 66° 32′, différence de 90°, & de la déclinaison 23° 28′, & l'angle SPZ sera de 75°, distance du Soleil à midi lorsqu'il est 7 heures du matin.

PREMIERE ANALOGIE.

Le rayon
est à la tangente de 45° 10′,
comme le sinus de 15°,
est à la tangente du segment PV.

log. tang. de 45° 10′. 1000253
log. sin. de 15° 00′. 941300

Somme & reste. . . 1941553

c'est le log. tang. de 14° 36′ pour PV. Otez-le du

Pl. 23. Fig. 62. côté PS 66° 32′, il restera 51° 56′ pour SV. Le complément de 14° 36′ est 75° 24′, & le complément de 51° 56′ est 38° 4′.

SECONDE ANALOGIE.

Le sinus de 75° 24′,
est au sinus de 38° 4′:
comme le sinus de 44° 50′,
est au sinus de OS, cosinus de ZS.

Co-ar-log. sin. de 75° 24′........ 001426
log. sin. de 38° 4′.............. 978999
log. sin. de 44° 50′............. 984822

Somme & reste.... 1965247

c'est le log. sin. de 26° 42′ pour OS, qui est la hauteur du Soleil qu'on cherchoit.

Supposons, 2°. qu'on cherche la hauteur du Soleil à 5 heures du matin pour la même latitude de 44° 50′, & la même déclinaison septentrionale de 23° 28′. Le côté PZ sera encore de 45° 10′, & le côté PS sera de 66° 32′, comme dans le premier exemple, mais l'angle SPZ sera de 105°, distance du Soleil à midi, lorsqu'il est 5 heures du matin. La premiere Analogie donnera aussi PV de 14° 36′; mais au lieu de le retrancher de PS, il faudra l'y ajouter, parce que l'angle SPZ est obtus, & il viendra 81° 8′, dont le complément est 8° 52′.

SECONDE ANALOGIE.

Le sinus de 75° 24′,
est au sinus de 8° 52′,
comme le sinus de 44° 50′.
est au sinus de OS, cosinus de ZS.

Co-ar-log. sin. de 75° 24′........ 001426
log. sin. de 8° 52′.............. 918790
log. sin. de 44° 50′............. 984822

Somme & reste.... 1905038

c'eſt le log. ſin. de 6° 27′ pour l'arc OS, hauteur du Soleil dans les circonſtances propoſées.

531. Il y a deux cas où il ne faut qu'une ſeule Analogie : le premier eſt lorſqu'il ne s'agit que de trouver la hauteur du Soleil pour les 6 heures du matin ou du ſoir ; le ſecond cas eſt lorſque le Soleil eſt à l'équateur, ou au jour des équinoxes. Voici l'Analogie pour le premier cas, c'eſt-à-dire, pour trouver la hauteur du Soleil à 6 heures, ſoit du ſoir, ſoit du matin, quelque jour de l'année que ce ſoit.

Le rayon
eſt au ſinus de la déclinaiſon du Soleil ;
comme le ſinus de la hauteur du pole
eſt au ſinus de la hauteur du Soleil.

Cette Analogie eſt ſi facile à réſoudre, qu'il n'eſt pas beſoin d'exemple, elle eſt toute ſimple.

Voici l'Analogie pour le ſecond cas, c'eſt-à-dire, pour trouver la hauteur du Soleil pour l'heure propoſée au jour de l'équinoxe.

Le rayon
eſt au coſinus de la hauteur du pole ;
comme le coſinus de la diſtance du Soleil au Méridien
eſt au ſinus de la hauteur du Soleil.

Cette Analogie eſt encore ſi ſimple, qu'elle n'a pas beſoin d'explication.

532. On n'a pas beſoin d'aucune Analogie pour trouver la hauteur du Soleil à midi, quelque jour que ce ſoit. Nous en avons donné la regle en pluſieurs endroits de cet Ouvrage, & nous la répéterons ici.

Ajoutez la déclinaiſon du Soleil au complément de la hauteur du pole : ſi cette déclinaiſon & cette hauteur du pole ſont de même dénomination, c'eſt-à-dire, ſi elles sont toutes deux septentrionales, ou toutes deux méridionales, & la somme, (ou son supplément à 180°, si cette somme excéde 90°,) sera la hauteur Méridienne du Soleil. Mais si sa déclinaison & la hauteur du pole du lieu sont de différente dénomination, c'est-à-dire, si l'une est septentrionale & l'autre méridionale, la différence entre la déclinaison du Soleil & le complément de la hauteur du pole sera la vraie hauteur Méridienne du Soleil. Ceci n'a pas besoin d'explication : mais pour *le jour de l'équinoxe, la hauteur du Soleil à midi est égale à la hauteur de l'équateur*, qui est le complément de la hauteur du pole.

533. Nous donnons à la fin de ce Traité plusieurs Tables des hauteurs du Soleil à toutes les heures, pour différentes latitudes, voyez les Tables 9, dont voici l'arrangement. La premiere colonne contient les signes avec leurs degrés de 10 en 10 seulement, (n'étant pas nécessaire de mettre un plus grand nombre de degrés). La dixieme colonne contient également les signes avec leurs degrés de 10 en 10, mais dans un ordre différent. Prenons pour exemple la Table pour le 49e degré de latitude; on veut savoir la hauteur du Soleil à 9 heures du matin au vingtieme degré du Lion ♌, il faut chercher à la cinquieme colonne, vis-à-vis le 20e degré du Lion ♌, & on trouvera 39° 55′. On veut savoir la hauteur du Soleil à 2 heures après midi au commencement du Scorpion ♏, il faut chercher à la quatrieme colonne vis-à-vis le commencement du Scorpion ♏, & on trouvera 23° 59′. On veut savoir la hauteur du Soleil à 11 heures du matin au 20e degré des Poissons ♓, on cherchera à la troisieme colonne vis-à-vis le 20e degré des Poissons ♓, lequel se trouve à la dixieme colonne, à la neuvieme ligne en commençant en bas, & on trouvera 35° 31′; ainsi des autres. On remarquera que les signes sont placés de deux en deux, l'un vis-à-vis de l'autre.

Cylindre portatif.

534. Le cylindre portatif BD se fait de bois, d'ivoire, ou de quelqu'autre matiere. Son diametre est d'environ un pouce, & sa hauteur d'environ trois pouces. On y ajustera un chapiteau CD, qui ait un tenon cylindrique T, fig. 70, qui entre dans le corps du cylindre BC, fig. 69, qui y puisse tourner à frottement. Sur ce chapiteau, on assemblera, comme la lame d'un couteau dans son manche, un style DE, qui puisse se plier ou se coucher tellement dans le tenon du chapiteau, qu'il y soit entiérement enchassé, fig. 71, afin que l'on puisse remettre le chapiteau dans la partie supérieure du cylindre, sans que le style l'empêche : mais il faut que ce style soit tellement disposé, lorsqu'il est en dehors, qu'il se tienne exactement à angles droits à l'égard de la surface du cylindre. PL. 29. *Fig.* 69, 70 & 71.

535. Pour tracer le Cadran sur le cylindre portatif, décrivez sur un papier le parallelogramme rectangle ABCD, dont la largeur AB ou CD soit à peu près égale, ou un peu moindre que la circonférence du cylindre. Prolongez la ligne AB pour y marquer la longueur du style AE, qui déterminera la hauteur du cylindre. Du point E comme centre, & pour rayon EA, faites un arc indéfini AF, sur lequel vous ferez tous les angles de la hauteur du Soleil ; & en premier lieu, pour déterminer la hauteur du cylindre ; vous ferez l'angle AEF de la plus grande hauteur du Soleil, qui est celle de midi au jour du solstice d'été, lorsque le Soleil est au commencement du Cancer ♋. On trouvera dans la Table ci-devant citée, que la hauteur du Soleil est pour lors de 64° 28′, & ayant tiré & prolongé la ligne EF jusqu'à D, la hauteur du cylindre sera déterminée. PL. 30. *Fig.* 73.

Mais si cette hauteur étoit donnée, il faudroit déterminer la longueur du style de la maniere sui-

Pl. 30. vante : du point D, comme centre, décrivez un arc
Fig. 73. à volonté sur DA, & par ce moyen vous ferez l'angle ADE de 25° 32′, complément de la plus grande hauteur du Soleil à midi 64° 28′ ; c'est ainsi que l'on proportionnera la longueur du style, à la hauteur du cylindre. Ces angles pourront se faire au moyen du compas de proportion ; ou par le demi-cercle, comme nous avons dit ailleurs.

536. Il sera plus aisé de trouver la longueur du style par le calcul ; pour cela on fera l'Analogie suivante :

Le rayon
est à la hauteur du cylindre,
comme la cotangente de la plus grande hauteur du Soleil à midi,
est à la longueur du style.

On mesurera la hauteur du cylindre avec une échelle de parties égales, & en supposant que cette hauteur est de 200 parties, & l'angle ADE supposé de 25° 32′, on fera le calcul suivant.

log. du nombre 200 230103
log. tangente de 25° 32′ 967915

Somme & reste . . . 1198018

qui est le log. de 96 parties ; c'est la longueur du style.

537. La longueur du style étant déterminée ou d'une façon ou de l'autre, on divisera l'arc AF en degrés & en minutes ; & comme cela seroit bien difficile à cause de sa petitesse, on fera cette division dans un beaucoup plus grand espace sur un autre plan,
Pl. 29. même plus étendu que celui qu'on voit dans la fig. 72,
Fig. 72. pl. 29, qui n'est que pour représenter l'opération. On pourra diviser, si l'on veut, l'arc DGF, au moyen d'un demi-cercle, dont on posera le centre au point E, & sa ligne diametrale au long de la ligne EA.

On transportera la longueur du style déja trouvée de E en A au point A, sur lequel on élevera la perpendiculaire AF suffisamment prolongée. De chaque point de division de l'arc DGF, on tirera des lignes au centre E, qui passent sur la perpendiculaire AF. On ne marquera ces lignes que sur la perpendiculaire AF, n'étant pas nécessaire de les tracer de toute leur longueur. On appliquera le bout d'une regle au point E, & l'autre bout sur chaque division de l'arc DGF. On marquera ainsi sur la perpendiculaire AF tous les points d'intersection que la regle indiquera; ensuite on écrira sur tous ces points les nombres 5, 10, 15, 20, 25, &c. correspondans à ceux de l'arc DGF. La ligne AF sera une échelle Gnomonique divisée en degrés, qui serviront à marquer ceux des hauteurs du Soleil. PL. 29. *Fig.* 72.

538. Les choses étant ainsi préparées, on divisera la largeur AB & CD en six parties égales *a*, *c*, *e*, *g*, *i*. & *b*, *d*, *f*, *h*, *k*, pour les 12 signes. Par chaque point de division, on tirera des lignes paralleles qui représenteront le commencement des signes du Zodiaque. On subdivisera encore chaque espace en trois parties égales, afin d'y pouvoir marquer les degrés des signes de 10 en 10, & par même moyen les commencemens des mois, parce qu'en ces sortes de Cadrans, il n'y a pas d'erreur sensible à fixer l'entrée du Soleil en chaque signe au 20 de chaque mois. PL. 30. *Fig.* 73.

539. On marquera sur ces paralleles les points des heures de la maniere suivante. On voit d'abord dans le commencement de la Table 9, ci-dessus mentionnée, art. 533, à la seconde colonne, 64° 28′ pour l'heure de midi & de XII heures. On prendra sur l'échelle Gnomonique de A en F l'espace de ces 64° 28′, & on le portera sur la premiere perpendiculaire de A en D. On reviendra à la même Table, & à la même colonne au-dessous de 64° 28′, on trouvera 64° 5′, dont on prendra la distance sur l'échelle PL. 29. *Fig.* 72, & PL. 30. *Fig.* 73.

Pl. 29. Fig. 72. & Pl. 30. Fig. 73. Gnomonique, pl. 29, fig. 72, de A vers F, & on la portera ſur la ſeconde parallele *lm*, pl. 30, fig. 73, en poſant une pointe du compas ſur le point *l*; on marquera le ſecond point horaire *m*; enſuite on viendra au troiſieme degré de la Table, qui eſt 62° 59′, dont on prendra la diſtance ſur l'échelle Gnomonique, poſant une pointe du compas au point A, & on portera cette ouverture ſur la troiſieme parallele de *n* en *o*. On prendra ainſi de ſuite dans la ſeconde colonne de la Table tous les degrés des ſignes de 10 en 10, & on les portera ſur chaque parallele convenable, marquant un point ſur chacune. Ayant donc ſuivi & marqué tous les points indiqués dans la ſeconde colonne, on les joindra les uns aux autres par une ligne courbe, ſemblable à celle de la fig. 73: ce ſera l'heure de midi pour toute l'année.

Pour décrire la courbe ſuivante, qui eſt celle de 11 heures du matin & d'une heure après midi, on ſuivra la troiſieme colonne, au commencement de laquelle on trouvera 61° 51′; enſuite 61° 32′, &c. On prendra toutes ces diſtances ſur l'échelle Gnomonique, & on les portera ſur chaque parallele convenable. Au moyen des points qu'on aura marqués ſur chacune, on décrira la ſeconde courbe, comme on voit dans la figure. Pour celle de 10 heures du matin & 2 heures après midi, on ſe ſervira de la quatrieme colonne; ainſi des autres heures.

540. On peut ſe diſpenſer de conſtruire l'échelle Pl. 29. Fig. 72. Gnomonique AF, qui n'eſt pas facile à exécuter. Il ſera mieux de ſe ſervir d'un calcul tout fait dans les Tables des ſinus, tangentes, &c. Pour cela, on cherchera la tangente naturelle de chaque degré & minute de la hauteur du Soleil. Par exemple, on trouvera que pour 64° 28′, la tangente naturelle eſt 209 parties égales de quelqu'échelle. En ce cas, il faut déterminer la longueur du ſtyle à 100 des mêmes parties; & comme les tangentes naturelles, telles

qu'elles sont dans les Tables, sont composées de huit chiffres, & que l'on n'en suppose que trois dans la longueur du style, qui est 100, il faudra retrancher cinq chiffres de chaque tangente. Ainsi, quoique la tangente naturelle de 64° 28′ soit ce nombre 20934084, il ne faudra prendre que les trois premiers chiffres 209. Si le style avoit 200 parties de long, il faudroit doubler les cinq premiers chiffres de la tangente 20934; ce qui feroit 41868, dont on retrancheroit ensuite les deux derniers chiffres : il resteroit 419, en ajoutant une unité, parce que 68, qui suivent, valent plus de 50. Si le style avoit 1000 parties de long, il ne faudroit retrancher que quatre chiffres de ceux de la tangente, & ne prendre que les quatre premiers. S'il avoit 2000 parties, il faudroit doubler les cinq premiers chiffres de la tangente, &c. Si encore ce style avoit 10000 parties, il ne faudroit retrancher que trois chiffres de chaque tangente, &c. Si on vouloit faire un cylindre fort grand pour poser dans un jardin, cette derniere hypothèse pourroit être de quelqu'utilité : mais il faudroit que le cylindre entier pût tourner sur un pivot, & son chapiteau devroit tourner aussi dans le cylindre.

PL. 29. *Fig.* 72.

541. Si donc on veut se servir de la Table des tangentes naturelles, ce qui sera infiniment plus facile, on verra dans les Tables la tangente naturelle convenable à chaque degré de hauteur du Soleil; ensuite au moyen de l'échelle des parties égales, on prendra le nombre des parties égal à celui de la tangente que l'on trouve dans les Tables, en retranchant le nombre convenable des chiffres, & on portera cette distance sur la parallele qui représente le degré du signe sur lequel on opere. Ainsi on suivra toutes les heures & tous les signes, selon la Table des hauteurs du Soleil. Par exemple, on veut marquer le point de 4 heures après midi sur la parallele qui désigne

Pl. 30. le 10e degré du Bélier ♈ ; je remarque dans la Table
Fig. 73. ci-deſſus indiquée, que la hauteur du Soleil eſt alors
de 22° 19′ ; je cherche dans les Tables des ſinus la tangente naturelle de 22° 19′, je trouve que c'eſt ce nombre 4101299 ; j'en retranche les cinq derniers chiffres : reſtera 41, qui eſt le nombre des parties que je porte ſur la parallele qui repréſente le 10e degré du Belier ♈. Ce nombre 41 doit ſe prendre avec un compas ſur une échelle des parties égales, ou mieux, on ſe ſervira du compas de proportion, comme nous l'expliquerons dans le Chapitre XII. Nous ſuppoſons toujours que le ſtyle a 100 parties de longueur ; il faudra ſe ſouvenir de retrancher toujours cinq chiffres, quand même il n'en reſteroit qu'un ou point du tout. Tous les points étant marqués & les courbes horaires tracées par-tout où il le faut, on écrira les chiffres horaires, comme on le voit dans la figure, de même que la premiere lettre du nom de chaque mois. Les chiffres des ſignes ſeront effacés, comme étant inutiles.

542. Le tout étant fini, on collera proprement le papier autour du cylindre avec la colle-forte. Si l'on veut que les lignes ſoient nettes, il ne faut pas les tracer avec de l'encre ordinaire, mais avec de la bonne encre de la Chine, qui ne s'étend point comme l'autre, quand on colle le papier. On peut tracer le Cadran immédiatement ſur le cylindre, ſans le décrire auparavant ſur le papier. On n'aura qu'à tracer ſur le corps rond du cylindre les mêmes points & les mêmes lignes que ſur le papier.

Pl. 29. 543. Pour ſe ſervir de ce Cadran, on fera tourner
Fig. 69. le chapiteau, (le ſtyle étant en dehors,) juſqu'à ce
Fig. 70. que le ſtyle ſoit ſur la parallele du mois où l'on eſt ;
Fig. 71. on ſuſpendra le cylindre, préſentant le bout du ſtyle
directement vers le Soleil, en ſorte que ſon ombre n'aille point en biaiſant d'un côté ni d'autre, mais verticalement, & parallelement aux lignes verticales

qui repréſentent les ſignes du Zodiaque. Le cylindre étant ainſi librement ſuſpendu, on verra ſur quelle courbe horaire le bout de l'ombre du ſtyle tombera; on ſuivra avec les yeux cette courbe juſqu'aux chiffres horaires, & on connoîtra ainſi l'heure qu'il eſt. Chaque dix jours on changera de parallele; & même, pour plus grande préciſion, on en pourra changer tous les cinq jours, faiſant aller le ſtyle au milieu de l'entre-deux de chaque parallele. Lorſqu'on ſe ſera ſervi du cylindre, on ôtera le chapiteau, on couchera le ſtyle dans ſa rainure, & on remettra le chapiteau à ſa place ordinaire dans le bout du cylindre. Il eſt bon de mettre un petit anneau à l'extrêmité ſupérieure du chapiteau, afin que le cylindre ſoit ſuſpendu bien librement; car il eſt eſſentiel de le tenir bien à plomb, quand on veut voir l'heure.

544. Le Cadran cylindrique eſt fort bon & commode, d'une conſtruction facile; mais il a le défaut ordinaire de tous ceux qui marquent l'heure par la hauteur du Soleil, qui eſt de n'être pas bien juſte vers l'heure de midi, parce que le Soleil ne monte pas ſenſiblement à cette heure-là. On ne diſtingue pas même bien ſouvent ſi l'extrêmité de l'ombre marque l'heure un peu avant midi, ou un peu après midi, attendu que le point eſt le même. Pour les autres heures plus éloignées de midi, on ne ſauroit s'y tromper, parce que l'on ſait toujours ſi l'on eſt à quelqu'heure avant ou après midi. Du reſte, ce Cadran ne peut ſervir qu'à la latitude pour laquelle il a été conſtruit.

Cadran portatif vertical tracé ſur une plaque droite ou plane.

545. La ſeconde eſpéce de Cadran portatif qui marque l'heure par la hauteur du Soleil, ſe trace ſur une plaque de quelque métal, ou de bois ou d'ivoire. Sa grandeur ordinaire eſt à peu près comme une

carte à jouer, afin de le porter aiſément dans un étui ou dans des tablettes. On peut le faire plus grand, ſi l'on veut, ou bien s'il ne doit pas ſe mette dans la poche, qu'il ne ſerve que dans le cabinet, on le fera d'une grandeur à diſcrétion. Plus il ſera grand, plus il ſera juſte. Du reſte, il eſt fort commode & très-peu embarraſſant; il a pourtant les mêmes défauts que le cylindre portatif (544).

PL. 31. *Fig.* 74. Soit donc ABCD le plan ſur lequel on doit faire ce Cadran. Ayant tracé une petite bordure autour des trois côtés AD, AB & BC, & ayant laiſſé un petit eſpace FC, on marquera ſur la ligne EF de la bordure dix-huit petites parties égales, depuis F juſqu'à G, en ſorte que le reſte EG de cette ligne ſoit au moins le tiers de EF; & du point E comme centre, qui eſt dans l'angle de la bordure, on décrira fort légérement des arcs de cercle par toutes ces diviſions, leſquels on pourra effacer quand le Cadran ſera fait.

Du même centre E, on décrira un grand arc CP de cercle d'un auſſi long rayon que l'on pourra, comme de 12, 15, 20 ou 24 pouces; plus cet arc ſera grand, plus on aura de juſteſſe. On prolongera la ligne EF juſqu'à ce qu'elle coupe ce grand arc CP, lequel on diviſera en degrés & minutes, à l'aide d'un bon demi-cercle exactement diviſé. Chaque arc que l'on aura décrit par chacune des dix-huit diviſions de la ligne EF, repréſente deux ſignes du Zodiaque avec leurs degrés de 10 en 10. Le premier GO repréſente le premier degré du ſigne du Cancer ♋, & le dernier FV repréſente le commencement du Capricorne ♑.

546. Pour tracer ce Cadran, il faut ſe ſervir de la Table 9 des hauteurs du Soleil, calculée pour la hauteur du pole du lieu où l'on doit ſe ſervir du Cadran. Nous nous ſervirons pour exemple de celle de 49 degrés de latitude, où l'on trouve la hauteur du

Soleil à midi de 64° 28', pour le premier point du Cancer ♋, qui eſt l'arc GO. On poſera donc une regle aſſez longue, qui d'un bout ſoit ſur le point E, & de l'autre bout ſur le 64e degré 28 minutes du grand arc de cercle CP, où les diviſions commencent au point où la ligne EF le coupe. La regle étant ainſi poſée, on marquera ſur l'arc GO, le point où la regle le coupe, qui ſera le point de midi du commencement du Cancer ♋. De même, pour un autre arc comme IK, qui repréſente le premier point du Bélier ♈, on trouvera dans la Table 9, que la hauteur du Soleil à midi eſt de 41°; on poſera la regle ſur le point E, & ſur le 41e degré du grand arc de cercle CP, & on marquera le point où la regle coupe l'arc IK, qui ſera le point de midi ſur le commencement du Bélier ♈ & de la Balance ♎. On fera la même choſe par chaque dixieme degré des ſignes pour la même heure de midi; enſuite on menera par tous ces points la courbe XII, K, XII; ce ſera la courbe de midi. Pl. 31. Fig. 74.

On fera la même choſe pour toutes les autres heures ſur ce Cadran: on remarquera ſeulement que les points trouvés pour les ſignes depuis le Cancer ♋ juſqu'au Capricorne ♑, ſont les mêmes que pour les autres ſix ſignes, & que les lignes des heures ſervent pour devant & après midi à même diſtance, comme elles ſont marquées dans la figure: c'eſt-à-dire, que la ligne de 11 heures eſt la même que celle d'une heure; celle de 10 heures eſt la même que celle de 2 heures, & ainſi des autres: ce qui eſt de même pour tous les Cadrans qui ſont conſtruits ſur le même principe des hauteurs du Soleil.

547. Quand on aura marqué tous les points horaires ſur chaque arc de cercle, & que l'on aura tracé les courbes qui paſſent ſur tous les points correſpondans de la même heure, on effacera le nom des ſignes du Zodiaque, & on y écrira ceux des mois

PL. 31. Fig. 74. de l'année, fixant le commencement de chaque mois au 20e degré de chaque signe. Enfin on attachera à la platine du Cadran deux petites pinules pliantes, qui répondent au côté AB ; en sorte que leurs petits trous soient dans une direction bien parallele à AB, & l'on attachera un petit plomb dont la soie passe par un très-petit trou que l'on fera au point E. Ce filet doit porter une petite perle ou grain fort délié, qui puisse couler juste au long du fil, & s'y arrêter où l'on veut.

Il est bon de tracer ce Cadran sur un grand papier ; & quand il sera fini, comme nous venons de l'enseigner, on effacera tous les arcs, aussi-bien que le grand arc gradué. On coupera tout le papier superflu ; ensuite on le transportera sur une platine de cuivre ou autre matiere, en se servant de l'expédient que nous indiquerons pour cela dans l'article 555 ou 556 ci-après.

548. Quand on voudra se servir de ce Cadran, on redressera les pinules ; on étendra la soie sur le point du jour du mois où l'on est, & l'on fera couler la perle sur ce même point ; ensuite on exposera bien verticalement le Cadran au Soleil, en sorte que le rayon de lumiere passe du trou de la pinule B à celui de la pinule A. Pour lors la soie du plomb pendant librement & rasant la platine, la petite perle désignera l'heure qu'il est. Au reste, on voit assez dans la figure la construction de ce Cadran ; & en l'examinant bien, on peut suppléer à une explication plus détaillée.

549. On fait une autre sorte de Cadran sur le même principe que le précédent ; il n'en differe que pour la figure. On le trace sur un quart-de-cercle. Il y a également des courbes horaires, deux pinules, un plomb avec sa soie qui porte une petite perle. En un mot, ce Cadran est absolument le même que le précédent, excepté pour la figure, qui n'en pa-

roît pas aussi gracieuse que l'autre ; c'est pourquoi nous avons préféré le premier.

550. On peut encore se servir de ce Cadran, en le mettant dans une situation horisontale ; pour lors il ne faut ni la soie, ni la perle pour montrer l'heure ; mais à leur place l'on fait un axe ABK, fig. 76, dont la base AB soit égale à AB fig. 74. Le côté AK, fig. 76, doit être perpendiculaire & égal à AB. L'on place cet axe de façon que AB, fig. 76, corresponde exactement à AB fig. 74. Alors cet axe étant couché, formera la fig. ABK, fig. 74 ; on le construira comme l'axe du Cadran horisontal analemmatique ; en sorte qu'on puisse le redresser perpendiculairement sur le plan du Cadran, au moyen d'un ressort que l'on met par-dessous. Il convient d'y ajouter un perpendicule pour mettre ce Cadran bien de niveau. Cet axe peut même servir à ce perpendicule. Lorsqu'on voudra se servir de ce Cadran dans la situation horisontale, il faudra le tourner au Soleil, de façon que l'ombre du côté AK, fig. 74, de l'axe redressé, tombe précisément le long de la ligne AV. Alors l'ombre du côté BK coupera le parallele du signe où est le Soleil à l'heure qu'il est. PL. 32. *Fig.* 74 & 76.

SECTION III.

Cadran analemmatique.

551. ON appelle *Analemme* la projection ou représentation orthographique des principaux cercles de la sphere sur un plan ; & ce Cadran s'appelle *Analemmatique*, parce que pour le construire, on est obligé de représenter les principaux cercles de la sphere sur un plan. Après que l'on a trouvé les points qui constituent le Cadran, on efface tous les

PL. 33. Fig. 76. traits & les lignes de construction, qui sont en assez grand nombre. Voici donc comment se décrit ce Cadran; il faut commencer par construire l'analemme de la maniere suivante.

Tirez premiérement les lignes AB, CD, qui se coupent à angles droits au point E, duquel comme centre décrivez le cercle ABCD, représentant le Méridien; son diametre CD l'horison, & AB le premier vertical. Du point D, comptez jusqu'en F l'élévation du pole, qui sera supposée de 49°, & tirez la ligne FE représentant l'axe du monde; de l'autre côté, comptez sur le Méridien de C en G l'élévation de l'équateur, qui sera de 41°, la hauteur du pole étant supposée de 49°, & tirez la ligne GE pour l'équateur. Du point G, comptez de part & d'autre jusqu'en H & en I, 23° 28′, pour la plus grande déclinaison du Soleil. Tirez la ligne HI, coupant l'équateur au point Y, duquel comme centre vous décrirez le cercle HLIK, ou seulement sa moitié que vous diviserez en 6 parties égales. Par chaque point de division, tirez les paralleles à l'équateur jusqu'à la ligne horisontale. Des sections que font les paralleles sur le grand cercle ou Méridien, abaissez des perpendiculaires, qui rencontreront l'horisontale aux points M, N, O, P, & des sections faites par lesdites paralleles sur l'axe EF, abaissez les perpendiculaires indéfinies S*c*, R*b*, Q*a*; ouvrez ensuite le compas de l'espace EM, & de cette même ouverture, posez une pointe sur N, & de l'autre coupez par un petit arc la ligne Q*a*; posez une pointe sur O, & coupez la ligne R*b* par un petit arc au point *b*; puis toujours de la même ouverture EM, posez une pointe en P, & de l'autre pointe coupez la ligne S*c* au point *c*.

Pour construire le petit Zodiaque, prenez la distance *oc*, que vous porterez de E vers A & vers B. pour les Tropiques du Cancer ♋ & du Capricorne

corne ♑ ; prenez la diſtance 4*b*, & la portez de même du point E, pour marquer ſur AB les points des paralleles des Gémeaux ♊ d'un côté, & celui du Verſeau ♒ de l'autre. Prenez enfin la diſtance X*a* pour marquer du même point E, d'un côté le parallele du Taureau ♉, & de l'autre celui des Poiſſons ♓ ; c'eſt-à-dire, qu'il faut prendre les diſtances X*a*, 4*b*, *oc* ſur les lignes N*a*, O*b*, P*c*, depuis leurs interſections X, 4, *p*, avec la Méridienne juſqu'aux extrêmités *a*, *b*, *c*, & les porter chacune ſucceſſivement du point E, en-haut & en-bas ſur le petit Zodiaque que vous formerez, comme il ſe voit en la figure. On pourroit mettre les degrés & minutes ſur le Zodiaque de l'Analemme, de la même façon que nous les mettrons ſur le Zodiaque du Cadran équinoxial ſans bouſſole, art. 564, ci-après. PL. 33. Fig. 76.

Pour avoir les points des heures, du centre E & de l'intervalle EM, décrivez le cercle MTZV ; diviſez-le en 24 parties égales, de même que le grand cercle ABCD, à commencer de l'interſection des points A & T ; & de chaque diviſion oppoſée, tirez des lignes droites, ſavoir, celles du grand cercle paralleles à la ligne AB, & celles du petit cercle paralleles à la ligne CD : or les ſections de ces lignes ſeront les points des heures, ce qu'il faut entendre des ſections les plus proches du grand cercle. Tracez par ces points une courbe adoucie, qui paroîtra une eſpece d'ovale, dont nous n'avons tracé que la partie néceſſaire, comme la figure le montre. Les heures du matin ſont à gauche, & celles du ſoir à droite. Pour avoir les demi-heures, on diviſe les cercles en 48 parties égales ; & pour avoir les quarts, en 96 parties.

553. En faveur de ceux qui veulent une plus grande exactitude, nous donnerons ici une autre méthode de conſtruire l'Analemme : ce ſera par le calcul.

Pl. 33. Fig. 76. Ayant tiré les deux perpendiculaires AB, CD, qui se coupent en E, on prendra la moitié CE pour le grand demi-axe. L'on verra sur l'échelle des parties égales, combien il contient de ces parties. Nous supposerons qu'il en contient 625, & que la latitude est de 49° : pour trouver le petit demi-axe ET, on fera l'Analogie suivante.

Le rayon
est au sinus de la hauteur du pole 49°,
comme le grand demi-axe CE *de* 625,
est au petit demi-axe ET.

log. sin. de 49° 987778
log. de CE de 625 279588

Somme & reste . . . 1267366

c'est le log. de 472 parties égales de l'échelle pour le petit demi-axe ET.

Les points horaires 1, 2, 3, &c, sont sur des lignes *d* 1, *e* 2, *f* 3, &c, perpendiculaires au grand demi-axe DE : pour trouver les distances E*d*, E*e*, E*f*, &c, on fera l'Analogie suivante :

Le rayon
est aux sinus des dist. horaires, 15°, 30°, 45°, &c.
comme le grand demi-axe DE *de* 625,
est aux distances E*d*, E*e*, E*f*, *&c.*

log. sin. de 15° 941300
log. de DE de 625 279588

Somme & reste 1220888

qui est le log. de 162 parties égales de l'échelle, pour la distance E*d*. Par des Analogies semblables, on trouvera E*e*, de 312 : E*f*, de 442 : E*g*, de 541 : & E*h*, de 604, on fera donc passer par ces points *d*, *e*, *f*, *g*, *h*, des perpendiculaires au grand demi-axe DE, ou des paralleles au petit demi-axe ET ;

on trouvera ſur ces lignes les points horaires 1, 2, 3, &c, par cette Analogie : Pl. 33. Fig. 76.

Le rayon
eſt au coſinus des diſtances horaires de 75° pour une heure, 60° pour 2 heures, &c.
comme le petit demi-axe ET,
eſt aux diſtances d 1, *e* 2, *f* 3, *&c.*

log. ſin. de 75° 998494
log. de 472, petit demi-axe ET . . . 267366

Somme & reſte 1265860

c'eſt le log. de 456 parties de l'échelle pour la diſtance *d* 1. Les autres diſtances *e* 2, *f* 3, &c, ſe trouveront de même.

On n'a pris les ſinus que de 15° en 15°; parce qu'on n'a marqué que les heures; mais ſi l'on vouloit avoir les demi-heures, & même les quarts-d'heures, il faudroit prendre les ſinus de 3° 45′ en 3° 45′; c'eſt-à-dire, le ſinus de 3° 45′; enſuite le ſinus de 7° 30′; puis le ſinus de 11° 15′, & ainſi de ſuite.

Il ne reſte plus que le Zodiaque, pour lequel il faut d'abord chercher GM par l'Analogie ſuivante :

Le rayon
eſt au coſinus de la latitude, ou au ſinus de 41°,
comme le grand demi-axe CE *ou* DE,
eſt à GM.

log. ſin. de 41° 981694
log. du grand demi-axe CE ou DE . . 279588

Somme & reſte 1261282

il n'eſt pas néceſſaire de chercher la valeur de GM ; il ſuffit d'avoir ſon logarithme.

Pour la diviſion du Zodiaque, par exemple, pour E ♋ ou E ♑ on fera cette Analogie :

PL. 33. *Le rayon*
Fig. 76. *est à la tangente de 23° 28′, déclin. du Soleil dans les signes du ♋ & du ♑ qu'on veut marquer, comme* GM
est à la distance E♋, *ou* E♑.

log. tang. de 23° 28′ 963761
log. de GM 261282

Somme & reste . . . 1225043

c'est le log. de 178 parties de l'échelle, pour la distance E♋ ou E♑.

Comme le Cadran analemmatique est d'une construction parfaitement symmétrique, & que ce qui se trouve d'un côté, est tout-à-fait égal à ce qui est de l'autre, nous nous sommes contentés de parler d'un côté ED. L'on voit assez par la figure, qu'il faut rapporter dans le côté CE, les distances & les divisions correspondantes du côté ED; & que même dans un même côté ED, les distances *h* 5, *h* 7 sont égales entr'elles, aussi-bien que les distances *g* 4, *g* 8.

554. L'Analemme étant ainsi construit, transportez sur une plaque de laiton, bien dressée & polie,
PL. 34. cette partie de circonférence ovale 4 C T D 8, en
Fig. 77. les traçant légérement de point en point, & marquez-y les mêmes heures, comme elles sont marquées dans la fig. 76.

Transportez-y aussi le petit Zodiaque, prenant avec un compas toutes les distances les unes après les autres, de telle sorte que les signes du Bélier ♈ & de la Balance ♎ soient dans la ligne de 6 heures. Placez-y les caracteres des signes, ou les noms de chaque mois, chacun en leur ordre. Le milieu du petit Zodiaque doit être fendu, pour y faire couler
Fig. 78. le curseur C, qui porte le style droit D, qui se leve ou se couche au moyen d'une espece de charniere.

555. Si l'on a tracé cet Analemme sur un papier, comme cela convient, on transportera facilement sur

la plaque de cuivre, la courbe ovale, ſes ſections horaires avec le petit Zodiaque de la maniere ſuivante: on rougira le revers du papier ſur lequel on a tracé l'Analemme, en le frottant avec un petit linge que l'on aura auparavant rougi dans de la ſanguine bien pilée, réduite en poudre fine & ſéche. On paſſera une couche de cire blanche très-legere, très-mince & bien unie, ſur la plaque de cuivre, en la faiſant chauffer un peu, pour que la cire fonde deſſus. Lorſqu'elle ſera froide, on arrêtera bien le papier ſur la plaque, la ſurface rougie, ſur la cire. Alors on ſuivra bien exactement, ſur le papier, tous les traits, avec une pointe d'acier aſſez fine, mais un peu émouſſée dans la pointe, qui doit être bien adoucie, pour qu'elle ne coupe point. Cette opération fera marquer en rouge tous les traits du papier ſur la plaque. Lorſqu'on aura fini de ſuivre tous les traits du papier, on l'ôtera, & l'on ſuivra avec un burin toute la trace rouge que la pointe aura faite ſur la cire. On aura ſoin de couvrir avec un linge fin & bien doux tous les endroits où l'on appuie la main; ſans cette précaution, on effaceroit une partie de la trace rouge en gravant l'autre. Tout étant ébauché avec le burin, on fera chauffer la plaque pour fondre la cire, on la frottera bien avec un linge, & on finira la gravure.

556. Si l'on ne ſait pas manier le burin, on pourra graver ce Cadran ſur la plaque de cuivre au moyen de l'eau forte. Dans ce cas, on ne cirera point la plaque, mais on la vernira avec le vernis des Graveurs; en voici la compoſition:

Prenez deux onces de cire-vierge; deux onces de ſpalt, que vous pilerez très-fin: demi-once de poix noire; demi-once de poix de Bourgogne. On fera fondre ſur un petit feu la cire ſeule dans un pot de terre verniſé & neuf: enſuite on y mettra les autres drogues, en remuant toujours juſqu'à ce que le tout

PL. 32. ſoit bien fondu & bien mêlé. On verſera la matiere dans une terrine pleine d'eau tiéde; & après avoir un peu pétri cette compoſition, on en fera des boules un peu plus groſſes qu'une noix, & ce vernis ſera fini.

On prendra une de ces boules, qu'on mettra dans un nouet de taffetas fort. On nettoyera & on dégraiſſera bien la plaque avec du blanc d'Eſpagne en poudre & ſec; on la fera chauffer ſuffiſamment, pour qu'en y appliquant ledit nouet, le vernis fonde & paſſe au travers du taffetas, & on vernira ainſi toute la planche, y mettant bien peu de vernis. La plaque étant encore chaude & le vernis encore fondu, on l'égaliſera en tapant doucement avec un autre nouet de taffetas rempli de coton en rame, qu'on aura auſſi fait chauffer, afin qu'il prenne le vernis ſuperflu, & que le vernis reſte très-mince ſur la plaque. On obſervera de ne pas brûler le vernis, ſoit en le compoſant, ſoit en l'appliquant, car on gâteroit tout.

Le vernis étant appliqué & bien uni, on le *flambera* de la maniere ſuivante: on allumera une chandelle de réſine; & tenant la plaque horiſontalement, la ſurface vernie en-deſſous, on promenera cette chandelle de réſine par toute la ſurface, tenant la flamme un peu éloignée, pour ne pas brûler le vernis. C'eſt ainſi que toute cette ſurface ſera bien noircie.

La plaque étant ainſi préparée, on appliquera & on arrêtera, ſur ſa ſurface vernie, le côté rougi du papier du Cadran, dont on ſuivra tous les traits avec la pointe mouſſe, dont nous avons parlé dans l'article précédent. Enſuite on ôtera ce papier dont on verra ſur la plaque tous les traits de couleur rouge. On les ſuivra tous avec une autre pointe, moins mouſſe que la précédente, avec laquelle on emportera le vernis ſur tous les traits.

On fera tenir autour de la plaque un rebord de de cire molle d'environ trois lignes de hauteur, & après l'avoir posée de niveau sur une table, l'on y versera de l'eau-forte par-dessus, en sorte qu'il y en ait environ deux lignes ou deux lignes & demie de hauteur. Cette eau-forte doit être tempérée avec un tiers au moins d'eau commune, qu'on y mêlera auparavant. On laissera ainsi agir cette eau-forte pendant une ou deux heures, & on la versera dans une bouteille. On examinera l'ouvrage; si l'on voit qu'il ne soit pas gravé assez profondément, on remettra l'eau-forte, comme auparavant, jusqu'à ce qu'on connoisse qu'elle ait assez mordu, alors on l'ôtera; & après avoir lavé la plaque dans l'eau commune, on la chauffera un peu, & on enlevera tout le vernis, en la frottant avec un linge & un peu d'huile d'olive. Si en travaillant sur la plaque, il arrivoit qu'on écorchât le vernis en quelqu'endroit, on recouvriroit la faute avec du suif de chandelle fondu qu'on y appliqueroit avec un petit pinceau. Tout ceci, au reste, est bon pour graver les Cadrans sur le cuivre.

557. Sur l'autre partie de la même plaque, on trace un Cadran horisontal, suivant les regles ordinaires pour la même latitude qu'a été fait l'Analemme. On y place le style ou axe vers E perpendiculairement sur la ligne de midi, & cet axe se couche & se redresse au moyen du ressort qui est sous la plaque. Comme il est nécessaire de mettre ce Cadran bien de niveau lorsqu'on veut s'en servir, on ne manquera pas d'y adapter un perpendicule, qui puisse se coucher quand on voudra, & se redresser par le même moyen que l'axe du Cadran. L'on mettra aussi des vis aux quatre coins de la plaque pour la hausser ou la baisser d'un côté ou de l'autre, lorsqu'on voudra la mettre de niveau, selon que le perpendicule l'indiquera. PL. 34. *Fig.* 77.

558. Pour se servir de ce Cadran, on le posera bien de niveau. On mettra le curseur avec son style

droit ſur le jour du mois, ou ſur le degré du ſigne où ſe trouve actuellement le Soleil. On tournera le Cadran ou d'un côté ou de l'autre, juſqu'à ce que les deux Cadrans s'accordent & marquent la même heure. Si, par exemple, le ſtyle droit du Cadran analemmatique marque 10 heures, il faut que l'axe du Cadran horiſontal marque pareillement 10 heures; en ce cas, ce ſera la véritable heure, & il ſera bien orienté. Il ne peut ſervir qu'à la latitude pour laquelle on l'a tracé.

Il faut remarquer qu'il peut arriver que les deux Cadrans, ſavoir, le Cadran horiſontal & l'azimutal, marquent une même heure, & que cependant ce ne ſoit pas la véritable heure; mais on reconnoîtra bientôt l'erreur, en laiſſant quelque temps le Cadran au Soleil: on s'appercevra que les ombres des deux Cadrans ne ſuivront pas l'ordre des heures, mais on évitera toujours cet inconvénient, en orientant, au moins à peu près, le chiffre horaire de XII heures vers le ſeptentrion, ou nord.

Ce Cadran eſt fort bon, & n'a pas les défauts des Cadrans à bouſſole, puiſqu'il n'en a point: il n'a pas ceux des Cadrans qui marquent l'heure par la hauteur du Soleil; car toutes les heures peuvent être auſſi diſtinctes vers le midi, que celles des Cadrans horiſontaux ordinaires.

SECTION IV.

Deſcription & conſtruction de l'Anneau Aſtronomique.

CET inſtrument a eu, comme tous les autres, ſes commencemens & ſes progrès : on l'a augmenté & perfectionné peu à peu. Nous n'entreprendrons pas d'en écrire l'hiſtoire ; on en a fait de bien des manieres dont nous ne dirons mot. Les inconvéniens & les défauts qu'on y a trouvés, les ont fait abandonner. Nous nous bornons à décrire ici le plus parfait que nous ayions vu ; c'eſt celui que ſon Eminence Monſeigneur le Cardinal de Luynes, Archevêque de Sens, a perfectionné & fait conſtruire ſous ſes yeux pour ſon uſage particulier, par le ſieur Baradelle fils, Ingénieur pour les Inſtrumens de Mathématiques, à Paris. Son Eminence a bien voulu, pour le bien public, nous le communiquer & nous le confier pour le faire deſſiner & le faire graver. C'eſt la planche 32 qui le repréſente. Notre intention n'eſt pas ſeulement de faire connoître au Public cet Anneau Aſtronomique, mais encore d'en apprendre un peu la main-d'œuvre à ceux qui n'auront pas aſſez d'expérience & de lumieres acquiſes pour en conſtruire de ſemblables : le cas peut arriver bien ſouvent dans les Provinces où ils ſe trouve des Amateurs adroits, des Ouvriers même, qui voudront exécuter ce Cadran portatif. Au moyen de quelques inſtructions qu'ils verront ici, ils ne ſeront pas obligés d'avoir recours à la Capitale, quelquefois trop éloignée de leur demeure.

559. L'on voit d'abord dans la fig. 1, l'inſtrument entier en perſpective dans toute ſa grandeur PL. 32.

Fig. 32. tel qu'il est exécuté, & tout disposé à montrer au Soleil 7 heures du matin vers la fin du mois de Juin; c'est-à-dire, au solstice d'été. L'on remarque qu'il est composé de trois cercles, dont le plus grand AB est le Méridien, qui représente le Méridien du lieu : le second CD est l'équateur, qui coupe le Méridien du lieu à angles droits, & le troisieme EF est le cercle horaire sur lequel sont marqués tous les degrés de la déclinaison du Soleil, ou sa distance à l'équateur.

Ce cercle horaire porte une alidade mobile garnie de deux pinules G & K. Sur l'autre face du même cercle horaire, il y a une autre alidade semblable en tout, portant également deux autres pinules dont on ne voit que celle H. La pinule qu'on tourne vers le Soleil, est garnie d'une petite lentille convexe, dont le foyer est justement égal à la distance d'une pinule à l'autre. Ce petit verre est adapté à la pinule G, afin que le rayon du Soleil passant au travers, forme un point de lumiere très-vif sur le point correspondant de l'autre pinule K. Ce qui est très-avantageux, sur-tout lorsque le Soleil n'éclaire pas bien. Outre le verre lenticulaire, il y a encore deux petits trous, fig. 8, bien évasés en-dehors, ils ont également deux points correspondans à l'autre pinule, où va se peindre l'image du Soleil.

Le cercle équinoxial CD est mobile sur ses deux pivots C & D, au-dedans du cercle Méridien AB. Le cercle horaire EF est aussi mobile au-dedans de l'équateur, sur ses deux pivots E & F; mais il y a une méchanique remarquable dans ce mouvement, en ce que l'équateur CD se tient nécessairement à angles droits sur le Méridien, aussi-tôt qu'on tire le cercle horaire EF de son parallélisme avec le Méridien AB. Voici en quoi consiste cet artifice.

On peut observer qu'il y a une rainure quarrée tout-autour du dedans & dans l'épaisseur de l'équateur. Cette rainure eſt remplie d'une languette, fig. 9, qui affleure ce dedans, fig. 1, & dont on voit un bout en L; l'autre bout eſt caché, & vient juſques vers Y. Il y a une autre languette ſemblable au côté oppoſé du même équateur de C vers Z. Il y a une vis en P au-dedans du cercle horaire, qui traverſe ſon épaiſſeur, & qui va prendre le milieu de la longueur de la languette. La partie de cette vis qui entre dans la languette, n'eſt point filetée; elle eſt en maniere de pivot. Il y a une autre vis ſemblable en O, & qui fait la même fonction à l'égard de la languette tout comme la premiere vis P. PL. 32.

Il faut maintenant s'imaginer que l'équateur CD, qui a ſes centres de mouvement en C & D, au moyen des deux vis, fig. 6, poſées aux points C & D qui lui ſervent de pivots, eſt tiré de ſon parallèliſme avec le Méridien; ſi l'on éleve le cercle horaire, les deux languettes comme de véritables couliſſes, étant pouſſées par les deux vis en façon de pivots par le mouvement que l'on fait faire au cercle horaire, coulant le long de la rainure de l'équateur, & l'obligent néceſſairement à ſe tenir toujours à angles droits ſur le Méridien, quelque pente ou quelqu'élévation qu'on donne au cercle horaire. Les porte-pivots E & F de l'équateur ſont attachés ſur le Méridien par des vis, & ils ſont aſſez échancrés pour laiſſer mettre l'équateur au-dedans, & parallélement au Méridien. On en voit un ſéparément & en perſpective en la fig. 7; celui E, fig. 1, eſt poſé par-deſſus le Méridien, & celui F qui lui eſt oppoſé, eſt poſé par deſſous, comme le demande la ſituation de l'équateur lorſqu'on plie l'inſtrument.

Il faut remarquer que l'alidade de deſſous n'eſt pas abſolument néceſſaire pour l'uſage de l'inſtrument en lui-même; mais on la met principalement pour que toutes les parties de l'Anneau Aſtrono-

PL. 23. mique ſoient dans un équilibre le plus exact ; ce qui eſt eſſentiel, afin que lorſqu'on veut voir l'heure qu'il eſt, il ſe tienne bien vertical. Du reſte, ces deux alidades ont le même mouvement, en ſorte que, pour peu qu'on en remue une, l'autre ſuit bien exactement la même direction. Ce qui ſe fait au moyen du centre, fig. 4 : l'on y voit au ras de la tête une partie quarrée, qui prend une alidade dans ſon trou quarré, fig. 3 ; enſuite, fig. 4, vient la partie cylindrique, qui tourne dans le trou du centre du cercle horaire : après vient encore un quarré, qui entre dans l'alidade du deſſous ; & enfin le reſte de ce centre eſt à vis, ſur lequel on viſſe l'écrou, fig. 5, qui ſerre le tout enſemble. Cet écrou porte deux trous, pour recevoir les deux petits becs d'un tournevis fourchu.

560. La ſuſpenſion de l'Anneau Aſtronomique, fig. 1, eſt remarquable. Cette maniere ſe nomme *en lampe de Cardan*. C'eſt la meilleure de toutes les ſuſpenſions, pour la liberté entiere du mouvement dans tous les ſens poſſibles. QI, fig. 1, la repréſente en perſpective toute montée. L'on y voit aſſez diſtinctement toutes les pieces dont elle eſt compoſée, en voici le détail : *ab*, fig. 1, eſt une agraffe qui fait reſſort en *ab*, qui porte quatre crochets, deux à chaque extrêmité, qui ſe replient ſur le bord extérieur du Méridien. L'on voit cette agraffe ſéparément & en perſpective en la fig. 12, elle porte en ſa partie ſupérieure deux oreilles, qui forment un croiſſant, c'eſt pour recevoir bien librement une boule G, fig. 14, percée dans ſon diametre de deux trous, qui ſe croiſent à angles droits. Un de ces trous ſert à recevoir deux vis *e*, *f*, fig. 1, qui ne ſont viſſées que dans le croiſſant, & ſe terminent en façon de pivots dans toute la partie qui eſt dans la boule. Les deux autres trous, qui ſont faits dans la boule, ſont pour prendre un autre croiſſant, fig. 15, dont

les deux anſes qui ſont percées, reçoivent deux autres vis ſemblables aux deux précédentes. Par ce moyen, ce ſecond croiſſant tient bien librement à la boule. Ce ſecond croiſſant, fig. 15, a une partie I cylindrique, qui entre dans la douille K, fig. 13, dans laquelle elle tourne bien librement. Cette partie cylindrique eſt arrêtée dans la douille K par la virole & la vis L, ſerrée en ſorte que le cylindre tourne bien librement. L'on voit ces pieces montées, fig. 1, en *l*, *i*, *e*, *f*, *g*. PL. 32.

Pour rendre cette ſuſpenſion bien adhérente, & cependant bien coulante à l'entour du Méridien, il faut remarquer une petite rainure faite très-près du bord dudit Méridien ſur la face du deſſus & du deſſous. Voyez fig. 16 une coupe de ce Méridien, où l'on remarque ces deux rainures. La plaque *cd*, fig. 1, ou CD, fig. 11, porte ſur ſon deſſous une languette *ab* dans toute la longueur. Cette piece eſt vue ici à ſon revers pour faire remarquer la languette. Il y a deux plaques ſemblables. On en poſe une ſur le devant de la piece *ab*, fig. 1, ou AB, fig. 12, & l'autre ſur le derriere. L'on fait tenir ces deux plaques devant & derriere, en ſorte que les deux languettes entrent dans les deux rainures, & on les arrête par deux vis. Ces deux plaques étant ainſi arrêtées, tiennent toute la ſuſpenſion inſéparable du Méridien, & l'on peut la faire couler tout à l'entour. Cependant on la rend fixe quand on veut, au moyen d'une vis de preſſion *h*, fig. 1, ou H.

L'on a déja pu remarquer deux petites pieces R & S, fig. 1, bien rapportées, & totalement fixées ſur le cercle horaire en deux endroits diamétralement oppoſés, & qui n'ont pas plus d'une ligne & demie de ſaillie : l'une R a ſa ſaillie au-deſſous du cercle horaire, & l'autre S l'a en-deſſus. Ces deux pieces ſont des *nonius*, pour voir juſqu'à la minute l'heure qu'il eſt, comme nous l'expliquerons bientôt.

PL. 32. 561. Il y a deux autres pinules B & T séparées de l'instrument, & qu'on y rapporte quand on veut; l'une B porte une lentille comme celle de l'alidade, & l'autre T porte des divisions : ces deux pinules tiennent dans la rainure du Méridien par un petit mantonnet d'acier à ressort, & peuvent couler autour du Méridien & s'arrêter où l'on veut. On en voit une en perspective, fig. 10. *ab* est une large rainure pour embrasser toute l'épaisseur du Méridien; *c*, *e* sont les deux joues qui forment cette rainure; *d* est le mantonnet d'acier qui sort au dedans de la rainure, & qui entre dans celle du Méridien, y étant poussé par le ressort fixé en-dessous par deux petites vis. *e* est ce ressort qu'on voit séparé en *gf* : *g* est la partie du ressort qu'on prend avec les doigts pour dégager le mantonnet de la rainure du Méridien, lorsqu'on veut ôter la pinule. *h* est la face de la pinule qui regarde sa correspondante, où est la lentille de laquelle vient le rayon de lumiere contre les divisions 1, 2, 3, &c.

La fig. 2 représente l'Anneau Astronomique tout plié, & prêt à mettre dans son étui. L'on y voit comment les trois cercles sont gradués. On l'a représenté sans la suspension, n'y étant point nécessaire pour notre objet. Le zéro o de la division du Méridien où l'on a posé la vis ou pivot sur lequel l'équateur tourne, doit se trouver vis-à-vis du midi de l'équateur, & le n°. 90 doit se trouver sur VI heures. C'est sur ce point de VI heures qu'est posé le pivot sur lequel roule le cercle horaire. On en fait autant au côté diamétralement opposé sur la même face, & c'est aux mêmes points où sont posés les autres pivots correspondans. Ces divisions font partie du cercle divisé en 360 degrés. Le second cercle, qui est l'équateur, est divisé d'abord en 24 parties égales pour avoir les heures. Chaque heure est divisée en 12 parties égales, pour avoir les minutes d'heure de cinq en cinq ; de ſorte que l'équateur ſe trouve par-là diviſé en 288 parties égales. Pl. 32.

Le cercle horaire eſt diviſé en 360°, ou pour mieux dire, en quatre fois 90°, en ſorte que les deux zéro o ſe trouvent vis-à-vis de XII heures de l'équateur, & les deux 90 ſe trouvent vis-à-vis des deux VI heures. C'eſt le ſeul des trois cercles qui eſt également diviſé ſur l'autre face en 360 degrés parfaitement correſpondans, & ils ſont numérotés dans le même ordre. Sur la premiere face, c'eſt-à-dire, ſur celle où les autres cercles ſont diviſés, on a rendus plus remarquables que les autres, les 24 premiers degrés à droite & à gauche des zéro o, par des chiffres ou numéros plus gros que les autres, parce que ces premiers degrés ſont ceux de la déclinaiſon du Soleil, dont la plus grande eſt de 23 degrés 28 minutes. On a gravé ces mots à droite du zéro o, *déclinaiſon boréale*, 23° 28′; & à la gauche du même zéro o, on y a gravé ces autres mots, *déclinaiſon auſtrale*, 23° 28′.

Il y a un arc de cercle qui ſe tient aux deux bouts de l'alidade *ab* & *cd*, fig. 3, ou fig. 2; c'eſt un *nonius* pour avoir toutes les minutes de la déclinaiſon du Soleil. L'on y a diviſé 61 degrés du cercle horaire en 60 parties égales ſur la portion du cercle de l'alidade, & afin de pouvoir compter ſur ce *nonius* par *a* ou par *b*, l'on a numéroté le *nonius* en deux ſens différens.

La plaque CD, fig. 11, ou *cd*, fig. 1, porte également un autre *nonius*, pour avoir toutes les minutes de degré de la hauteur du pole. C'eſt également 61° du Méridien diviſés ſur la plaque en 60 parties. Elles ſont numérotées d'une façon différente, afin que le zéro o ſe trouve au milieu ; mais l'on y trouve toutes les 60 minutes des degrés pour la hauteur du pole, comme nous venons de le dire.

Pour les *nonius* R & S, fig. 1, l'on diviſe en

Pl. 32. cinq parties égales, quatre des divisions du cercle horaire. Par ce moyen l'on a chaque minute de l'heure.

Usage de l'Anneau Astronomique

562. Après avoir fait connoître la composition méchanique de l'Anneau Astronomique, il convient d'enseigner à s'en servir. Il faut d'abord montrer comment l'on doit le monter lorsqu'on veut voir l'heure qu'il est. On mettra le pendant ou suspension au degré & à la minute de la hauteur du pole du lieu où l'on se trouve ; on mettra l'alidade où se trouve une des lentilles, au degré & à la minute de la déclinaison du Soleil du jour où l'on est, du côté boréal ou austral, selon la saison où l'on est; & ayant mis l'équateur à angles droits sur le Méridien, on tiendra l'instrument par le pendant : on présentera la lentille de l'alidade vers le Soleil X, haussant ou baissant le cercle horaire au-dedans de l'équateur, jusqu'à ce que le rayon de lumiere XGK donne précisément sur un point correspondant K marqué sur l'autre pinule de la même alidade. On regardera alors sur quelle heure & quelle minute se trouvera le cercle horaire à l'équateur, ce qui indiquera la véritable heure présente. L'on peut en même-temps remarquer à quel degré de hauteur se trouve le Soleil alors. L'on peut aussi, par cet instrument, prendre une hauteur absolue du Soleil, pour trouver par le calcul l'heure de midi pour tracer une méridienne, comme nous l'avons enseigné art. 433, 434 & 435.

Vers les équinoxes, la lentille se trouvera cachée par l'épaisseur de l'équateur ; mais les deux petits trous qui sont aux pinules au-dessus de la lentille, servent alors. Il passe par ces deux trous des rayons de lumiere qui vont donner sur deux points faits exprès sur la pinule correspondante. Il faut remarquer que pour rendre les points de lumiere plus sensibles, l'on l'on colle avec la colle de poiſſon un papier ſur toutes les pinules contre leſquelles donnent le point de lumiere.

Un autre uſage non moins intéreſſant que l'on peut faire de l'Anneau Aſtronomique, eſt de prendre des hauteurs correſpondantes pour tracer une méridienne, ou vérifier la marche d'une pendule à ſecondes. Les pinules de rapport B & T, fig. 1; ou *habe*, fig. 10, ſont imaginées pour cela; étant éloignées l'une de l'autre du diametre entier du Méridien, l'on aura plus de préciſion. On les poſera ſur le bord du Méridien. La pinule B, fig. 1, qui porte une lentille, ſera celle qu'on préſentera au Soleil; celle T en recevra l'image. On tiendra l'Anneau Aſtronomique par le pendant, tous les cercles étant pliés, & les pinules du cercle étant diſpoſées pour qu'elles n'embarraſſent rien, l'on hauſſera ou l'on baiſſera l'une ou l'autre pinule du Méridien, juſqu'à ce que le rayon de lumiere du Soleil vienne ſe peindre ſur la premiere diviſion de la pinule T, & l'on écrira quelle heure, quelle minute & quelle ſeconde il eſt dans ce moment à la pendule. Lorſque l'image du Soleil ſe trouvera ſur la ſeconde diviſion, on écrira encore quelle ſeconde il eſt à la pendule dans ce moment. On en fera autant pour chaque diviſion, en ſorte que l'on aura pris 7 points de hauteur du Soleil. L'on peut en prendre même 14, en écrivant la ſeconde de la pendule au moment où l'image du Soleil commence à toucher le bord de la premiere diviſion, & lorſqu'elle en ſort. On peut faire de même ſur chaque diviſion. L'après-midi l'on fera la même obſervation tout comme dans la matinée. Ayant donc 28 hauteurs correſpondantes, l'on examinera ſi elles ſe trouvent également éloignées du midi de la pendule. Si cela eſt, on peut s'aſſurer qu'elle ſera parfaitement à l'heure. Nous avons déja expliqué dans les art. 424, 425, 426 & 427, comment & quelle correction il faut faire à l'heure de midi ainsi trouvée, lorsqu'on opere par les hauteurs correspondantes hors le temps des solstices. L'on pourra, par cette méthode, tracer une Méridienne, comme nous l'avons dit ci-dessus.

Remarques sur la construction de l'Anneau Astronomique.

563. La construction des trois cercles demande certains soins. Il faut d'abord en faire les modeles en bois, plus épais & plus larges qu'ils ne doivent être étant finis, afin de pouvoir les écrouir & les tourner. Il faut les tourner exactement ronds, & tellement ajustés, qu'ils soient justes les uns dans les autres & bien affleurés. Il faut ensuite trouver très-exactement les deux points diametralement opposés à chacun des trois cercles pour poser leurs pivots qui leur servent de centres de mouvement; cet article est si essentiel, que pour peu qu'on manque ces points, on peut être assuré que tout l'instrument sera manqué. Ces points se trouveront au moyen de la platte-forme ordinaire, qui sert à faire toutes les divisions. Tous les pivots, qui doivent être d'acier, seront tournés bien ronds & bien polis, & ne doivent point du tout ballotter dans leurs trous; mais il faut qu'ils y soient justes, sans y entrer à force. Il faut aussi tourner les deux pivots à patte, fig. 7, pour la partie *ab* & *c*, le tout bien poli. L'on creusera, avec un outil fait exprès, sur le champ des deux points opposés du cercle horaire, la place de la tête plate *a b*, fig. 7, du pivot à patte, en sorte qu'elle remplisse bien sa place. Tous les pivots, soit à vis, soit à patte, doivent traverser totalement le limbe de leur cercle respectif. Toutes les vis en général doivent être tournées & toutes d'acier. Celles qui servent de pivots dans la suspension, doivent être également tournées bien rondes & bien polies. Quand

l'ouvrage est tout fini, on les bleuit, pour qu'elles soient moins sujettes à la rouille.

Les alidades doivent être ajustées avec grand soin sur leur centre d'acier, qui doit être bien tourné & bien poli. Les deux quarrés de ce centre doivent entrer bien justes dans les alidades, afin qu'elles n'ayent qu'un seul & même mouvement. Il faut que leur portion de cercle s'applique exactement sur le cercle horaire. C'est pourquoi le trou du centre de celui-ci doit être bien perpendiculaire à l'égard de son plan.

Les lentilles de verre qui sont posées aux pinules des alidades, demandent d'être posées avec beaucoup d'attention. Il s'agit principalement de les bien centrer, sans quoi elles rendroient tout l'instrument très-défectueux. Pour les bien centrer, on les fera tenir au bout d'un petit canon, avec de la cire ou autrement. On le disposera, en sorte que le canon tournant sur le tour portatif, & présentant en même-temps la lentille au Soleil, le rayon de lumiere donne sur un point. On poussera, ou d'un côté ou de l'autre, le verre, jusqu'à ce que le point de lumiere soit immobile, quoique le canon tourne. Alors on marquera avec un diamant, un petit trait sur le verre, pour que l'Opticien le coupe sur cette mesure, car il a dû être fait trois ou quatre fois plus grand. On le fera faire exactement du foyer de la distance d'une pinule à l'autre. L'on voit en *a*, fig. 8, la grandeur que doit avoir le verre. On fera une grande attention à bien placer ces verres lenticulaires, aussi-bien que les points correspondans des autres pinules. On fait tenir ces verres en leur place sur la pinule, en les *sertissant* avec un brunissoir.

SECTION V.

Cadran Equinoxial universel sans Boussole.

564. C'Est un Cadran nouvellement inventé, quant à sa composition, à sa figure & à sa construction. Il est, comme on le va voir, sur les mêmes principes de l'Anneau astronomique. La fig. 1, pl. 38, en représente géometralement le plan dans sa grandeur naturelle. BCD est une plaque de laiton d'environ une ligne d'épaisseur. F, G, H sont trois vis pour la mettre bien de niveau. OQ est le niveau même, qui est un perpendicule, il est représenté couché. AB, fig. 7, est ce même niveau représenté séparément. C'est une tige droite qu'on releve verticalement lorsqu'on veut se servir du Cadran, & il tient debout au moyen du ressort EB attaché par la vis E au-dessous de la plaque BCD, dont on n'a représenté qu'un petit morceau. AF est un plomb suspendu par une soie dans un très-petit trou au bout supérieur A de la tige. La pointe du plomb F va donner sur un point marqué sur la plaque, lorsque, au moyen des trois vis F, G, H, fig. 1, l'on a mis la premiere plaque BCD parfaitement de niveau.

Pl. 38. Fig. 1.

La fig. 9 représente une autre espece de niveau qui paroît nouvellement inventé. C'est une boîte ronde de cristal, recouverte par une glace un peu concave en-dessous. On y met de l'esprit-de-vin en-dedans. L'on fait une boîte de cuivre dans laquelle on enferme la boîte de verre qui n'est découverte qu'en-dessus. C'est un niveau d'air propre à niveller en tout sens. Un niveau de cette espece seroit très-propre pour mettre au centre de ce Cadran, au lieu du fil à plomb. Mais cette invention est encore trop récente pour être assez perfectionnée, & pour être d'un prix un peu modéré. Je l'ai fait représenter dans cette planche seulement pour le faire connoître un peu. PL. 38. *Fig.* 9.

Par-dessus cette plaque BCD, on en ajuste une autre KMN, qui est ronde & de la même épaisseur que la premiere. On la fait tenir sur celle-ci au moyen du centre dont on voit la tête large I, arrêtée en-dessous par un écrou ; en sorte que cette seconde plaque peut tourner avec assez de facilité par-dessus la premiere, contre laquelle elle doit bien joindre sans aucun ballottement. *Fig.* 1.

Cette seconde plaque tournante porte deux principales pieces, qui sont le cercle équinoxial KMN, se pouvant baisser & rehausser sur son centre de mouvement I, qui fait la fonction d'une charniere. Ce cercle équinoxial IGH est représenté séparément en perspective en la fig. 6 : on le voit séparé de son support ou charniere MLN ; K est la goupille de la charniere.

La seconde piece que porte la seconde plaque, est le Méridien NI, fig. 1. Ce Méridien se monte sur son support ou charniere P. L'on peut, par ce moyen, le lever droit lorsqu'on veut se servir de ce Cadran, ou le coucher quand on veut mettre le Cadran dans son étui. La fig. 8 représente séparément ce Méridien TR. L'on voit en R sa charniere, & RS son support, par lequel le Méridien est attaché sur la seconde plaque.

Le cercle équinoxial HIG, fig. 6, porte dans ses deux trous H, G (qui doivent être bien exactement sur la ligne qui partageroit le cercle en deux parties égales) un axe HI, fig. 3, lequel axe est fait dans son milieu en double équerre QDEF, qui a une longue ouverture ou fente DE, & une rainure en QD, & une autre en FE. Cette ouverture & ces deux rainures sont faites pour recevoir la petite pla-

PL. 38. *Fig.* 4. que ZXT, fig. 4, qui peut couler à frottement & se bien maintenir dans cette place. Pour la former, l'on fait une échancrure ou ravalement sur l'épaisseur de la double équerre YK, fig. 3, dont la profondeur est égale à l'épaisseur du Zodiaque ou petite plaque ZTX, fig. 4; l'on voit cette épaisseur en R. Ce ravalement étant fait, on le recouvre d'une petite plaque taillée également en double équerre QDEF, fig. 3, que l'on attache sur celle de l'axe par quatre vis. L'on conçoit déja que lorsque le tout est bien ajusté, le Zodiaque ZTX, fig. 4, doit couler dans sa place à frottement doux, & qu'on peut le faire sortir ou l'enfoncer plus ou moins selon le besoin. Ce Zodiaque ZX, fig. 4, porte en V une petite douille & une ouverture en T; c'est pour y insérer le piton plat S, qui a une petite tige cylindrique pour entrer juste à frottement un peu doux dans la douille V, & qui la traverse jusques dans l'ouverture T; l'on goupille cette partie cylindrique du piton, afin qu'il ne puisse pas sortir de sa place, & que cependant il puisse tourner à volonté. La partie plate de ce piton porte un petit trou dans son milieu, qui doit être bien fraisé ou évasé de chaque côté, afin qu'il n'y ait point d'épaisseur.

Il faut maintenant s'imaginer que le Zodiaque garni de son piton, est monté dans sa place QDEF, fig. 3, sur l'axe HI, & que celui-ci, garni de toutes ses pieces, est monté dans le cercle équinoxial, fig. 6, dans les deux trous H, G, & qu'il y peut tourner à volonté. L'on doit remarquer, fig. 3, à un bout de l'axe un endroit quarré I, un peu évidé aux quatre côtés. Ce quarré porte en G, fig. 6, sur un ressort, représenté séparément, fig. 5. Ce ressort fait deux fonctions, l'une de retenir l'axe par son crochet, afin qu'il ne puisse pas sortir de son trou, & l'autre de placer toujours le Zodiaque à angles droits, sur le plan de l'équateur, ce qui eſt eſſentiel. L'on a repréſenté toute cette monture dans la fig. 1, par une ponctuation ſeulement, pour éviter la confuſion. Pl. 38.

La fig. 2 repréſente en perſpective tout le Cadran diſpoſé comme devant montrer l'heure. AB eſt la premiere plaque, qui porte les trois vis, pour mettre le Cadran de niveau, au moyen de l'à-plomb CRD. L'on voit la pointe du plomb, qui donne ſur un point déſigné par un trait coupé d'un autre trait en croix. Cette plaque ne porte que l'à-plomb. L'on apperçoit une ouverture en B, qui ſert à recevoir le crochet de l'à-plomb, lorſqu'on le couche. EF eſt le Méridien. L'on voit en F ſa charniere & ſon ſupport, par lequel il eſt fixé ſur la ſeconde plaque FG. L'équateur HI eſt élevé à la hauteur de l'équateur du Ciel, au moyen du Méridien gradué. RL eſt l'axe qui porte le Zodiaque KD dans ſa double équerre. Il faut remarquer comment le reſſort M retient l'axe RL par ſon crochet. N eſt le centre ſur lequel tourne la ſeconde plaque. Voilà donc la conſtruction méchanique de ce Cadran.

Quant à la diviſion du cercle équinoxial, elle eſt fort ſimple. C'eſt le cercle entier diviſé en 24 parties égales, ſi l'on ne veut que les heures, en 48, en 96, &c. ſi l'on veut les demi-heures, les quarts, &c. par conſéquent le demi-cercle HIG, fig. 6, doit être diviſé en 12 parties égales, &c. L'on doit retourner toutes les diviſions, & les marquer au-dedans & ſur l'épaiſſeur de ce demi-cercle. On tracera une ligne au milieu de cette épaiſſeur en-dedans. Cette ligne eſt eſſentielle, comme nous le verrons bientôt. Le trou du piton S, fig. 4, doit ſe trouver au milieu, ou bien au centre du demi-cercle, lorſque le Zodiaque eſt entiérement enfoncé dans ſa double-équerre, en ſorte que ſi l'on poſoit une pointe de compas dans le milieu de ce trou, on décriroit avec l'autre la

PL. 38. ligne qui eſt au milieu de l'épaiſſeur de l'équateur.

Le Méridien TR, fig. 8, n'eſt qu'un quart-de-cercle, il doit donc être diviſé en 90 degrés qu'il faut commencer en T, & non en R, conformément au Méridien du Cadran Equinoxial à bouſſole, & pour les mêmes raiſons. Voy. pag. 282.

Il reſte à diviſer le Zodiaque, ce qui peut ſe faire de pluſieurs manieres : il faut toujours commencer par prendre le rayon de l'intérieur du cercle équinoxial ; on le trouvera bien facilement en prenant avec le compas la corde ou la diſtance de 60°, qui ſera toujours du point de midi au point de 4 heures ou de 8 heures; en un mot, de 4 heures d'intervalle. On portera cette diſtance ſur la ligne indéfinie AB, fig. 10, on élevera ſur le point B une perpendiculaire BC : on appliquera le demi-cercle de l'étui ordinaire de Mathématiques, ſur la ligne AB, en ſorte que ſon centre ſe trouve ſur le point A, & ſa ligne diamétrale ſur la ligne AB ; on marquera des points ſur la figure à chaque degré du demi-cercle juſqu'à 24 degrés. On tirera des lignes du centre A juſques aux points de chaque degré ; les interſections qui ſe trouveront ſur la ligne BC, formeront la diviſion de tous les degrés néceſſaires au Zodiaque dont il s'agit.

Voici une autre maniere. Si le rayon du cercle équinoxial ſe rencontroit juſte avec votre échelle de dixme, autrement dite de parties égales, on trouveroit dans la Table des tangentes naturelles, toutes les diſtances d'un degré à l'autre. Par exemple, l'on veut avoir la diſtance *af*, fig. 4, juſqu'au 10ᵉ degré *df*, on cherchera le 10ᵉ degré aux tangentes naturelles, on y trouvera ce nombre 176; nous en retranchons les quatre derniers chiffres, parce que nous ſuppoſons le rayon de 1000 parties. L'on trouvera de même la tangente de 15° de 260 parties; celle d'un degré, de 17 parties, &c. ſi le rayon, au lieu de ſe trouver de 1000 parties de votre échelle, n'étoit que de 500, on ne prendroit que la moitié du nombre trouvé à chaque tangente. Si le rayon étoit seulement de 250, on ne prendroit que le quart du nombre trouvé à chaque tangente. PL. 38.

Si le nombre des parties du rayon ne se trouve ni de 1000, ni de 500, ni de 250, &c. mais qu'il soit, par exemple, de 864 parties de votre échelle de dixme, le mieux sera alors de faire la division dont il s'agit par le calcul, au moyen de l'Analogie suivante :

Le rayon
est à la tangente de 5°, *ou de* 10°, *ou de* 12°, &c.
comme 864, *longueur du rayon du cercle équinoxial*,
sera aux distances requises de 5°, *ou de* 10°, *ou de* 12°, &c.

Exemple. Log. tang. de 5°, 2ᵉ terme... 894195
log. du nombre 864, 3ᵉ terme...... 293651

Somme & reste... 1187846

qui étant cherché dans la Table des nombres naturels, se trouvera répondre au nombre 76; ce sera la distance en parties égales de votre échelle de dixme de *ab*, jusqu'au cinquieme degré sur le Zodiaque, on en fera de même pour tous les 24 degrés.

Voici comment on transportera toutes les distances des degrés sur le Zodiaque. On le mettra d'abord dans sa place, c'est-à-dire, dans la double-équerre QDEF, fig. 3, de l'axe; on l'enfoncera jusqu'à ce que le centre du trou du piton S, fig. 4, soit précisément au centre de l'axe, ou, ce qui revient au même, au centre du cercle équinoxial, alors on tracera la ligne *ac*, fig. 4, le long du bord ED du dehors de la double-équerre. On ôtera le Zodiaque de sa place, on prendra l'une après l'autre, sur l'échelle des parties égales toutes les distances que le calcul

PL. 38. aura données, ou qui se trouveront marquées sur la fig. 10, & on les transportera sur le Zodiaque, à commencer toujours de la premiere ligne *ac*, vers *fd*, *b*Z. Tous les points étant marqués aux deux côtés du Zodiaque, on tracera des obliques en travers, comme on peut le remarquer sur la fig. 4, ZX, voy. pag. 43; on tirera cependant des perpendiculaires ou paralleles à la ligne *ac* de 5 en 5 degrés. On gravera leurs chiffres aux deux côtés. On divisera aussi en 12 parties égales le bord extérieur de la double-équerre, ce qui désignera les minutes de cinq en cinq sur chaque degré du Zodiaque.

Il sera utile de faire ici quelques observations pour la bonne construction de ce Cadran. On ne manquera pas de faire bien joindre ensemble les deux principales plaques, fig. 1, le cercle équinoxial sera parallelement aux plaques, en sorte qu'il ne soit pas plus élevé d'un côté que de l'autre. On marquera le point auquel doit répondre la pointe du plomb, au moyen d'une équerre, dont une lame étant appliquée sur la plaque, le bout supérieur de l'autre lame doit donner au milieu du trou supérieur du perpendicule; alors on marquera un point sur la plaque. En faisant cette opération sur quatre sens opposés, on trouvera le véritable point qui doit marquer le niveau. Le perpendicule doit être fait avec soin quant à son pied, afin que le ressort qui sera pardessous, fasse bien sa fonction, & que cette tige se mette toujours exactement à angles droits d'elle-même lorsqu'on la redresse.

Mais ce qui demande le plus d'attention, c'est l'axe avec le Zodiaque, afin que celui-ci coule bien sans aucun ballottement, & qu'il se trouve toujours à angles droits à l'égard de l'équateur, à quelque degré qu'on le mette. Il sera fort utile de marquer les mêmes divisions sur les deux faces, & que le dos de la double-équerre soit chanfrainé dessous & dessus.

Le quarré I de l'axe HI, fig. 3, doit être fait avec cette attention, qu'il y ait deux côtés exactement perpendiculaires au Zodiaque ; afin que celui-ci se trouve infailliblement à angles droits sur l'équateur lorsqu'on le redresse. Pl. 38.

Usage de ce Cadran.

Il faut d'abord mettre le Zodiaque au degré & à la minute de la déclinaison du Soleil au jour où l'on se trouve. Outre qu'on verra ces Tables de la déclinaison du Soleil pour tous les jours de l'année, à la fin de cet Ouvrage, elles sont encore dans les *Etrennes Mignones*, *Colombats* & autres Almanachs qui se distribuent par-tout, & dont presque tout le monde est pourvu. On enfoncera ou l'on avancera le Zodiaque dans sa double-équerre, jusqu'à ce que l'on voye à son dos qu'il est arrivé au degré & à la minute de la déclinaison du Soleil convenable. On fera tourner l'axe, en sorte que le plan du Zodiaque se trouve perpendiculaire au plan du cercle équinoxial, avec cette observation que lorsque la déclinaison sera septentrionale, l'on retournera l'axe, en sorte que le piton du Zodiaque se trouve en-dessus. Mais depuis environ le 22 de Septembre jusqu'au 20 de Mars ou environ, le piton du Zodiaque doit être au-dessous, cette déclinaison du Soleil se trouvant alors australe ou méridionale, comme on le voit marqué dans ces Tables.

Lorsqu'on aura mis le Zodiaque comme il faut, on mettra l'équateur à l'élévation du pole du lieu où l'on se trouve, au moyen du Méridien où les degrés sont marqués. On pourroit mettre un *nonius* à la place de la fleur-de-lys, afin de tenir compte des minutes de degré pour l'élévation du pole. On mettra le Cadran au Soleil sur quelque plan horisontal que ce soit, en tournant à peu près vers le nord la charniere de l'équateur ; on le mettra bien de niveau au moyen des trois vis à ce destinées, & on levera debout le perpendicule qui porte le fil à plomb, & lorſqu'on verra que la pointe du plomb touche ſur le point de niveau, on retiendra ainſi la premiere plaque d'une main, & avec l'autre on fera tourner la ſeconde plaque d'un côté ou de l'autre, juſqu'à ce que le milieu du rayon de lumiere du trou du piton, donne préciſément ſur la ligne qui paroît partager en deux l'intérieur de l'équateur. Ce rayon de lumiere déſigne alors la véritable heure: & afin que le point de lumiere ſoit bien net & rond, on tournera ſur lui-même ſuffiſamment le piton, en ſorte que ſa face regarde directement le Soleil.

Il faut obſerver qu'il y a deux points correſpondants, où le rayon de lumiere peut ſe trouver ſur la ligne dont il s'agit; comme l'on ſait toujours l'heure qu'il eſt, au moins à une ou deux heures près, on ne peut pas s'y méprendre: mais on a toujours une reſſource infaillible pour ſe décider à cet égard; on n'a qu'à laiſſer marcher un peu ce point de lumiere, & l'on reconnoîtra bientôt l'erreur, s'il ſort de cette ligne.

Ce Cadran eſt meilleur que tous ceux qui marquent l'heure par les hauteurs du Soleil; il eſt même préférable à l'Anneau aſtronomique, parce que celui-ci ne peut pas ſervir s'il fait du vent, & qu'on n'eſt jamais bien aſſuré que ſon Méridien ſe mette parfaitement vertical. En un mot, on peut le regarder comme le meilleur de tous, étant d'ailleurs d'une exécution facile.

On fait une quantité d'autres eſpeces de Cadrans: on en conſtruit ſur une croix, ſur des polyhedres, où l'on voit un nombre de Cadrans, un ſur chaque face; on en conſtruit ſur des globes, ſur la ſurface concave d'un cylindre, &c. Tous ces Cadrans ſont plus curieux qu'utiles, ceux qui voudront les connoître, pourront les voir dans pluſieurs Auteurs qui les ont décrits.

CHAPITRE XI.

Observations sur la maniere de régler les Horloges.

565. AYANT enseigné l'art de tracer des Cadrans solaires, on pourra avoir l'heure avec exactitude par leur secours. Comme le Soleil ne luit pas toujours, il resteroit beaucoup de temps, pendant lequel on ignoreroit l'heure, si l'on n'eut pas inventé les Horloges, qui font tant d'honneur à l'esprit humain. Mais ces ingénieuses machines, pour être utiles, ont besoin d'être réglées de temps en temps sur le Soleil. Ainsi pour rendre les productions de la Gnomonique d'un usage plus étendu, nous nous sommes proposé de donner quelques avis, non-seulement pour mettre les Horloges à l'heure, mais encore pour régler leur marche, & rendre leur mouvement conforme au temps moyen, qui est celui qui leur est propre. Par le terme *Horloge*, nous en entendons en général les trois especes ordinaires, les montres de poche ou portatives, les pendules & les grosses Horloges. Nous les distinguerons quand il sera nécessaire.

566. L'heure la plus propre & la plus commode pour régler une Horloge, est celle de midi, prise sur une bonne Méridienne; ou, à son défaut, sur le midi d'un Cadran ordinaire fait avec soin. On pourroit également choisir une, deux ou trois heures avant ou après midi, pourvu qu'on prenne toujours la même heure pour les observations.

567. Si l'on choisit l'heure de midi, on y mettra exactement l'Horloge : or pour faire cette opération comme il faut, il convient de distinguer l'espece

d'Horloge. S'il s'agit d'une montre de poche à ſecondes, on laiſſera aller l'aiguille des ſecondes ſur 60; alors on arrêtera le mouvement, au moyen de la détente qui eſt exprès pour cela. Enſuite on menera avec la clef l'aiguille des minutes également ſur 60, & celle des heures ſuivra, & ſe trouvera ſur XII heures. L'aiguille des ſecondes eſt ſi foible, qu'il ne faut jamais la faire tourner ni la toucher; car on pourroit bien la gâter, & même endommager l'échappement. Lorſqu'on verra l'inſtant de midi ſur la méridienne, on fera partir ſur le champ le mouvement de la montre, au moyen de la détente. Si la montre eſt ſimplement à minutes, on la mettra à l'heure de midi à l'ordinaire, en faiſant tourner l'aiguille des minutes avec la clef: on la menera ainſi à 60, & celle des heures ſe trouvera d'elle-même à XII heures.

568. Si c'eſt une pendule à ſecondes, on pourra faire tourner à la main à l'inſtant de midi, premiérement l'aiguille des ſecondes, & enſuite celles des minutes, faiſant en ſorte qu'au moins celle des ſecondes ſe trouve dans le moment de midi ſur 60. Autrement, on arrêtera le mouvement, on mettra les aiguilles des ſecondes & des minutes ſur 60, celle des heures ſur XII heures, & on redonnera le mouvement à l'inſtant de midi. Si la pendule eſt ſimplement à minutes, on la mettra à l'heure de midi, en menant à la main l'aiguille des minutes ſur 60, & celle des heures ſe trouvera ſur XII heures. Si c'eſt une groſſe Horloge, on la fera ſonner à l'inſtant de midi, en avançant le mouvement, & non en levant la détente.

569. Si la Pendule ou l'Horloge ſe trouvent éloignées de l'endroit où eſt la méridienne, on ſe ſervira d'une Montre que l'on mettra à l'heure à l'inſtant de midi ſur la méridienne; & lorſqu'on ſera revenu, on mettra la Pendule ou l'Horloge ſur l'heure où la

Montre se trouvera; ce qu'il convient de faire au plutôt. Si l'on veut une plus grande exactitude, & que la méridienne ne se trouve pas trop éloignée, on conviendra d'un signal, comme d'un coup de pistolet ou autrement; & aussi-tôt que celui qui sera au-devant de la méridienne, voyant arriver l'instant de midi, se sera fait entendre, on mettra sur le champ l'Horloge à l'heure. Mais il faut observer que si depuis la méridienne jusqu'à la Pendule, il y a 180 toises d'éloignement, le son demeurera à peu près une seconde à parcourir cette distance; ainsi il faudra avoir égard à ce retardement. S'il y a 360 toises d'éloignement, il faudra avancer la Pendule de deux secondes.

570. Quand on aura mis ainsi exactement l'Horloge à midi, on examinera le lendemain à la même heure si l'Horloge a avancé ou retardé de la quantité de secondes indiquées dans les troisieme, cinquieme & septieme colonnes de la Table ci-après, intitulée, *Table du temps moyen au midi vrai*, pour le jour où l'on fait l'observation. Si l'on y apperçoit de la différence, l'Horloge aura avancé ou retardé. Par exemple, si l'on a mis l'Horloge à midi le 17 Novembre, & que le lendemain 18, elle ait avancé de 13 secondes sur le Soleil, on sera assuré que l'Horloge est bien réglée. On trouvera dans la Table, dont nous venons de parler, que du 17 Novembre au 18, l'Horloge doit avancer de 13 secondes. Si le 18 elle se rencontroit juste à midi sur la méridienne, il en faudroit conclure qu'elle auroit retardé de 13 secondes. Si le midi de la Pendule précédoit celui du Soleil seulement de 6 secondes, elle retarderoit réellement de 7 secondes; puisque, selon la Table, elle doit précéder de 13 secondes le midi de la méridienne. On ne doit la regarder comme bien réglée, qu'autant qu'elle avancera ou retardera conformément à la Table. Alors on sera sûr qu'elle suivra le temps moyen.

571. Si c'eſt une Horloge à ſecondes, comme une Montre à ſecondes, ou une Pendule, on s'appercevra plus aiſément de cette différence ; en ce cas, l'obſervation ſera toujours bien ſenſible : mais ſi la Montre ou la Pendule ſont ſimplement à minutes, on attendra deux ou trois jours, ou même davantage, parce que le défaut ne ſeroit pas aiſé à appercevoir dans 24 heures ; mais alors on additionnera toutes les ſecondes contenues dans la Table pour ces deux ou trois jours, & on examinera ſi la Montre aura avancé ou retardé, conformément à la ſomme de ces ſecondes.

572. S'il ſe rencontre que d'une obſervation à l'autre, l'Horloge doive en partie avancer & en partie retarder, comme l'on voit dans la Table vers le 10 Février, le 15 Mai, le 26 Juillet & le 1 Novembre, il faudra néceſſairement y avoir égard.

573. Quand on ſera bien poſitivement aſſuré par les obſervations précédentes que l'Horloge avance, on en retardera le mouvement; ce ſera le contraire, ſi elle retarde. Pour avancer le mouvement d'une Montre, on tournera avec la clef, tant ſoit peu à droite, l'aiguille de la roſette ou cadran du coq. Quand nous diſons à droite, il faut entendre le même ſens dans lequel on tourneroit l'aiguille des minutes, ſi on avançoit l'heure de la Montre. On verra ſur le cadran du coq quelques chiffres qui indiquent de quel côté il faut tourner l'aiguille pour avancer ou retarder le mouvement; par exemple, c'eſt avancer que d'aller de 3 à 4, de 4 à 5, &c. & c'eſt reculer ou retarder que d'aller de 5 à 4, ou de 4 à 3, &c. Du reſte, on tournera très-peu l'aiguille de la roſette, comme de l'épaiſſeur d'un liard à chaque fois. On réiterera la même obſervation & la même opération juſqu'à ce que l'Horloge aille bien : mais pour faire une ſeconde obſervation, on remettra toujours l'Horloge exactement à l'heure de midi.

574.

574. Pour avancer ou retarder le mouvement d'une Pendule, il faut hausser ou baisser la lentille, en tournant à droite ou à gauche l'écrou qui la soutient. Si l'on hausse ou baisse d'une ligne la lentille d'un pendule qui bat les secondes, la Pendule avancera ou retardera d'une minute 38 secondes dans 24 heures. Un quart de ligne d'allongement ou de raccourcissement sur un pendule qui bat les demi-secondes, produira le même effet. On avancera ou retardera le mouvement d'une grosse Horloge, comme celui d'une Pendule.

575. On peut régler une Horloge sur une méridienne du temps moyen, comme nous l'avons dit art. 469 : on mettra donc l'Horloge à midi dans l'instant où le point de lumiere est sur la courbe de la méridienne du temps moyen, indiquée par le mois où l'on est. Le lendemain, ou quelques jours après, on examinera s'il est encore midi précis à l'Horloge, lorsque le point de lumiere est sur la même courbe, quoiqu'en un endroit différent ; en ce cas, l'Horloge sera bien réglée, puisque sa marche sera conforme au temps moyen : c'est ainsi qu'on reconnoîtra, sans le secours d'aucune Table, si l'Horloge avance ou retarde. Lorsqu'on sera assuré de sa justesse, on la mettra au midi vrai, auquel on la remettra de temps en temps, au moins de huit en huit jours, sur-tout en certains temps de l'année, où les révolutions du Soleil sont plus sensiblement inégales; ce qu'on pourra remarquer dans la Table aux mois de Janvier, Mars, Avril, Juin, Septembre & Décembre.

576. Si l'on n'a pas une méridienne du temps moyen, on pourra se servir de la Table suivante *du temps moyen au midi vrai*. Elle indique pour chaque jour de l'année quelle heure, quelle minute & quelle seconde doit marquer une pendule bien réglée sur le temps moyen lorsqu'il est midi précis au Soleil, Par exemple, en 1777, le 5 Janvier on mettra

la Pendule à midi 6 minutes & 11″, lorſqu'il ſera midi précis au Cadran ou à la Méridienne du temps vrai. Si le lendemain 6 Janvier, la pendule marque midi 6 minutes 37 ſecondes dans le moment qu'il ſera midi au Soleil, la Pendule ira bien, & ſera réglée ſur le temps moyen. Si elle marque plus ou moins de ſecondes qu'il n'eſt indiqué dans cette Table, il faudra en rectifier le mouvement, comme nous avons dit ci-devant.

Autre exemple. Le 25 Avril 1777, on mettra la Pendule à 11 heures 57 minutes & 43 ſecondes lorſqu'il ſera midi au Soleil. Si la Pendule eſt bien réglée, elle doit marquer, par exemple, le 30 Avril ſuivant, 11 heures 56 minutes 56 ſecondes, lorſqu'il ſera midi au Soleil. Il faut que la Pendule ſuive jour par jour l'heure, la minute & la ſeconde déſignées dans la Table. La premiere colonne indique les jours du mois. Nous venons d'expliquer la ſeconde, la quatrieme & la ſixieme; les troiſieme, cinquieme & ſeptieme déſignent le nombre des ſecondes dont la Pendule doit avancer ou retarder d'un jour à l'autre, comme nous l'avons expliqué art. 570. Les lettres A & R qu'on y voit en pluſieurs endroits, ſignifient *Avance*, *Retarde*; c'eſt-à-dire, que tous les nombres qui ſont poſés au-deſſous de la lettre A, indiquent la quantité de ſecondes dont l'Horloge doit avancer ſur le Soleil d'un jour à l'autre. La lettre R marque de même le nombre de ſecondes dont l'Horloge doit retarder ſur le Soleil d'un jour à l'autre. Les lettres H. M. S. qu'on voit à la tête des ſeconde, quatrieme & ſixieme colonnes, au-deſſous du nom de chaque mois, ſignifient *Heures*, *Minutes*, *Secondes*. Ces mots abrégés, *Diff. Sec.* qui ſont en tête des colonnes troiſieme, cinquieme & ſeptieme, ſignifient *Différences en Secondes*.

Ce que nous diſons de la premiere page de cette Table, doit être appliqué aux trois ſuivantes.

TABLE *du temps moyen à l'instant du midi vrai au Méridien de Paris, pour 1777, 81, 85, 89, 93, &c, premieres années après la Bissextile.*

Jours du mois.	JANVIER. H.	M.	S.	Diffé. en sec.	FÉVRIER. H.	M.	S.	Diffé. en sec.	MARS. H.	M.	S.	Diffé. en sec.
				A.				A.				R.
1	0	4	21	28	0	14	8	7	0	12	34	12
2	0	4	49	28	0	14	15	6	0	12	22	13
3	0	5	17	27	0	14	21	6	0	12	9	14
4	0	5	44	27	0	14	27	4	0	11	55	14
5	0	6	11	26	0	14	31	3	0	11	41	14
6	0	6	37	26	0	14	34	3	0	11	27	15
7	0	7	3	25	0	14	37	2	0	11	12	15
8	0	7	28	25	0	14	39	1	0	10	57	16
9	0	7	53	24	0	14	40	1	0	10	41	16
10	0	8	17	23	0	14	41	R.	0	10	25	16
11	0	8	40	23	0	14	40	1	0	10	9	17
12	0	9	3	23	0	14	39	2	0	9	52	17
13	0	9	26	21	0	14	37	2	0	9	35	17
14	0	9	47	21	0	14	35	4	0	9	18	17
15	0	10	8	21	0	14	31	6	0	9	1	18
16	0	10	29	19	0	14	27	5	0	8	43	18
17	0	10	48	19	0	14	22	5	0	8	25	18
18	0	11	7	18	0	14	17	6	0	8	7	18
19	0	11	25	17	0	14	11	7	0	7	49	18
20	0	11	42	17	0	14	4	8	0	7	31	18
21	0	11	59	16	0	13	56	8	0	7	13	19
22	0	12	15	15	0	13	48	9	0	6	54	18
23	0	12	30	14	0	13	39	9	0	6	36	19
24	0	12	44	13	0	13	30	10	0	6	17	19
25	0	12	57	13	0	13	20	11	0	5	58	18
26	0	13	10	12	0	13	9	11	0	5	40	19
27	0	13	22	11	0	12	58	11	0	5	21	19
28	0	13	33	10	0	12	47	13	0	5	2	18
29	0	13	43	9					0	4	44	19
30	0	13	52	9					0	4	25	18
31	0	14	1	7					0	4	7	19

SUITE de la Table du temps moyen à l'instant du midi vrai au Méridien de Paris, pour 1777, 81, 85, 89, 93, &c, premieres années après la Bissextile.

Jours du mois.	AVRIL.	Diffé. en sec.	MAI.	Diffé. en sec.	JUIN.	Diffé. en sec.
	H. M. S.	R.	H. M. S.	R.	H. M. S.	A.
1	0 3 48	18	11 56 49	8	11 57 24	9
2	0 3 30	18	11 56 41	6	11 57 33	10
3	0 3 12	18	11 56 35	6	11 57 43	10
4	0 2 54	18	11 56 29	6	11 57 53	10
5	0 2 36	18	11 56 23	5	11 58 3	11
6	0 2 18	17	11 56 18	4	11 58 14	11
7	0 2 1	17	11 56 14	4	11 58 25	11
8	0 1 44	17	11 56 10	3	11 58 36	12
9	0 1 27	17	11 56 7	3	11 58 48	11
10	0 1 10	16	11 56 4	2	11 58 59	12
11	0 0 54	16	11 56 2	2	11 59 11	12
12	0 0 38	16	11 56 0	1	11 59 23	12
13	0 0 22	15	11 55 59	0	11 59 36	12
14	0 0 7	16	11 55 59	A.	11 59 48	13
15	11 59 51	14	11 55 59	1	0 0 1	13
16	11 59 37	15	11 56 0	1	0 0 14	13
17	11 59 22	14	11 56 1	2	0 0 27	12
18	11 58 8	13	11 56 3	3	0 0 39	13
19	11 58 55	13	11 56 6	3	0 0 52	13
20	11 58 42	13	11 56 9	3	0 1 5	13
21	11 58 29	12	11 56 12	4	0 1 18	13
22	11 58 17	12	11 56 16	5	0 1 31	13
23	11 58 5	11	11 56 21	5	0 1 44	13
24	11 57 54	11	11 56 26	6	0 1 57	12
25	11 57 43	10	11 56 32	6	0 2 9	13
26	11 57 33	10	11 56 38	6	0 2 22	13
27	11 57 23	10	11 56 44	8	0 2 35	12
28	11 57 13	8	11 56 52	7	0 2 47	12
29	11 57 5	9	11 56 59	8	0 2 59	12
30	11 56 56	7	11 57 7	8	0 3 11	11
31			11 57 15	9		

Suite de la Table du temps moyen à l'instant du midi vrai au Méridien de Paris, pour 1777, 81, 85, 89, 93, &c, premieres années après la Bissextile.

Jours du mois.	JUILLET. H. M. S.	Diffé. en sec.	AOUST. H. M. S.	Diffé. en sec.	SEPTEMB. H. M. S.	Diffé. en sec.
		A.		R.		R.
1	0 3 22	12	0 5 51	4	11 59 37	19
2	0 3 34	11	0 5 47	5	11 59 18	19
3	0 3 45	11	0 5 42	5	11 58 59	20
4	0 3 56	10	0 5 37	6	11 58 39	19
5	0 4 6	10	0 5 31	6	11 58 20	20
6	0 4 16	10	0 5 25	7	11 58 0	20
7	0 4 26	9	0 5 18	8	11 57 40	21
8	0 4 35	9	0 5 10	8	11 57 19	20
9	0 4 44	9	0 5 2	8	11 56 59	20
10	0 4 53	8	0 4 54	10	11 56 39	21
11	0 5 1	7	0 4 44	10	11 56 18	21
12	0 5 8	8	0 4 34	10	11 55 57	21
13	0 5 16	6	0 4 24	11	11 55 36	21
14	0 5 22	7	0 4 13	11	11 55 15	21
15	0 5 29	5	0 4 2	12	11 54 54	21
16	0 5 34	6	0 3 50	13	11 54 33	21
17	0 5 40	5	0 3 37	13	11 54 12	21
18	0 5 45	4	0 3 24	13	11 53 51	21
19	0 5 49	3	0 3 11	14	11 53 30	21
20	0 5 52	3	0 2 57	15	11 53 9	20
21	0 5 55	3	0 2 42	14	11 52 49	21
22	0 5 58	2	0 2 28	16	11 52 28	21
23	0 6 0	1	0 2 12	16	11 52 7	20
24	0 6 1	1	0 1 56	16	11 51 47	20
25	0 6 2	R.	0 1 40	16	11 51 27	20
26	0 6 2	0	0 1 24	17	11 51 7	20
27	0 6 2	1	0 1 7	17	11 50 47	20
28	0 6 1	1	0 0 50	18	11 50 27	19
29	0 5 59	2	0 0 32	18	11 50 8	20
30	0 5 57	3	0 0 14	18	11 49 48	19
31	0 5 54	3	11 59 56	19		

SUITE de la *Table du temps moyen à l'instant du midi vrai au Méridien de Paris, pour 1777, 81, 85, 89, 93, &c., premieres années après la Bissextile.*

Jours du mois.	OCTOBR.	Diffé. en sec.	NOVEMB.	Diffé. en sec.	DÉCEMB.	Diffé. en sec.
	H. M. S.	R.	H. M. S	R.	H. M. S.	A.
1	11 49 29	18	11 43 47	1	11 49 37	23
2	11 49 11	19	11 43 46	A. 1	11 50 0	24
3	11 48 52	17	11 43 47	2	11 50 24	25
4	11 48 35	18	11 43 48	3	11 50 49	25
5	11 48 17	17	11 43 50	4	11 51 14	26
6	11 48 0	17	11 43 53	5	11 51 40	26
7	11 47 43	17	11 43 57	6	11 52 6	27
8	11 47 26	16	11 44 2	6	11 52 33	27
9	11 47 10	15	11 44 8	7	11 53 0	28
10	11 46 55	15	11 44 14	8	11 53 28	28
11	11 46 40	14	11 44 21	9	11 53 56	28
12	11 46 26	14	11 44 29	10	11 54 24	28
13	11 46 12	14	11 44 38	11	11 54 52	30
14	11 45 58	13	11 44 48	11	11 55 22	29
15	11 45 45	12	11 44 59	12	11 55 51	29
16	11 45 33	12	11 45 10	13	11 56 20	30
17	11 45 21	11	11 45 22	14	11 56 50	30
18	11 45 10	10	11 45 35	15	11 57 20	29
19	11 45 0	10	11 45 49	16	11 57 49	30
20	11 44 50	9	11 46 4	16	11 58 19	30
21	11 44 41	9	11 46 20	17	11 58 49	31
22	11 44 32	8	11 46 36	18	11 59 20	30
23	11 44 24	7	11 46 53	19	11 59 50	30
24	11 44 17	6	11 47 11	19	0 0 20	30
25	11 44 11	6	11 47 30	20	0 0 50	29
26	11 44 5	5	11 47 49	21	0 1 19	30
27	11 44 0	4	11 48 9	22	0 1 49	29
28	11 43 56	4	11 48 30	22	0 2 18	30
29	11 43 52	2	11 48 52	23	0 2 48	29
30	11 43 50	2	11 49 14		0 3 17	29
31	11 43 48	1			0 3 46	28

TABLE du temps moyen à l'instant du midi vrai au Méridien de Paris, pour 1778, 82, 86, 90, 94, *&c, secondes années après la Bissextile.*

Jours du mois.	JANVIER. H. M. S.	Diffé. en sec.	FÉVRIER. H. M. S.	Diffé. en sec.	MARS. H. M. S.	Diffé. en sec.
		A.		A.		R.
1	0 4 14	28	0 14 6	8	0 12 37	12
2	0 4 42	28	0 14 14	6	0 12 25	13
3	0 5 10	27	0 14 20	5	0 12 12	14
4	0 5 37	27	0 14 25	5	0 11 58	14
5	0 6 4	26	0 14 30	4	0 11 44	14
6	0 6 30	26	0 14 34	3	0 11 30	15
7	0 6 56	26	0 14 37	2	0 11 15	15
8	0 7 22	24	0 14 39	1	0 11 0	15
9	0 7 46	25	0 14 40	1	0 10 45	16
10	0 8 11	24	0 14 41	R.	0 10 29	16
11	0 8 35	23	0 14 40	1	0 10 13	17
12	0 8 58	22	0 14 39	1	0 9 56	17
13	0 9 20	22	0 14 38	3	0 9 39	17
14	0 9 42	21	0 14 35	3	0 9 22	17
15	0 10 3	21	0 14 32	4	0 9 5	17
16	0 10 24	19	0 14 28	5	0 8 48	18
17	0 10 43	19	0 14 23	5	0 8 30	18
18	0 11 2	19	0 14 18	6	0 8 12	18
19	0 11 21	17	0 14 12	7	0 7 54	19
20	0 11 38	17	0 14 5	7	0 7 35	18
21	0 11 55	16	0 13 58	8	0 7 17	18
22	0 12 11	15	0 13 50	9	0 6 59	19
23	0 12 26	15	0 13 41	9	0 6 40	19
24	0 12 41	13	0 13 32	10	0 6 21	18
25	0 12 54	13	0 13 22	10	0 6 3	19
26	0 13 7	12	0 13 12	11	0 5 44	19
27	0 13 19	11	0 13 1	12	0 5 25	18
28	0 13 30	10	0 12 49	12	0 5 7	19
29	0 13 40	10			0 4 48	18
30	0 13 50	9			0 4 30	19
31	0 13 59	7			0 4 11	18

SUITE de la Table du temps moyen à l'instant du midi vrai au Méridien de Paris, pour 1778, 82, 86, 90, 94, &c, secondes années après la Bissextile.

Jours du mois.	AVRIL. H. M. S.	Diffé. en sec. R.	MAI. H. M. S.	Diffé. en sec. R.	JUIN. H. M. S.	Diffé. en sec. A.
1	0 3 53	19	11 56 50	7	11 57 22	9
2	0 3 34	18	11 56 43	7	11 57 31	10
3	0 3 16	18	11 56 36	6	11 57 41	10
4	0 2 58	18	11 56 30	6	11 57 51	10
5	0 2 40	17	11 56 24	5	11 58 1	10
6	0 2 23	18	11 56 19	4	11 58 11	11
7	0 2 5	17	11 56 15	4	11 58 22	11
8	0 1 48	17	11 56 11	3	11 58 33	12
9	0 1 31	17	11 56 8	3	11 58 45	12
10	0 1 14	16	11 56 5	2	11 58 57	11
11	0 0 58	16	11 56 3	2	11 59 8	13
12	0 0 42	16	11 56 1	1	11 59 21	12
13	0 0 26	16	11 56 0	1	11 59 33	12
14	0 0 10	15	11 55 59	A.	11 59 45	13
15	11 59 55	15	11 55 59	1	11 59 58	13
16	11 59 40	14	11 56 0	1	0 0 11	12
17	11 59 26	14	11 56 1	2	0 0 23	13
18	11 59 12	14	11 56 3	2	0 0 36	13
19	11 58 58	13	11 56 5	3	0 0 49	13
20	11 58 45	13	11 56 8	3	0 1 2	13
21	11 58 32	12	11 56 11	4	0 1 15	13
22	11 58 20	12	11 56 15	5	0 1 28	13
23	11 58 8	11	11 56 20	5	0 1 41	13
24	11 57 57	11	11 56 25	5	0 1 54	13
25	11 57 46	11	11 56 30	6	0 2 7	12
26	11 57 35	10	11 56 36	7	0 2 19	13
27	11 57 25	9	11 56 43	7	0 2 32	12
28	11 57 16	9	11 56 50	7	0 2 44	12
29	11 57 7	9	11 56 57	8	0 2 56	12
30	11 56 58	8	11 57 5	8	0 3 8	12
31			11 57 13	9		

SUITE de la Table du temps moyen à l'instant du midi vrai au Méridien de Paris, pour 1778, 82, 86, 90, 94, &c, secondes années après la Bissextile.

Jours du mois.	JUILLET.	Diffé. en sec	AOUST.	Diffé. en sec.	SEPTEMB.	Diffé. en sec.
	H. M. S.	A.	H M. S.	R.	H. M. S.	R.
1	0 3 20	11	0 5 52	4	11 59 41	18
2	0 3 31	11	0 5 48	4	11 59 23	19
3	0 3 42	11	0 5 44	5	11 59 4	20
4	0 3 53	11	0 5 39	6	11 58 44	19
5	0 4 4	10	0 5 33	6	11 58 25	20
6	0 4 14	9	0 5 27	7	11 58 5	20
7	0 4 23	10	0 5 20	8	11 57 45	21
8	0 4 33	9	0 5 12	8	11 57 24	20
9	0 4 42	9	0 5 4	8	11 57 4	20
10	0 4 51	8	0 4 56	9	11 56 44	21
11	0 4 59	8	0 4 47	10	11 56 23	21
12	0 5 7	7	0 4 37	10	11 56 2	21
13	0 5 14	7	0 4 27	11	11 55 41	21
14	0 5 21	6	0 4 16	11	11 55 20	21
15	0 5 27	6	0 4 5	12	11 54 59	21
16	0 5 33	6	0 3 53	13	11 54 38	21
17	0 5 39	4	0 3 40	12	11 54 17	21
18	0 5 43	5	0 3 28	14	11 53 56	21
19	0 5 48	4	0 3 14	14	11 53 35	21
20	0 5 52	3	0 3 0	14	11 53 14	20
21	0 5 55	3	0 2 46	15	11 52 54	21
22	0 5 58	1	0 2 31	15	11 52 33	21
23	0 5 59	2	0 2 16	16	11 52 12	20
24	0 6 1	1	0 2 0	16	11 51 52	20
25	0 6 2	0	0 1 44	16	11 51 32	21
26	0 6 2	R.	0 1 28	17	11 51 11	20
27	0 6 2	1	0 1 11	17	11 50 51	19
28	0 6 1	1	0 0 54	18	11 50 32	20
29	0 6 0	2	0 0 36	18	11 50 12	19
30	0 5 58	3	0 0 18	18	11 49 53	19
31	0 5 55	3	0 0 0	19		

SUITE de la Table du temps moyen à l'instant du midi vrai au Méridien de Paris, pour 1778, 82, 86, 90, 94, &c, secondes années après la Bissextile.

Jours du mois.	OCTOBR. H. M. S.	Diffé. en sec. R.	NOVEMB. H. M. S.	Diffé. en sec. A.	DÉCEMB. H. M. S.	Diffé. en sec. A.
1	11 49 34	19	11 43 47	1	11 49 31	23
2	11 49 15	18	11 43 46	1	11 49 54	24
3	11 48 57	18	11 43 47	1	11 50 18	25
4	11 48 39	18	11 43 48	2	11 50 43	25
5	11 48 21	17	11 43 50	3	11 51 8	25
6	11 48 4	17	11 43 53	3	11 51 33	27
7	11 47 47	17	11 43 56	5	11 52 0	26
8	11 47 30	16	11 44 1	5	11 52 26	27
9	11 47 14	15	11 44 6	6	11 52 53	28
10	11 46 59	15	11 44 12	7	11 53 21	28
11	11 46 44	15	11 44 19	8	11 53 49	28
12	11 46 29	14	11 44 27	9	11 54 17	28
13	11 46 15	14	11 44 36	9	11 54 45	29
14	11 46 1	13	11 44 45	11	11 55 14	29
15	11 45 48	12	11 44 56	11	11 55 43	30
16	11 45 36	12	11 45 7	12	11 56 13	29
17	11 45 24	11	11 45 19	13	11 56 42	30
18	11 45 13	11	11 45 32	14	11 57 12	30
19	11 45 2	10	11 45 46	14	11 57 42	30
20	11 44 52	9	11 46 0	16	11 58 12	30
21	11 44 43	9	11 46 16	16	11 58 42	30
22	11 44 34	8	11 46 32	17	11 59 12	30
23	11 44 26	7	11 46 49	18	11 59 42	30
24	11 44 19	7	11 47 7	18	0 0 12	30
25	11 44 12	6	11 47 25	19	0 0 42	30
26	11 44 6	5	11 47 44	20	0 1 12	30
27	11 44 1	4	11 48 4	21	0 1 42	29
28	11 43 57	4	11 48 25	21	0 2 11	29
29	11 43 53	3	11 48 46	22	0 2 40	30
30	11 43 50	2	11 49 8	23	0 3 10	28
31	11 43 48	1			0 3 38	29

TABLE *du temps moyen à l'inſtant du midi vrai au Méridien de Paris, pour 1779, 83, 87, 91, 95, &c, troiſiemes années après la Biſſextile.*

Jours du mois.	JANVIER. H. M. S.	Diffé. en ſec.	FÉVRIER. H. M. S.	Diffé en ſec.	MARS. H. M. S.	Diffé. en ſec.
		A.		A.		R.
1	0 4 7	28	0 14 4	8	0 12 40	12
2	0 4 35	28	0 14 12	6	0 12 28	13
3	0 5 3	27	0 14 18	6	0 12 15	13
4	0 5 30	27	0 14 24	5	0 12 2	14
5	0 5 57	27	0 14 29	4	0 11 48	14
6	0 6 24	26	0 14 33	3	0 11 34	15
7	0 6 50	25	0 14 36	2	0 11 19	15
8	0 7 15	25	0 14 38	2	0 11 4	16
9	0 7 40	25	0 14 40	0	0 10 48	15
10	0 8 5	24	0 14 40	R. 0	0 10 33	17
11	0 8 29	23	0 14 40	2	0 10 16	16
12	0 8 52	23	0 14 40	2	0 10 0	17
13	0 9 15	22	0 14 38	3	0 9 43	17
14	0 9 37	21	0 14 36	4	0 9 26	17
15	0 9 58	21	0 14 33	5	0 9 9	17
16	0 10 19	20	0 14 29	5	0 8 52	18
17	0 10 39	19	0 14 24	6	0 8 34	18
18	0 10 58	18	0 14 19	6	0 8 16	18
19	0 11 16	18	0 14 13	7	0 7 58	18
20	0 11 34	17	0 14 7	8	0 7 40	19
21	0 11 51	16	0 14 0	9	0 7 21	18
22	0 12 7	15	0 13 52	9	0 7 3	19
23	0 12 22	15	0 13 43	10	0 6 44	18
24	0 12 37	14	0 13 34	10	0 6 26	19
25	0 12 51	13	0 13 24	11	0 6 7	18
26	0 13 4	12	0 13 14	11	0 5 49	19
27	0 13 16	11	0 13 3	12	0 5 30	19
28	0 13 27	11	0 12 52		0 5 11	18
29	0 13 38	10			0 4 53	19
30	0 13 48	8			0 4 34	18
31	0 13 56	8			0 4 15	19

Suite de la Table du temps moyen à l'instant du midi vrai au Méridien de Paris, pour 1779, 83, 87, 91, 95, &c, troisiemes années après la Bissextile.

Jours du mois:	AVRIL. H. M. S.	Diffé. en sec.	MAI. H. M. S.	Diffé. en sec.	JUIN. H. M. S.	Diffé. en sec.
		R.		R.		A.
1	0 3 57	18	11 56 52	7	11 57 20	9
2	0 3 39	19	11 56 45	7	11 57 29	10
3	0 3 20	18	11 56 38	6	11 57 39	9
4	0 3 2	17	11 56 32	6	11 57 48	10
5	0 2 45	18	11 56 26	5	11 57 58	11
6	0 2 27	18	11 56 21	5	11 58 9	11
7	0 2 9	17	11 56 16	4	11 58 20	11
8	0 1 52	17	11 56 12	4	11 58 31	11
9	0 1 35	17	11 56 8	3	11 58 42	12
10	0 1 18	16	11 56 5	2	11 58 54	12
11	0 1 2	16	11 56 3	2	11 59 6	12
12	0 0 46	16	11 56 1	1	11 59 18	12
13	0 0 30	16	11 56 0	1	11 59 30	12
14	0 0 14	15	11 55 59	A. 1	11 59 42	13
15	11 59 59	15	11 55 59	1	11 59 55	13
16	11 59 44	15	11 56 0	1	0 0 8	12
17	11 59 29	14	11 56 1	3	0 0 20	13
18	11 59 15	13	11 56 2	3	0 0 33	13
19	11 59 2	14	11 56 5	3	0 0 46	13
20	11 58 48	13	11 56 8	3	0 0 59	13
21	11 58 35	12	11 56 11	5	0 1 12	13
22	11 58 23	12	11 56 14	5	0 1 25	14
23	11 58 11	12	11 56 19	5	0 1 39	12
24	11 57 59	11	11 56 24	6	0 1 51	13
25	11 57 48	10	11 56 29	6	0 2 4	12
26	11 57 38	10	11 56 35	7	0 2 16	13
27	11 57 28	10	11 56 41	7	0 2 29	12
28	11 57 18	9	11 56 48	8	0 2 41	12
29	11 57 9	9	11 56 55	8	0 2 53	12
30	11 57 0	8	11 57 3	9	0 3 5	12
31			11 57 11			

Suite de la Table du temps moyen à l'instant du midi vrai au Méridien de Paris, pour 1779, 83, 87, 91, 95, &c, troisiemes années après la Bissextile.

Jours du mois.	JUILLET. H.	M.	S.	Diffé. en sec. A.	AOUST. H.	M.	S.	Diffé. en sec. R.	SEPTEMB. H.	M.	S.	Diffé. en sec. R.
1	0	3	17	11	0	5	53	4	11	59	46	19
2	0	3	28	12	0	5	49	4	11	59	27	19
3	0	3	40	11	0	5	45	5	11	59	8	19
4	0	3	51	10	0	5	40	6	11	58	49	20
5	0	4	1	10	0	5	34	6	11	58	29	19
6	0	4	11	10	0	5	28	6	11	58	10	20
7	0	4	21	10	0	5	22	8	11	57	50	21
8	0	4	31	9	0	5	14	8	11	57	29	20
9	0	4	40	9	0	5	6	8	11	57	9	20
10	0	4	49	8	0	4	58	9	11	56	49	21
11	0	4	57	8	0	4	49	9	11	56	28	21
12	0	5	5	8	0	4	40	11	11	56	7	20
13	0	5	13	6	0	4	29	10	11	55	47	21
14	0	5	19	7	0	4	19	12	11	55	26	21
15	0	5	26	6	0	4	7	11	11	55	5	21
16	0	5	32	6	0	3	56	13	11	54	44	21
17	0	5	38	5	0	3	43	12	11	54	23	21
18	0	5	43	4	0	3	31	13	11	54	2	21
19	0	5	47	4	0	3	18	14	11	53	41	21
20	0	5	51	3	0	3	4	14	11	53	20	21
21	0	5	54	3	0	2	50	15	11	52	59	21
22	0	5	57	2	0	2	35	15	11	52	38	20
23	0	5	59	2	0	2	20	16	11	52	18	21
24	0	6	1	1	0	2	4	16	11	51	57	20
25	0	6	2	0	0	1	48	16	11	51	37	21
26	0	6	2	R. 0	0	1	32	17	11	51	16	20
27	0	6	2	2	0	1	15	17	11	50	56	20
28	0	6	2	2	0	0	58	17	11	50	36	19
29	0	6	0	2	0	0	41	18	11	50	17	19
30	0	5	58	3	0	0	23	19	11	49	58	19
31	0	5	56		0	0	4	18				

SUITE *de la Table du temps moyen à l'instant du midi vrai au Méridien de Paris, pour 1779, 83, 87, 91, 95, &c, troisiemes années après la Bissextile.*

Jours du mois.	OCTOBR. H. M. S.	Diffé. en sec.	NOVEMB. H. M. S.	Diffé. en sec.	DÉCEMB. H. M. S.	Diffé. en sec.
		R.		R.		A.
1	11 49 39	19	11 43 47	1	11 49 25	23
2	11 49 20	19	11 43 46	A. 1	11 49 48	24
3	11 49 1	18	11 43 46	2	11 50 12	25
4	11 48 43	17	11 43 47	3	11 50 37	24
5	11 48 26	18	11 43 49	3	11 51 1	26
6	11 48 8	17	11 43 52	4	11 51 27	26
7	11 47 51	16	11 43 55	6	11 51 53	26
8	11 47 35	17	11 43 59	6	11 52 19	27
9	11 47 18	15	11 44 5	6	11 52 46	28
10	11 47 3	16	11 44 11	8	11 53 14	28
11	11 46 47	14	11 44 17	8	11 53 42	28
12	11 46 33	15	11 44 25	10	11 54 10	28
13	11 46 18	13	11 44 33	10	11 54 38	29
14	11 46 5	13	11 44 43	11	11 55 7	29
15	11 45 52	13	11 44 53	12	11 55 36	29
16	11 45 39	12	11 45 4	13	11 56 5	30
17	11 45 27	12	11 45 16	13	11 56 35	30
18	11 45 15	10	11 4[illegible] 29	15	11 57 5	30
19	11 45 5	11	11 [illegible] 42	15	11 57 35	30
20	11 44 54	9	11 45 57	16	11 58 5	30
21	11 44 45	9	11 46 12	16	11 58 35	30
22	11 44 36	8	11 46 28	18	11 59 5	30
23	11 44 28	8	11 46 44	18	11 59 35	30
24	11 44 20	6	11 47 2	19	0 0 5	30
25	11 44 14	6	11 47 20	20	0 0 35	30
26	11 44 8	6	11 47 39	21	0 1 5	29
27	11 43 2	4	11 47 59	21	0 1 34	30
28	11 43 58	4	11 48 20	22	0 2 4	29
29	11 43 54	3	11 48 41	22	0 2 33	29
30	11 43 51	3	11 49 3		0 3 2	29
31	11 43 48	1			0 3 31	29

TABLE *du temps moyen à l'instant du midi vrai au Méridien de Paris, pour 1780, 84, 88, 92, 96, &c, années Bissextiles.*

Jours du mois.	JANVIER. H. M. S.	Diffé. en sec. A.	FÉVRIER. H. M. S.	Diffé. en sec. A.	MARS. H. M. S.	Diffé. en sec. R.
1	0 4 0	28	0 14 3	7	0 12 31	13
2	0 4 28	28	0 14 10	7	0 12 18	13
3	0 4 56	28	0 14 17	5	0 12 5	14
4	0 5 24	27	0 14 22	5	0 11 51	14
5	0 5 51	26	0 14 27	4	0 11 37	15
6	0 6 17	26	0 14 31	4	0 11 22	15
7	0 6 43	26	0 14 35	2	0 11 7	15
8	0 7 9	25	0 14 37	2	0 10 52	16
9	0 7 34	25	0 14 39	1	0 10 36	16
10	0 7 59	24	0 14 40	R.	0 10 20	16
11	0 8 23	23	0 14 40	0	0 10 4	17
12	0 8 46	23	0 14 40	2	0 9 47	17
13	0 9 9	22	0 14 38	2	0 9 30	17
14	0 9 31	22	0 14 36	3	0 9 13	17
15	0 9 53	21	0 14 33	3	0 8 56	18
16	0 10 14	20	0 14 30	5	0 8 38	18
17	0 10 34	19	0 14 25	5	0 8 20	18
18	0 10 53	19	0 14 20	5	0 8 2	18
19	0 11 12	18	0 14 15	7	0 7 44	18
20	0 11 30	17	0 14 8	7	0 7 26	19
21	0 11 47	16	0 14 1	7	0 7 7	18
22	0 12 3	16	0 13 54	9	0 6 49	19
23	0 12 19	14	0 13 45	9	0 6 30	18
24	0 12 33	14	0 13 36	9	0 6 12	19
25	0 12 47	14	0 13 27	10	0 5 53	19
26	0 13 1	12	0 13 17	11	0 5 34	18
27	0 13 13	12	0 13 6	11	0 5 16	19
28	0 13 25	10	0 12 55	12	0 4 57	19
29	0 13 35	10	0 12 43	12	0 4 38	18
30	0 13 45	9			0 4 20	19
31	0 13 54	9			0 4 1	18

SUITE de la Table du temps moyen à l'inſtant du midi vrai au Méridien de Paris, pour 1780, 84, 88, 92, 96, &c, années Biſſextiles.

Jours du mois.	AVRIL. H. M. S.	Diffé. en ſec.	MAI. H. M. S.	Diffé. en ſec.	JUIN. H. M. S.	Diffé. en ſec.
		R.		R.		A.
1	0 3 43	18	11 56 47	7	11 57 27	9
2	0 3 25	18	11 56 40	7	11 57 36	10
3	0 3 7	18	11 56 33	6	11 57 46	10
4	0 2 49	18	11 56 27	5	11 57 56	9
5	0 2 31	17	11 56 22	5	11 58 7	10
6	0 2 14	18	11 56 17	4	11 58 17	11
7	0 1 56	17	11 56 13	4	11 58 28	12
8	0 1 39	17	11 56 9	3	11 58 40	11
9	0 1 22	16	11 56 6	2	11 58 51	12
10	0 1 6	16	11 56 4	2	11 59 3	12
11	0 0 50	16	11 56 2	2	11 59 15	12
12	0 0 34	16	11 56 0	1	11 59 27	13
13	0 0 18	15	11 55 59	A.	11 59 40	12
14	0 0 3	15	11 55 59	1	11 59 52	13
15	11 59 48	15	11 56 0	0	0 0 5	13
16	11 59 33	14	11 56 0	2	0 0 18	13
17	11 59 19	14	11 56 2	2	0 0 31	12
18	11 59 5	14	11 56 4	3	0 0 43	13
19	11 58 51	13	11 56 7	3	0 0 56	14
20	11 58 38	12	11 56 10	3	0 1 9	13
21	11 58 26	12	11 56 13	5	0 1 22	13
22	11 58 14	12	11 56 18	5	0 1 35	13
23	11 58 2	11	11 56 23	5	0 1 48	13
24	11 57 51	11	11 56 28	6	0 2 1	12
25	11 57 40	10	11 56 34	6	0 2 13	13
26	11 57 30	10	11 56 40	7	0 2 26	12
27	11 57 20	9	11 56 47	7	0 2 38	13
28	11 57 11	8	11 56 54	7	0 2 51	12
29	11 57 3	9	11 57 1	9	0 3 3	11
30	11 56 54	7	11 57 10	8	0 3 14	12
31			11 57 18	9		

SUITE de la Table du temps moyen à l'instant du midi vrai au Méridien de Paris, pour 1780, 84, 88, 92, 96, &c, années Bissextiles.

Jours du mois.	JUILLET. H. M. S.	Diffé. en sec.	AOUST. H. M. S.	Diffé. en sec.	SEPTEMB. H. M. S.	Diffé. en sec.
		A.		R.		R.
1	0 3 26	11	0 5 50	4	11 59 32	19
2	0 3 37	11	0 5 46	5	11 59 13	19
3	0 3 48	11	0 5 41	5	11 58 54	20
4	0 3 59	10	0 5 36	6	11 58 34	20
5	0 4 9	10	0 5 30	7	11 58 14	20
6	0 4 19	10	0 5 23	7	11 57 54	20
7	0 4 29	9	0 5 16	7	11 57 34	20
8	0 4 38	9	0 5 9	9	11 57 14	20
9	0 4 47	8	0 5 0	9	11 56 54	21
10	0 4 55	8	0 4 51	9	11 56 33	21
11	0 5 3	8	0 4 42	10	11 56 12	20
12	0 5 11	7	0 4 32	11	11 55 52	21
13	0 5 18	7	0 4 21	11	11 55 31	21
14	0 5 25	6	0 4 10	11	11 55 10	21
15	0 5 31	5	0 3 59	12	11 54 49	21
16	0 5 36	5	0 3 47	13	11 54 28	21
17	0 5 41	5	0 3 34	13	11 54 7	21
18	0 5 46	4	0 3 21	14	11 53 46	21
19	0 5 50	4	0 3 7	14	11 53 25	21
20	0 5 54	3	0 2 53	14	11 53 4	21
21	0 5 57	2	0 2 39	15	11 52 43	21
22	0 5 59	1	0 2 24	16	11 52 22	20
23	0 6 1	1	0 2 8	16	11 52 2	21
24	0 6 2	1	0 1 52	16	11 51 41	20
25	0 6 3	R.	0 1 36	17	11 51 21	20
26	0 6 3	1	0 1 19	17	11 51 1	20
27	0 6 2	1	0 1 2	17	11 50 41	19
28	0 6 1	2	0 0 45	18	11 50 22	20
29	0 5 59	2	0 0 27	18	11 50 2	19
30	0 5 57	3	0 0 9	18	11 49 43	19
31	0 5 54	4	11 59 51	19		

Suite de la Table du temps moyen à l'instant du midi vrai au Méridien de Paris, pour 1780, 84, 88, 92, 96, *&c, années Bissextiles.*

Jours du mois.	OCTOBR. H. M. S.	Diffé. en sec. R.	NOVEMB. H. M. S.	Diffé. en sec. A.	DÉCEMB. H. M. S.	Diffé. en sec. A.
1	11 49 24	18	11 43 46	0	11 49 43	23
2	11 49 6	18	11 43 46	1	11 50 6	24
3	11 48 48	18	11 43 47	2	11 50 30	25
4	11 48 30	18	11 43 49	2	11 50 55	26
5	11 48 12	17	11 43 51	3	11 51 21	26
6	11 47 55	17	11 43 54	4	11 51 47	26
7	11 47 38	16	11 43 58	5	11 52 13	27
8	11 47 22	16	11 44 3	6	11 52 40	27
9	11 47 6	15	11 44 9	6	11 53 7	28
10	11 46 51	15	11 44 15	8	11 53 35	28
11	11 46 36	14	11 44 23	8	11 54 3	28
12	11 46 22	14	11 44 31	9	11 54 31	29
13	11 46 8	13	11 44 40	10	11 55 0	29
14	11 45 55	13	11 44 50	11	11 55 29	29
15	11 45 42	12	11 45 1	12	11 55 58	30
16	11 45 30	12	11 45 13	12	11 56 28	29
17	11 45 18	11	11 45 25	14	11 56 57	30
18	11 45 7	10	11 45 39	14	11 57 27	30
19	11 44 57	10	11 45 53	15	11 57 57	30
20	11 44 47	9	11 46 8	16	11 58 27	30
21	11 44 38	8	11 46 24	16	11 58 57	30
22	11 44 30	8	11 46 40	18	11 59 27	30
23	11 44 22	7	11 46 58	18	11 59 57	30
24	11 44 15	6	11 47 16	19	0 0 27	30
25	11 44 9	6	11 47 35	19	0 0 57	30
26	11 44 3	4	11 47 54	21	0 1 27	30
27	11 43 59	4	11 48 15	21	0 1 57	29
28	11 43 55	4	11 48 36	21	0 2 26	29
29	11 43 51	2	11 48 57	23	0 2 55	29
30	11 43 49	2	11 49 20	23	0 3 24	29
31	11 43 47	1			0 3 53	29

577. Le lever & le coucher du Soleil sont encore assez propres à régler une Horloge : on aura un Calendrier fait pour la latitude du lieu où l'on se trouve; on y remarquera l'heure du lever du Soleil au jour où l'on est. On mettra l'Horloge à cette heure, au moment où la moitié de son disque paroît sur l'horison. On verra le lendemain, ou un autre jour, si lorsque la moitié du disque du Soleil paroît de nouveau sur l'horison, l'Horloge marque l'heure indiquée dans le Calendrier pour ce jour-là. On se servira de la Table indiquée ci-dessus, pour savoir de combien de secondes l'Horloge doit avoir avancé ou retardé dans 24 heures, ou dans plusieurs jours. En un mot, on se servira du lever ou du coucher du Soleil, comme de l'heure de midi. Nous supposons que dans le Calendrier dont on se sert, on a eu égard à la réfraction, comme c'est l'usage depuis quelques années. Nous supposons encore que l'horison est bien découvert, qu'il n'y a point de montagnes, &c. Si on n'a pas un Calendrier pour la latitude du lieu où l'on est, on pourra faire le calcul soi-même pour les jours où l'on fait les observations. Le précepte en est presque le même que celui de l'art. 251, nous en donnerons ici un exemple.

578. Supposons qu'on veuille savoir à Paris l'heure du lever & du coucher du Soleil le 22 Février 1760. Ce jour-là la déclinaison du Soleil à midi, est de 10° 16′ méridionale qu'on ajoutera à 90° (251) pour avoir la distance du Soleil au pole qui sera de 100° 16′; la hauteur du pole à Paris est de 48° 50′ dont le complément est 41° 10′; cela posé, il s'agit de résoudre un triangle sphérique, semblable au triangle PSZ (250), en s'imaginant que le Soleil S est à l'horison en O, & même 32′ au-dessous. Les trois côtés de ce triangle sont connus. On cherche l'angle SPZ : pour le trouver, ajoutez ensemble les trois côtés, *Pl. 23. Fig. 62.*

Pl. 23. *Fig.* 62.

PZ complément de la haut. du pole. . . .		41° 10′
SZ dist. du Sol. au zénit.		90° 32′
PS dist. du Sol. au pole P.		100° 16′
	Somme. .	231° 58′
115° 59′. . . .	demi-somme. . .	115° 59′
ôtez-en 41° 10′.	&.	100° 16′
1er reste. 74° 49′	2e reste. . .	15° 43′

Faites ensuite cette Analogie, qui est la même que celle de l'art. 434.

Le produit des sinus de PZ *&* *de* PS
est au produit des deux restes,
comme le quarré du rayon
est au quarré du sinus de la moitié de l'angle cherché SPZ.

Co-ar-log. du sin. de PZ.	018161
co-ar-log. du sin. de 79° 44′ PS.	000701
log. sin. de 74° 49′.	998457
log. sin. de 15° 43′.	943278
Somme. . . .	1960597
Prenez-en la moitié. . . .	980298

c'est le log. sinus de la moitié de l'angle SPZ, ou de 39° 27′, qu'il faut doubler; il viendra 78° 54′ pour l'angle SPZ; lesquels 78° 54′ étant réduits en temps, à raison de 15° par heure, & de 15′ de degré, pour une minute de temps, feront 5 heures 15′ 36″, ce sera l'heure du coucher du Soleil: pour avoir l'heure de son lever, on ôtera ces 5 heures 15′ 36″ de 12 heures, restera 6 heures 44′ 24″, ce sera l'heure du lever du Soleil.

Remarquez que pour une plus grande exactitude, au lieu de faire entrer dans le calcul la déclinaison du Soleil à midi, comme on la trouve dans les Tables, on pourroit la prendre approchante de l'heure de son lever, pour en avoir l'heure avec plus de précision, & l'on feroit le calcul exprès pour le lever du Soleil : ensuite on en feroit un autre pour le coucher, auquel calcul on feroit entrer la déclinaison prise vers l'heure de son coucher ; mais les réfractions horisontales sont si irrégulieres & si variables, qu'on pourroit bien n'en être pas plus avancé.

579. Il faut remarquer qu'on se servira du lever ou du coucher du Soleil comme de l'heure de midi, au cas qu'on n'ait point de Méridienne ou de bon Cadran solaire. Mais cette méthode n'a pas toute la précision qu'on pourroit desirer, à cause de la réfraction horisontale qui est sujette à des variations considérables, comme nous venons de le dire.

580. Nous avons donné jusqu'à présent les moyens ordinaires & généraux pour régler les Horloges : mais il en est encore un qu'on met en usage pour rectifier, avec beaucoup de précision, une Pendule à secondes. Il consiste à se servir des étoiles, dont la révolution est invariablement de 23 heures 56 minutes & 4 secondes : on en choisira une vers le midi qui soit bien sensible, & que l'on puisse reconnoître le lendemain, ou un autre jour dans le besoin. Mais on observera de ne pas prendre une Planete pour une étoile : on reconnoîtra les Planetes en ce qu'elles paroissent plus grandes que les étoiles ; elles ne sont pas aussi brillantes, & elles ne scintillent point, c'est-à dire, que leur lumiere ne fait aucun mouvement, comme celle des étoiles. Pour ne pas courir le risque de se tromper dans le choix de l'étoile sur laquelle on doit faire l'observation, & pouvoir la retrouver, on remarquera sa situation par rapport à celles qui sont aux environs : par ce moyen on la reconnoîtra facilement.

581. Quand on sera déterminé pour une étoile, & qu'on l'aura bien remarquée, on fera l'observation de la maniere suivante. On se placera au côté

du jambage d'une fenêtre de la chambre où est la Pendule, si la fenêtre regarde le midi, & ayant un œil fermé, on visera, de ce jambage de fenêtre, vers le côté d'un clocher ou d'une cheminée, ou vers le coin d'un mur ; le tout assez éloigné de la fenêtre, regardant toujours l'étoile en question ; & à l'instant où elle se cachera derriere l'objet où l'on vise, on fera un signal à une autre personne qui sera devant la Pendule, & qui remarquera à quelle seconde l'étoile a passé au moment du signal dont on sera convenu ; on écrira cette seconde. Si l'on est seul à faire l'observation, & que la fenêtre soit assez près de la Pendule pour qu'on puisse entendre les battemens des secondes, à l'instant où l'étoile se cachera, on comptera les battemens des secondes jusqu'à ce qu'on soit arrivé au-devant de la Pendule ; & ôtant le nombre de secondes qu'on aura compté de celui qu'on aura trouvé en arrivant à la Pendule, on aura l'heure & le moment précis qu'elle marquoit à l'instant du passage de l'étoile.

582. Le lendemain on fera la même observation, & on remarquera avec soin à quelle seconde la même étoile aura passé derriere l'objet en question. Si la Pendule a retardé de 3 minutes 56 secondes, on pourra être assuré qu'elle est bien réglée sur le temps moyen. S'il y a plusieurs jours d'une observation à l'autre, il faudra additionner autant de fois les 3 minutes 56 secondes que doit retarder la Pendule sur le passage de l'étoile à chaque 24 heures. Si l'on reconnoît que la Pendule retarde plus ou moins que de 3 minutes 56 secondes, on la rectifiera en haussant ou baissant la lentille. On réitérera les observations jusqu'à ce que la Pendule soit bien ajustée. Au lieu de s'y prendre comme nous venons de le décrire pour observer le passage de l'étoile, on peut se servir d'une lunette que l'on fixera avec grand soin, pour la mettre hors de danger de changer de

ſituation d'une obſervation à l'autre : c'eſt au travers de cette lunette qu'on obſervera le paſſage de l'étoile. Cette maniere de régler une Pendule n'eſt pas propre à la mettre à l'heure, mais ſeulement à régler ſon mouvement ſur le temps moyen, ou à éprouver ſi elle va juſte.

583. Il faut remarquer que s'il y avoit 16 jours d'intervalle d'une obſervation à l'autre, il faudroit retrancher une demi-ſeconde de la ſomme des minutes & des ſecondes additionnées ou multipliées par 16, parce que la révolution des étoiles eſt de 23 heures 56 minutes, & preſque deux tierces ; par conſéquent, il s'en faut preſque de deux tierces que l'accélération des étoiles ne ſoit de 3 minutes & 56 ſecondes. Si d'une obſervation à l'autre il y avoit 32 jours d'intervalle, il faudroit retrancher une ſeconde entiere de l'addition des minutes & des ſecondes, c'eſt-à-dire, qu'au lieu de 2 heures 5 minutes 52 ſecondes, qui ſont le produit de 3 minutes 56 ſecondes multipliées par 32 jours, il ne faudroit compter réellement que ſur 2 heures 5 minutes & 51 ſecondes. On voit par-là que dans 7 à 8 jours d'intervalle d'une obſervation à l'autre, il ne ſauroit y avoir rien de ſenſible à retrancher, parce qu'on ne ſauroit s'appercevoir d'un auſſi petit moment que l'eſt un quart de ſeconde ou 15 tierces.

Toutes les méthodes que nous avons déja données pour trouver le moment de midi, ſoit par des hauteurs correſpondantes, ſoit par le calcul, ſont également propres à régler ou à vérifier la marche d'une Horloge. La méthode ſur-tout des hauteurs correſpondantes par un inſtrument ou autrement, eſt fort en uſage pour cet objet.

CHAPITRE XII.

Principaux usages du Compas de proportion concernant la Gnomonique.

584. QUAND nous avons parlé en plusieurs endroits de cet Ouvrage, du Compas de proportion, nous avons supposé qu'on savoit s'en servir. Nous étant depuis apperçu que quelques personnes n'en connoissoient point l'usage, nous avons cru devoir l'expliquer ici. Nous n'en décrirons point toutes les propriétés, étant fort étendues; nous nous bornerons seulement à ce qui convient à notre sujet. Ceci au reste est d'autant plus nécessaire, que beaucoup d'étuis de Mathématiques se trouvant sans échelle géométrique de parties égales, le Compas de proportion peut la suppléer.

585. Le Compas de proportion est fait de deux regles de cuivre, ou d'argent, &c. jointes ensemble d'un bout par une charniere, à peu près comme les pieds-de-Roi ordinaires, qui se plient en deux. Ces deux regles sont de 6 à 7 lignes de largeur chacune, environ 6 pouces de longueur, sur 2 lignes d'épaisseur. Comme la construction de cet instrument est assez connue, nous n'en dirons pas davantage à cet égard.

586. On grave plusieurs lignes sur chaque jambe du Compas de proportion. D'un côté ce sont la ligne des parties égales, celle des plans, & celle des polygones. De l'autre côté, on met la ligne des cordes, celle des solides & celle des métaux. Nous n'expliquerons que les usages de la ligne des Cordes &

de la ligne des parties égales ; parce que ce sont les seules dont on se serve dans la Gnomonique.

Usage de la ligne des Cordes du Compas de proportion.

587. On verra sur une des deux surfaces du Compas de proportion, deux lignes tirées du centre de la charniere sur chaque jambe, lesquelles forment un angle dont le sommet est au centre de la charniere. On y voit écrits ces mots : *Les Cordes.* Cette ligne est ainsi nommée, parce qu'elle contient les Cordes de tous les degrés du demi-cercle, c'est-à-dire, jusqu'à 180 degrés. Cette ligne a pour longueur totale le diametre entier d'un cercle de 6 pouces. Son usage est pour faire des angles du nombre de degrés qu'on souhaite, & pour connoître la valeur d'un angle déja fait.

588. S'il s'agit de faire un angle sur une ligne, par exemple, DF, pl. 1, fig. 14, on posera une pointe du compas commun & ordinaire sur le point D, que nous supposons devoir être le sommet de de l'angle requis, & avec l'autre pointe & de l'ouverture qu'on voudra, on décrira l'arc indéfini FG : on portera cette ouverture du compas commun, sans la changer, sur le Compas de proportion sur la ligne des cordes. On l'ouvrira plus ou moins, jusqu'à ce qu'une pointe du compas commun, étant posée sur le point 60, l'autre pointe tombe sur l'autre point correspondant 60, de l'autre jambe du Compas de proportion, lequel demeurant ainsi ouvert, on posera les pointes du compas commun (l'ouvrant ou le fermant selon le besoin) sur les points correspondans des deux jambes du Compas de proportion, où l'on trouvera le nombre des degrés requis. On portera cette ouverture du compas commun sur l'arc FG, auquel on marquera le point G. On tirera une ligne DG, & on aura l'angle que l'on demande.

Pl. 1. Fig. 14. 589. On veut faire un angle de 43 degrés. On commencera par poser une pointe du compas commun sur le point D, & on décrira à volonté l'arc indéfini FG : on portera cette ouverture du compas commun sur les points correspondans 60 & 60 sur chaque jambe du Compas de proportion, l'ouvrant ou le fermant à cet effet selon le besoin : lequel compas de proportion demeurant ainsi ouvert, on fermera suffisamment le compas commun jusqu'à ce que ses pointes tombent justement sur les points correspondans 43 & 43 de chaque jambe du Compas de proportion. On portera cette ouverture du compas commun sur l'arc FG, posant une pointe sur le point F, & marquant avec l'autre le point G, on tirera la ligne DG, qui passe sur le point G, & on aura l'angle de 43 degrés.

590. Si l'angle que l'on demande, étoit de 43° 30′, on mettroit une pointe de compas commun d'un côté sur 43°, & l'autre pointe sur 44° du Compas de proportion. Si l'on demandoit un angle de 43° 15′, il faudroit mettre une pointe sur 43° d'un côté, & l'autre sur 43° & demi sur l'autre jambe du Compas de proportion. Ainsi des autres fractions de degré.

591. Si l'on veut connoître la valeur d'un angle déja fait, en voici la méthode. Du sommet D comme centre, & d'une ouverture de compas à volonté, on décrira un arc FG, qui sera coupé par les deux côtés DF & DG de l'angle ; on portera cette ouverture du compas commun sur les points 60 & 60 du Compas de proportion, l'ouvrant à cet effet autant qu'il le faudra ; lequel demeurant ainsi ouvert, on portera les pointes du compas commun, sur les points F & G de l'arc qu'on a décrit, l'ouvrant ou le fermant suffisamment pour cela. On portera cette ouverture du compas commun sur le Compas de proportion aux points correspondans où

lesdites pointes pourront s'ajuster ; & on aura la valeur de l'angle selon les points où seront tombées les pointes du compas commun ; & si, par exemple, les deux pointes du compas commun vont bien sur les points 24 & 24, l'angle sera de 24 degrés.

Usage de la ligne des parties égales du Compas de proportion.

592. A la face opposée à la ligne des cordes du Compas de proportion, on verra la ligne des parties égales, où ces mots sont gravés : *les parties égales.* Elles ressemblent assez à la ligne des cordes ; mais les divisions en sont fort différentes. La ligne des cordes a tous ses points inégaux entr'eux, au lieu que la ligne des parties égales a tous ses points à égales distances entr'eux : on y met ordinairement 200 points. Voici l'usage qu'on en peut faire.

593. En expliquant dans les art. 541 & 542, comment on peut se servir de la Table des tangentes naturelles, pour décrire les courbes horaires du cadran cylindrique portatif, nous avons dit qu'il falloit que le style eût 100 parties de quelqu'échelle. Mais comme ces 100 parties pourroient n'être pas d'une longueur commode pour ce style, & que par conséquent on ne pourroit pas le mettre de la longueur que l'on voudroit, pour faire le cylindre de la grandeur desirée, le Compas de proportion sera pour cet effet d'un usage fort avantageux ; voici comment il faudra s'en servir.

594. Après avoir déterminé à volonté la hauteur du cylindre, & y avoir proportionné la longueur du style, selon les regles que nous en avons données, on prendra avec le compas commun, la longueur du style, c'est-à-dire, toute la partie qui sort du cylindre : on portera cette ouverture sur les parties égales du Compas de proportion aux points correspondans 100 & 100 sur chaque jambe, lequel

demeurera ainſi ouvert juſqu'à ce que le Cadran cylindrique ſoit fini. On aura grand ſoin de ne pas changer ſon ouverture, en y prenant les points dont on aura beſoin. A cet effet on le poſera ſur une table.

Quand on aura trouvé toutes les tangentes naturelles de tous les degrés indiqués dans la Table des hauteurs du Soleil, & en ayant retranché 5 chiffres, on en prendra la diſtance de la maniere ſuivante. On a trouvé, par exemple, que la tangente de 21° 18′ eſt 41, on portera les pointes du compas commun ſur le Compas de proportion aux points correſpondans 41 & 41 de chaque jambe, ouvrant ou fermant le compas commun autant qu'il le faudra, & on portera cette ouverture du compas commun ſur le Cadran cylindrique, comme il eſt expliqué aux art. 429 & 430.

595. Si le nombre de la tangente ſurpaſſe 200, comme celle de 64° 28′, qui eſt 209, on prendra la moitié de ce nombre, qui ſera 104 & demi; on en prendra la diſtance ſur le Compas de proportion, aux points 104 ſur une jambe, & 105 ſur l'autre jambe: on portera cette ouverture deux fois ſur le Cadran cylindrique. Ainſi de tous les autres points horaires.

CHAPITRE XIII.

Deviſes pour les Cadrans ſolaires.

596. IL eſt bien des perſonnes qui ſont curieuſes de mettre une deviſe ſur les Cadrans ſolaires; c'eſt pour les ſatisfaire que nous en avons ramaſſé un nombre conſidérable. Il s'en faut bien qu'elles ſoient toutes également belles; mais on y en trouvera

plusieurs qui sont ingénieuses : chacun choisira celle qui lui conviendra le mieux.

Ne viator aberret, *pour un chemin.*
Pulchrior ab umbris.
A lumine motus.
Motum Solis adæquat.
Inter sydera versor.
Sine nube placet.
Tempori paret, *ou* Tempori servio.
Inæqualia æquat, *ou* Motu semper æquali, *lorsqu'il y a une Méridienne du temps moyen.*
Cælestia monstrat.
Comes luminis umbra.
Dies dimetior umbris.
Hoc monstrante diem radiis dimetior æquis,
Horaque festinum strenua raptat iter.
Dividit umbra diem.
Ferrea Virga & umbratilis ictus.
Lumine signat.
Non cedit umbra Soli.
Sol generat umbras.
Superni luminis ductu.
Elapsas nuntiat horas.
Omnibus & singulis.
Rapit hora diem.
Omnia componit.
Fallere nescium.
Nulli fallax.
Dum aspicitur, regit.
Cuique suum metitur.
Nec falsus, nec fallens.
Leges facit & servat.
Immotus motum Solis adæquo.
Arte mirâ mortalium temperat horas.
Cœlestium index.

Labitur occultè, fallitque volatilis ætas. *Ovid.*
Tempora labuntur, tacitiſque ſeneſcimus annis.
{ Itque reditque viam conſtans quam ſuſpicis umbra:
{ Umbra fugax homines non reditura ſumus.
Dum levis umbra fugit, fugitivas denotat horas.
{ Nam fortuna licet Phæbo ſit clarior ipſo,
{ Nigra mihi ſemper dividet umbra dies.
Solis fulget aſpectu.
In ſe pingit Olympum.
Quævis quota, fortaſſe poſtrema.
Cœli refert imaginem.
Ultima latet.
Fidele ſolis æmulum.
Volat irrevocabilis.
Immenſum metior.
Suprema metitur.
A luce primordia ducit.
Volat irreparabile.
Ab ultimâ cave.
Sua quemque latet.
Solis & artis opus.
Sol me, vos umbra (*regit*).
Umbræ tranſitus eſt tempus noſtrum.
Sic vita fugit.
Hæc fortaſſe tua.
Dum licet, utere.
Unam time.
Amicis quælibet hora.
{ Aſpicis, umbra fugax noſtras ut temperet horas;
{ Umbras umbra regit, pulvis & umbra ſumus.
Signat & monet.
Afflictis lentæ, celeres gaudentibus horæ.
Cernis quâ vivis, quâ moriere latet.
Vulnerant omnes, ultima necat.
Dies noſtri ſicut umbra tranſeunt.
Quota ſit hora petis, dum petis ipſa fugit.
Flos brevis umbra fugax, bulla caduca ſumus.

Nulla fluat cujus non meminisse velis.

Aut merces aut pœna manet quas vivimus horas.

Dum verum tenui mediumque do lumine tempus,
Umbra cadens jaculo quæ fulgeat hora docebit,
pour un Cadran où il y a une Méridienne du du temps moyen.

ou autrement.

Indigitat verum mediumque foramine tempus,
Ac umbra jaculi certam delineat horam.

Pereunt & imputantur.

Utere præsenti memor ultimæ.

Dubia omnibus, ultima multis.

Suprema, *ou*, Ultima multis, forsan tibi.

Nostra latet.

Dies mei sicut umbra declinaverunt.

Sic transit gloria mundi.

Solis & umbræ concordia.

Ombre trompeuse qui fuit à mesure qu'elle s'approche.

Cette vie mortelle qui plaît tant, fuit plus vîte que l'ombre.

Le Ciel est ma régle.

Sic transibis & ipse.

Sua cuique hora.

Aspiciendo senescis.

Hæc quæ vita placet transit ut aura levis.

ou bien,

Arridens vita citius umbra fugit.

Quid aspicis? Fugit.

Ora, ne te rapiat hora.

ADDITION INTÉRESSANTE

A la page 38 ; après la pénultieme ligne, ajoutez ce qui ſuit :

IL eſt des perſonnes qui éprouvent un certain déſagrément à manier le cuivre, à cauſe de quelque odeur qu'il peut avoir ; & que d'ailleurs on ne peut pas le toucher lorſqu'il eſt bien poli, ſans qu'il n'y paroiſſe des taches fort ſales, je crois qu'on voudra bien ne pas déſapprouver que j'enſeigne ici à faire & à appliquer une eſpéce de vernis fort dur, au moyen duquel les pieces de cuivre reſteront toujours dans leur brillant, paroîtront preſque comme dorées, & on pourra les manier tant qu'on voudra ſans les tacher, ni les ternir, ni ſentir aucune odeur de cuivre ; ce qui ſera propre & commode non-ſeulement pour les Inſtrumens à tracer les Cadrans ſolaires, comme les boîtes de compas à verge, &c ; mais encore pour en enduire même les Cadrans portatifs, qu'on eſt quelquefois obligé de manier beaucoup. Nous donnerons de plus la manipulation de ce vernis, en faveur de ceux qui ne ſont pas accoutumés à faire ces ſortes d'opérations, ou qui n'en auront aucune connoiſſance.

Procédé pour compoſer & faire le Vernis dit ANGLOIS, *deſtiné à être appliqué ſur les ouvrages de cuivre, d'argent ou d'étain.*

On prendra demi-once de karabé jaune, ou ſuccin, ou ambre (ce qui eſt la même choſe) qu'on mettra en poudre très-fine, & paſſée au tamis de ſoie fin.

Demi once de gomme lacque en grain, que l'on mettra en poudre tout comme le karabé.

9 grains de ſafran Gatinois, en poudre.

10 grains de ſang de dragon en larmes, concaſſé.

10 onces de bon eſprit-de-vin bien déphlegmé & à preuve de poudre. L'on fait cette épreuve ainſi: l'on met dans une cuiller à bouche une petite pincée de poudre à tirer, on la remplit d'eſprit-de-vin, auquel on met le feu avec un morceau de papier allumé. Lorſque l'eſprit-de-vin ſera entiérement conſumé, la poudre doit ſe trouver aſſez ſéche pour s'enflammer ſubitement, comme ſi elle n'avoit pas touché l'eſprit-de-vin. Si la poudre ne s'enflamme point, ou qu'elle prenne comme une fuſée, l'eſprit-de-vin ne ſera point propre à faire ce Vernis.

On prendra une bouteille ordinaire de pinte, bien ſéche & nette: on y verſera l'eſprit-de-vin & le karabé auſſi, & on agitera la bouteille: on en coeffera l'orifice avec un morceau de parchemin mouillé qu'on liera bien avec une ficelle. On fera au milieu de ce parchemin un petit trou avec une épingle qu'on y laiſſera.

On prendra un chaudron dans le fond duquel on mettra du foin, afin que la bouteille ne touche point au fond, & l'on y verſera une quantité d'eau convenable, ſelon la hauteur de la bouteille qu'on y plongera, & afin qu'elle ne ſe renverſe pas en nageant dans l'eau, ou la faire tenir droite, en couchant au travers du chaudron la pincette du feu, qui embraſſera le col de la bouteille, & la maintiendra comme il faut. On mettra ce chaudron ſur un trépied de fer, & on fera un feu ſuffiſant pour que l'eau ſoit bien chaude ſans la faire bouillir. A meſure que l'eau chauffera, on ôtera pendant un moment de temps en temps l'épingle, afin que l'eſprit-de-vin ſe raréfiant, ne faſſe pas caſſer la bouteille. On l'ôtera du chaudron de demi heure en demi-heure, & tout près du feu, on l'agitera un moment, ôtant toujours l'épingle quand on fera cette opération, & on la remettra aussi-tôt. Nous disons qu'il ne faut pas l'éloigner du feu, de peur que l'air froid ne fît casser la bouteille. On fera ainsi chauffer pendant quatre ou cinq heures, & ensuite on cessera d'entretenir le feu, pour laisser refroidir la bouteille.

On l'ôtera alors du feu; on l'ouvrira entiérement, & on y mettra les autres drogues. On coeffera la bouteille comme auparavant avec le même parchemin, ou avec un autre, si l'on a déchiré le premier, & on le liera. L'on remettra la bouteille dans le chaudron après l'avoir bien remuée, ôtant l'épingle pendant cette opération. On recommencera à faire du feu, & l'on fera tout le reste comme il est dit ci-dessus pendant quatre ou cinq heures, & le vernis sera fait. On laissera refroidir la bouteille sans la remuer davantage. Après quatre ou cinq jours, on versera bien doucement le vernis dans une autre bouteille, tant qu'il viendra clair. L'on peut passer le reste au travers d'un linge fin. On aura soin de tenir la phiole bien bouchée.

Si l'on veut faire une plus grande quantité de vernis, on augmentera les doses des drogues dans la même proportion indiquée ci-dessus. Mais aussi il est nécessaire que la bouteille dans laquelle on le fait, soit toujours au moins quatre fois plus grande qu'il ne faut, sans quoi elle pourroit casser. Un mattras de verre d'une capacité quadruple à la quantité de Vernis qu'on veut faire, est le vaisseau le plus propre pour cela.

Maniere d'appliquer le Vernis sur le cuivre.

Il faut que la piece de cuivre soit très-bien polie, même mieux que le poli ordinaire. On la fera chauffer sur une plaque de tole mise sur un réchaud. La chaleur que la piece doit avoir doit être telle qu'on ait peine à la ſupporter ſur le deſſus de la main. On fera en ſorte que la chaleur ſoit égale dans toute la piece.

On verſera un peu de vernis dans un petit godet; on y trempera un pinceau large de poil gris bien doux, & après l'avoir un peu eſſuyé ſur le bord du godet, on le paſſera ſans l'appuyer beaucoup ſur toute la piece. Il faut faire cette opération adroitement, afin que les repriſes ne paroiſſent point, qu'il n'y ait point d'ondes ni d'autres taches ſur l'ouvrage, mais que le Vernis ſoit appliqué bien également par-tout. Les ouvrages de cuivre tournés, & que l'on vernit chaudement ſur le Tour, réuſſiſſent toujours plus facilement. Cependant, pour peu d'uſage qu'on en ait, on parvient à vernir bien uniment les grandes ſurfaces planes.

Si l'on avoit fait quelques ondes en paſſant le Vernis, l'on pourroit y remédier, du moins en partie, en approchant la piece contre la plaque de tole, ſans l'y faire toucher.

Si l'on deſire que la couleur de la piece ſoit plus haute & plus reſſemblante à celle de l'or, l'on pourra y paſſer de ſuite deux, trois, ou même quatre couches de Vernis; mais il faut que la piece ſoit un peu plus chaude, ſur-tout ſi elle eſt groſſe ou maſſive, comme un pied de chandelier, un vaſe, &c.

Si l'on ne peut faire chauffer la piece, ſoit à cauſe de ſa figure irréguliere, ſoit qu'on craigne de la déranger de ſa juſteſſe ou dans ſes diviſions, ou ſes aſſemblages ou ſa droiture, &c. L'on pourra alors appliquer le Vernis ſur la piece toute froide. On l'approchera auſſi-tôt du feu, pour qu'elle en prenne une chaleur ſuffiſante, pour contribuer à faire mieux égaliſer le Vernis, & à redonner tout le luſtre à la piece.

Il faut faire chauffer peu une piece plane qui ſera

grande, lorſqu'elle ſera bien écrouie, ſur-tout ſi elle porte des diviſions, comme un graphometre qui ſera grand, &c, après qu'on leur a donné, devant un feu un peu éloigné, un petit degré de chaleur qu'on ſupportera bien aiſément ſur le deſſus de la main ou ſur la joue, on la vernira avec toute l'attention & la diligence poſſible; on la remettra auſſi-tôt devant le feu, pour faire mieux étendre le Vernis & lui faire revenir la tranſparence, & par conſéquent le luſtre.

Si l'on vouloit comme dorer avec ce Vernis de l'argent ou de l'étain, comme une bordure ou autres ornemens argentés avec des feuilles d'argent ou d'étain, ou même de l'étain pur comme des tuyaux d'orgues, &c, il faudroit doubler ou peut-être tripler les doſes du ſafran & du ſang de dragon.

Lorſque le Vernis ſe ſalira, on le lavera avec de l'eau tiede & un linge fin, mais on ne le frottera jamais avec aucune poudre à polir, comme blanc d'Eſpagne, tripoli, pierre pourrie, &c.

Les Ouvriers Anglois ſe ſervent de ce Vernis depuis long-temps. Il fut communiqué en 1720 à M. Hellot, de l'Académie Royale des Sciences, par M. Scarlet; & en 1730, à M. Dufay, de la même Académie, par M. Graham. On l'inſéra dans les Mémoires de l'Académie Royale des Sciences de 1761, d'où je l'ai tiré. Il avoit demeuré-là ſans que perſonne ait penſé à le faire connoître aux Ouvriers. Enfin ayant eu la curioſité d'exécuter moi-même cette recette, j'ai trouvé que c'étoit le même Vernis Anglois que les Ouvriers étoient obligés de faire venir de Londres. Auſſi-tôt que j'ai fait l'expérience de ce Vernis, je l'ai publié; & afin qu'il parvienne à la connoiſſance d'un plus grand nombre, je l'ai inſéré ici où il ſera utile, comme je l'ai dit ci-deſſus.

EXPLICATION ET USAGE

DES

TABLES SUIVANTES.

AVANT que de présenter les Tables que nous avons promises en différens endroits de ce Traité, nous avons jugé convenable d'en donner l'explication & l'usage. Plusieurs de ces Tables pourront faire plaisir à ceux qui ne voudront pas prendre la peine d'en faire le calcul, quoique nous l'ayions enseigné. Il en est d'autres qui sont absolument nécessaires, puisque nous n'en avons pas donné la construction, à cause qu'elles sont trop difficiles, les préceptes en étant fort compliqués. Nous en omettons que des Auteurs fort éclairés ont données dans leur Gnomonique, leur usage nous ayant paru trop borné. Comme l'impression de ces sortes de Tables est ce qui coûte le plus, nous avons cru devoir en épargner la dépense pour rendre cet Ouvrage d'un prix plus modique, & le volume moins gros.

PREMIERE TABLE.

Différence des Méridiens entre l'Observatoire Royal de Paris & les principaux lieux de la Terre, avec leurs longitudes & les hauteurs du pole.

597. CETTE Table est toute tirée du livre de la *Connoissance des Temps.* La premiere colonne contient les noms des lieux ou villes; la seconde con-

tient la différence des longitudes en temps ; la troisieme contient cette même différence en degrés & en minutes ; la quatrieme marque les latitudes ou hauteurs du pole. On a marqué par une étoile * les longitudes ou les latitudes qui ont été déterminées par les observations de l'Académie : celles qui sont marquées par une croix †, ont été trouvées par des observations particulieres, & celles qui n'ont aucune marque, sont fondées sur l'estime. Ces mots abrégés *or.* & *oc.* signifient l'orient ou l'occident à l'égard de Paris. Les lettres S. M. qui sont dans plusieurs endroits de la derniere colonne, signifient que les latitudes sont septentrionales ou méridionales. Quand il n'y a point de lettres vis-à-vis d'une ville dans cette derniere colonne, il faut y supposer la lettre S. Il s'agit présentement d'expliquer ce que c'est que *différence des longitudes*, dont nous n'avons dit qu'un mot, art. 270, pag. 153.

598. Nous avons vû, art. 48, qu'il y a des Méridiens sans nombre, puisque chaque lieu a son Méridien. La distance du Méridien d'un lieu au Méridien de l'autre lieu, en allant d'occident en orient, est ce qu'on appelle la différence des longitudes ou des Méridiens, dont les degrés se mesurent & se comptent sur l'équateur. Il s'ensuit donc que l'arc de l'équateur, compris entre les deux Méridiens proposés, est la longitude de ces deux lieux.

599. Le Soleil faisant sa révolution de l'orient vers l'occident en 24 heures, passe successivement par tous les Méridiens de la Terre : cette révolution du Soleil est supposée être un cercle divisé en 360 degrés, qui étant tous parcourus dans 24 heures, il s'ensuit que le Soleil parcourt 15 degrés par heure, puisque 15 fois 24 font 360 ; par conséquent, il parcourt dans demi-heure 7 degrés 30 minutes, & 30 degrés dans deux heures, &c.

600. Si un lieu est plus oriental que Paris de 15

degrés, ou la 24e partie de 360 degrés, il sera midi dans ce lieu-là une heure plutôt qu'à Paris, parce que le Soleil passe une heure plutôt au Méridien de ce lieu qu'au Méridien de Paris, par conséquent, il sera une heure après midi dans ce lieu plus oriental que Paris, lorsqu'il ne sera que midi à Paris. Par la même raison, si un lieu est plus occidental que Paris de 15 degrés, il ne sera que 11 heures du matin dans ce lieu-là, lorsqu'il sera midi à Paris; parce que le Soleil n'arrivera qu'une heure après au Méridien de ce lieu, qui est plus occidental que Paris de 15 degrés. On peut au reste remarquer que la plupart des anciens Géographes ont déterminé pour le premier Méridien, celui qui passe par l'Isle de Fer, qui est la plus occidentale des Isles Canaries; cependant l'Académie Royale des Sciences de Paris a coutume de regarder le Méridien, qui passe par l'Observatoire de Paris, comme le premier, à cause des observations astronomiques qu'on y fait continuellement. C'est la raison pour laquelle l'on voit dans la Carte de France, jointe à cet Ouvrage, la ville de Paris au 20e degré de longitude, quoique dans la Table dont il s'agit ici, l'on voit cette Capitale au premier Méridien.

601. La latitude géographique d'un lieu de la Terre est la distance de ce lieu à l'équateur, mesurée sur le Méridien qui passe par ce lieu: elle est égale à la hauteur du pole sur l'horison de ce lieu. La latitude est septentrionale du côté du pole septentrional, & méridionale du côté du pole méridional.

602. Les degrés de latitude sont tous égaux, supposé que la Terre soit parfaitement ronde: ils sont chacun de 57060 toises. Les degrés de longitude sont égaux à ceux de la latitude sous l'équateur seulement; mais ils deviennent plus petits à mesure qu'ils approchent des poles; de sorte qu'un degré

de longitude au parallele de Paris, n'est que de 37560 toises. Sous le 20ᵉ degré, il y a 22 lieues; sous le 30ᵉ, 21 lieues; sous le 40ᵉ, 18 lieues; sous le 50ᵉ, 15 lieues; sous le 60ᵉ, 12 lieues; sous le 70ᵉ, 10 lieues; sous le 80ᵉ, 5 lieues. Chaque degré de latitude ou de longitude sous l'équateur est de 25 lieues, qui font, comme nous venons de le voir, 57060 toises. Chaque lieue est de 2282 toises & demie, ou 2675 pas géométriques de 5 pieds chacun.

603. Plus on est éloigné de l'équateur, c'est-à-dire, plus le pole est élevé, moins les degrés de longitudes sont grands. Si l'on veut savoir l'étendue du degré de longitude du lieu où l'on se trouve, on fera l'Analogie suivante :

Le rayon
est au cosinus de la hauteur du pole,
comme la grandeur d'un degré de l'équateur, estimé 25 lieues, ou 57060 toises,
est à la grandeur du degré de longitude requis.

Exemple. Supposons, pour le second terme de l'Analogie, la hauteur du pole de 52 degrés, son complément sera 38 degrés.

log. sin. de 38°, 2ᵉ terme........	978934
log. du nombre 25 lieues, 3ᵉ terme..	139794
Somme & reste...	1118728

qui est le log. du nombre 15 & un peu plus : c'est-à-dire, qu'un degré de longitude sous la latitude de 52°, est de 15 lieues & environ un tiers. Ceci, au reste, peut être utile lorsqu'on veut, par exemple, examiner deux Cadrans qui seront à demi-lieue, ou plus ou moins de distance l'un de l'autre. En sachant exactement cette distance, on connoîtra de combien de secondes ou de minutes l'heure de l'un doit précéder ou suivre celle de l'autre. On vérifiera par-là en partie leur justesse, &c.

604. L'usage que l'on peut faire de la seconde & de la troisieme colonne de cette Table, est de savoir quelle heure il est en quelque lieu du Monde proposé, lorsqu'il est midi ou quelqu'autre heure à Paris. On connoîtra également par la différence des longitudes quelle heure il est en un lieu, lorsqu'il est telle heure dans un autre. Cela n'a pas d'autre utilité pour les Cadrans solaires, que d'entrer dans la détermination des premieres & dernieres heures qu'on y doit tracer. Voy. la 4e Section du Chap. 6. La plus nécessaire des colonnes de cette Table est la derniere, parce que, par les méthodes que nous avons données dans ce Traité, l'on ne peut faire un Cadran en un lieu, qu'on ne sache la latitude ou la hauteur du pole de ce lieu. L'on verra comment il faut s'y prendre pour la trouver, dans la Table des Matieres au mot *Hauteurs du pole*. Quoique les secondes de degré soient marquées dans cette derniere colonne, on peut n'y avoir aucun égard lorsqu'elles ne passent point 30 secondes. Mais au-delà de 30 secondes, il faut compter une minute de plus: par exemple, 47 degrés 36 minutes & 34 secondes, il faudra dire 47 degrés 37 minutes; c'est une regle générale.

SECONDE TABLE.

Des Cordes.

605. NOUS avons donné deux Tables des Cordes, qui indiquent le nombre des parties que doivent avoir toutes les cordes de degré en degré, depuis un degré jusqu'à 90 degrés: la premiere est pour un rayon de 2000 parties; la seconde pour

un rayon de 3000 parties. Ce sont ces Tables que nous avons promises, art. 121; au moyen de ces deux Tables, on pourra en faire une de 1000 parties de rayon : on n'aura qu'à prendre la moitié de chaque nombre de la Table de 2000 parties. Pour en faire une de 4000 parties de rayon, on doublera celle de 2000. Nous avons enseigné à faire ces Tables des cordes, aussi-bien que leur usage, aux articles 154 & suiv. jusqu'à l'art. 162.

606. On remarquera qu'après chaque nombre qui désigne les parties qui composent la longueur de chaque corde, il y a le dernier chiffre, séparé des précédens par un point; il dénote le nombre des dixiemes, ou parties de l'unité, qu'on regarde comme divisée en 10 parties égales, comme nous l'avons dit art. 123.

TROISIEME TABLE.

Des Réfractions.

607. NOUS en avons parlé art. 247: elle est d'un grand usage, parce qu'il s'agit bien souvent de la hauteur du Soleil aux Cadrans solaires. Nous avons déja remarqué dans cet article, que la hauteur du Soleil telle qu'on la trouve, n'est pas réelle : elle n'est qu'apparente; il faut en soustraire d'autant plus, que le Soleil se trouve moins élevé. Par exemple, si on a trouvé la hauteur du Soleil de 6 degrés, il faudra en soustraire, selon cette Table, 8 minutes 28 secondes, ou 8 minutes seulement; de sorte que la hauteur du Soleil ne sera réellement que de 5 degrés 52 minutes. Si on a trouvé la hauteur du Soleil de 58 degrés, il faudra en retrancher 35 secondes, ou une minute, selon la Table; de sorte que la véri-

table hauteur sera de 57 degrés 59 minutes. Cette Table est tirée du livre de la *Connoissance des Temps* ; c'est celle de Bradley, célébre Astronome Anglois, de la Société Royale de Londres.

QUATRIEME TABLE.

Du rapport des degrés aux temps.

608. QUAND il faut réduire les degrés en temps, on est obligé de faire un petit calcul, dont on pourra se dispenser, au moyen de cette Table. Nous avons enseigné, art. 431, 432, 433 & 434, la maniere de trouver, par le calcul, l'heure qu'il est. Le résultat ne donne que des degrés & des minutes qu'il faut réduire en temps, à raison de 15 degrés par heure, de 15 minutes de degré, pour une minute de temps, & de 15 secondes de degré, pour une seconde de temps. Nous avons jugé inutile de prolonger cette Table au-delà de 90 degrés : on remarquera qu'en tête des premiere, troisieme & cinquieme colonnes, il y a un D & un M ; ce qui veut dire degrés & minutes de degrés : aux seconde, quatrieme & sixieme colonnes, il y a H, M & M, S ; ce qui signifie heures & minutes, & minutes & secondes de temps. Quand on voudra se servir de cette Table, & savoir ce que valent en temps, par exemple, 6 degrés 34 minutes, cherchez dans la premiere colonne 6 degrés, & vous trouverez dans la seconde, & vis-à-vis, 24 minutes de temps ; ensuite pour les 34 minutes de degré, cherchez dans la troisieme colonne à l'endroit 34, & vis-à-vis dans la quatrieme, vous trouverez 2 minutes & 16 secondes de temps ; de sorte que 6 degrés 34 minutes de degré, font 26 minutes & 16 secondes de temps.

Si vous voulez ſavoir combien valent en temps 156 degrés 17 minutes, cherchez à la fin de la Table 90 degrés, que vous trouverez valoir 6 heures; & comme il y a encore 66 degrés pour aller à 156 degrés, cherchez à la cinquieme colonne à l'endroit 66, & vous trouverez vis-à-vis à la ſixieme colonne 4 heures 24 minutes, que vous ajouterez à 6 heures; ce qui ſera 10 heures 24 minutes. Pour les 17 minutes de degré qui reſtent, cherchez à la premiere colonne à l'endroit 17, & vous trouverez dans la ſeconde colonne, vis-à-vis, une minute de temps & 8 ſecondes; de ſorte que 156 degrés 17 minutes valent en temps 10 heures 25 minutes & 8 ſecondes.

Comme, par exemple, 15 degrés valent une heure, de même 15 minutes valent une minute de temps, & 15 ſecondes de degré valent une ſeconde de temps. Ainſi chaque colonne peut être regardée comme de minutes ou de degrés; & celles qui déſignent le temps, comme la ſeconde, la quatrieme & la ſixieme, peuvent être regardées comme contenant des heures & des minutes, ou des minutes & des ſecondes, ſelon le beſoin qu'on en a. La premiere colonne, la troiſieme & la cinquieme peuvent être regardées comme contenant des degrés; en ce cas, la ſeconde, quatrieme & ſixieme ſeront des heures & minutes de temps. Si la premiere, troiſieme & cinquieme ſont regardées comme ne contenant que des minutes de degré, pour lors les autres ne ſeront que des minutes & ſecondes de temps. Ainſi le nombre 25 dans la premiere colonne peut ſignifier 25 degrés; pour lors le nombre qui eſt vis-à-vis dans la ſeconde colonne ſignifiera une heure 40 minutes de temps. Mais ſi le nombre 25 de la premiere colonne ſignifie 25 minutes, en ce cas, au lieu de dire dans la ſeconde colonne une heure 40 minutes, il faudra dire une minute 40 ſecondes. Tout ceci est désigné par les lettres qui sont en tête de chaque colonne.

CINQUIÉME TABLE.

Des premieres & dernieres heures.

609. C'Est la Table que nous avons promise, art. 305 : nous ne la donnons que pour la latitude de Paris, parce qu'il n'est question que d'un quart-d'heure à peu près de différence pour toute l'étendue de la France. Ainsi quand on tracera une ligne horaire d'un quart d'heure de plus ou de moins qu'un Cadran ne peut marquer, ce n'est pas un grand inconvénient; il n'en sera pas moins bon & moins juste. A l'égard de ceux qui seront curieux de ce point de perfection, ils auront recours à la quatrieme Section du Chapitre VI, où ils trouveront toutes les instructions nécessaires. Pour faire usage de la Table dont il s'agit ici, voici comment il faut la lire : les plans qui déclinent du midi à l'orient de 90 degrés, ou de 86 degrés 24 minutes, ou de 82 degrés 48 minutes, &c. cessent d'être éclairés l'après midi, à midi, ou à midi un quart, ou à midi & demi, &c. Par-là on comprendra que si le plan du midi décline de 75 degrés 40 minutes à l'orient, il ne faut pas y tracer une heure après midi, puisque, selon la Table, il cesse d'être éclairé à cette heure-là. Ce que nous disons ici de la premiere partie de la Table, doit s'appliquer à la seconde, où il s'agit des plans qui déclinent du midi à l'occident; car si un plan de midi décline de 75° 40′ vers l'occident, ne commençant à être éclairé qu'à 11 heures du matin, il ne faudra y tracer aucune ligne horaire qui précede celle-là.

610. Il faut remarquer que plus le pole est élevé à l'égard d'un lieu, plus les jours sont longs en été à l'égard de ce lieu, & courts en hiver; par conséquent, moins le pole est élevé, plus les jours sont longs en hiver & courts en été. Par exemple, à Londres les jours sont bien plus longs en été & plus courts en hiver qu'à Marseille ; c'est à quoi il faut avoir égard.

SIXIÉME TABLE.

Premiere & seconde Tables d'équation générale, pour servir à la correction de la Méridienne, lorsqu'on la trace par des hauteurs correspondantes du Soleil dans des jours où sa déclinaison varie sensiblement.

611. NOUS avons déja expliqué ces deux Tables, art. 425 jusqu'à 427, & nous en avons montré l'usage. Nous ajouterons seulement ici ce qui nous reste à dire pour achever de les faire entendre. Les nombres de la premiere Table sont précédés du mot *soustractif* & du mot *additif*; ceux de la seconde sont aussi précédés de l'un & l'autre de ces deux mots. Avant de faire usage de celle-ci, on multipliera toujours le nombre des secondes qu'on trouve dans la premiere Table (425), par les trois premiers chiffres de la tangente naturelle de la latitude du lieu où l'on est, supposé que la latitude soit moindre que 45 degrés; ou par les quatre premiers chiffres de cette tangente, lorsque la latitude sera de 45 degrés ou au-dessus. On retranchera du produit les trois derniers chiffres à droite, & ceux qui resteront à gauche seront un certain nombre de secondes, auquel il faudra ajouter le nombre de se-

condes correſpondant dans la deuxieme Table ; le tout ſuppoſant que l'un & l'autre de ces deux nombres de ſecondes eſt précédé du mot *additif* ou du mot *ſouſtractif*. Mais quand les mots *additif* ou *ſouſtractif* correſpondans ſeront différens, il faudra retrancher ce que donne la deuxieme Table de ce qu'on aura trouvé au produit de la multiplication précédente.

612. Exemple premier. Suppoſons la latitude de 50 degrés, & qu'on faſſe l'obſervation en un jour où le Soleil ſoit au 20e degré du Taureau, & qu'il y ait entre les hauteurs correſpondantes obſervées 6 heures d'intervalle. On prendra dans la premiere Table 22 ſecondes, qui répondent à 6 heures d'intervalle, & à 20 degrés du Taureau : on multipliera ces 22 ſecondes par les quatre premiers chiffres de la tangente naturelle de la latitude, (à cauſe que la latitude eſt plus de 45 degrés). Or les quatre premiers chiffres de la tangente de 50 degrés ſont 1191

que l'on multipliera par les 22 ſecondes . . . 22

2382

2382

Produit 26202

duquel on retranchera les trois derniers chiffres à droite : reſtera à gauche le nombre de 26 ſecondes, duquel nombre on ôtera 5 ſecondes, qui ſe trouvent dans la deuxieme Table, vis-à-vis 20 degrés du Taureau, & ſous 6 heures d'intervalle ; on retranchera, dis-je, ces 5 ſecondes, à cauſe qu'il y a le mot *ſouſtractif* dans la premiere Table, & le mot *additif* dans la deuxieme : le reſte 21 ſecondes, ſera la correction qu'il faudra faire à la Méridienne, comme il eſt enſeigné art. 425, 426 & 427. Il auroit fallu de même retrancher le nombre trouvé dans la ſeconde

Table, si le premier nombre eut été précédé du mot *additif*, & le second du mot *soustractif*.

613. Deuxieme exemple. Supposons la latitude de 30 degrés; que le Soleil soit au 10ᵉ degré du Scorpion, & qu'il y ait 8 heures d'intervalle entre les observations; on prendra les trois premiers chiffres de la tangente de 30 degrés, qui sont... 577
qu'on multipliera par les 29 secondes.... 29

5193
1154

Produit.... 16733

dont on ôtera les trois derniers chiffres à droite: restera à gauche le nombre de 16 secondes, ou plutôt 17 secondes, auxquelles on ajoutera les 3 secondes qu'on trouvera dans la deuxieme Table, à cause qu'en cet endroit les 29 & les 3 secondes sont précédées du mot *additif*; la somme 20 secondes sera la correction à faire à la Méridienne. Il auroit fallu également ajouter les 3 secondes de la deuxieme Table, si elles eussent été précédées, ainsi que les 29″, du mot *soustractif*.

614. Tout ce que nous venons d'expliquer suppose que la latitude est septentrionale: mais lorsqu'elle sera méridionale, il faudra changer dans la premiere Table les mots *soustractif* en *additif*, & les mots *additif* en *soustractif*. De plus, la correction énoncée art. 425, 426 & 427, se fera en sens contraire. Nous n'en donnons point d'exemple, parce que le cas ne peut se rencontrer que dans les pays méridionaux, c'est-à-dire, au-delà de la ligne équinoxiale.

SEPTIEME

SEPTIEME TABLE.

Qui contient les quatre Tables de la déclinaison du Soleil à midi au Méridien de Paris.

615. Nous avons déja dit quelque chose de l'usage de ces Tables dans l'article 249 : nous les expliquerons ici plus particuliérement, sans pourtant répéter ce que nous y avons enseigné ; on fera bien de relire cet article.

Ces Tables sont prises des Ephémérides de M. de Lalande, de l'Académie Royale des Sciences de Paris, aux années 1777, 1778, 1779 & 1780 : chacune pourra servir sans erreur sensible de quatre ans en quatre ans, tant pour les années suivantes que pour les précédentes ; ainsi pour 1774, on peut prendre 1778 ; pour 1775 & 1776, on prendra 1779 & 1780. Nous avons mis en tête les années auxquelles elles doivent servir.

616. Quoique ces Tables ne soient calculées que pour le Méridien de Paris, on peut cependant les regarder comme faites pour tous les Méridiens contenus dans toute la France. La différence des Méridiens n'y est pas assez considérable pour causer une erreur sensible dans la déclinaison du Soleil : n'y ayant que quatre ou cinq degrés de longitude, ce n'est pas la peine d'y avoir égard. Il n'y auroit que quelque seconde de degré de différence, qu'on ne fait point entrer dans le calcul en fait de Gnomonique.

617. La raison pour laquelle on est obligé d'avoir quatre Tables de la déclinaison du Soleil, est que cet astre partant, par exemple, du premier point du Bélier, un certain jour, à certaine heure de l'année, il s'en faut de 6 heures ou environ qu'il ne

revienne après 365 jours au même premier point du Bélier, à pareil jour, puisqu'après quatre ans il faut ajouter un jour; ce qui fait l'année bissextile. Par-là le Soleil se trouvant retardé de 6 heures chaque année, sa déclinaison doit être différente; ainsi il est nécessaire d'avoir les quatre Tables que nous avons données.

618. Quoique ces Tables puissent servir, sans erreur sensible, pour bien des pays aux environs de la France, comme pour toute l'Espagne, l'Angleterre, la Hollande, l'Allemagne, &c; cependant, si on vouloit y regarder de plus près, voici la maniere de réduire la déclinaison du Soleil au Méridien de Paris, pour tout autre Méridien.

Supposons que l'on veuille savoir la déclinaison du Soleil à midi au Méridien de Rome, le 23 Mars 1779; je vois d'abord que cette année 1779 est la troisieme après la bissextile. Je cherche dans la troisieme Table quelle est la déclinaison du Soleil ce jour-là au Méridien de Paris, je la trouve d'un degré 4′ 59″, ou de 1° 5′; & celle du jour d'auparavant, qui est le 22, je la trouve dans la même Table de 0 degré & 41′, en négligeant les secondes. La différence entre ces deux déclinaisons est donc de 24′, parce qu'en ôtant 41′ d'un degré 5′, il reste 24′. Je remarque aussi que la déclinaison du Soleil est pour lors septentrionale, & qu'elle va en croissant, parce que le Soleil s'éloigne pour lors de l'équateur. Je remarque encore que depuis le midi du 22 Mars jusqu'au midi du 23, la déclinaison du Soleil a augmenté de 24 minutes, comme nous venons de le voir. Cela posé, on fera une regle de trois, disant, si 360 degrés donnent 24 minutes de différence dans la déclinaison du Soleil, depuis le midi du 22 Mars jusqu'au midi du 23, c'est-à-dire, dans 24 heures, combien donneront 10 degrés 9 minutes, qui sont la différences des Méridiens ou des longitudes, entre le Méridien de Paris & celui de Rome; on exposera ainsi cette regle de trois.

360 . 24 :: 10° 9′ est au quatrieme terme.

ce qui veut dire 360 sont à 24, comme 10 degrés 9 minutes sont au quatrieme terme que nous cherchons.

Il faut d'abord multiplier les deux termes moyens, l'un par l'autre, qui sont 10 degrés 9 minutes & 24 minutes; & comme le 3e terme 10 degrés 9 minutes contient des degrés & des minutes, & que le second, 24 minutes, ne contient que des minutes, il faut réduire les 10 degrés en minutes; ce qui sera 600 minutes, auxquelles il faut ajouter les 9 minutes qui restent, ce sera 609 minutes, qui seront le troisieme terme:

Co-ar-log. de 360	74436975
log. de 24	13802112
log. de 609	27846173
Somme & reste	11608260

qui est le log. de 41″ en négligeant les tierces.

L'on voit par le résultat de ce calcul, qui ne donne qu'environ 41 secondes de changement dans la déclinaison du Soleil, combien sa différence est petite, entre les Méridiens de Paris & de Rome, quoique ces deux Villes soient si considérablement éloignées, y ayant environ 250 lieues de distance.

619. Nous avons déja remarqué que la déclinaison du Soleil le 23 Mars est croissante, c'est-à-dire, qu'elle va en augmentant. Or dans ce cas, il faut soustraire ces 41 secondes de la déclinaison du Soleil à Paris, que nous avons vu être d'un degré 5 minutes: restera un degré 4 minutes & 19 secondes pour la déclinaison du Soleil à midi au Méridien de Rome. Si le lieu dont on veut savoir la déclinaison du Soleil, étoit occidental, il faudroit ajouter ces 41 secondes.

Lorsque la déclinaison du Soleil est décroissante, c'est à-dire, qu'elle va en diminuant, comme depuis le mois de Septembre jusqu'au mois de Mars, il faut soustraire pour les lieux occidentaux, & ajouter pour les lieux orientaux.

620. Nous remarquerons que pour changer la déclinaison du Soleil d'une minute entiere, il faudroit que la différence des Méridiens fût de 15 degrés; ainsi il est évident que ces Tables peuvent servir, sans erreur sensible, non-seulement pour toute la France, mais encore pour plusieurs Royaumes des environs, sans y rien changer, sur-tout lorsque le Soleil sera un peu éloigné de l'équateur; car, selon le calcul que nous venons de faire, dont le résultat a été d'environ 41 secondes de correction, nous en aurions trouvé beaucoup moins, si nous avions pris quelques jours du mois de Mai ou de Juin, parce qu'alors les différences, dans la déclinaison du Soleil d'un jour à l'autre, sont beaucoup moindres; & quand nous avons dit qu'il faut 15 degrés de différence de longitude ou de Méridiens, pour faire une minute de changement dans la déclinaison du Soleil, cela doit s'entendre, lorsque sa différence d'un jour à l'autre est la plus grande, c'est-à-dire, vers les équinoxes. Ainsi on pourroit seulement faire ce calcul, & cette correction dans ce cas, & lorsque la différence des Méridiens sera assez considérable.

HUITIEME TABLE.

De la Déclinaison du Soleil pour tous les degrés de l'Ecliptique.

621. CETTE Table est d'un grand usage dans la Gnomonique; elle est essentielle dans le calcul des Tables des hauteurs du Soleil, dont nous parlerons bientôt : elle en est la base & le fondement, de même que de quantité d'autres calculs, puisqu'il faut souvent savoir la distance du Soleil à l'équateur, ce qu'on appelle *la déclinaison du Soleil.* On en a principalement besoin lorsqu'on veut trouver la place des signes sur les Méridiennes du temps moyen, &c. Cette Table est calculée pour l'obliquité de l'écliptique de 23 degrés 28 minutes. Il faut observer qu'il ne s'y agit pas de la déclinaison du Soleil à midi, ni à aucune autre heure particuliere, mais telle qu'elle est en elle-même, lorsque le Soleil entre dans chaque degré de chaque signe.

622. La premiere colonne contient les degrés des signes posés au haut de la Table, & ces degrés se comptent de haut en bas. La derniere colonne à droite contient les degrés des signes qui sont écrits au bas de la Table; ils se comptent de bas en haut: ceux-ci ont la même déclinaison que ceux-là. Il est nécessaire de remarquer que tous les signes tant du haut que du bas de la Table, qui ont la lettre M sont méridionaux; car la lettre M signifie méridional; & tous ceux qui ont la lettre S, sont les septentrionaux; la lettre S signifie septentrional. Les signes posés au bas de la Table ont leurs degrés à la derniere colonne, & se lisent de bas en haut; au lieu que les signes posés au haut de la Table ont leurs degrés à la premiere colonne, & se lisent de haut en bas.

NEUVIEME TABLE.

Des hauteurs du Soleil à toutes les heures du jour, pour différentes latitudes.

623. NOUS avons donné dix de ces Tables nouvellement calculées (*a*) pour les hauteurs du pole 43 degrés, 44, 45, 46, 47, 48, 49, 50, 51, & pour la latitude particuliere de Paris 48 degrés 51 minutes. Ces latitudes réunies comprennent toute l'étendue de la France. Si l'on vouloit se servir de quelqu'une de ces Tables dans quelque lieu dont la latitude se trouvât un peu différente, on prendroit toujours la plus approchante; si, par exemple, on vouloit faire un Cadran, par les hauteurs du Soleil, dans un lieu qui auroit 43 degrés 30 minutes de hauteur du pole, on n'auroit qu'à voir la différence de chaque hauteur du Soleil entre le 43 & le 44e degré de latitude; & ajoutant la moitié de cette différence à chaque hauteur du 43e degré, on auroit la hauteur du Soleil pour le 43e degré & demi de latitude. Si cette latitude se trouvoit de 43 degrés 45 minutes, il faudroit ajouter au 43e degré les trois quarts de la différence qui se trouve entre le 43e & le 44e degré de latitude; ainsi des autres proportions. Comme nous avons suffisamment expliqué l'usage de

(*a*) Ce sont MM. Paliard freres, Horlogers, demeurant actuellement rue de Grenelle, fauxbourg S. Germain, à Paris, qui ont bien voulu prendre la peine de les calculer, à la priere que je leur en ai faite. Ils ont supposé la plus grande déclinaison de 23° 28'. J'ai assez de confiance en leur capacité, pour les donner telles qu'ils les ont calculées. Je suis d'ailleurs assuré qu'ils y donné tout le soin possible.

ces Tables dans la Section II, Chap. X, nous n'en dirons pas davantage.

DIXIEME TABLE.

Angles horaires du Cadran horisontal.

624. Nous avons parlé assez au long dans la Section II, Chap. IV, du calcul des angles horaires du Cadran horisontal. Nous y avons enseigné non-seulement à se servir de la Table, mais encore à la faire soi-même. C'est pour épargner la peine de faire ce calcul, que nous donnons un nombre de Tables calculées de 10 en 10 minutes de degré pour plusieurs élévations du pole, qui peuvent servir bien au-delà de l'étendue de la France : elles ne sont que de quart en quart d'heure. Si on les vouloit de 5 en 5 minutes, on pourroit les calculer soi-même, comme nous l'avons enseigné ; ce qui est dans les Tables sera toujours autant de fait. Si la latitude où l'on veut faire le Cadran se trouvoit, par exemple, de 44 degrés 5 minutes, ce qui n'est point dans aucune des Tables que nous donnons, il faudroit prendre la moitié de la différence de chaque angle horaire, entre le 44e degré de latitude & le 44e degré 10 minutes ; & on ajouteroit cette moitié de la différence à chaque angle horaire de la Table faite pour le 44e degré de latitude, ou bien je crois qu'on auroit aussi-tôt fait de calculer soi-même la Table entiere ; ce calcul étant facile & bientôt fait, attendu qu'il est fort simple.

ONZIEME TABLE.

De l'équation du temps, calculée pour chaque degré de l'Ecliptique.

625. CETTE Table est tout nouvellement calculée pour l'année 1785, celle de la page 278 ou 290 en est tirée. Toutes les deux sont dans le fond les mêmes : à la différence près que celle de 1785 contient l'équation en minutes & secondes pour tous les degrés de l'écliptique, l'autre ne l'indique que de trois en trois degrés, & l'on y a réduit les minutes en secondes. Celle de la page 277 ou 289, intitulée *Ancienne Table*, &c, avoit été calculée pour l'année 1750. Celle-ci, de 1785, peut servir sans aucune erreur sensible depuis le temps présent jusqu'à plusieurs années après le commencement du siecle prochain. Si, lorsqu'on construit une Méridienne du temps moyen, on vouloit, pour une plus grande précision, y marquer les signes de deux en deux degrés, ou bien de cinq en cinq, &c, il faudroit alors se servir de cette nouvelle Table.

626. On ne peut faire le calcul nécessaire pour trouver les points des signes du Zodiaque pour la Méridienne du temps moyen, sans y faire entrer, comme nous l'avons dit art. 618, la déclinaison du Soleil aux degrés de chaque signe. Cette Table de l'équation du temps pour chaque degré de l'écliptique, ne contenant point la déclinaison du Soleil à chaque degré, on aura recours à la huitieme, intitulée *Table de la déclinaison du Soleil pour tous les degrés de l'écliptique*, en appliquant la déclinaison du Soleil à chaque degré du signe de la onzieme Table *de l'équation du temps.* Comme on ne trouvera dans

celle-ci cette équation qu'en minutes & ſecondes, on la réduira facilement toute en ſecondes, en en multipliant les minutes par 60 ; le produit donnera de ſecondes qu'on ajoutera à celles qui ſeront indiquées après les minutes : enſuite on prendra le cinquieme de la ſomme totale de ſecondes de l'équation, comme il a été expliqué, Chap. IX, Sect. IV, art. 479 & ſuiv.

DE LA CARTE DE LA FRANCE.

627. ON remarquera dans cette Carte des lignes droites qui vont du ſeptentrion au midi, ou du haut en bas : & d'autres qui coupent celles-ci à angles droits, & vont de l'orient à l'occident, c'eſt-à-dire, de droite à gauche, & ſont courbes. Les premieres repréſentent des Méridiens, & les ſecondes ſont appellées *paralleles*. On remarquera encore des diviſions aux quatre côtés qui terminent la Carte : celles qu'on voit aux bords ſupérieur & inférieur, c'eſt-à-dire, au ſeptentrion & au midi, ſont les degrés & minutes de longitude de cinq en cinq minutes ; & celles qu'on voit à droite & à gauche, c'eſt à-dire, à l'orient & à l'occident, ſont les degrés & les minutes des latitudes de cinq en cinq minutes. L'intervalle d'un Méridien à l'autre eſt un degré de longitude ; & la diſtance d'un parallele à l'autre eſt un degré de latitude.

628. Notre principal deſſein, en donnant cette Carte, a été d'y faire remarquer la latitude des lieux qui ne ſont point dans la *Table des principales Villes de l'Europe*. Voici comment on fera pour la trouver : on poſera une pointe d'un compas ordinaire ſur la marque qui repréſente le lieu dont on veut ſavoir la latitude ; (c'eſt ordinairement un o). On

fera aller l'autre pointe ſur la premiere courbe ou parallele qu'on trouvera au-deſſous par le plus court chemin : on portera cette diſtance du compas ainſi ouvert au bord d'un côté de la Carte, ſur les diviſions qu'on y voit, poſant une pointe ſur le bout de la même courbe ou parallele, & l'autre pointe indiquera ſur ces diviſions, de combien de minutes de degré eſt la latitude de ce lieu, auxquelles on ajoutera le nombre de degrés déſigné par le chiffre poſé au bout de cette courbe ou parallele. Mais ſi l'on veut ſavoir avec plus de préciſion le nombre de minutes de la latitude, on portera l'ouverture du compas ſur l'échelle Géométrique gravée au bas de la Carte, laquelle contient toutes les 60 minutes qui diviſent un degré de latitude; au lieu que celles qui ſont aux côtés de la Carte ne les déſignent que de cinq en cinq. On trouvera, page 44, la maniere de ſe ſervir d'une échelle Géométrique.

Exemple. Si l'on veut avoir la latitude d'Amboiſe, ville de la Tourraine ſur la Loire, on prendra avec un compas la diſtance depuis la marque qui indique la poſition d'Amboiſe juſqu'au parallele prochain & inférieur, qui eſt marqué 47 à droite & à gauche de la Carte; & portant cet intervalle ſur les diviſions à droite ou à gauche, & encore mieux ſur l'échelle Géométrique, on trouvera environ 25 parties, qui ſeront 25 minutes; ainſi la latitude d'Amboiſe ſera reconnue de 47 degrés 25 minutes.

629. La longitude des lieux, laquelle n'eſt pas ſi néceſſaire dans la Gnomonique, eſt comptée du Méridien de Paris à l'orient ou à l'occident. Pour la trouver, on poſera une regle dans la direction des Méridiens, & qui touchera la poſition du lieu dont on voudra avoir la longitude. Cette regle touchant les diviſions ou les graduations ſupérieure & inférieure de la Carte en des points correſpondans, on trouvera facilement la longitude, en comptant ſur

ces divisions, pour chaque intervalle blanc ou noir 5 minutes depuis le Méridien prochain vers Paris. Par exemple, la regle étant posée pour Amboise, comme nous venons de le décrire, elle laissera quatre divisions depuis le Méridien prochain vers Paris, marqué 19 en haut & en bas, lesquelles vaudront 20 minutes; ainsi la longitude d'Amboise sera d'un degré 20 minutes à l'occident de Paris.

630. La connoissance de la longitude des lieux peut être fort utile en bien des occasions. Nous n'en parlerons ici que relativement aux Horloges. Une Montre qui seroit parfaitement réglée, & qu'un Voyageur auroit mise exactement à l'heure en partant de Paris, doit, en arrivant à Amboise, avancer de 5′ 25″, parce que le Soleil employe 4′ à parcourir un degré de longitude. A Brest, la Montre avanceroit de 27′ 24″ : au contraire, la Montre retarderoit à Strasbourg de 21′ 45″.

631. On peut encore, au moyen de cette Carte, trouver les distances respectives des différens lieux qui y sont compris, en se servant de l'échelle convenable. Par exemple, pour avoir la distance de Paris à Tours, on prendra avec le compas l'intervalle compris entre ces deux Villes. On portera cette ouverture sur l'échelle; on trouvera environ 37 lieues d'une heure de chemin, ou de 20 au degré. On trouvera que de Strasbourg à Stutgard, il y a 13 à 14 milles d'Allemagne, en se servant de l'échelle des milles d'Allemagne; ainsi des autres.

632. On doit remarquer qu'il peut souvent arriver que le chemin qu'un Voyageur doit parcourir pour aller d'un lieu à un autre, sera beaucoup plus long que leur distance trouvée dans la Carte, à cause des détours qu'il sera obligé de faire. Cette distance qu'on prend ainsi avec le compas, est toujours supposée en droite ligne. Mais il faudra y ajouter, pour le Voyageur, environ un cinquieme de plus dans les pays

plats, & environ un quart de plus dans les pays de montagnes. Par exemple, on a trouvé dans la Carte la distance de Paris à Tours d'environ 37 lieues, il faudra y ajouter environ 7 lieues, qui font le cinquieme de 37; cette distance sera donc d'environ 44 lieues. Le chemin de Paris à Tours est dans un pays plat; s'il eut été dans des montagnes, il auroit fallu ajouter 9 lieues au lieu de 7.

633. On remarquera dans cette Carte que les points longs - - - - déterminent les limites du Royaume. Les limites des Gouvernemens sont désignées par des points longs & ronds alternativement mêlés -·-·-·-·-·, & les petites Provinces enclavées dans ces Gouvernemens, sont déterminées par des points de suite. . . . . . .

PREMIERE TABLE.

Différence des Méridiens, en heures & degrés, entre l'Observatoire Royal de Paris & les principaux Lieux de la Terre, avec leurs latitudes ou hauteurs du Pole.

NOMS DES LIEUX.	Différence des Méridiens en temps. H.	M.	S.		en degr. D.	M.	Latitudes ou hauteurs du Pôle. D.	M.	S.
Abbeville	0*	2	1	oc	0	30	50*	7	1 S.
Abo, *Finlande*	1†	19	34	or.	19	52	60†	27	10
Agde	0*	4	33	or.	1	8	43*	18	57
Agen	0*	6	57	oc.	1	44	44*	12	7
Agra, *du Mogol*	4†	57	36	or	74	24	26†	43	0
Aix, *en Provence*	0*	12	25	or.	3	7	43*	31	35
Alby	0*	0	45	oc.	0	11	43*	55	44
Alençon	0	9	0	oc.	2	15	48	25	0
Alep, *de Syrie*	2	20	0	or.	35	0	35†	45	23
Alexandrette	2*	16	0	or.	34	0	36*	35	10
Alexandrie, *Egypte*	1*	51	46	or.	27	57	31*	11	20
Alger	0	0	29	oc.	0	7	36*	49	30
Amiens	0*	0	8	oc.	0	2	49*	53	38
Amsterdam	0	10	36	or	2	39	52*	22	45
Ancone	0*	44	42	or.	11	11	43*	37	54
Angers	0*	11	35	oc	2	54	47*	28	8
Angoulême	0*	8	45	oc.	2	11	45*	39	3
Antibe	0*	19	14	or.	4	49	43*	34	50
Anvers	0*	8	17	or.	2	4	51*	13	15
Archangel	2*	26	20	or.	36	35	64	34	0
Arles	0*	9	12	or.	2	18	43*	40	33
Arras	0*	1	45	or.	0	26	50*	17	30
Avignon	0*	9	54	or.	2	29	43*	57	25
Avranches	0*	14	51	oc.	3	43	48*	41	18
Aurillac	0*	0	28	or.	0	7	44*	55	10
Auch	0*	7	20	oc.	1	45	43*	38	46
Autun	0*	7	52	or.	1	58	46*	56	46
Auxerre	0*	4	57	or.	1	14	47*	47	54
Barcelone	0	0	28	oc.	0	7	41†	26	0
Basle	0	21	0	or.	5	15	47	55	0 S.

NOMS DES LIEUX.	Différence des Méridiens en temps H.	M.	S.		en degr. D.	M.	Latitudes ou hauteurs du Pole. D.	M.	S.	
Bayeux..............	0*	12	11	oc.	3	3	49*	16	30	S.
Bayonne..............	0*	15	20	oc.	3	50	43*	29	21	
Beauvais..............	0*	1	1	oc.	0	15	49*	26	2	
Berlin..............	0*	44	25	or.	11	6	52*	32	30	
Besançon..............	0*	14	50	or.	3	43	47*	13	45	
Beziers, *Tour de l'Evêque.*	0*	3	30	or.	0	53	43*	20	41	
Blois..............	0*	4	1	oc.	1	0	47*	35	19	
Bologne, *Ste Petrone*...	0*	36	5	or.	9	1	44*	29	36	
Bordeaux..............	0*	11	39	oc.	2	55	44*	50	18	
Boulogne, *Picardie*.....	0*	2	53	oc.	0	43	50*	43	31	
Bourg-en-Bresse........	0*	11	36	or.	2	54	46*	12	30	
Bourges..............	0*	0	14	or.	0	3	47*	4	58	
Breslaw, *Silésie*........	0*	59	15	or.	14	48	51*	3	0	
Brest..............	0*	27	23	oc.	6	51	48*	23	0	
Bruxelles..............	0*	8	7	or.	2	2	50*	51	0	
Buenos-Ayres.........	4*	3	25	oc.	60	51	34*	35	26	M.
Cadiz..............	0*	33	25	oc.	8	21	36†	31	7	S.
Caen..............	0*	10	47	oc.	2	42	49*	11	10	
le Caire, *Egypte*.......	1*	56	25	or.	29	6	30*	2	30	
Cahors..............	0*	3	33	oc.	0	53	44*	26	4	
Calais..............	0*	1	56	oc.	0	29	50*	57	31	
Cambray..............	0*	3	35	or.	0	54	50*	10	30	
Candie..............	1*	31	52	or.	22	58	35*	18	45	
Cap de Bonne-Espérance.	1*	4	40	or.	16	10	33*	55	15	M.
Cap Vert..............	1*	18	0	oc.	19	30	14*	43	0	S.
Carcassonne...........	0*	0	3	or.	0	1	43*	12	51	
Cartagêne, *Amérique*...	5*	11	5	oc.	77	46	10*	26	35	
Castres..............	0*	0	21	oc.	0	5	43*	37	10	
Caye S. Louis, *Amérique*.	5*	1	44	oc.	75	26	18*	19	0	
Cayenne, *Amérique*....	3*	38	20	oc.	54	35	4*	56	0	
Châlons-*sur-Marne*.....	0*	8	9	or.	2	2	48*	57	12	
Châlons-*sur-Saône*.....	0*	10	6	or	2	31	46*	46	50	
Chandernagor.........	5*	44	37	or.	86	9	22*	51	26	
Chartres..............	0*	3	24	oc.	0	51	48*	26	49	
Cherbourg............	0*	15	53	oc.	3	58	49*	38	26	
Civita-Vecchia.........	0*	37	45	or.	9	26	42*	5	24	

NOMS DES LIEUX.	Différence des Méridiens en temps. H. M. S.				en degr. D. M.		Latitudes ou hauteurs du Pole. D. M. S.			
Clermont, *Auvergne*....	o*	3	0	or.	0	45	45*	46	45	S.
Cologne..............	o	19	0	or.	4	45	50	55	0	
la Conception, *Amérique*.	5*	0	0	oc.	75	0	36*	42	53	M.
Coudom...............	o*	7	53	oc.	1	58	43*	57	55	S.
Constantinople.........	1*	46	14	or.	26	34	41*	0	0	
Coppenhague..........	o*	41	41	or.	10	25	55	40	45	
Coutances.............	o*	15	10	oc.	3	47	49*	2	50	
Cracovie..............	1	10	0	or.	17	30	50	10	0	
Cremsmunster, *Baviere*..	o†	47	10	or.	11	47	48†	3	36	
Dantzic..............	1*	4	44	or.	16	11	54†	22	0	
Dax................	o*	13	36	oc	3	24	43*	42	23	
Dieppe..............	o*	5	3	oc.	1	16	49*	55	17	
Dijon...............	o*	10	50	or.	2	42	47*	19	22	
Dol, *Bretagne*.......	o*	16	25	oc.	4	6	48*	33	9	
Dunkerque...........	o*	0	10	or.	0	2	51*	2	4	
Edimbourg...........	o	21	41	oc.	5	25	55	58	0	
Embrun.............	o*	16	36	or.	4	9	44*	34	0	
Erzerom, *Arménie*.....	3†	5	3	or.	46	16	39†	56	35	
Evreux..............	o*	4	45	oc.	1	11	49*	1	24	
Ferrare.............	o†	37	5	or.	9	20	44*	54	0	
la Flêche............	o*	9	52	oc.	2	28	47*	42	0	
Florence............	o*	34	48	or.	8	42	43*	46	30	
Francfort-sur-le-Mein...	o	25	26	or.	6	21	50	6	10	
Fréjus..............	o*	17	39	or.	4	25	43*	26	3	
Gand...............	o*	5	35	or.	1	24	51*	3	0	
Gap................	o*	14	58	or.	3	44	44*	35	9	
Gênes...............	o*	25	3	or.	6	16	44*	25	0	
Geneve..............	o†	17	0	or.	4	0	46†	12	0	
Goa, *Indes*..........	4*	45	40	or.	71	25	15*	31	0	
Gothebourg, *Suede*....	o†	37	15	or.	9	19	57†	42	0	
Gottingen, *Observatoire*.	o†	30	16	or.	7	34	51†	32	0	
Granville............	o*	15	48	oc.	3	57	48*	50	11	
Grasse..............	o*	18	24	or.	4	36	43*	39	25	
Gratz, *Stirie*........	o†	52	15	or.	13	4	47†	4	18	
Greenwich............	o*	9	10	oc.	2	18	51*	28	30	
Grenoble............	o*	13	32	or.	3	24	45*	11	49	

NOMS DES LIEUX.	Différence des Méridiens en temps. H.	M.	S.		en degr. D.	M.	Latitudes ou hauteurs du Pole. D.	M.	S.	
Gripswald, *Poméranie*...	0†	45	8	*or.*	11	17	54†	16	0	
Jérusalem..............	2	12	0	*or.*	33	0	31	50	0	
Ingolstaldt............	0*	36	10	*or.*	9	2	48*	46	0	
Isle de l'Ascension......	1*	5	16	*oc.*	16	19	7*	57	0	M.
Isle de Bourbon, *S. Denis.*	3*	32	40	*or.*	53	10	20*	51	43	
Isle de Fer; *au Bourg*...	1*	19	35	*oc.*	19	54	27*	47	20	S.
Isle de France, *Port-Louis.*	3*	40	32	*or.*	55	8	20*	9	45	M.
Ispahan, *Perse*........	3	22	0	*or.*	50	30	32*	25	0	S.
Kebec, *Canada*........	4*	48	52	*oc.*	72	13	46*	55	0	
Landau..............	0*	23	10	*or.*	5	48	49*	11	40	
Langres..............	0*	11	58	*or.*	2	59	47*	52	17	
Laon................	0*	5	10	*or.*	1	17	49*	33	52	
Lausanne.............	0*	17	41	*or.*	4	25	46*	31	5	
Lectoure.............	0*	6	52	*oc.*	1	43	43*	56	2	
Leipsick.............	0*	40	0	*or.*	10	0	51†	19	14	
Leyde, *à l'Observatoire*..	0†	8	25	*or.*	2	6	52	8	40	
Liége...............	0	13	0	*or.*	3	15	50	36	0	
Lille, *Flandre*.........	0*	2	57	*or.*	0	44	50*	37	50	
Lima, *Pérou*..........	5*	16	38	*oc.*	79	10	12*	1	15	M.
Limoges.............	0*	4	19	*oc.*	1	5	45*	49	53	S.
Lisbonne............	0*	45	50	*oc.*	11	18	38*	42	20	
Lisieux..............	0	8	20	*oc.*	2	5	49	11	0	
Louisbourg...........	4*	9	0	*oc.*	62	15	45*	53	45	
Londres.............	0*	9	41	*oc.*	2	25	51*	31	0	
Luçon...............	0*	14	2	*oc.*	3	31	46*	27	14	
Lunde, *Scanie*.........	0†	44	5	*or.*	11	1	55†	41	36	
Lyon................	0*	9	59	*or.*	2	30	45*	45	51	
Macao, *Chine*..........	7*	25	45	*or.*	111	26	22*	12	44	
Madrid..............	0*	24	18	*oc.*	6	5	40*	25	0	
Mahon, (*Fort S Philip.*)	0*	5	54	*or.*	1	28	39*	50	46	
Malaca, *Indes*.........	6*	39	0	*or.*	99	45	2*	12	0	
Malines.............	0*	8	35	*or.*	2	9	51*	1	50	
Malte...............	0*	48	40	*or.*	12	10	35*	54	0	
Manille, *Indes*.........	7	52	0	*or.*	118	0	14	30	0	
Marseille............	0*	12	9	*or.*	3	2	43*	17	45	
Martiniqu. *cul-de-sac Rob.*	4*	13	15	*oc.*	63	19	14*	43	9	

NOMS DES LIEUX.	Différence des Méridiens en temps.				en degr.		Latitudes ou hauteurs du Pole.			
	H.	M.	S.		D.	M.	D.	M.	S.	
Mayence	0	24	0	or.	6	0	49	54	0	
Meaux	0*	3	10	or.	0	33	48*	57	37	
Mende	0*	4	38	or.	1	10	44*	30	47.	
Menin	0*	3	9	or.	0	47	50*	47	40	
Metz	0*	15	24	or.	3	51	49*	7	5	
Mexique, *Amérique*	7†	4	0	oc.	106	0	20†	0	0	
Milan, *à Brera*	0	28	0	or.	7	0	45	25	0	
Modene	0†	35	30	or.	8	53	44	34	0	
Mons	0*	6	29	or.	1	37	50*	27	10	
Montpellier	0*	6	11	or.	1	33	43*	36	33	
Moscow	2*	21	45	or.	35	26	55*	45	20	
Moulins	0*	4	0	or	1	0	46*	34	4	
Munich	0	37	0	or.	9	15	48	2	0	
Namur	0*	10	6	or.	2	32	50*	28	0	
Nancy	0*	15	26	or.	3	52	48*	41	28	
Nantes	0*	15	35	oc.	3	54	47*	13	17	
Naples, *Collége Royal*	0*	47	35	or.	11	54	40†	50	45	
Narbonne	0*	2	41	or.	0	40	43*	11	13	S.
Nevers	0*	3	18	or.	0	49	46*	59	13	
Nice	0*	19	49	or.	4	57	43*	41	54	
Nieuport	0*	1	40	or.	0	25	51*	7	41	
Nismes	0*	8	5	or.	2	1	43*	50	35	
Nouvelle Orléans	6*	9	15	oc	92	19	29*	57	45	
Noyon	0*	2	43	or.	0	41	49*	34	37	
Nuremberg	0*	34	56	or.	8	44	49†	26	55	
Olinde, *Brésil*	2	30	0	oc	37	30	8	13	0	M.
Orange	0*	9	44	or.	2	26	44*	9	17	S.
Orléans	0*	1	43	oc.	0	26	47*	54	4	
Ostende	0*	2	20	or.	0	35	51*	13	55	
Oxfort, *Theatrum*	0†	14	20	oc.	3	35	51†	44	57	
Padoue	0*	38	22	or.	9	36	45*	22	26	
Paris, *à l'Observatoire*	0*	0	0	*	0	0	48*	50	10	
Pau, *en Béarn*	0*	9	56	oc.	2	29	43†	15	0	
Pekin, *Chine*, *Obs. Imp.*	7*	36	35	or.	114	9	39*	54	13	S.
Perigueux	0*	6	28	oc.	1	37	45*	11	10	
Perpignan	0*	2	16	or.	0	34	42*	41	55	

NOMS DES LIEUX.	Différence des Méridiens en temps. H.	M.	S.		en degr. D.	M.	Latitudes ou hauteurs du Pole. D.	M.	S.	
S. Petersbourg.........	1*	52	0	or.	28	0	59*	56	0	
Pezenas...............	0	4	32	or.	1	8	43	26	40	
Pic des Açores..........	2	2	0	oc.	30	30	38	35	0	
Pic de Tenerif.........	1*	15	28	oc.	18	52	28*	12	54	
Pise, *Toscane*.........	0†	31	28	or	00	00	43†	43	7	
Poitiers...............	0*	8	0	oc.	2	0	46*	35	0	
Pondichery.............	5*	9	50	or.	77	28	11*	56	30	
Portobelo, *Amérique*....	5*	28	40	oc.	82	10	9*	33	5	
le Puy...............	0*	6	13	or.	1	33	45*	25	2	
Quanton, *Chine*.......	7*	22	53	or.	110	43	23*	8	0	
Quinper...............	0*	25	50	oc.	6	27	47*	58	24	
Quitto................	5*	21	0	oc.	80	15	0*	13	17	M.
Reims................	0*	6	52	or.	1	43	49*	14	36	S.
Rennes...............	0*	16	8	or.	4	2	48*	6	55	
Rimini...............	0*	40	57	or.	10	14	44*	3	43	M.
Rio-Janeïro...........	3*	0	20	oc.	45	5	22	54	10	S.
la Rochelle...........	0*	14	23	oc.	3	36	46*	9	43	
Rhodez...............	0*	0	57	or.	0	14	44*	21	0	
Rodrigues, *Indes*.......	4*	3	26	or.	60	52	19*	40	30	M.
Rome, *à S. Pierre*......	0*	40	37	or.	10	9	41*	54	11	
Rouen...............	0*	4	59	oc	1	15	49*	26	23	
Saintes..............	0*	11	56	oc.	2	59	45*	44	43	
Saint-Brieux...........	0*	20	13	oc.	5	3	48*	31	21	
Saint-Flour...........	0*	3	2	or.	0	46	45*	1	55	
Saint-Malo...........	0*	17	29	oc.	4	22	48*	38	59	
Sainte-Marthe, *Amérique*.	5	5	38	oc.	76	25	11	26	40	
Saint-Omer...........	0*	0	20	oc.	0	5	50*	44	46	
Saint Paul de Léon.....	0*	25	21	oc.	6	20	48*	40	55	
Salonique.............	1*	23	12	or.	20	48	40*	41	10	
Schwezingen, *Palatinat*.	0†	25	15	or.	6	19	49†	23	4	
Seez................	0*	8	41	oc.	2	10	48*	36	21	
Senlis...............	0*	1	0	or.	0	15	49*	12	23	
Sens................	0*	3	48	or.	0	57	48*	11	56	
Siam, *Indes*..........	6*	34	0	or.	98	30	14*	18	0	
Sisteron..............	0*	14	24	or.	3	36	44*	11	21	
Smyrne..............	1*	39	59	or.	25	0	38*	28	7	

NOMS DES LIEUX.	Différence des Méridiens en temps. H.	M.	S.		en degr. D.	M.	Latitudes ou hauteurs du Pole. D.	M.	S.	
Soissons	0*	3	58	or.	0	59	49*	22	32	
Stockolm	1*	3	0	or.	15	45	59†	20	0	
Strasbourg	0*	21	45	or.	5	26	48*	34	35	
Surate	4	40	0	or.	70	0	21†	10	0	
Tarbe	0*	9	6	oc.	2	16	43*	14	2	
Tobolsk, *Sibérie*	4*	24	20	or	66	5	58*	12	30	
Tolede	0	22	40	oc.	5	40	39	50	0	
Tornea	1*	27	30	or.	21	53	65*	50	50	
Toul	0*	14	15	or.	3	34	48*	40	27	
Toulon	0*	14	26	or.	3	37	43*	7	24	
Toulouse	0*	3	35	oc.	0	54	43*	35	54	
Tours	0*	6	35	oc.	1	39	47*	23	44	S.
Treguier	0*	22	21	oc.	5	35	48*	46	45	
Tripoli, *Barbarie*	0*	43	1	or.	10	45	32*	53	40	
Troyes	0*	7	0	or.	1	45	48*	18	2	
Turin, *Piezza Castello*	0*	21	20	or.	5	20	44*	51	30	
Tyrnaw, *Hongrie*	1†	0	55	or.	15	14	46*	23	30	
Valparais, *Chili*	4*	58	37	oc.	74	39	33*	0	19	M.
Vannes	0*	20	26	oc.	5	6	47*	39	14	S.
Varsovie	1	15	0	or.	18	45	52†	14	0	
Vence	0*	19	10	or.	4	47	43*	43	16	
Venise	0*	38	58	or.	9	45	45†	25	0	
Verdun	0*	12	11	or.	3	3	49*	9	18	
Veronne	0*	35	54	or.	8	59	45*	26	26	
Versailles	0*	0	51	oc.	0	13	48*	48	18	
Vienne, *Autr. Obs. Imp.*	0*	56	10	or.	14	2	48*	12	48	
Viviers	0*	9	25	or.	2	21	44*	28	54	
Vurtzbourg, *Franconie*	0†	31	35	or.	7	54	40*	46	6	
Wilna, *Pologne*	1†	32	30	or.	23	7	54*	41	0	
Upsal	1*	1	30	or.	15	24	59*	51	50	
Uranibourg, *Danemarck*	0*	42	10	or.	10	33	55*	54	15	
Wirtemberg, *Saxe*	0*	40	54	or.	10	14	51*	43	10	
Ylo, *au Pérou*	4*	54	12	oc.	73	33	17*	36	15	M.
Ypres	0*	2	12	or.	0	33	50*	51	5	S.

C'est la premiere des Cordes depuis 1 degré jusqu'à 90 degrés, pour un rayon de 2000 parties.

1	34.9	31	1068.9	61	2030.1
2	69.8	32	1102.5	62	2060.1
3	104.7	33	1136.0	63	2090.0
4	139.6	34	1169.5	64	2119.7
5	174.5	35	1202.8	65	2149.2
6	209.4	36	1236.0	66	2178.6
7	244.2	37	1269.2	67	2207.8
8	279.0	38	1302.3	68	2236.8
9	313.8	39	1335.2	69	2265.6
10	348.6	40	1368.1	70	2294.3
11	383.4	41	1400.8	71	2322.8
12	418.1	42	1433.5	72	2351.1
13	452.8	43	1466.0	73	2379.3
14	487.5	44	1498.4	74	2407.3
15	522.1	45	1530.7	75	2435.1
16	556.7	46	1562.9	76	2462.6
17	591.2	47	1595.0	77	2490.0
18	625.7	48	1626.9	78	2517.3
19	660.2	49	1658.8	79	2544.3
20	694.6	50	1690.5	80	2571.1
21	728.9	51	1722.0	81	2597.8
22	763.2	52	1753.5	82	2624.2
23	797.5	53	1884.8	83	2650.5
24	831.7	54	1816.0	84	2676.5
25	865.8	55	1847.0	85	2702.4
26	899.8	56	1877.9	86	2728.0
27	933.8	57	1908.6	87	2753.4
28	967.7	58	1939.2	88	2778.6
29	1001.5	59	1969.7	89	2803.6
30	1035.2	60	2000.0	90	2828.4

C'est la seconde des Cordes depuis 1 degré jusqu'à 90 degrés, pour un rayon de 3000 parties.

1	52.3	31	1603.4	61	3045.3
2	104.7	32	1653.8	62	3090.4
3	157.1	33	1704.1	63	3135.1
4	209.4	34	1754.2	64	3179.7
5	261.7	35	1804.2	65	3224.1
6	314.0	36	1854.1	66	3268.2
7	366.3	37	1903.8	67	3312.0
8	418.5	38	1953.4	68	3355.2
9	470.7	39	2002.8	69	3398.4
10	522.9	40	2052.1	70	3441.4
11	575.1	41	2101.2	71	3484.2
12	627.2	42	2150.2	72	3526.5
13	679.2	43	2199.0	73	3528.8
14	731.2	44	2247.6	74	3510.8
15	783.1	45	2296.1	75	3652.5
16	835.0	46	2344.4	76	3693.9
17	886.8	47	2392.5	77	3735.0
18	938.6	48	2440.4	78	3775.8
19	990.3	49	2488.1	79	3816.3
20	1041.9	50	2535.7	80	3856.5
21	1093.4	51	2583.1	81	3896.5
22	1144.8	52	2630.3	82	3936.3
23	1196.2	53	2677.2	83	3975.8
24	1247.5	54	2723.9	84	4014.9
25	1298.6	55	2770.5	85	4053.6
26	1339.7	56	2816.8	86	4092.0
27	1400.7	57	2862.9	87	4130.1
28	1451.5	58	2908.8	88	4167.9
29	1502.3	59	2954.5	89	4205.4
30	1552.9	60	3000.0	90	4242.6

TROISIEME TABLE.

Des réfractions du Soleil.

Haut. D.	Réfract. M.	S.	Haut. D.	Réfract. M.	S.	Haut. D.	Réfract. M.	S.
0	33	8	31	1	35	61	0	32
1	24	29	32	1	31	62	0	30
2	18	35	33	1	28	63	0	29
3	14	36	34	1	24	64	0	28
4	11	51	35	1	21	65	0	26
5	9	54	36	1	18	66	0	25
6	8	28	37	1	16	67	0	24
7	7	21	38	1	13	68	0	23
8	6	29	39	1	10	69	0	22
9	5	48	40	1	8	70	0	21
10	5	15	41	1	5	71	0	19
11	4	47	42	1	3	72	0	18
12	4	23	43	1	1	73	0	17
13	4	3	44	0	59	74	0	16
14	3	45	45	0	57	75	0	15
15	3	30	46	0	55	76	0	14
16	3	17	47	0	53	77	0	13
17	3	4	48	0	51	78	0	12
18	2	54	49	0	49	79	0	11
19	2	44	50	0	48	80	0	10
20	2	35	51	0	46	81	0	9
21	2	27	52	0	44	82	0	8
22	2	20	53	0	43	83	0	7
23	2	14	54	0	41	84	0	6
24	2	7	55	0	40	85	0	5
25	2	2	56	0	38	86	0	4
26	1	56	57	0	37	87	0	3
27	1	51	58	0	35	88	0	2
28	1	47	59	0	34	89	0	1
29	1	42	60	0	33	90	0	0
30	1	38						

QUATRIEME TABLE.

Du rapp. des deg. aux temps.

D. M.	H. M.	M. S.	D. M.	H. M.	M. S.	D. M.	H. M.	M. S.
1	0	4	31	2	4	61	4	4
2	0	8	32	2	8	62	4	8
3	0	12	33	2	12	63	4	12
4	0	16	34	2	16	64	4	16
5	0	20	35	2	20	65	4	20
6	0	24	36	2	24	66	4	24
7	0	28	37	2	28	67	4	28
8	0	32	38	2	32	68	4	32
9	0	36	39	2	36	69	4	36
10	0	40	40	2	40	70	4	40
11	0	44	41	2	44	71	4	44
12	0	48	42	2	48	72	4	48
13	0	52	43	2	52	73	4	52
14	0	56	44	2	56	74	4	56
15	1	0	45	3	0	75	5	0
16	1	4	46	3	4	76	5	4
17	1	8	47	3	8	77	5	8
18	1	12	48	3	12	78	5	12
19	1	16	49	3	16	79	5	16
20	1	20	50	3	20	80	5	20
21	1	24	51	3	24	81	5	24
22	1	28	52	3	28	82	5	28
23	1	32	53	3	32	83	5	32
24	1	36	54	3	36	84	5	36
25	1	40	55	3	40	85	5	40
26	1	44	56	3	44	86	5	44
27	1	48	57	3	48	87	5	48
28	1	52	58	3	52	88	5	52
29	1	56	59	3	56	89	5	56
30	2	0	60	4	0	90	6	0

Des premieres & dernieres heures des Cadrans verticaux déclinans, à la latitude de 49 degrés.

Les plans qui déclinent du midi à l'orient	D.	M.	Cessent d'être éclairés l'après midi	H.	M.	Les plans qui déclinent du midi à l'occident	D.	M.	Commencent à être éclairés avant midi	H.	S.
de	90	0	à	Midi.		de	90	0	à	Midi.	
de	86	24	à	0	15	de	86	24	à	XI	45
de	82	48	à	0	30	de	82	48	à	XI	30
de	79	13	à	0	45	de	79	13	à	XI	15
de	75	40	à	I	0	de	75	40	à	XI	0
de	72	10	à	I	15	de	72	10	à	X	45
de	68	42	à	I	30	de	68	42	à	X	30
de	65	47	à	I	45	de	65	47	à	X	15
de	61	57	à	II	0	de	61	57	à	X	0
de	58	39	à	II	15	de	58	39	à	IX	45
de	55	25	à	II	30	de	55	25	à	IX	30
de	52	16	à	II	45	de	52	16	à	IX	15
de	49	10	à	III	0	de	49	10	à	IX	0
de	46	9	à	III	15	de	46	9	à	VIII	45
de	43	19	à	III	30	de	43	10	à	VIII	30
de	40	16	à	III	45	de	40	16	à	VIII	15
de	37	16	à	IV	0	de	37	16	à	VIII	0

Les autres plans déclinans du midi à l'orient, ou du midi à l'occident d'une quantité moindre que la plus grande amplitude, qui eſt 37 degrés 16 minutes, peuvent marquer toutes les heures qui ſont au-deſſous de la ligne horiſontale, qui paſſeroit par le centre du Cadran, ou toutes les heures qui ne font pas avec la Méridienne un angle plus grand que 90 degrés.

Voyez la quatrieme Section du Chapitre VI, des premieres & dernieres heures qu'on peut tracer ſur les Cadrans verticaux déclinans du midi, page 172.

Premiere Table de l'Equation générale, pour servir à la correction de la Méridienne, lorsqu'on la trace par des hauteurs correspondantes du Soleil, dans des jours où sa déclinaison varie sensiblement.

Signes.		3 h. 20'	4 h.	4 h. 40'	5 h. 20'	6 h.	6 h. 40'	7 h. 20'	8 h.	8 h. 40'	9 h. 20'	10 h.	
♈	0°	31"	32"	32"	33"	33"	34"	35"	36"	37"	39"	41"	Septentrion.
Souſt.	10	30	31	31	32	33	34	35	36	37	39	40	
	20	29	30	30	31	31	32	33	34	36	37	38	
I ♉	0	26	27	27	28	29	30	31	32	33	34	36	
Souſt.	10	24	24	25	25	26	27	27	28	30	30	32	
	20	21	21	21	22	22	23	23	24	26	26	27	
II ♊	0	16	16	16	17	17	18	18	19	19	20	21	Septentrion.
Souſt.	10	11	11	11	12	12	12	13	13	14	14	15	
	20	6	6	6	6	6	6	6	7	7	7	7	
III ♋	0	0	0	0	0	0	0	0	0	0	0	0	
Addit.	10	6	6	6	6	6	6	6	7	7	7	7	
	20	11	11	11	12	12	12	13	13	14	14	15	
IV ♌	0	16	16	15	17	17	18	18	19	19	20	21	Septentrion
Addit.	10	20	21	21	21	22	22	23	24	25	26	27	
	20	24	24	[illegible]	25	26	26	27	28	29	30	31	
V ♍	0	27	27	28	28	29	30	30	31	33	34	35	
Addit.	10	29	29	30	30	31	32	33	34	36	36	38	
	20	30	31	32	32	33	33	34	35	37	38	40	
VI ♎	0	31	31	32	32	33	34	35	36	38	39	40	Méridionaux
Addit.	10	31	31	32	32	33	34	35	36	38	39	40	
	20	29	30	31	31	32	33	34	35	35	37	39	
VII ♏	0	28	28	29	29	30	31	31	32	33	35	36	
Additif.	10	25	25	26	26	27	28	28	29	29	31	33	
	20	21	22	22	22	23	24	24	25	25	27	28	
VIII ♐	0	17	17	17	18	18	19	19	19	19	21	22	Méridionaux
Additif.	10	12	12	12	12	23	13	13	14	14	15	16	
	20	6	6	6	6	6	7	7	7	7	7	8	
IX ♑	0	0	0	0	0	0	0	0	0	0	0	0	
Souſtrac.	10	6	6	6	6	6	7	7	7	7	7	7	
	20	12	12	12	13	13	13	14	14	14	15	16	
X ♒	0	17	17	17	18	18	19	19	20	21	21	22	Méridionaux
Souſtrac.	10	21	22	22	23	17	24	25	25	26	27	28	
	20	25	26	26	27	23	28	29	29	31	32	33	
XI ♓	0	28	28	29	29	30	31	32	33	34	35	37	
Souſtrac.	10	30	30	31	31	32	33	34	35	36	37	39	
	20	31	31	32	32	33	34	35	36	37	39	40	

Seconde Table d'Equation générale, pour servir à la correction de la Méridienne, lorsqu'on la trace par des hauteurs correspondantes du Soleil, dans des jours où sa déclinaison varie sensiblement.

Signes.		3 h. 10′	4 h.	4 h. 40′	5 h. 20′	6 h.	6 h. 40′	7 h. 20′	8 h.	8 h. 40′	9 h. 20′	10 h.	
♈	0	0″	0″	0″	0″	0″	0″	0″	0″	0″	0″	0″	Septentrion.
Additif.	10	2	2	2	2	2	1	1	1	1	1	1	
	20	5	4	4	4	4	4	3	3	3	2	2	
I ♉	0	5	5	5	4	4	4	4	3	3	2	2	
Additif.	10	6	6	5	5	5	5	4	4	3	3	2	
	20	6	6	6	5	5	5	4	4	3	3	2	
II ♊	0	5	5	5	5	4	4	4	3	3	3	2	Septentrion.
Additif.	10	4	4	4	4	3	3	3	3	2	2	2	
	20	2	2	2	2	2	2	2	1	1	1	1	
III ♋	0	0	0	0	0	0	0	0	0	0	0	0	
Soustrac.	10	2	2	2	2	2	2	2	1	1	1	1	
	20	4	4	4	4	3	3	3	3	2	2	2	
IV ♌	0	5	5	5	5	4	4	4	3	3	3	2	Septentrion.
Soustrac.	10	6	6	5	5	5	5	4	4	3	3	2	
	20	6	6	5	5	5	4	4	4	3	3	2	
V ♍	0	5	5	5	4	4	4	4	3	3	2	2	
Soustrac.	10	5	4	4	4	4	4	3	3	3	2	2	
	20	2	2	2	2	2	1	1	1	1	1	1	
VI ♎	0	0	0	0	0	0	0	0	0	0	0	0	Méridionaux
Additif.	10	2	2	2	2	2	1	1	1	1	1	1	
	20	5	4	4	4	4	4	3	3	3	2	2	
VII ♏	0	5	5	5	5	4	4	4	3	3	2	2	
Additif.	10	6	6	6	5	5	5	4	4	3	3	2	
	20	6	6	6	6	5	5	4	4	4	3	3	
VIII ♐	0	6	5	5	5	5	4	4	4	3	3	2	Méridionaux
Additif.	10	4	4	4	4	4	3	3	3	2	2	2	
	20	2	2	2	2	2	2	2	1	1	1	1	
IX ♑	0	0	0	0	0	0	0	0	0	0	0	0	
Soustrac.	10	2	2	2	2	2	2	2	1	1	1	1	
	20	4	4	4	4	4	3	3	3	2	2	2	
X ♒	0	6	6	5	5	5	4	4	4	3	3	2	Méridionaux
Soustrac.	10	6	6	5	5	5	4	4	4	3	3	2	
	20	6	6	6	5	5	5	4	4	3	3	2	
XI ♓	0	5	5	5	5	4	4	4	3	3	2	2	
Soustrac.	10	4	4	4	4	4	4	3	3	3	2	2	
	20	2	2	2	2	2	2	2	1	1	1	1	

TABLE de la Déclinaison du Soleil à midi au Méridien de Paris, pour 1777, 81, 85, 89, 93, &c, premieres années après la Bissextile.

Jours du mois.	JANVIER.			FÉVRIER.			MARS.			AVRIL.		
	D.	*M.*	*S*	*D.*	*M.*	*S.*	*D.*	*M.*	*S.*	*D.*	*M.*	*S.*
	M.			M.			M.			S.		
1	22	57	47	16	54	32	7	20	3	4	46	49
2	22	52	17	16	37	6	6	57	8	5	9	51
3	22	46	19	16	19	23	6	34	8	5	32	48
4	22	39	53	16	1	22	6	11	4	5	55	38
5	22	33	1	15	43	5	5	47	54	6	18	22
6	22	25	43	15	24	32	5	24	39	6	40	59
7	22	17	57	15	5	43	5	1	19	7	3	30
8	22	9	44	14	46	40	4	37	55	7	25	54
9	22	1	6	14	27	23	4	14	29	7	48	11
10	21	52	3	14	7	50	3	51	0	8	10	20
11	21	42	34	13	48	2	3	27	27	8	32	20
12	21	32	39	13	28	1	3	3	52	8	54	12
13	21	22	20	13	7	48	2	40	14	9	15	55
14	21	11	36	12	47	22	2	16	35	9	37	28
15	21	0	28	12	26	44	1	52	56	9	58	52
16	20	48	55	12	5	53	1	29	16	10	20	6
17	20	36	58	11	44	52	1	5	35	10	41	10
18	20	24	39	11	23	39	0	41	53	11	2	4
19	20	11	57	11	2	15	0	18	11	11	22	48
20	19	58	52	10	40	41	0 S.	5	29	11	43	20
21	19	45	24	10	18	57	0	29	10	12	3	40
22	19	31	34	9	57	4	0	52	49	12	23	48
23	19	17	23	9	35	2	1	16	26	12	43	44
24	19	2	50	9	12	52	1	40	1	13	3	28
25	18	47	57	8	50	33	2	3	34	13	22	59
26	18	32	43	8	28	6	2	27	4	13	42	17
27	18	17	9	8	5	32	2	50	31	14	1	21
28	18	1	16	7	42	51	3	13	55	14	20	12
29	17	45	4				3	37	15	14	38	49
30	17	28	32				4	0	31	14	57	11
31	17	11	41				4	23	42			

Suite de la Table de la Déclinaison du Soleil à midi au Méridien de Paris, pour 1777, 81, 85, 89, 93, &c, premieres années après la Bissextile.

Jours du mois.	MAI.			JUIN.			JUILLET.			AOUST.		
	D.	M.	S.	D.	M.	S.	D.	M.	S.	D.	M.	S.
	S.			S.			S.			S.		
1	15	15	18	22	8	33	23	5	59	17	54	47
2	15	33	10	22	16	19	23	1	34	17	39	22
3	15	50	47	22	23	41	22	56	45	17	23	40
4	16	8	8	22	30	40	22	51	31	17	7	40
5	16	25	14	22	37	16	22	45	53	16	51	24
6	16	42	3	22	43	28	22	39	51	16	34	53
7	16	58	36	22	49	16	22	33	26	16	18	5
8	17	14	51	22	54	40	22	26	38	16	1	0
9	17	30	49	22	59	40	22	19	26	15	43	40
10	17	46	30	23	4	16	22	11	52	15	26	5
11	18	1	53	23	8	28	22	3	55	15	8	16
12	18	16	58	23	12	15	21	55	34	14	50	12
13	18	31	45	23	15	37	21	46	51	14	31	54
14	18	46	13	23	18	35	21	37	46	14	13	21
15	19	0	22	23	21	9	21	28	18	13	54	35
16	19	14	12	23	23	18	21	18	29	13	35	36
17	19	27	43	23	25	2	21	8	18	13	16	24
18	19	40	54	23	26	21	20	57	45	12	56	59
19	19	53	45	23	27	15	20	46	51	12	37	22
20	20	6	15	23	27	45	20	35	35	12	17	32
21	20	18	24	23	27	50	20	23	59	11	57	31
22	20	30	13	23	27	30	20	12	3	11	37	19
23	20	41	42	23	26	45	19	59	47	11	16	55
24	20	52	49	23	25	35	19	47	10	10	56	21
25	21	3	34	23	24	1	19	34	13	10	35	37
26	21	13	57	23	22	3	19	20	57	10	14	42
27	21	23	59	23	19	40	19	7	22	9	53	37
28	21	33	39	23	16	52	18	53	29	9	32	23
29	21	42	56	23	13	39	18	39	16	9	11	0
30	21	51	51	23	10	1	18	24	44	8	49	27
31	22	0	23				18	9	54	8	27	46

Suite de la Table de la Déclinaison du Soleil à midi au Méridien de Paris, pour 1777, 81, 85, 89, 93, &c, premieres années après la Bissextile.

Jours du mois.	SEPTEMBR.			OCTOBRE.			NOVEMBRE.			DÉCEMBRE.		
	D	*M.*	*S.*	*D.*	*M.*	*S.*	*D.*	*M.*	*S.*	*D.*	*M.*	*S.*
	S.			M.			M.			M.		
1	8	5	57	3	24	42	14	38	44	21	55	48
2	7	44	2	3	48	1	14	57	45	22	3	39
3	7	21	58	4	11	16	15	16	31	22	13	5
4	6	59	46	4	34	28	15	35	2	22	21	5
5	6	37	27	4	57	37	15	53	18	22	28	38
6	6	15	2	5	20	42	16	11	18	22	35	45
7	5	52	31	5	43	44	16	29	1	22	42	26
8	5	29	54	6	6	41	16	46	27	22	48	40
9	5	7	11	6	29	34	17	3	36	22	54	28
10	4	44	24	6	52	21	17	20	28	22	59	48
11	4	21	31	7	15	2	17	37	2	23	4	40
12	3	58	33	7	37	37	17	53	18	23	9	5
13	3	35	32	8	0	6	18	9	15	23	13	2
14	3	12	27	8	22	29	18	24	53	23	16	32
15	2	49	18	8	44	45	18	40	11	23	19	34
16	2	26	5	9	6	52	18	55	10	23	22	7
17	2	2	49	9	28	52	19	9	48	23	24	12
18	1	39	31	9	50	44	19	24	5	23	25	49
19	1	16	12	10	12	28	19	38	1	23	26	58
20	0	52	50	10	34	2	19	51	36	23	27	39
21	0	29	26	10	55	27	20	4	50	23	27	52
22	0	6	1	11	16	42	20	17	41	23	27	36
23	0	M. 17	25	11	37	47	20	30	9	23	26	52
24	0	40	52	11	58	41	20	42	14	23	25	39
25	1	4	18	12	19	25	20	53	57	23	23	58
26	1	27	44	12	39	57	21	5	16	23	21	49
27	1	51	10	13	0	17	21	16	11	23	19	11
28	2	14	35	13	20	25	21	26	43	23	16	6
29	2	37	59	13	40	20	21	36	50	23	12	32
30	3	1	21	14	0	1	21	46	31	23	8	31
31				14	19	29				23	4	2

TABLE de la Déclinaison du Soleil à midi au Méridien de Paris, pour 1778, 82, 86, 90, 94, &c, secondes années après la Bissextile.

Jours du mois.	JANVIER.			FÉVRIER.			MARS.			AVRIL.		
	D.	*M.*	*S.*	*D.*	*M.*	*S.*	D.	*M.*	*S.*	*D.*	*M.*	*S.*
	M.			M.			M.			S.		
1	22	59	6	16	58	45	7	25	36	4	41	13
2	22	53	42	16	41	23	7	2	44	5	4	17
3	22	47	50	16	23	44	6	39	45	5	27	15
4	22	41	31	16	5	48	6	16	41	5	50	7
5	22	34	45	15	47	35	5	53	33	6	12	52
6	22	27	33	15	29	6	5	30	19	6	35	31
7	21	19	54	15	20	22	5	7	0	6	58	4
8	22	11	49	14	51	22	4	43	37	7	20	30
9	22	3	17	14	32	7	4	20	11	7	42	48
10	21	54	19	14	12	37	3	56	42	8	4	58
11	21	44	56	13	52	53	3	33	0	8	27	1
12	21	35	8	13	32	56	3	9	36	8	48	56
13	21	24	55	13	12	46	2	45	59	9	10	41
14	21	14	17	12	52	23	2	22	21	9	32	16
15	21	3	14	12	31	47	1	58	41	9	53	42
16	20	51	47	12	10	59	1	35	0	10	14	59
17	20	39	57	11	50	0	1	11	19	10	36	6
18	20	27	43	11	28	49	0	47	38	10	57	3
19	20	15	6	11	7	28	0	23	57	11	17	49
20	20	2	6	10	45	57	0	0	15	11	38	24
21	19	48	44	10	24	16	0 S.	23	26	11	58	47
22	19	34	59	10	2	45	0	47	5	12	18	58
23	19	20	53	9	40	25	1	10	42	12	38	57
24	19	6	26	9	18	17	1	34	18	12	58	44
25	18	51	38	8	56	0	1	57	51	13	18	18
26	18	36	29	8	33	35	2	21	22	13	37	39
27	18	21	0	8	11	2	2	44	50	13	56	47
28	18	5	11	7	48	2	3	8	15	14	15	41
29	17	49	2				3	31	36	14	34	21
30	17	32	35				3	54	55	14	52	47
31	17	15	49				4	18	6			

Suite de la Table de la Déclinaison du Soleil à midi au Méridien de Paris, pour 1778, 82, 86, 90, 94, &c, secondes années après la Bissextile.

Jours du mois.	MAI.			JUIN.			JUILLET.			AOUST.		
	D.	*M.*	*S.*	*D.*	*M.*	*S.*	*D.*	*M.*	*S.*	*D.*	*M.*	*S.*
	S.			S.			S.			S.		
1	15	10	58	22	6	39	23	7	2	17	58	30
2	15	28	53	22	14	30	23	2	42	17	43	9
3	15	46	34	22	21	58	22	57	59	17	27	31
4	16	3	59	22	29	3	22	52	51	17	11	36
5	16	21	8	22	35	44	22	47	19	16	55	24
6	16	38	1	22	42	2	22	41	23	16	38	56
7	16	54	38	22	47	56	22	35	4	16	22	11
8	17	10	58	22	53	26	22	28	21	16	5	10
9	17	27	1	22	58	32	22	21	15	15	47	54
10	17	42	46	22	3	14	22	13	46	15	30	23
11	17	58	13	22	7	31	22	5	53	15	12	37
12	18	13	23	23	11	24	21	57	38	14	54	36
13	18	28	15	23	14	53	21	49	1	14	36	20
14	18	42	48	23	17	57	21	40	2	14	17	52
15	18	57	1	23	20	36	21	30	40	13	59	10
16	19	10	54	23	22	51	21	20	55	13	40	14
17	19	24	29	23	24	41	21	10	49	13	21	5
18	19	37	45	23	26	6	21	0	22	13	1	43
19	19	50	40	23	27	6	20	49	33	12	42	9
20	20	3	16	23	27	42	20	38	23	12	22	22
21	20	15	32	23	27	53	20	26	52	12	2	24
22	20	27	26	23	27	39	20	15	1	11	42	14
23	20	38	59	23	27	0	20	2	49	11	21	53
24	20	50	11	23	25	56	19	50	17	11	1	21
25	21	1	1	23	24	28	19	37	25	10	40	39
26	21	11	30	23	22	35	19	24	13	10	19	47
27	21	21	38	23	20	18	19	10	42	9	58	44
28	21	31	23	23	17	36	18	56	53	9	37	33
29	21	40	46	23	14	29	18	42	45	9	16	12
30	21	49	46	23	10	58	18	28	18	8	54	42
31	21	58	24				18	13	33	8	33	3

SUITE de la Table de la Déclinaison du Soleil à midi au Méridien de Paris, pour 1778, 82, 86, 90, 94, &c, secondes années après la Bissextile.

Jours du mois.	SEPTEMB.			OCTOBRE.			NOVEMBR.			DÉCEMBRE.		
	D.	M.	S.	D.	M.	S.	D.	M.	S.	D.	M.	S.
	S.			M.			M.			M.		
1	8	11	16	3	19	3	14	34	7	21	53	37
2	7	49	21	3	42	22	14	53	1	22	2	34
3	7	27	18	4	5	38	15	12	1	22	11	6
4	7	5	8	4	28	51	15	30	36	22	19	12
5	6	42	51	4	52	0	15	48	55	22	26	52
6	6	20	28	5	15	7	16	6	58	22	34	6
7	5	57	59	5	38	10	16	24	45	22	40	53
8	5	35	24	6	1	9	16	42	16	22	47	14
9	5	12	43	6	24	2	16	59	30	22	53	8
10	4	49	56	6	46	50	17	16	26	22	58	35
11	4	27	4	7	9	33	17	33	4	23	3	34
12	4	4	8	7	31	10	17	49	24	23	8	5
13	3	41	7	7	54	41	18	5	26	23	12	9
14	3	18	2	8	17	5	18	21	8	23	15	45
15	2	54	54	8	39	22	18	36	31	23	18	53
16	2	31	42	9	1	32	18	51	34	23	21	34
17	2	8	27	9	23	34	19	6	17	23	23	46
18	1	45	10	9	45	28	19	20	40	23	25	30
19	1	21	51	10	7	14	19	34	41	23	26	46
20	0	58	29	10	28	50	19	48	21	23	27	34
21	0	35	6	10	50	17	20	1	40	23	27	53
22	0	11	42	11	11	34	20	14	37	23	27	44
23	0 M.	11	45	11	32	42	20	47	11	23	27	7
24	0	35	11	11	53	39	20	39	22	23	26	1
25	0	58	37	12	14	25	20	51	11	23	24	27
26	1	22	3	12	35	0	21	2	36	23	22	24
27	1	45	29	12	55	23	21	13	37	23	19	53
28	2	8	55	13	15	34	21	24	14	23	16	55
29	2	32	19	13	35	32	21	34	26	23	13	29
30	2	55	42	13	55	17	21	44	14	23	9	35
31				14	14	49				23	5	12

TABLE de la Déclinaison du Soleil à midi au Méridien de Paris, pour 1779, 83, 87, 91, 95, &c, troisiemes années après la Bissextile.

Jours du mois.	JANVIER.			FÉVRIER.			MARS.			AVRIL.		
	D.	*M.*	*S.*	*D.*	*M.*	*S.*	*D.*	*M.*	*S.*	*D.*	*M.*	*S.*
	M.			M.			M.			S.		
1	23	0	24	17	2	57	7	31	8	4	35	38
2	22	55	5	16	45	40	7	8	17	4	58	43
3	22	49	20	16	28	5	6	45	20	5	21	42
4	22	43	8	16	10	12	6	22	17	5	44	36
5	22	36	29	15	52	3	5	59	10	6	7	24
6	22	29	23	15	33	38	5	35	58	6	30	5
7	22	21	49	15	14	56	5	12	40	6	52	39
8	22	13	50	14	56	0	4	49	18	7	15	6
9	22	5	24	14	36	48	4	25	52	7	37	26
10	21	56	33	14	17	23	4	2	24	7	59	38
11	21	47	16	13	57	43	3	38	53	8	21	43
12	21	37	34	13	37	48	3	15	19	8	43	39
13	21	27	27	13	17	41	2	51	43	9	5	26
14	21	16	55	12	57	21	2	28	5	9	27	4
15	21	5	59	12	36	48	2	4	25	9	48	33
16	20	54	38	12	16	4	1	40	45	10	9	52
17	20	42	53	11	55	8	1	17	3	10	31	2
18	20	30	45	11	34	0	0	53	22	10	52	1
19	20	18	14	12	12	41	0	29	41	11	12	49
20	20	5	19	10	51	12	0	5	59	11	33	26
21	19	52	2	10	29	33	0	17 S.	41	11	53	52
22	19	38	23	10	7	45	0	41	21	12	14	7
23	19	24	22	9	45	47	1	4	59	12	34	9
24	19	10	0	9	23	40	1	24	36	12	53	59
25	18	55	16	9	1	25	1	52	10	13	13	36
26	18	40	12	8	39	1	2	15	41	13	33	0
27	18	24	48	8	16	31	2	39	10	13	52	11
28	18	9	4	7	53	53	3	2	36	14	11	9
29	17	53	0				3	25	58	14	29	52
30	17	36	38				3	49	16	14	48	22
31	17	19	57				4	12	29			

SUITE

Suite de la Table de la Déclinaison du Soleil à midi au Méridien de Paris, pour 1779, 83, 87, 91, 95, &c, troisiemes années après la Bissextile.

Jours du mois.	MAI. D.	MAI. M.	MAI. S.	JUIN. D.	JUIN. M.	JUIN. S.	JUILLET. D.	JUILLET. M.	JUILLET. S.	AOUST. D.	AOUST. M.	AOUST. S.
	S.			S.			S.			S.		
1	15	6	36	22	4	41	23	8	3	18	2	11
2	15	24	36	22	12	39	23	3	49	17	46	4
3	15	42	21	22	20	13	22	59	11	17	31	20
4	15	59	50	22	27	24	22	54	9	17	15	29
5	16	17	3	22	34	11	22	48	43	16	59	21
6	16	34	0	22	40	35	22	42	53	16	42	57
7	16	50	40	22	46	34	22	36	40	16	26	16
8	17	7	4	22	52	10	22	30	3	16	9	19
9	17	23	10	22	57	22	22	23	2	15	52	7
10	17	39	0	23	2	10	22	15	38	15	34	40
11	17	54	32	23	6	33	22	7	52	15	16	57
12	18	9	46	23	10	32	21	59	42	14	59	0
13	18	24	41	23	14	6	21	51	10	14	40	49
14	18	39	19	23	17	16	21	42	15	14	22	24
15	18	53	37	23	20	2	21	32	58	14	3	44
16	19	7	36	23	22	23	21	23	19	13	44	51
17	19	21	16	23	24	19	21	13	18	13	25	45
18	19	34	36	23	25	50	21	2	56	13	6	26
19	19	47	37	23	26	57	20	52	13	12	46	54
20	20	0	18	23	27	38	20	41	9	12	27	10
21	20	12	37	23	27	54	20	29	43	12	7	15
22	20	24	37	23	27	46	20	17	56	11	47	8
23	20	36	15	23	27	14	20	5	49	11	26	50
24	20	47	33	23	26	16	19	53	22	11	6	21
25	20	58	29	23	24	54	19	40	35	10	45	41
26	21	9	3	23	23	7	19	27	28	10	24	51
27	21	19	15	23	20	55	19	14	2	10	3	51
28	21	29	5	23	18	19	19	0	17	9	42	41
29	21	38	33	23	15	18	18	46	13	9	21	22
30	21	47	39	23	11	53	18	31	51	8	59	54
31	21	56	21				18	17	10	8	38	18

Suite de la Table de la Déclinaison du Soleil à midi au Méridien de Paris, pour 1779, 83, 87, 91, 95, &c, troisiemes années après la Bissextile.

Jours du mois.	SEPTEMBR.			OCTOBRE.			NOVEMBRE.			DÉCEMBRE.		
	D.	*M.*	*S.*	*D.*	*M.*	*S.*	*D.*	*M.*	*S.*	*D.*	*M.*	*S.*
	S.			M.			M.			M.		
1	8	16	33	3	13	25	14	29	29	21	51	24
2	7	54	40	3	36	43	14	48	37	22	0	28
3	7	32	39	4	0	0	15	7	30	22	9	6
4	7	10	31	4	23	14	15	26	8	22	17	19
5	6	48	16	4	46	25	15	44	31	22	25	5
6	6	25	54	5	9	33	16	2	38	22	32	26
7	6	3	26	5	32	37	16	20	29	22	39	20
8	5	40	52	5	55	36	16	38	4	22	45	46
9	5	18	12	6	18	30	16	55	22	22	51	46
10	4	55	26	6	41	20	17	12	22	22	57	20
11	4	32	35	7	4	4	17	29	5	23	2	25
12	4	9	40	7	26	43	17	45	29	23	7	3
13	3	46	41	7	49	15	18	1	36	23	11	14
14	3	23	37	8	11	41	18	17	23	23	14	58
15	3	0	30	8	34	0	18	32	51	23	18	13
16	2	37	20	8	56	12	18	47	59	23	21	0
17	2	14	5	9	18	16	19	2	47	23	23	19
18	1	50	48	9	40	11	19	17	51	23	25	10
19	1	27	29	10	1	59	19	31	21	23	26	33
20	1	4	9	10	23	37	19	45	7	23	27	27
21	0	40	46	10	45	7	19	58	31	23	27	53
22	0	17	20	11	6	27	20	11	33	23	27	51
23	0 M.	6	4	11	27	37	20	24	12	23	27	21
24	0	29	31	11	48	36	20	36	29	23	26	22
25	0	52	57	12	9	25	20	48	23	23	24	54
26	1	16	23	12	30	3	20	59	54	23	22	59
27	1	39	50	12	50	29	21	11	0	23	20	35
28	2	3	16	13	10	42	21	21	43	23	17	44
29	2	26	40	13	30	44	21	32	1	23	14	24
30	2	50	3	13	50	32	21	41	55	23	10	36
31				14	10	7				23	6	21

TABLE de la Déclinaiſon du Soleil à midi au Méridien de Paris, pour 1780, 84, 88, 92, 96, &c, années Biſſextiles.

Jours du mois.	JANVIER.			FÉVRIER.			MARS.			AVRIL.		
	D.	*M.*	*S.*	*D.*	*M.*	*S.*	*D.*	*M.*	*S.*	*D.*	*M.*	*S.*
	M.			M.			M.			S.		
1	23	1	37	17	7	6	7	13	50	4	53	9
2	22	56	26	16	49	53	6	50	54	5	16	9
3	22	50	48	16	32	22	6	27	53	5	39	4
4	22	44	42	16	14	34	6	4	46	6	1	53
5	22	38	10	15	56	29	5	41	34	6	24	35
6	22	31	10	15	38	8	5	18	18	6	47	11
7	22	23	42	15	19	31	4	54	57	7	9	41
8	22	15	51	15	0	38	4	31	33	7	32	3
9	22	7	32	14	41	30	4	8	6	7	54	18
10	21	58	47	14	22	8	3	44	35	8	16	24
11	21	49	35	14	2	30	3	21	2	8	38	22
12	21	39	59	13	42	40	2	57	27	9	0	11
13	21	29	58	13	22	35	2	33	48	9	21	52
14	21	19	32	13	2	18	2	10	8	9	43	24
15	21	8	41	12	41	49	1	46	28	10	4	45
16	20	57	26	12	21	7	1	22	47	10	25	57
17	20	45	47	12	0	14	0	59	5	10	46	59
18	20	33	44	11	39	9	0	35	24	11	7	50
19	20	21	29	11	17	53	0	11	42	11	28	29
20	20	8	31	10	56	26	0S.	11	59	11	48	58
21	19	55	19	10	34	49	0	35	38	12	9	15
22	19	41	45	10	13	3	0	59	17	12	29	20
23	19	27	50	9	51	8	1	22	54	12	49	13
24	19	13	33	9	29	2	1	46	29	13	8	54
25	18	58	54	9	6	49	2	10	1	13	28	21
26	18	43	55	8	44	28	2	23	30	13	47	35
27	18	28	36	8	21	59	2	56	57	14	6	36
28	18	12	57	7	59	23	3	20	20	14	25	23
29	17	56	57	7	36	40	3	43	39	14	43	56
30	17	40	39				4	6	53	15	2	14
31	17	24	2				4	30	0			

Suite de la Table de la Déclinaison du Soleil à midi au Méridien de Paris, pour 1780, 84, 88, 92, 96, &c, années Bissextiles.

Jours du mois.	MAI.			JUIN.			JUILLET.			AOUST.		
	M.	*S.*	*D.*	*D.*	*M.*	*S.*	*D.*	*M.*	*S.*	*D.*	*M.*	*S.*
	S.			S.			S.			S.		
1	15	20	18	22	10	48	23	4	54	17	50	39
2	15	38	6	22	18	28	23	0	23	17	35	9
3	15	55	39	22	25	45	22	52	56	17	19	22
4	16	12	56	22	32	38	22	50	6	17	3	18
5	16	29	58	22	39	7	22	44	22	16	46	58
6	16	46	42	22	45	12	22	38	14	16	30	20
7	17	3	10	22	50	54	22	31	43	16	13	27
8	17	19	21	22	56	11	22	24	48	15	56	19
9	17	35	15	23	1	5	22	17	30	15	38	55
10	17	50	51	23	5	34	22	9	48	15	21	16
11	18	6	9	23	9	39	22	1	44	15	3	22
12	18	21	9	23	13	19	21	53	17	14	45	14
13	18	35	51	23	16	35	21	44	28	14	26	52
14	18	50	14	23	19	26	21	35	16	14	8	15
15	19	4	18	23	21	53	21	25	42	13	49	26
16	19	18	2	23	23	54	21	15	47	13	30	23
17	19	31	27	23	25	31	21	5	30	13	11	7
18	19	44	33	23	26	44	20	54	52	12	51	39
19	19	57	18	23	27	32	20	43	52	12	31	58
20	20	9	43	23	27	55	20	32	31	12	12	5
21	20	21	46	23	27	53	20	20	49	11	52	1
22	20	33	20	23	27	26	20	8	47	11	31	45
23	20	44	53	23	26	34	19	56	25	11	11	18
24	20	55	54	23	25	18	19	43	43	10	50	41
25	21	6	33	23	23	37	19	30	41	10	29	54
26	21	16	51	23	21	31	19	17	20	10	8	56
27	21	26	47	23	19	0	19	3	39	9	47	49
28	21	36	21	23	16	5	18	49	40	9	26	32
29	21	45	32	23	12	46	18	35	22	9	5	6
30	21	54	20	23	9	52	18	20	46	8	43	32
31	22	2	46				18	5	51	8	21	49

Suite de la Table de la Déclinaison du Soleil à midi au Méridien de Paris, pour 1780, 84, 88, 92, 96, &c, années Bissextiles.

Jours du mois.	SEPTEMBR.			OCTOBRE.			NOVEMBRE.			DÉCEMBRE.		
	D.	*M.*	*S.*	*D.*	*M.*	*S.*	*D.*	*M.*	*S.*	*D.*	*M.*	*S.*
	S.			M.			M.			M.		
1	7	59	57	3	31	7	14	44	2	21	58	20
2	7	37	58	3	54	24	15	2	59	22	7	5
3	7	15	52	4	17	39	15	21	41	22	15	24
4	6	53	39	4	40	51	15	40	8	22	23	17
5	6	31	20	5	3	59	15	58	19	22	30	44
6	6	8	53	5	27	4	16	16	14	22	37	43
7	5	46	20	5	50	4	16	33	53	22	44	17
8	5	23	41	6	13	0	16	51	15	22	50	24
9	5	0	58	6	35	51	17	8	20	22	56	4
10	4	38	8	6	58	36	17	25	6	23	1	16
11	4	15	13	7	21	16	17	41	35	23	6	1
12	3	52	14	7	43	49	17	57	47	23	10	18
13	3	29	12	8	6	16	18	13	38	23	14	8
14	3	6	5	8	28	38	18	29	10	23	17	30
15	2	42	55	8	50	51	18	44	23	23	20	24
16	2	19	42	9	12	57	18	59	16	23	22	50
17	1	56	26	9	34	55	19	13	48	23	24	47
18	1	33	7	9	56	44	19	27	59	23	26	17
19	1	9	47	10	18	26	19	41	50	23	27	18
20	0	46	25	10	39	58	19	55	20	23	27	52
21	0	23	1	11	1	19	20	8	27	23	27	57
22	0M.	0	25	11	22	32	20	21	12	23	27	33
23	0	23	52	11	43	34	20	33	34	23	26	41
24	0	47	18	12	4	26	20	45	33	23	25	20
25	1	10	44	12	25	6	20	57	10	23	23	32
26	1	34	10	12	45	34	21	8	23	23	21	15
27	1	57	36	13	5	51	21	19	11	23	18	30
28	2	21	1	13	25	56	21	29	36	23	15	16
29	2	44	25	13	45	47	21	39	36	23	11	35
30	3	7	47	14	5	26	21	49	11	23	7	26
31				14	24	51				23	2	49

De la déclinaiſon du Soleil pour tous les degrés de l'Ecliptique, ſon obliquité étant ſuppoſée de 23° 28′.

Degrés des Signes.	Le Bélier. ♈ S. La Balan. ♎ M.			Le Taur. ♉ S. Le Scorp. ♏ M.			Les Gém. ♊ S. Le Sagit. ♐ M.			Degrés des Signes.
	D.	M.	S.	D.	M.	S.	D.	M.	S.	
0	0	0	0	11	29	5	20	10	25	30
1	0	23	54	11	50	7	20	22	57	29
2	0	47	47	12	10	56	20	25	8	28
3	1	11	39	12	31	34	20	46	55	27
4	1	35	30	12	51	59	20	58	20	26
5	1	59	20	13	12	12	21	9	21	25
6	2	23	8	13	32	12	21	19	59	24
7	2	46	54	13	51	58	21	30	13	23
8	3	10	37	14	11	30	21	40	3	22
9	3	34	18	14	30	48	21	49	29	21
10	3	57	55	14	49	51	21	58	30	20
11	4	21	28	15	8	40	22	7	6	19
12	4	44	57	15	27	13	22	15	17	18
13	5	8	22	15	45	30	22	23	3	17
14	5	31	42	16	3	32	22	30	24	16
15	5	54	57	16	21	17	22	37	19	15
16	6	18	6	16	38	44	22	43	48	14
17	6	41	9	16	55	55	22	49	51	13
18	7	4	7	17	12	48	22	55	27	12
19	7	26	57	17	29	24	23	0	38	11
20	7	49	40	17	45	40	23	5	22	10
21	8	12	16	18	1	39	23	9	39	9
22	8	34	45	18	17	18	23	13	29	8
23	8	57	5	18	32	38	23	16	53	7
24	9	19	16	18	47	38	23	19	50	6
25	9	41	19	19	2	18	23	22	19	5
26	10	3	12	19	16	37	23	24	22	4
27	10	24	56	19	30	36	23	25	57	3
28	10	46	30	19	44	14	23	27	6	2
29	11	7	53	19	57	30	23	27	46	1
30	11	29	5	20	10	25	23	28	0	0
	La Vierge. ♍ S. Les Poiſſ. ♓ M.			Le Lion ♌ S. Le Verſ. ♒ M.			L'Ecrev. ♋ S. Le Capr. ♑ M.			

Des hauteurs du Soleil à toutes les heures du jour de 10 en 10 degrés de chaque signe, pour la latitude de 43 degrés.

Heures.	XII.		XI. I.		X. II.		IX. III.		VIII. IV.		VII. V.		VI. VI.		V. VII.		Heures.
Sign.	D	M.	D.	M.	D.	M.	D.	M.	D.	M.	D.	M.	D.	M.	D.	M	Sign.
♋	70	28	66	52	58	30	48	15	37	23	26	26	15	45	5	36	♋
10	70	5	66	33	58	13	48	1	37	9	26	12	15	30	5	20	20
20	68	59	65	36	57	25	47	17	36	28	25	30	14	46	4	33	10
♌	67	10	63	56	56	6	46	7	35	21	24	23	13	35	3	17	♊
10	64	46	61	44	54	12	44	28	33	48	22	50	12	0	1	34	20
20	61	50	59	5	51	53	42	25	31	52	20	56	10	2	......		10
♍	58	29	55	57	49	9	40	0	29	37	18	44	7	48	......		♉
10	54	50	52	28	46	7	37	14	27	4	16	16	5	19	......		20
20	50	58	48	49	42	50	34	19	24	21	13	38	2	41	......		10
♎	47	0	44	56	39	17	31	8	21	26	10	54	......		......		♈
10	43	2	41	12	35	52	28	1	18	34	8	9	......		......		20
20	39	10	37	24	32	21	24	49	15	38	5	26	......		......		10
♏	35	31	33	51	29	0	21	48	12	52	2	51	......		......		♓
10	32	10	30	36	25	58	19	0	10	19	0	29	......		......		20
20	29	14	27	42	23	17	16	32	8	4	......		......		......		10
♐	26	50	25	20	21	5	14	30	6	13	......		......		......		♒
10	25	1	23	36	19	25	12	58	4	49	......		......		......		20
20	23	55	22	30	18	22	12	2	3	57	......		......		......		10
30	23	32	22	6	18	2	11	42	3	40	......		......		......		♑

Des hauteurs du Soleil à toutes les heures du jour de 10 *en* 10 *degrés de chaque signe, pour la latitude de* 44 *degrés.*

Heures	XII.		XI. I.		X. II.		IX. III.		VIII. IV.		VII. V.		VI. VI.		V. VII.		Heures
Sign.	D.	M.	D.	M.	D.	M.	D.	M.	D.	M.	D.	M.	D.	M.	D.	M.	Sign.
♋	69	28	66	3	58	1	48	1	37	21	26	34	16	3	6	4	♋
10	69	5	65	45	57	44	47	46	37	6	26	20	15	48	5	47	20
20	67	59	64	46	56	54	47	1	36	24	25	37	15	3	4	59	10
♌	66	10	63	5	55	33	45	49	35	15	24	28	13	51	3	42	♊
10	63	46	60	52	53	37	44	9	33	40	22	54	12	13	2	1	20
20	60	50	58	13	51	15	42	2	31	42	20	57	10	13	.....		10
♍	57	29	55	4	48	29	39	34	29	24	18	42	7	56	.....		♉
10	53	50	51	33	45	24	36	46	26	47	16	11	5	25	.....		20
20	49	58	47	53	42	6	33	47	24	2	13	30	2	44	.....		10
♎	46	0	44	0	38	31	30	34	21	4	10	44	.....		.....		♈
10	42	2	40	15	35	5	27	25	18	9	7	55	.....		.....		20
20	38	10	36	28	31	32	24	10	15	10	5	9	.....		.....		10
♏	34	31	32	54	28	10	21	8	12	22	2	32	.....		.....		♓
10	31	10	29	39	25	7	18	19	9	48	0	7	.....		.....		20
20	28	14	26	44	22	25	15	49	7	31	.....		.....		.....		10
♐	25	50	24	22	20	13	13	47	5	37	.....		.....		.....		♒
10	24	1	22	38	18	32	12	14	4	14	.....		.....		.....		20
20	22	55	21	32	17	30	11	17	3	21	.....		.....		.....		10
30	22	32	21	8	17	9	10	57	3	3	.....		.....		.....		♑

Des hauteurs du Soleil à toutes les heures du jour de 10 en 10 degrés de chaque signe, pour la latitude de 45 degrés.

Heures.	XII.		XI. I.		X. II.		IX. III.		VIII. IV.		VII. V.		VI. VI.		V. VII.		Heures.
Sign.	D.	M.	D.	M.	D.	M.	D.	M.	D.	M.	D.	M.	D.	M.	D.	M.	Sign.
♋	68	28	65	14	57	31	47	46	37	18	26	42	16	21	6	31	♋
10	68	5	64	55	57	12	47	30	37	3	26	28	16	5	6	14	20
20	66	59	63	56	56	22	46	44	36	20	25	44	15	20	5	27	10
♌	65	10	62	14	54	59	45	30	35	10	24	33	14	6	4	7	♊
10	62	46	60	0	53	1	43	48	33	32	22	57	12	26	2	21	20
20	59	50	57	19	50	36	41	38	31	31	20	57	10	25	0	13	10
♍	56	29	54	9	47	48	39	8	29	10	18	40	8	5	.....		♉
10	52	50	50	37	44	41	36	17	26	31	16	6	5	31	.....		20
20	48	58	46	58	41	21	33	15	23	42	13	23	2	47	.....		10
♎	45	0	43	4	37	45	30	0	20	42	10	32	.....		.....		♈
10	41	2	39	19	34	17	26	48	17	43	7	41	.....		.....		20
20	37	10	35	31	30	43	23	32	14	43	4	53	.....		.....		10
♏	33	31	31	56	27	20	20	27	11	52	2	12	.....		.....		♓
10	30	10	28	41	24	16	17	37	9	16	.....		.....		.....		20
20	27	14	25	47	21	34	15	8	6	58	.....		.....		.....		10
♐	24	50	23	24	19	21	13	3	5	3	.....		.....		.....		♒
10	23	1	21	40	17	40	11	29	3	38	.....		.....		.....		20
20	21	55	20	34	16	37	10	32	2	44	.....		.....		.....		10
30	21	32	20	10	16	16	10	12	2	27	.....		.....		.....		♑

Des hauteurs du Soleil à toutes les heures du jour, de 10 en 10 degrés de chaque signe, pour la hauteur du pole de 46 degrés.

Heures.	XII.		XI. I.		X. II.		IX. III.		VIII. IV.		VII. V.		VI. VI.		V. VII.		Heures.
Sign.	D.	M.	D.	M.	D.	M.	D.	M	D.	M.	D.	M.	D.	M.	D.	M.	Sign.
♋	67	28	64	25	56	58	47	29	37	14	26	50	16	38	6	58	♋
10	67	5	64	5	56	40	47	13	36	59	26	35	16	22	6	41	20
20	65	59	63	5	55	48	46	26	36	14	25	50	15	36	5	52	10
♌	64	10	61	24	54	23	45	10	35	2	24	38	14	21	4	32	♊
10	61	46	59	8	52	24	43	24	33	22	22	59	12	40	2	45	20
20	58	50	56	26	49	57	41	13	31	19	20	57	10	36	0	34	10
♍	55	29	53	15	47	7	38	40	28	55	18	37	8	13	.....		♉
10	51	50	49	43	43	58	35	47	26	13	16	1	5	36	.....		20
20	47	58	46	2	40	36	32	43	23	22	13	14	2	50	.....		10
♎	44	0	42	8	36	59	29	25	20	19	10	21	.....		.....		♈
10	40	2	38	22	33	29	26	11	17	18	7	27	.....		.....		20
20	36	10	34	34	29	54	22	52	14	15	4	36	.....		.....		10
♏	32	31	30	59	26	30	19	47	11	22	1	56	.....		.....		♓
10	29	10	27	44	23	26	16	55	8	44	.....		.....		.....		20
20	26	14	24	45	20	42	14	23	6	24	.....		.....		.....		10
♐	23	50	22	27	18	29	12	19	4	29	.....		.....		.....		♒
10	22	1	20	42	16	47	10	44	3	2	.....		.....		.....		20
20	20	55	19	36	15	45	9	47	2	9	.....		.....		.....		10
30	20	32	19	12	15	23	9	27	1	51	.....		.....		.....		♑

Des hauteurs du Soleil à toutes les heures du jour, de 10 en 10 degrés de chaque signe, pour la hauteur du pole de 47 degrés.

Heures.	XII.		XI. I.		X. II.		IX. III.		VIII. IV.		VII. V.		VI. VI.		V. VII.		Heures.
Sign.	D.	M	D.	M.	D.	M.	D.	M.	D.	M.	D.	M.	D.	M.	D.	M.	Sign.
♋	66	28	63	34	56	25	47	12	37	10	26	57	16	55	7	25	♋
10	66	5	63	15	56	6	46	56	36	54	26	41	16	39	7	8	20
20	64	58	62	14	55	14	46	7	36	9	25	56	15	52	6	18	10
♌	63	10	60	31	53	47	44	50	34	55	24	42	14	36	4	57	♊
10	60	46	58	15	51	46	43	3	33	13	23	1	12	52	3	8	20
20	57	50	55	32	49	17	40	48	31	7	20	57	10	46	0	56	10
♍	54	29	52	21	46	25	38	12	28	40	18	35	8	22	.....		♉
10	50	50	48	48	43	14	35	16	25	56	15	55	5	42	.....		20
20	46	58	45	6	39	50	32	10	23	1	13	5	2	53	.....		10
♎	43	0	41	12	36	12	28	49	19	56	10	10	.....		.....		♈
10	39	2	37	25	32	40	25	34	16	52	7	13	.....		.....		20
20	35	10	33	36	29	5	22	14	13	47	4	19	.....		.....		10
♏	31	31	30	2	25	40	19	6	10	52	1	34	.....		.....		♓
10	28	10	26	46	22	34	16	13	8	12	.....		.....		.....		20
20	25	14	23	51	19	50	13	40	5	51	.....		.....		.....		10
♐	22	50	21	29	17	37	11	35	3	54	.....		.....		.....		♒
10	21	2	19	44	15	55	10	0	2	27	.....		.....		.....		20
20	19	55	18	38	14	52	9	2	1	33	.....		.....		.....		10
30	19	32	18	14	14	31	8	42	1	14	.....		.....		.....		♑

Des hauteurs du Soleil à toutes les heures du jour, de 10 en 10 degrés de chaque signe, pour la hauteur du pole de 48 degrés.

Heures.	XII.	XI. I.	X. II.	IX. III.	VIII. IV.	VII. V.	VI. VI.	V. VII.	Heures.
Sign.	D. M.	D. M.	D. M.	D. M.	D. M.	D. M.	D. M.	D. M.	Sign.
♋	65 28	62 43	55 51	46 54	37 4	27 3	17 12	7 53	♋
10	65 5	62 23	55 32	46 37	36 48	26 47	16 56	7 34	20
20	63 59	61 24	54 38	45 47	36 2	26 1	16 8	6 43	10
♌	62 10	59 38	53 10	44 28	34 46	24 45	14 51	5 22	♊
10	59 46	57 22	51 7	42 38	33 3	23 3	13 5	3 31	20
20	56 50	54 38	48 37	40 22	30 55	20 56	10 57	1 17	10
♍	53 29	51 26	45 43	37 43	28 25	18 31	8 30	.....	♉
10	49 50	47 53	42 30	34 44	25 37	15 48	5 48	.....	20
20	45 58	44 10	39 4	31 36	22 40	12 56	2 56	.....	10
♎	42 0	40 16	35 24	28 14	19 32	9 58	.....	.....	♈
10	38 2	36 28	31 52	24 56	16 26	6 59	.....	.....	20
20	34 10	32 35	28 15	21 40	13 19	4 2	.....	.....	10
♏	30 31	29 4	24 50	18 25	10 22	1 15	.....	.....	♓
10	27 10	25 48	21 43	15 31	7 40	.....	.....	.....	20
20	24 14	22 53	18 59	12 57	5 17	.....	.....	.....	10
♐	21 50	20 31	16 44	10 50	3 19	.....	.....	.....	♒
10	20 1	18 46	15 2	9 15	1 51	.....	.....	.....	20
20	18 55	17 39	13 59	8 17	0 55	.....	.....	.....	10
30	18 32	17 16	13 38	7 57	0 38	.....	.....	.....	♑

Des hauteurs du Soleil à toutes les heures du jour, de 10 en 10 degrés de chaque signe, pour la hauteur du pole de Paris, 48 degrés 51 minutes.

Heures.	XII.		XI. I.		X. II.		IX. III		VIII. IV.		VII. V.		VI. VI.		V. VII.		Heures.
Sign.	D.	M.	D.	M.	D.	M.	D.	M.	D.	M.	D.	M.	D.	M.	D.	M	Sign.
♋	64	37	61	59	55	21	46	37	37	0	27	8	17	26	8	15	♋
10	64	14	61	39	55	2	46	20	36	43	26	52	17	10	7	57	20
20	63	8	60	38	54	7	45	29	35	56	26	5	16	21	7	6	10
♌	61	19	58	54	52	38	44	9	34	39	24	48	15	2	5	44	♊
10	58	55	56	56	50	34	42	17	32	53	23	4	13	16	3	51	20
20	55	59	53	52	48	2	39	59	30	43	20	55	11	6	1	35	10
♍	52	38	50	39	45	6	37	19	28	11	18	28	8	37	.....		♉
10	48	59	47	6	41	52	34	18	25	22	15	44	5	52	.....		20
20	45	7	43	22	38	25	31	7	22	22	12	48	2	58	.....		10
♎	41	9	39	27	34	44	27	43	19	12	9	48	.....		.....		♈
10	37	11	35	40	31	10	24	24	16	4	6	46	.....		.....		20
20	33	19	31	51	27	33	21	1	12	55	3	47	.....		.....		10
♏	29	40	28	15	24	7	17	50	9	56	0	58	.....		.....		♓
10	26	19	24	59	21	0	14	55	7	13	.....		.....		.....		20
20	23	23	22	4	18	15	12	20	4	47	.....		.....		.....		10
♐	20	59	19	41	16	0	10	13	2	49	.....		.....		.....		♒
10	19	10	17	57	14	18	8	37	1	21	.....		.....		.....		20
20	18	4	16	50	13	14	7	38	0	25	.....		.....		.....		10
30	17	41	16	27	12	53	7	18	0	7	.....		.....		.....		♑

Des hauteurs du Soleil à toutes les heures du jour, de 10 en 10 degrés de chaque signe, pour la hauteur du pole de 49 degrés.

Heures.	XII.		XI. I.		X. II.		IX. III.		VIII. IV.		VII. V.		VI. VI.		V. VII.		Heures.
Sign.	D.	M.	D.	M.	D.	M.	D.	M.	D.	M.	D.	M.	D.	M.	D.	M.	Sign.
♋	64	28	61	51	55	16	46	34	36	59	27	9	17	29	8	19	♋
10	64	5	61	32	54	56	46	17	36	42	26	53	17	12	8	1	20
20	62	59	60	30	54	2	45	26	35	55	26	5	16	23	7	10	10
♌	61	10	58	46	52	33	44	5	34	37	24	49	15	4	5	46	♊
10	58	46	56	28	50	28	42	15	32	51	23	4	13	18	3	55	20
20	55	50	53	43	47	55	39	55	30	41	20	55	11	7	1	39	10
♍	52	29	50	31	45	0	37	14	28	9	18	27	8	38	....		♉
10	48	50	46	57	41	45	34	13	25	19	15	43	5	53	....		20
20	44	58	43	14	38	18	31	2	22	19	12	47	2	58	....		10
♎	41	0	39	19	34	37	27	38	19	8	9	46	....		....		♈
10	37	2	35	31	31	3	24	18	16	0	6	44	....		....		20
20	33	10	31	42	27	25	20	55	12	50	3	45	....		....		10
♏	29	31	28	7	23	59	17	44	9	52	0	55	....		....		♓
10	26	10	24	51	20	52	14	49	7	8	....		....		....		20
20	23	14	21	55	18	7	12	13	4	43	....		....		....		10
♐	20	50	19	33	15	52	10	6	2	44	....		....		....		♒
10	19	1	17	48	14	10	8	30	1	15	....		....		....		20
20	17	55	16	41	13	6	7	31	0	20	....		....		....		10
30	17	32	16	18	12	45	7	11	0	1	....		....		....		♑

Des hauteurs du Soleil à toutes les heures du jour, de 10 en 10 degrés de chaque signe, pour la hauteur du pole de 50 degrés.

Heures.	XII.		XI. I.		X. II.		IX. III.		VIII. IV.		VII. V.		VI. VI.		V. VII.		Heures.
Sign.	D.	M.	D.	M.	D.	M.	D.	M.	D.	M.	D.	M.	D.	M.	D.	M.	Sign.
♋	63	28	60	59	54	40	46	14	36	52	27	14	17	45	8	45	♋
10	63	5	60	39	54	20	45	56	36	36	26	57	17	28	8	28	20
20	61	59	59	37	53	25	45	4	35	46	26	9	16	40	7	35	10
♌	60	10	57	52	51	54	43	42	34	28	24	51	15	18	6	11	♊
10	57	46	55	34	49	47	41	48	32	40	23	5	13	30	4	18	20
20	54	50	52	49	47	13	39	26	30	27	20	11	11	17	2	0	10
♍	51	29	49	35	44	16	36	44	27	52	18	23	8	46	....		♉
10	47	50	46	1	41	0	33	41	25	0	15	36	5	58	....		20
20	43	58	42	18	37	31	30	28	21	57	12	38	3	1	....		10
♎	40	0	38	22	33	49	27	2	18	44	9	34	....		....		♈
10	36	2	34	34	30	14	23	40	15	34	6	30	....		....		20
20	32	10	30	45	26	35	20	15	12	22	3	28	....		....		10
♏	28	31	27	9	23	8	17	3	9	21	0	36	....		....		♓
10	25	10	23	53	20	1	14	6	6	36	....		....		....		20
20	22	14	20	58	17	15	11	30	4	10	....		....		....		10
♐	19	50	18	35	14	59	9	22	2	9	....		....		....		♒
10	18	1	16	50	13	17	7	45	0	39	....		....		....		20
20	16	55	15	43	12	13	6	46	....		....		....		....		10
30	16	32	15	20	11	52	6	26	....		....		....		....		♑

Des hauteurs du Soleil à toutes les heures du jour, de 10 en 10 degrés de chaque signe, pour la latitude du pole de 51 degrés.

Heures.	XII.	XI. I.	X. II.	IX. III.	VIII. IV.	VII. V.	VI. VI.	V. VII.	Heures.
Sign.	D. M.	D. M.	D. M.	D. M.	D. M.	D. M.	D. M.	D. M.	Sign.
♋	62 28	60 7	54 3	45 52	36 32	27 19	18 1	9 12	♋
10	62 5	59 46	53 43	45 34	36 27	27 2	17 44	8 54	20
20	60 59	58 44	52 46	44 42	35 38	26 13	16 54	8 1	10
♌	59 10	56 59	51 14	43 18	34 17	24 53	15 32	6 36	♊
10	56 46	54 40	49 7	41 21	32 27	23 5	13 42	4 41	20
20	53 50	51 54	46 31	38 59	30 12	20 52	11 27	2 21	10
♍	50 29	48 40	43 32	36 14	27 35	18 19	8 54	. . . .	♉
10	46 50	45 5	40 14	33 8	24 40	15 29	6 4	. . . .	20
20	42 58	41 21	36 44	29 57	21 35	12 28	3 4	. . . .	10
♎	39 0	37 26	33 1	26 25	18 20	9 22	. . . .	. . . .	♈
10	35 2	33 37	29 25	23 1	15 7	6 15	. . . .	. . . .	20
20	31 10	29 47	25 45	19 35	11 53	3 11	. . . .	. . . .	10
♏	27 31	26 12	22 17	16 21	8 50	0 17	. . . .	. . . .	♓
10	24 10	22 55	19 9	13 23	6 3	. . . .	. . . .	. . . .	20
20	21 14	20 0	16 23	10 46	3 36	. . . .	. . . .	. . . .	10
♐	18 50	17 37	14 6	8 37	1 34	. . . .	. . . .	. . . .	♒
10	17 1	15 52	12 24	7 0	0 4	. . . .	. . . .	. . . .	20
20	15 55	14 45	11 27	6 1	. . . .	. . . .	. . . .	. . . .	10
30	15 32	14 22	10 59	5 40	. . . .	. . . .	. . . .	. . . .	♑

Des angles faits par la Méridienne & les lignes horaires aux Cadrans horisontaux.

HEURES du matin.	LATITUDES *ou* HAUTEURS DU POLE.												HEURES du soir.
	D.	M.	D.	M.	D.	M.	D.	M.	D.	M.	D.	M.	
	42	10	42	20	42	30	42	40	42	50	43	0	
	D.	M	D.	M.	D.	M.	D.	M.	D.	M.	D.	M.	
45	2	31	2	32	2	33	2	33	2	33	2	34	15
30	5	3	5	4	5	5	5	6	5	7	5	8	30
15	7	36	7	38	7	39	7	41	7	42	7	43	45
XI.	10	12	10	14	10	15	10	18	10	19	10	21	I.
45	12	50	12	53	12	55	12	57	13	0	13	2	15
30	15	32	15	35	15	37	15	41	15	44	15	46	30
15	18	19	18	22	18	25	18	29	18	32	18	35	45
X.	21	11	21	15	21	18	21	22	21	26	21	29	II.
45	24	10	24	14	24	18	24	22	24	26	24	30	15
30	27	15	27	20	27	24	27	29	27	33	27	37	30
15	30	29	30	34	30	39	30	44	30	48	30	53	45
IX.	33	52	33	57	34	3	34	8	34	13	34	18	III.
45	37	26	37	31	37	37	37	42	37	47	37	52	15
30	41	11	41	16	41	22	41	27	41	32	41	38	30
15	45	8	45	13	45	19	45	24	45	30	45	35	45
VIII.	49	17	49	24	49	30	49	34	49	39	49	46	IV.
45	53	42	53	47	53	53	53	58	54	3	54	8	15
30	58	19	58	24	58	30	58	34	58	39	58	44	30
15	63	11	63	15	63	20	63	24	63	28	63	32	45
VII.	68	14	68	18	68	23	68	26	68	29	68	33	V.
45	73	30	73	33	73	36	73	39	73	42	73	44	15
30	78	54	78	56	78	58	79	0	79	2	79	4	30
15	84	26	84	27	84	28	84	29	84	30	84	31	45
VI.	90	0	90	0	90	0	90	0	90	0	90	0	VI.

Des angles faits par la Méridienne & les lignes horaires aux Cadrans horisontaux.

HEURES du matin.	LATITUDES *ou* HAUTEURS DU POLE.												HEURES du soir.
	D.	M.	D.	M.	D.	M	D.	M.	D.	M.	D.	M.	
	43	10	43	20	43	30	43	40	43	50	44	0	
	D.	M	D.	M.	D.	M.	D.	M.	D.	M.	D.	M.	
45	2	34	2	35	2	35	2	35	2	36	2	36	15
30	5	9	5	10	5	11	5	12	5	13	5	13	30
15	7	45	7	46	7	47	7	49	7	51	7	52	45
XI.	10	23	10	25	10	27	10	29	10	31	10	33	I.
45	13	4	13	7	13	9	13	12	13	14	13	16	15
30	15	49	15	52	15	55	15	58	16	0	16	3	30
15	18	39	18	42	18	45	18	48	18	51	18	55	45
X.	21	33	21	37	21	40	21	44	21	48	21	51	II.
45	24	34	24	38	24	42	24	46	24	50	24	54	15
30	27	42	27	46	27	51	27	55	27	59	28	4	30
15	30	58	31	3	31	7	31	12	31	16	31	21	45
IX.	34	23	34	28	34	33	34	38	34	42	34	47	III.
45	37	58	38	3	38	8	38	13	38	18	38	23	15
30	41	43	41	49	41	54	41	59	42	4	42	9	30
15	45	41	45	46	45	51	45	56	46	2	46	7	45
VIII.	49	50	49	55	50	1	50	6	50	11	50	16	IV.
45	54	13	54	18	54	23	54	28	54	33	54	38	15
30	58	48	58	53	58	58	59	2	59	7	59	11	30
15	63	37	63	41	63	45	63	49	63	53	63	57	45
VII.	68	37	68	40	68	43	68	47	68	51	68	54	V.
45	73	47	73	50	73	53	73	56	73	59	74	1	15
30	79	7	79	8	79	10	79	12	79	14	79	16	30
15	84	32	84	33	84	34	84	35	84	36	84	37	45
VI.	90	0	90	0	90	0	90	0	90	0	90	0	VI.

Des angles faits par la Méridienne & les lignes horaires aux Cadrans horisontaux.

HEURES du matin.	LATITUDES ou HAUTEURS DU POLE.												HEURES du soir.
	D.	M.	D.	M.	D.	M.	D.	M.	D.	M.	D.	M.	
	43	10	44	20	44	30	44	40	44	50	45	0	
	D.	M.	D.	M.	D.	M.	D.	M.	D.	M.	D.	M.	
45	2	37	2	37	2	38	2	38	2	39	2	39	15
30	5	15	5	15	5	16	5	17	5	18	5	20	30
15	7	53	7	55	7	56	7	58	7	59	8	0	45
XI.	10	35	10	36	10	36	10	40	10	42	10	44	I.
45	13	18	13	21	13	23	13	25	13	28	13	30	15
30	16	6	16	9	16	11	16	14	16	17	16	19	30
15	18	58	19	1	19	4	19	7	19	10	19	13	45
X.	21	55	21	58	22	2	22	6	22	9	22	12	II.
45	24	58	25	2	25	6	25	10	25	14	25	17	15
30	28	8	28	12	28	17	28	21	28	25	28	29	30
15	31	26	31	30	31	35	31	39	31	44	31	48	45
IX.	34	52	34	57	35	2	35	6	35	11	35	16	III.
45	38	28	38	33	38	38	38	43	38	48	38	53	15
30	42	15	42	20	42	25	42	30	42	35	42	40	30
15	46	12	46	17	46	22	46	27	46	32	46	37	45
VIII.	50	21	50	26	50	32	50	36	50	41	50	46	IV.
45	54	43	54	47	54	52	54	57	55	2	55	7	15
30	59	16	59	21	59	25	59	30	59	34	59	38	30
15	64	2	64	6	64	10	64	14	64	18	64	21	45
VII.	68	58	69	1	69	5	69	8	69	12	69	15	V.
45	74	4	74	7	74	9	74	12	74	15	74	17	15
30	79	18	79	20	79	22	79	24	79	25	79	28	30
15	84	38	84	39	84	40	84	40	84	41	84	42	45
VI.	90	0	90	0	90	0	90	0	90	0	90	0	VI.

Des angles faits par la Méridienne & les lignes horaires aux Cadrans horiſontaux.

HEURES du matin.	LATITUDES OU HAUTEURS DU POLE.												HEURES du ſoir.
	D.	M.	D.	M.	D.	M.	D.	M.	D.	M.	D.	M.	
	45	10	45	20	45	30	45	40	45	50	46	0	
	D.	M.	D.	M.	D.	M	D.	M.	D.	M.	D.	M.	
45	2	40	2	40	2	41	2	41	2	42	2	42	15
30	5	20	5	21	5	22	5	23	5	24	5	25	30
15	8	2	8	3	8	4	8	6	8	7	8	9	45
XI.	10	46	10	47	10	49	10	51	10	53	10	55	I.
45	13	32	13	34	13	37	13	39	13	41	13	44	15
30	16	22	16	25	16	27	16	30	16	33	16	35	30
15	19	17	19	20	19	23	19	26	19	29	19	32	45
X.	22	16	22	20	22	23	22	26	22	30	22	33	II.
45	25	21	25	25	25	29	25	33	25	37	25	40	15
30	28	33	28	37	28	42	28	46	28	50	28	54	30
15	31	53	31	57	32	2	32	6	32	10	32	15	45
IX.	35	21	35	25	35	30	35	35	35	39	35	44	III.
45	38	58	39	3	39	8	39	12	39	17	39	22	15
30	42	45	42	50	42	55	42	59	43	4	43	9	30
15	46	42	46	47	46	52	46	57	47	2	47	7	45
VIII.	50	51	50	56	51	1	51	5	51	10	51	15	IV.
45	55	11	55	16	55	21	55	25	55	30	55	34	15
30	59	43	59	47	59	52	59	66	60	0	60	4	30
15	64	25	64	29	64	33	64	37	64	41	64	44	45
VII.	69	18	69	21	69	25	69	28	69	31	69	34	V.
45	74	20	74	23	74	25	74	28	74	30	74	33	15
30	79	29	79	31	79	33	79	34	79	36	79	38	30
15	84	43	84	44	84	45	84	46	84	47	84	48	45
VI.	90	0	90	0	90	0	90	0	90	0	90	0	VI.

Des angles faits par la Méridienne & les lignes horaires aux Cadrans horisontaux.

HEURES du matin.	LATITUDES ou HAUTEURS DU POLE.												HEURES du soir.
	D.	M.	D.	M.	D.	M.	D.	M.	D.	M.	D.	M.	
	46	10	46	20	46	30	46	40	46	50	47	0	
	D.	M.	D.	M.	D.	M	D.	M.	D.	M.	D.	M.	
45	2	42	2	43	2	44	2	44	2	44	2	45	15
30	5	25	5	26	5	27	5	28	5	29	5	30	30
15	8	10	8	11	8	13	8	14	8	15	8	17	45
XI.	10	56	10	58	11	1	11	2	11	4	11	6	I.
45	13	46	13	48	13	50	13	52	13	54	13	56	15
30	16	38	16	41	16	43	16	46	16	49	16	51	30
15	19	35	19	38	19	41	19	44	19	47	19	50	45
X.	22	37	22	40	22	43	22	47	22	50	22	53	II.
45	25	44	25	48	25	52	25	55	25	59	26	4	15.
30	28	58	29	2	29	6	29	10	29	14	29	18	30
15	32	19	32	23	32	28	32	32	32	36	32	41	45
IX.	35	48	35	53	35	58	36	2	36	6	36	11	III.
45	39	26	39	31	39	36	39	40	39	45	39	50	15.
30	43	14	43	19	43	23	43	28	43	33	43	37	30
15	47	12	47	16	47	21	47	26	47	30	47	35	45
VIII.	51	20	51	24	51	29	51	34	51	38	51	43	IV.
45	55	39	55	43	55	48	55	52	55	56	56	0	15.
30	60	8	60	12	60	16	60	20	60	25	60	29	30
15	64	48	64	52	64	56	64	59	65	3	65	6	45
VII.	69	37	69	41	69	44	69	47	69	50	69	53	V.
45	74	35	74	37	74	40	74	42	74	45	74	47	15
30	79	39	79	41	79	43	79	44	79	46	79	48	30
15	84	49	84	49	84	50	84	51	84	52	84	53	45
VI.	90	0	90	0	90	0	90	0	90	0	90	0	VI.

Des angles faits par la Méridienne & les lignes horaires aux Cadrans horisontaux.

HEURES du matin.	LATITUDES OU HAUTEURS DU POLE.												HEURES du soir.
	D.	M.	D.	M.	D.	M.	D.	M.	D.	M.	D.	M.	
	47	10	47	20	47	30	47	40	47	50	48	0	
	D.	M.	D.	M.	D.	M.	D.	M.	D.	M.	D.	M.	
45	2	45	2	46	2	46	2	46	2	47	2	47	15
30	5	31	5	32	5	32	5	34	5	34	5	35	30
15	8	18	8	19	8	21	8	22	8	23	8	25	45
XI.	11	7	11	9	11	11	11	12	11	14	11	16	I.
45	13	59	14	1	14	3	14	5	14	7	14	9	15
30	16	54	16	56	16	58	17	2	17	4	17	6	30
15	19	53	19	56	19	59	20	2	20	5	20	8	45
X.	22	57	23	0	23	3	23	7	23	10	23	13	II.
45	26	6	26	10	26	14	26	17	26	21	26	24	15
30	29	22	29	26	29	30	29	34	29	38	29	42	30
15	32	45	32	49	32	53	32	57	33	2	33	7	45
IX.	36	15	36	20	36	24	36	28	36	33	36	37	III.
45	39	54	39	59	40	4	40	8	40	12	40	17	15
30	43	42	43	47	43	51	43	56	44	1	44	5	30
15	47	40	47	44	47	49	47	54	47	58	48	2	45
VIII.	51	47	51	52	51	56	52	1	52	5	52	9	IV.
45	56	5	56	9	56	14	56	18	56	22	56	26	15
30	60	33	60	36	60	40	60	44	60	48	60	52	30
15	65	10	65	13	65	17	65	20	65	24	65	27	45
VII.	69	56	69	59	70	2	70	5	70	8	70	10	V.
45	74	50	74	52	74	55	74	57	74	59	75	1	15
30	79	50	79	51	79	53	79	54	79	56	79	57	30
15	84	54	84	54	84	55	84	56	84	57	84	57	45
VI.	90	0	90	0	90	0	90	0	90	0	90	0	VI.

Des angles faits par la Méridienne & les lignes horaires aux Cadrans horisontaux.

HEURES du matin.	LATITUDES OU HAUTEURS DU POLE.												HEURES du soir.
	D.	M.	D.	M	D.	M.	D.	M.	D.	M.	D.	M	
	48	10	48	20	48	30	48	40	48	51	49	0	
	D.	M	D.	M.	D.	M	D.	M.	D.	M	D	M.	
45	2	49	2	48	2	49	2	49	2	50	2	50	15
30	5	37	5	37	5	37	5	39	5	40 Paris.	5	40	30
15	8	26	8	27	8	29	8	30	8	31	8	32	45
XI.	11	17	11	19	11	21	11	23	11	25	11	26	I.
45	14	12	14	14	14	16	14	18	14	20	14	22	15
30	17	9	17	12	17	14	17	17	17	20	17	22	30
15	20	11	20	13	20	16	20	19	20	22	20	25	45
X.	23	17	23	20	23	23	23	26	23	30	23	33	II.
45	26	28	26	32	26	35	26	39	26	42	26	45	15
30	29	46	29	49	29	53	29	57	30	1	30	4	30
15	33	10	33	14	33	18	33	22	33	26	33	31	45
IX.	36	41	36	46	36	51	36	54	36	59	37	3	III.
45	40	21	40	26	40	30	40	34	40	39	40	43	15
30	44	10	44	14	44	18	44	23	44	28	44	32	30
15	48	7	48	11	48	16	48	20	48	25	48	29	45
VIII.	52	14	52	18	52	22	52	27	52	31	52	35	IV.
45	56	30	56	34	56	38	56	42	56	47	56	50	15
30	60	56	61	0	61	4	61	7	61	11	61	14	30
15	65	30	65	34	65	37	65	40	65	44	65	47	45
VII.	70	13	70	16	70	19	70	22	70	25	70	27	V.
45	75	3	75	5	75	8	75	10	75	12	75	14	15
30	79	59	80	0	80	2	80	3	80	5	80	6	30
15	84	58	84	59	85	0	85	1	85	1	85	2	45
VI.	90	0	90	0	90	0	90	0	90	0	90	0	VI.

Des angles faits par la Méridienne & les lignes horaires aux Cadrans horiſontaux.

HEURES du matin.	LATITUDES *ou* HAUTEURS DU POLE.						HEURES du ſoir.
	D. M.	D. M	D. M.	D. M	D. M	D. M	
	49 10	49 20	49 30	49 40	49 50	50 0	
	D. M.	D. M	D. M.	D. M.	D. M	D. M	
45	2 50	2 51	2 51	2 52	2 52	2 52	15
30	5 41	5 42	5 43	5 44	5 45	5 45	30
15	8 34	8 35	8 36	8 37	8 39	8 40	45
XI.	11 28	11 29	11 31	11 33	11 34	11 36	I.
45	14 24	14 26	14 29	14 31	14 33	14 35	15
30	17 24	17 27	17 29	17 31	17 34	17 37	30
15	20 28	20 31	20 34	20 36	30 39	20 42	45
X.	23 36	23 39	23 42	23 45	23 48	23 52	II.
45	26 49	26 53	26 56	27 0	27 3	27 6	15
30	30 8	30 12	30 16	30 20	30 23	30 26	30
15	33 34	33 38	33 42	33 46	33 50	33 54	45
IX.	37 7	37 11	37 15	37 19	37 23	37 27	III.
45	40 47	40 51	40 56	41 0	41 4	41 8	15
30	44 36	44 40	44 45	44 49	44 53	44 57	30
15	48 33	48 38	48 42	48 46	48 50	48 55	45
VIII.	52 39	52 43	52 48	52 52	52 56	53 0	IV.
45	56 54	56 58	57 2	57 6	57 10	57 14	15
30	61 18	61 22	61 25	61 29	61 33	61 36	30
15	65 50	65 53	65 57	66 0	66 3	66 6	45
VII.	70 30	70 33	70 35	70 38	70 41	70 43	V.
45	75 16	75 18	75 21	75 23	75 25	75 27	15
30	80 8	80 9	80 11	80 12	80 14	80 15	30
15	85 3	85 4	85 5	85 5	85 6	85 7	45
VI.	90 0	90 0	90 0	90 0	90 0	90 0	VI.

Des angles faits par la Méridienne & les lignes horaires des Cadrans horisontaux.

HEURES du matin.	LATITUDES *ou* HAUTEURS DU POLE.												HEURES du soir.
	D.	M.	D.	M.	D	M	D.	M.	D.	M.	D.	M.	
	50	10	50	20	50	30	50	40	50	50	51	0	
	D.	M.	D.	M.	D.	M.	D.	M.	D.	M.	D.	M.	
45	2	53	2	53	2	54	2	54	2	55	2	55	15
30	5	46	5	47	5	48	5	49	5	50	5	50	30
15	8	41	8	42	8	44	8	45	8	46	8	47	45
XI.	11	38	11	39	11	41	11	43	11	44	11	46	I.
45	14	37	14	39	14	41	14	43	14	45	14	47	15
30	17	39	17	41	17	43	17	46	17	48	17	51	30
15	20	45	20	47	20	50	20	53	20	55	20	58	45
X.	23	55	23	58	24	1	24	4	24	7	24	10	II.
45	27	10	27	13	27	16	27	20	27	23	27	26	15
30	30	31	30	34	30	38	30	41	30	45	30	48	30
15	33	58	34	1	34	5	34	9	34	13	34	17	45
IX.	37	31	37	35	37	39	37	43	37	47	37	51	III.
45	41	12	41	17	41	21	41	25	41	29	41	33	15
30	45	1	45	6	45	10	45	14	45	18	45	22	30
15	48	58	49	3	49	7	49	11	49	15	49	19	45
VIII.	53	4	53	8	53	12	53	16	53	20	53	23	IV.
45	57	18	57	21	57	25	57	29	57	33	57	36	15
30	61	40	61	43	61	46	61	50	61	53	61	56	30
15	66	9	66	12	66	15	66	18	66	21	66	24	45
VII.	70	46	70	49	70	51	70	54	70	56	70	59	V.
45	75	29	75	31	75	33	75	35	75	37	75	39	15
30	80	16	80	18	80	19	80	21	80	22	80	23	30
15	85	7	85	8	85	9	85	10	85	10	85	11	45
VI.	90	0	90	0	90	0	90	0	90	0	90	0	VI.

Des angles faits par la Méridienne & les lignes horaires aux Cadrans horisontaux.

HEURES du matin.	LATITUDES ou HAUTEURS DU POLE.												HEURES du soir.
	D.	M.	D	M.	D.	M	D.	M.	D.	M	D.	M	
	51	10	51	20	51	30	51	40	51	50	52	0	
	D	M.	D.	M.	D.	M.	D.	M.	D.	M.	D.	M.	
45	2	55	2	56	2	56	2	57	2	57	2	57	15
30	5	51	5	52	5	53	5	54	5	55	5	55	30
15	8	48	8	50	8	51	8	52	8	53	8	54	45
XI.	11	47	11	49	11	51	11	52	11	54	11	56	I.
45	14	49	14	51	14	53	14	55	14	57	14	59	15
30	17	53	17	55	17	58	18	0	18	2	18	5	30
15	21	1	21	4	21	7	21	9	21	12	21	15	45
X.	24	13	24	16	24	19	24	22	24	25	24	28	II.
45	27	30	27	33	27	36	27	40	27	43	27	46	15
30	30	52	30	56	31	0	31	3	31	6	31	10	30
15	34	20	34	24	34	28	34	32	34	35	34	39	45
IX.	37	55	37	59	38	3	38	7	38	11	38	14	III.
45	41	37	41	41	41	45	41	49	41	53	41	56	15
30	45	26	45	30	45	34	45	38	45	42	45	46	30
15	49	23	49	27	49	31	49	35	49	39	49	42	45
VIII.	53	27	53	31	53	35	53	39	53	43	53	46	IV.
45	57	40	57	44	57	48	57	51	57	54	57	58	15
30	62	0	62	3	62	6	62	10	62	13	62	16	30
15	66	27	66	30	66	33	66	36	66	39	66	42	45
VII.	71	1	71	4	71	7	71	9	71	11	71	13	V.
45	75	41	75	43	75	45	75	46	75	48	75	50	15
30	80	25	80	26	80	27	80	28	80	30	80	31	30
15	85	12	85	12	85	13	85	14	85	14	85	15	45
VI.	90	0	90	0	90	0	90	0	90	0	90	0	VI.

Des angles faits par la Méridienne & les lignes horaires aux Cadrans horisontaux.

HEURES du matin.	LATITUDES ou HAUTEURS DU POLE.						HEURES du soir.
	D. M.	D. M.	D. M	D. M	D. M.	D. M.	
	52 10	52 20	52 30	52 40	52 50	53 0	
	D. M.	D. M.	D. M.	D. M	D. M.	D. M.	
45	2 58	2 58	2 59	2 59	2 59	3 0	15
30	5 56	5 57	5 57	5 59	5 59	6 0	30
15	8 56	8 57	8 58	8 59	9 0	9 1	45
XI.	11 57	11 59	12 0	12 2	12 3	12 5	I.
45	15 1	15 2	15 4	15 6	15 8	15 10	15
30	18 7	18 9	18 11	18 14	18 16	18 18	30
15	21 17	21 19	21 22	21 25	21 27	21 30	45
X.	24 31	24 34	24 37	24 40	24 42	24 45	II.
45	27 49	27 53	27 56	27 59	28 2	28 5	15
30	31 13	31 17	31 20	31 23	31 27	31 30	30
15	34 43	34 46	34 50	34 53	34 57	35 0	45
IX.	38 18	38 22	38 26	38 29	38 33	38 37	III.
45	42 0	42 4	42 8	42 12	42 16	42 19	15
30	45 50	45 54	45 58	46 1	46 5	46 9	30
15	49 46	49 50	49 54	49 58	50 1	50 5	45
VIII.	53 50	53 54	53 57	54 0	54 5	54 8	IV.
45	58 1	58 5	58 8	58 12	58 15	58 18	15
30	62 20	62 23	62 26	62 29	62 32	62 35	30
15	66 45	66 47	66 50	66 53	66 56	66 58	45
VII.	71 16	71 18	71 20	71 23	71 25	71 27	V.
45	75 52	75 54	75 56	75 57	75 59	76 1	15
30	80 32	80 34	80 35	80 36	80 37	80 39	30
15	85 15	85 16	85 17	85 17	85 18	85 19	45
VI.	90 0	90 0	90 0	90 0	90 0	90 0	VI.

Table de l'Equation du temps, calculée pour chaque degré de l'Ecliptique, pour l'année 1785.

DEGRÉS de l'Ecliptique.	0 signe. ♈		1 signe ♉		2 signe. ♊		3 signe ♋		4 signe. ♌		5 signe. ♍		DEGRÉS de l'Ecliptique.
	M.	S.	M.	S.	M.	S.	M	S.	M.	S	M.	S	
	Addit.		Soustr.		Soustr.		Addit		Addit.		Addit		
0	7'	37"	1'	14"	3'	57"	1'	13"	6'	5"	2'	30"	0
1	7	19	1	27	3	53	1	27	6	7	2	14	1
2	7	0	1	41	3	49	1	40	6	8	1	57	2
3	6	41	1	53	3	44	1	53	6	9	1	40	3
4	6	22	2	5	3	38	2	8	6	9	1	23	4
5	6	3	2	17	3	32	2	21	6	9	1	5	5
6	5	43	2	28	3	25	2	35	6	8	0	47	6
7	5	24	2	38	3	18	2	48	6	6	0	Soustr. 28	7
8	5	5	2	48	3	9	3	1	6	4	0	9	8
9	4	46	2	58	3	1	3	13	6	0	0	10	9
10	4	27	3	7	2	52	3	26	5	57	0	30	10
11	4	8	3	15	2	43	3	38	5	52	0	50	11
12	3	49	3	23	2	33	3	50	5	47	1	10	12
13	3	30	3	30	2	23	4	1	5	41	1	30	13
14	3	11	3	37	2	13	4	12	5	35	1	51	14
15	2	53	3	43	2	2	4	23	5	28	2	12	15
16	2	34	3	48	1	50	4	33	5	20	2	33	16
17	2	16	3	53	1	39	4	43	5	12	2	54	17
18	1	58	3	57	1	27	4	53	5	3	3	15	18
19	1	40	4	0	1	14	5	2	4	53	3	36	19
20	1	23	4	3	1	2	5	10	4	43	3	58	20
21	1	6	4	5	0	49	5	18	4	32	4	20	21
22	0	49	4	7	0	36	5	26	4	21	4	41	22
23	0	32	4	8	0	23	5	32	4	9	5	3	23
24	0	16	4	8	0	9	5	39	3	56	5	25	24
25	0	Soustr. 0	4	8	0	Addit. 4	5	45	3	43	5	47	25
26	0	16	4	7	0	18	5	50	3	30	6	8	26
27	0	31	4	5	0	32	5	55	3	15	6	30	27
28	0	46	4	3	0	45	5	59	3	1	6	51	28
29	1	0	4	0	0	59	6	2	2	45	7	13	29
30	1	14	3	57	1	13	6	5	2	30	7	34	30

Suite de la Table de l'Equation du temps, calculée pour chaque degré de l'Ecliptique, pour l'anné 1785.

DEGRÉS de l'Ecliptique.	6 ſigne. ♎ M. S. Souſtr.	7 ſigne. ♏ M. S. Souſtr.	8 ſigne. ♐ M. S. Souſtr.	9 ſigne. ♑ M. S. Souſtr.	10 ſign. ♒ M. S. Addit.	11 ſign. ♓ M. S. Addit.	DEGRÉS de l'Ecliptique.
0	7' 34''	15' 38''	13' 42''	1' 16''	11' 32''	14' 25''	0
1	7 55	15 46	13 26	0 46 Addit.	11 49	14 19	1
2	8 17	15 53	13 8	0 16	12 5	14 12	2
3	8 37	15 59	12 50	0 13	12 21	14 5	3
4	8 58	16 4	12 32	0 43	12 36	13 57	4
5	9 19	16 9	12 12	1 14	12 50	13 48	5
6	9 39	16 13	11 52	1 42	13 3	13 39	6
7	9 59	16 16	11 31	2 11	13 16	13 29	7
8	10 19	16 19	11 9	2 40	13 27	13 19	8
9	10 38	16 20	10 47	3 9	13 38	13 8	9
10	10 57	16 21	10 24	3 38	13 49	12 56	10
11	11 16	16 21	10 1	4 6	13 58	12 44	11
12	11 34	16 20	9 37	4 33	14 6	12 32	12
13	11 52	16 18	9 13	5 1	14 14	12 18	13
14	12 9	16 16	8 47	5 28	14 21	12 5	14
15	12 26	16 13	8 22	5 55	14 27	11 51	15
16	12 43	16 9	7 56	6 21	14 33	11 36	16
17	12 59	16 4	7 29	6 47	14 37	11 21	17
18	13 15	15 58	7 3	7 13	14 41	11 6	18
19	13 30	15 51	6 35	7 38	14 44	10 50	19
20	13 45	15 43	6 7	8 2	14 46	10 34	20
21	13 59	15 35	5 39	8 26	14 46	10 18	21
22	14 12	15 26	5 11	8 49	14 47	10 0	22
23	14 25	15 16	4 42	9 12	14 47	9 44	23
24	14 38	15 5	4 13	9 34	14 46	9 26	24
25	14 49	14 53	3 44	9 55	14 45	9 9	25
26	15 1	14 40	3 15	10 16	14 42	8 51	26
27	15 11	14 27	2 45	10 36	14 39	8 33	27
28	15 21	14 12	2 16	10 56	14 35	8 15	28
29	15 30	13 58	1 46	11 14	14 30	7 56	29
30	15 38	13 42	1 16	11 32	14 25	7 37	30

TABLE ALPHABÉTIQUE

DES MATIERES ET DES TERMÈS CONTENUS DANS CE TRAITÉ.

Le premier nombre indique l'article, & le second indique la page. Par exemple, 26. 17 *signifie* article 26, page 17. *Lorsqu'on trouvera un trait — après le premier nombre, & après ce trait deux autres nombres séparés par un point, comme ceci* 20—25. 18, *cela signifie* article 20 & suivans jusqu'au 25 inclusivement, pag. 18.

A.

Axe

puisse atteindre en tout temps l'extrêmité supérieure des lignes horaires les plus courtes ou les plus éloignées du centre du Cadran, aux environs de la soustylaire, si le plan est déclinant, ou de la ligne de midi, si le plan ne décline point : nous en donnerons ici la méthode.

Supposons que CO, pl. 8, fig. 44, soit la soustylaire ou la ligne de midi (320 — 321) l'on veut que l'ombre du bout L de l'axe CL atteigne le point B, (que nous supposons être l'extrêmité supérieure des lignes horaires les plus courtes) lorsque le Soleil est au solstice d'hiver, temps auquel il donne l'ombre la plus courte sur le Cadran vertical, on fera donc l'analogie suivante :

Le sinus de 66° 32', complément de la plus grande déclinaison du Soleil, 23° 28',
est au sinus d'un arc composé de cette plus grande déclinaison & de la latitude du lieu :
comme la distance BC *du centre* C *du Cadran au point* B,
est à la longueur de l'axe CL.

En supposant BC de 576 lignes, CL seroit de 250 lignes à 0° de latitude sous l'équateur ; de 505 au 30e degré de latitude ; de 576 au 43° 4' ; de 598 au 48° 51' ; de 628 au 66° 32' ; de 610 au 80e ; de 576 au 89° 59'. En sorte que la longueur CL croît depuis 0° de latitude, jusqu'au 66° 32', complément de la plus grande déclinaison du Soleil ; ensuite elle décroît. Elle est égale à BC au 43° 4', complément de 46° 56' double de la plus grande déclinaison 23° 28' ; ce qui est bien différent de l'axe du Cadran horisontal.

Si on vouloit proportionner les lignes horaires à la longueur de l'axe AX, pl. 17, fig. 50, d'un Cadran vertical sans centre, & faire en sorte qu'elles fussent assez longues pour que l'ombre de cet axe ne montât pas plus haut, & ne descendît pas plus bas que ces lignes, il faudroit marquer sur chaque ligne horaire les points du 30e degré du Sagittaire ♐, 492 — 496. Par rapport à l'extrêmité supérieure A de l'axe AX, & les points du 30e degré des Gemeaux ♊, par rapport à son extrêmité inférieure X, tracer les paralleles de ces deux signes, qui seront aussi les commencemens du Capricorne ♑ & du Cancer ♋, & terminer les lignes horaires de part & d'autre à chacun de ces paralleles.

B.

C.

D.

E.

H.

Quoique nous ayons tâché de donner les moyens de la connoître par la Table des *longitudes & des latitudes des principales Villes de l'Europe*, & par la Carte de la France que nous avons fait graver pour cela ; cependant il peut ſe trouver des occaſions où il ſera utile de la ſavoir trouver ſoi-même ; en voici la méthode la plus ſimple.

Suſpendez à un fil un plomb pointu qui tombe ſur le bout d'un plan bien horiſontal ; car le parfait niveau eſt eſſentiel. On mettra à ce fil une perle ou un petit grain de chapelet qui puiſſe couler le long du fil. Le plan horiſontal peut n'être autre choſe qu'une planche de bois bien dreſſée, nivellée avec ſoin, & poſée par terre. Le plomb étant bien arrêté, & le fil auſſi, on marquera le point du plan où le plomb touchera. Ce ſera une eſpece de pied du ſtyle.

A l'inſtant de midi on marquera un autre point ſur le plan au milieu de l'ombre de la perle, laquelle à cet effet, on hauſſera ou baiſſera, juſqu'à ce que ſon ombre donne auſſi loin qu'il ſe pourra du pied du ſtyle, ſelon la longueur de la planche. On meſurera avec une échelle de parties égales, la diſtance du point d'ombre au pied du ſtyle. On meſurera également la hauteur de la perle juſqu'au pied du ſtyle ; enſuite on fera l'analogie ſuivante, pour trouver la hauteur du Soleil :

La diſtance du point d'ombre au pied du ſtyle
eſt à la hauteur de la perle,
comme le rayon
eſt à la tangente de la hauteur du Soleil,

I.

L.

N.

— Son usage pour tirer la ligne horisontale. 233. 117

Nombre naturel. 141. 57

Nord, ou autrement dit le Septentrion, c'est un des quatre points cardinaux du monde, opposé au Midi ou Sud.

Notion, c'est une idée ou connoissance d'une chose ; ainsi l'on dit, notions de la Sphere, pour dire une idée de la Sphere.

O.

OBLIQUITÉ de l'écliptique, c'est l'angle que fait l'écliptique avec l'équateur. 51. 16

Obtus (angle), c'est-à-dire, qui est plus ouvert qu'un angle droit ou de 90 degrés.

Occase (amplitude), *voy.* Amplitude.

Occident, ou le couchant, ou l'ouest, est la même chose : c'est le point de l'horison où le Soleil se couche. Il y a l'occident vrai qui est un des quatre points cardinaux du Monde, 49. 15

Occidental, c'est-à-dire, tourné vers l'occident. Cadran occidental, *voy.* Cadran occidental.

Orient, ou le levant, point de l'horison où le Soleil se leve. Il y a l'orient vrai, qui est un des quatre points cardinaux du monde, *voy.* Occident.

Oriental, c'est-à-dire, tourné vers l'orient, *voyez* Cadran oriental.

Orienter un Cadran horisontal, 200 — 201. 104

Ortive (amplitude), *voy.* Amplitude.

Ortographique (projection), c'est, en parlant de la Sphere, la représentation de ses cercles sur un plan droit.

Ouest, ou occident, c'est la même chose, *voy.* Occident.

Ourse (grande) & petite Ourse, constellation dont on peut se servir pour tracer une Méridienne, *voy.* Méridienne.

P.

PARALLELE, ce que c'est. 3. 2

Paralleles des signes du Zodiaque, ce sont des lignes, ou droites, ou courbes, qu'on trace sur les Cadrans solaires, & qui représentent la trace du Soleil lorsqu'il parcourt les Signes ou leurs cercles qui sont paralleles à l'équateur, *voyez* Points des signes.

Parallelogramme, signifie ce qu'on appelle vulgairement quarré long.

Parquet, assemblage de Menuiserie que l'on pose à terre dans les appartemens pour y servir de pavé. Comme un parquet est

Q.

R.

S.

T.

V.

Z.

TABLE DES PLANCHES.

On indique dans cette Table les numéros ou articles où les différentes Figures sont expliquées.

Fin de la Table des Planches.

EXTRAIT des Regiſtres de l'Académie Royale des Sciences.

Du 27 Avril 1774.

Nous avons examiné par ordre de l'Académie, un Ouvrage de Dom Bedos, Religieux Bénédictin, & Correſpondant de l'Académie, intitulé : *la Gnomonique*, &c, ſeconde édition. Nous allons rendre compte à l'Académie de cet Ouvrage, & en donner une idée générale en en parcourant les différens Chapitres.

L'Auteur a augmenté ſon Ouvrage d'environ 100 pages, & il y a fait tant de corrections & de changemens, qu'on peut dire que c'eſt tout un autre Ouvrage ; en voici le titre : *La Gnomonique pratique, ou l'art de tracer les Cadrans ſolaires avec la plus grande préciſion, par les méthodes qui y ſont les plus propres & les plus ſoigneuſement choiſies en faveur principalement de ceux qui ſont peu ou point verſés dans les Mathématiques.*

Le but de l'Auteur, comme il le dit dans ſa Préface, & comme le titre l'exprime, eſt de donner à ceux qui ne ſont pas Mathématiciens, le moyen de tracer des Cadrans ſolaires avec autant de juſteſſe & de préciſion, que les Mathématiciens les plus éclairés & les plus profonds peuvent le faire. A cet effet, il a choiſi parmi les meilleures méthodes celles qu'il a pu trouver les plus ſimples & le plus à la portée de ceux qu'il a en vue. Il commence par les inſtruire des premiers élémens qu'il faut néceſſairement connoître, c'eſt ce qu'il fait dans les trois Chapitres qui ſervent d'introduction à tout l'Ouvrage.

Dans le premier, il donne des notions préliminaires, il fait connoître la ſignification d'un nombre de termes généraux ; il enſeigne les principales opérations qu'on eſt ſouvent obligé de faire ſur les lignes, il donne les notions les plus essentielles de la Sphere, & il explique les termes particuliers aux Cadrans.

Dans le second Chapitre il enseigne à construire les instrumens nécessaires pour faire les Cadrans ; il entre dans un détail suffisant : il fait connoître la façon de travailler le cuivre, de le souder en soudure forte, dont il donne la composition ; à le polir ; en un mot, il enseigne à faire ces instrumens avec la plus grande propreté : il donne toute son attention à expliquer particuliérement la construction du principal de ces instrumens, qui est le compas à verge de M. Deparcieux.

Dans le Chapitre troisieme, il donne une explication assez ample & suffisante pour faire entendre tous les calculs dont on doit se servir. Il fait connoître les Tables de Sinus, Tangentes, &c ; il enseigne à se servir des Logarithmes, & à faire & connoître les angles au moyen d'une échelle de dîme & de cordes.

Dans le Chapitre quatrieme, il entre en matiere. Il donne la construction du Cadran horisontal, soit graphiquement, soit par le calcul. Il enseigne à faire & à bien poser l'axe, & à orienter le Cadran.

Le cinquieme Chapitre est tout employé à décrire les Cadrans qu'on appelle réguliers : les verticaux méridionaux & septentrionaux non déclinans : les orientaux & les occidentaux, & enfin l'équinoxial & le polaire.

Le Chapitre sixieme est le plus étendu ; il s'y agit des verticaux déclinans. Il commence par enseigner à bien préparer le plan : il donne ensuite les meilleurs moyens d'en trouver la déclinaison avec la plus grande précision, selon les méthodes de feu M. Deparcieux & de M. Rivard, dont il donne l'intelligence par la maniere de les expliquer. Il enseigne à tracer ces Cadrans, d'abord graphiquement, & ensuite par le calcul. Il donne la méthode de découvrir quelles sont les premieres & dernieres heures qu'il y faut marquer ; & enfin il détaille la maniere de poser l'axe avec toutes les précautions & les soins que cette principale opération demande.

Dans le Chapitre ſeptieme, il traite des Cadrans verticaux qui n'ont pas le centre dans le plan. Il enſeigne à en trouver les angles horaires par le calcul, quelqu'éloigné que ſoit le centre ; il donne enfin les moyens de poſer l'axe avec beaucoup de préciſion.

Dans le Chapitre huitieme, il traite des Cadrans inclinés de toute eſpece, ſoit déclinans, ſoit non déclinans. Il enſeigne à faire tous les calculs convenables à ces ſortes de Cadrans.

Le Chapitre neuvieme eſt tout pour les Méridiennes. Il donne pluſieurs bonnes méthodes de les tracer. Il explique aſſez au long tout ce qui regarde la grande Méridienne horiſontale ; il donne quatre méthodes de la tracer. Il traite de la Méridienne verticale ; il donne deux méthodes de la tracer. Il enſeigne à joindre quelques lignes horaires aux Méridiennes ; & enfin à tracer celle du temps moyen qu'il explique fort en détail.

Il s'agit dans le Chapitre dixieme des Cadrans portatifs. Il en donne de pluſieurs eſpéces. Il décrit l'Equinoxial à bouſſole ; celui de M. de la Hire, qui marque l'heure par la hauteur du Soleil, dont il enſeigne tout le calcul : il décrit le Cylindre portatif ; le Cadran analemmatique. Il enſeigne à tracer l'Analemme graphiquement & par le calcul. Il décrit l'Anneau aſtronomique de Monſeigneur le Cardinal de Luynes ; & enfin un autre Cadran portatif équinoxial ſans bouſſole, dont la compoſition eſt d'une nouvelle invention de Dom Monniotte ſon Confrere.

L'Auteur donne la maniere de graver à l'eau-forte un Cadran portatif : il enſeigne à faire le Vernis des Graveurs, & toutes les opérations convenables à ce ſujet.

Le Chapitre onzieme contient des obſervations pour régler les Horloges. Il donne à cet effet les quatre Tables du temps moyen au midi vrai : il y donne pluſieurs méthodes de régler les Montres, les Pendules, &c, au moyen des Etoiles, & principalement du Soleil.

Dans le Chapitre douzieme il enſeigne les principaux uſages du Compas de proportion concernant la Gnomonique.

Le treizieme & dernier Chapitre contient un nombre considérable de Devises ou courtes Sentences que beaucoup de personnes sont dans le goût de mettre aux Cadrans solaires.

L'on voit ensuite une Addition, où l'Auteur donne la recette & le procédé du Vernis Anglois, propre au cuivre poli, pour appliquer sur les Cadrans portatifs, & sur les instrumens à tracer les Cadrans solaires.

Viennent ensuite les explications des Tables qu'il donne à la fin de l'Ouvrage. Ce sont, la Table de la différence des Méridiens entre l'Observatoire Royal de Paris & les principaux lieux de la terre, &c; une Table de Cordes; des Réfractions; du rapport des degrés au temps; des premieres & dernieres heures. Les deux Tables de l'équation générale, pour servir de correction à la Méridienne, tracée par des hauteurs correspondantes, &c; les quatre Tables de la Déclinaison du Soleil à midi: celle de la Déclinaison du Soleil à chaque degré de l'écliptique; dix Tables des hauteurs du Soleil à toutes les heures du jour pour différentes latitudes. Un nombre de Tables pour le Cadran horisontal, calculées de 10 en 10 minutes de degré pour chaque quart-d'heure, sous différentes latitudes. Une Table de l'Equation du temps à chaque degré de l'écliptique. Le tout est terminé par une Table des Matieres bien détaillée.

Il y a 38 Planches gravées avec élégance & beaucoup de propreté : enfin, une Carte de la France faite par M. Bonne, & gravée par Lattré. C'est la plus détaillée qu'on ait encore fait pour sa grandeur. On y a fait dans cette nouvelle édition un grand nombre de corrections, & toute la gravure a été retouchée, aussi-bien que celle de toutes les autres Planches, dont plusieurs ont été changées. Il y en a quatre d'augmentation.

Nous avons cru cet Ouvrage digne de l'impression, & très-utile à la perfection des Arts, auxquels Dom Bedos contribue depuis si long-temps de la maniere la plus étendue & la plus variée, ainsi que les suffrages de l'Académie & du Public l'ont témoigné plusieurs fois de la maniere la plus authentique. A Paris, le 27 Avril 1774. *Signé*, LE MONNIER. PINGRÉ.

Je certifie l'extrait ci-dessus conforme à son original, & au jugement de l'Académie. A Paris, le 19 Mai 1774.

GRANDJEAN DE FOUCHY,
Secrétaire perpétuel de l'Académie Royale des Sciences.

Achevé d'imprimer pour la seconde fois, le 20 Juin 1774.

De l'Imprimerie de CHARDON, rue Galande. 1774.

CORRECTIONS ET ADDITIONS

A faire au présent Traité avant de le lire.

PAGE 8, *ligne* 9, entier, quoique *lisez* entier. Quoique
Pag. 13, *lig.* 28, ses *lis.* ces
Pag. 68, *après la derniere ligne*, *ajoutez*: Voyez-en un ou deux exemples, page 261.
Pag. 95, *lig.* 18, *dans la seconde colonne des chiffres*, 67 36 *lis.* 67 30
Pag. 103, *lig.* 29, *après* consolider, *ajoutez*: ce que l'on fera au moyen d'une espéce de ciseau de fer très-mousse, sur lequel on frappera étant appliqué sur le plomb;
Pag. 123, *en marge*, *Fig.* 24, *lis.* *Fig.* 84.
Pag. 130, *lig.* 31, côté DL *lis.* côté DI
Pag. 156, *lig.* 13, de M vers E; *lis.* de B vers N;
Ibid. *lig.* 15, de B vers N. *lis.* de N vers E.
Ibid. *lig.* 18, BME, *lis.* MBN,
Ibid. *lig.* 21, BN, *lis.* ME,
Pag. 157, *lig.* 22, *après* pl. 14. *ajoutez*: pour la déclinaison du plan du midi à l'orient seulement, car le présent calcul des angles horaires n'y est point relatif.
Pag. 198, *lig.* 36, 57. *lis.* 47.
Pag. 207, *lig.* 3, l'antre *lis.* l'angle
Pag. 251, *lig.* 8, 233. *lis.* 433.
Pag. 256, *lig.* 25, la salle. *lis.* de la salle.
Pag. 347, *lig.* 22, coulant *lis.* coulent
Pag. 367, *lig.* 23, Novembre *ajoutez* 1777
Pag. 398, *lig.* 10, Quævis *lis.* Quæris
Pag. 403, *lig.* 5, poil gris, *lis.* poil de Gris (*espéce d'Ecureuil*).
Pag. 413, *lig.* 29, de midi *lis.* du midi
Pag. 491, *lig.* 26, du dessus & du dessous *lis.* du dessus ou du dessous

Pl. 1.

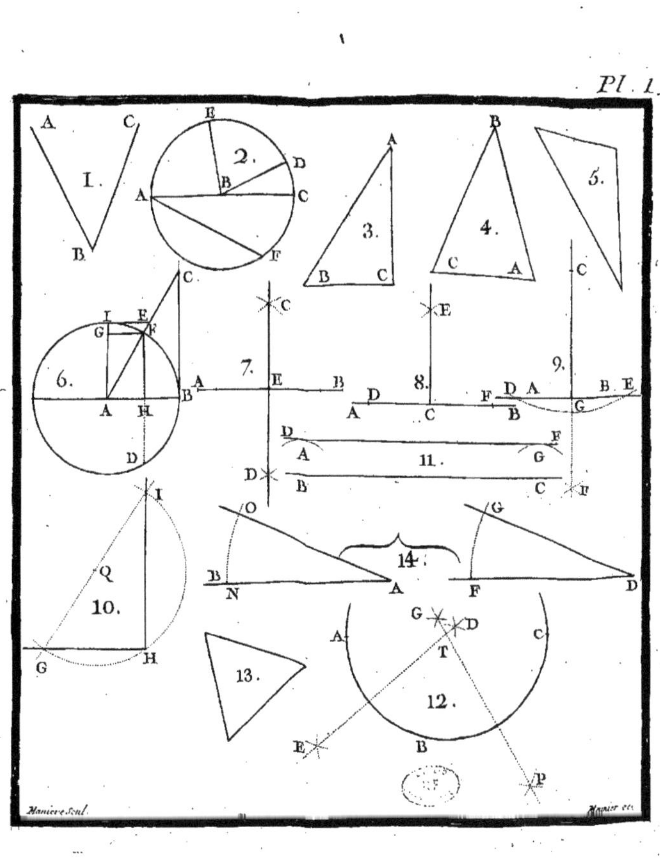

Pl. 2.

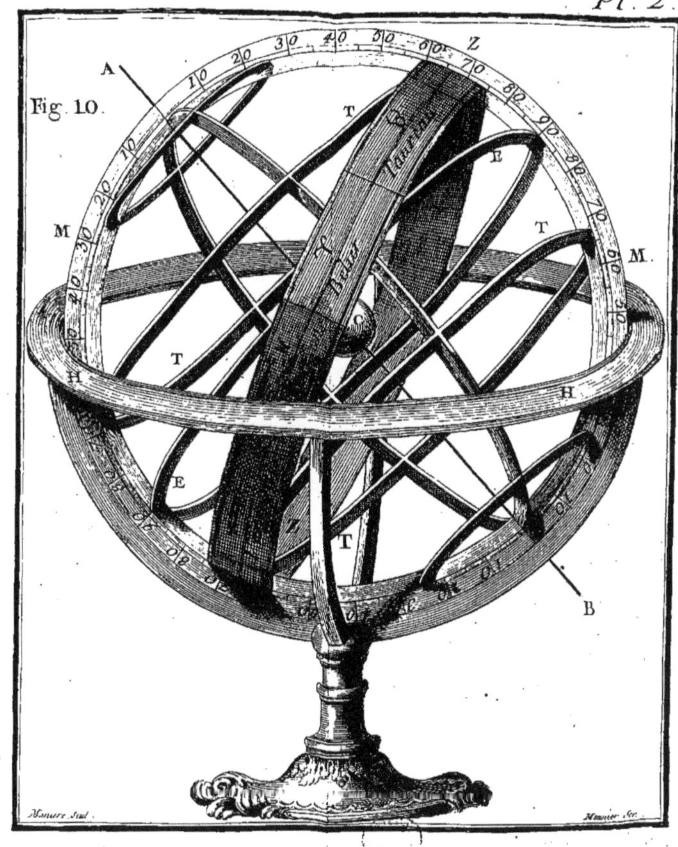

Pl. 3.

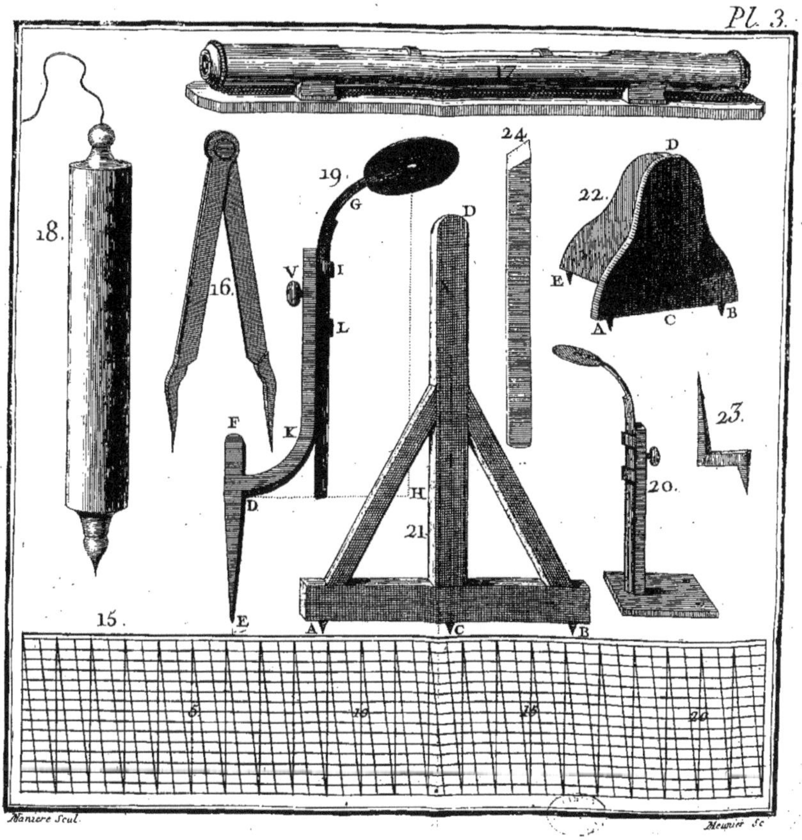

18. 17. 16. 19. 24 22. 21 20. 23. 15.

Manzere Scul. Meunier Sc

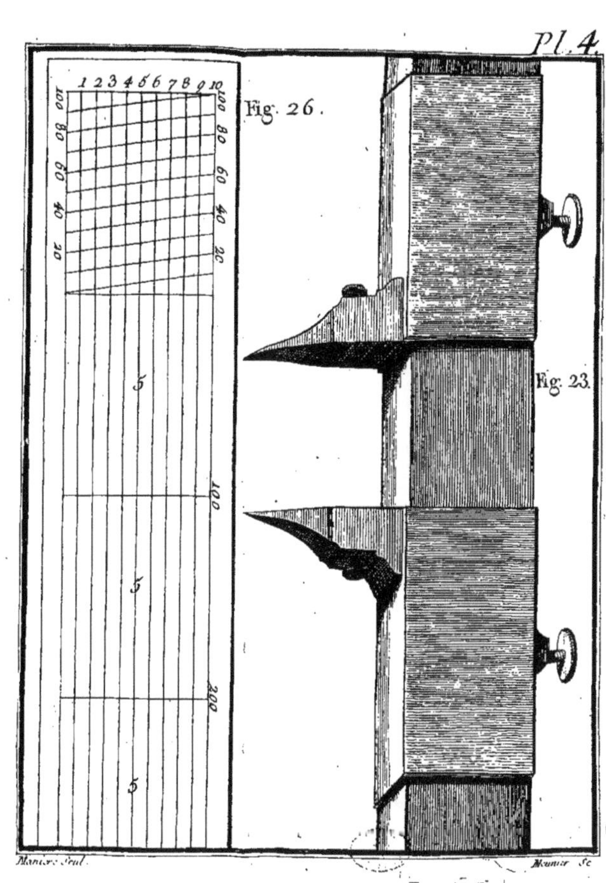
Pl. 4.
Fig. 26.
1 2 3 4 5 6 7 8 9 10
100 80 60 40 20
100 80 60 40 20
5
100
5
200
5
Fig. 23.

Fig. 25.

Fig. 24.

Fig. 24.

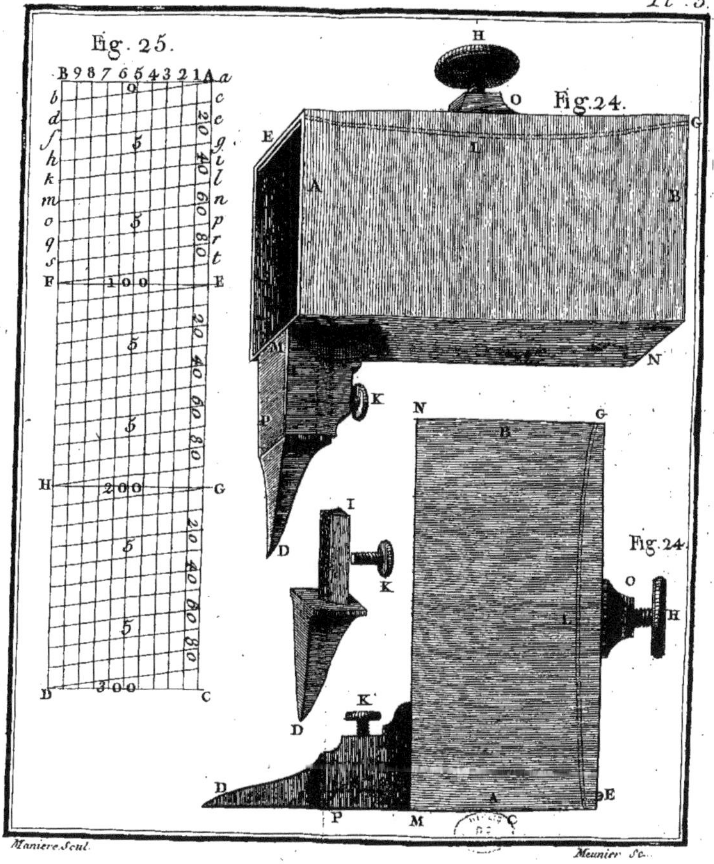

Maniere Sculp.

Meunier Sc.

Pl. 6.

CADRAN, Horisontal. Latitude 46 Degrés. 15.m.
Fig. 27.
VIII
IIII
VII
V
VI
VI
V
VII
IIII
VIII
III
II
I
XII
XI
X
IX
X A E
C
D
O
Q
S
G
L
4
3
2
T
1
M
H
11
10
9
F
8
K
R
V
Z
B
P

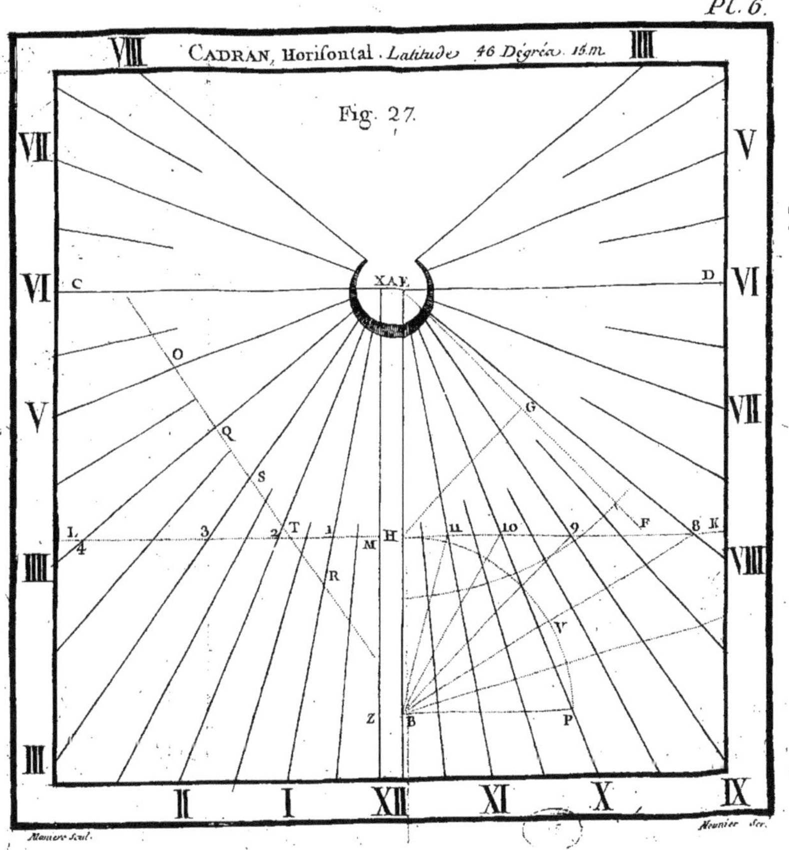

Fig. 28.
VIII
VII
VI
V
IIII
III
II
I
XII
XI
X
IX
D
I C
E
L F
B
De la Gardette Sculp.
A
BCDEG
1414
2000

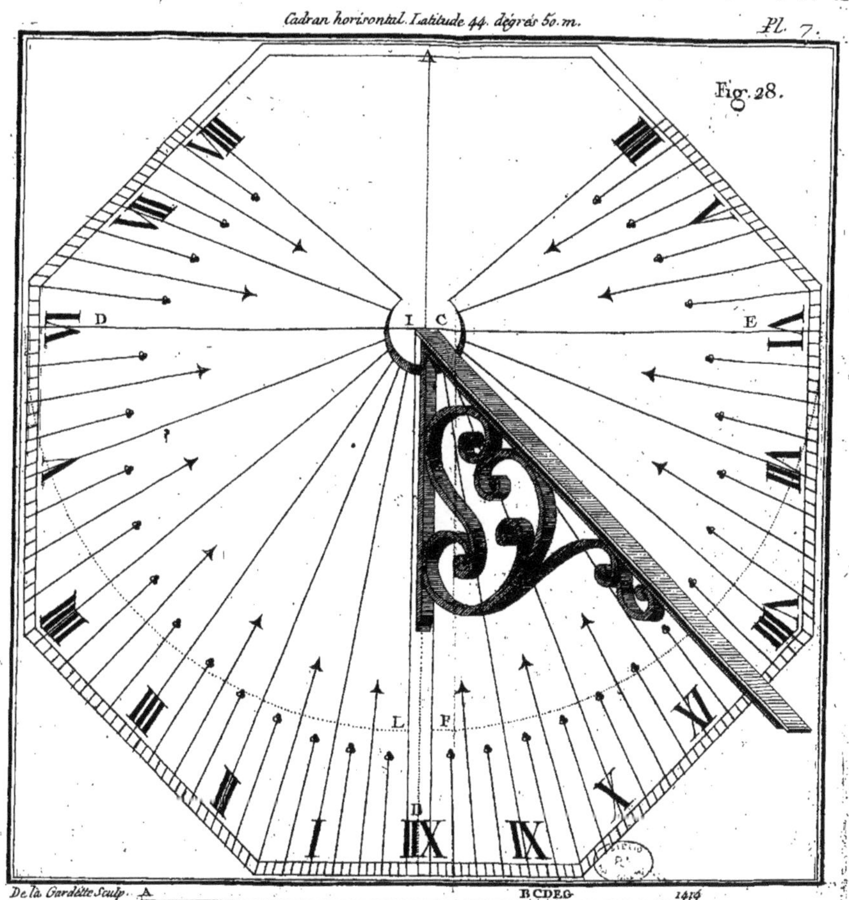

Fig. 29.

Pl. 8.

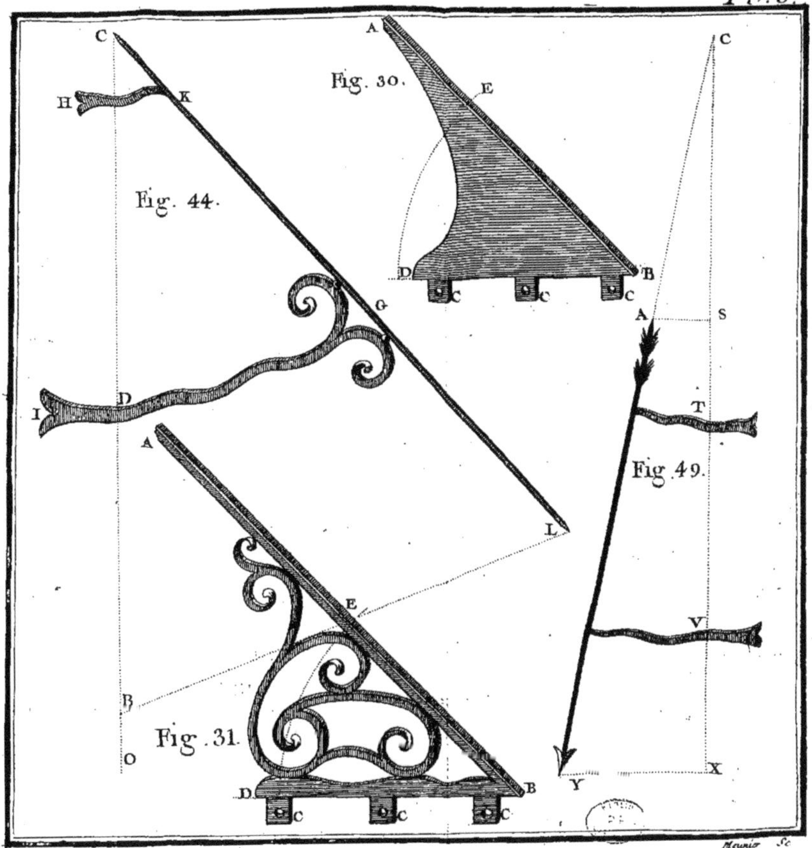

Fig. 30.

Fig. 44.

Fig. 49.

Fig. 31.

Nauerre Sculp. Meunier Sc.

Pl. 9.

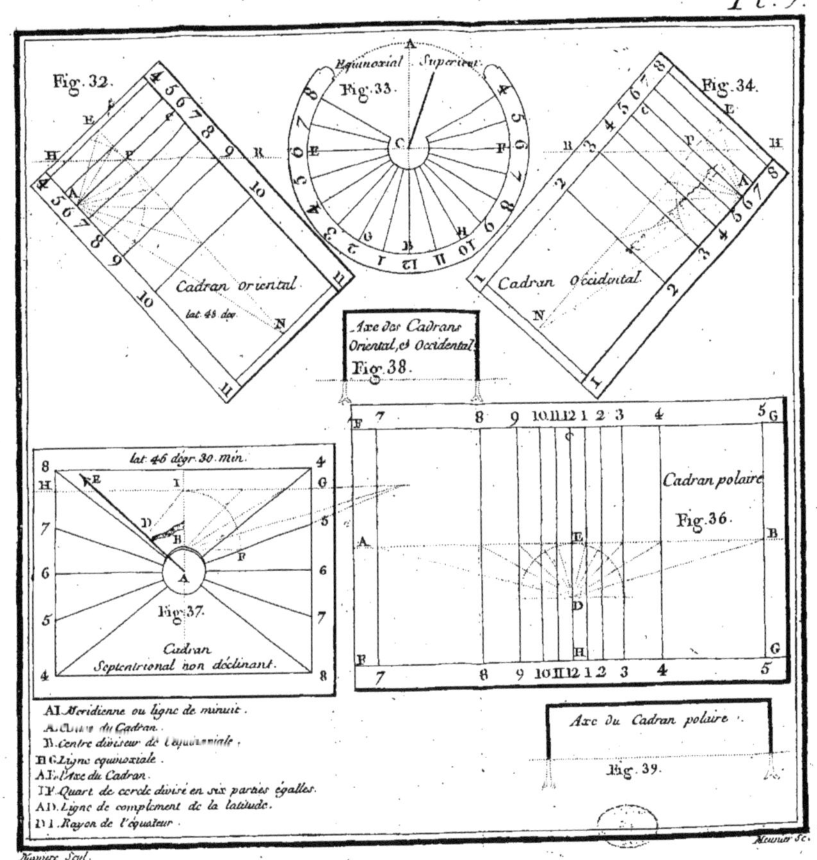

Maniere Sculp.

Mniere Scul.

Meunier Sc

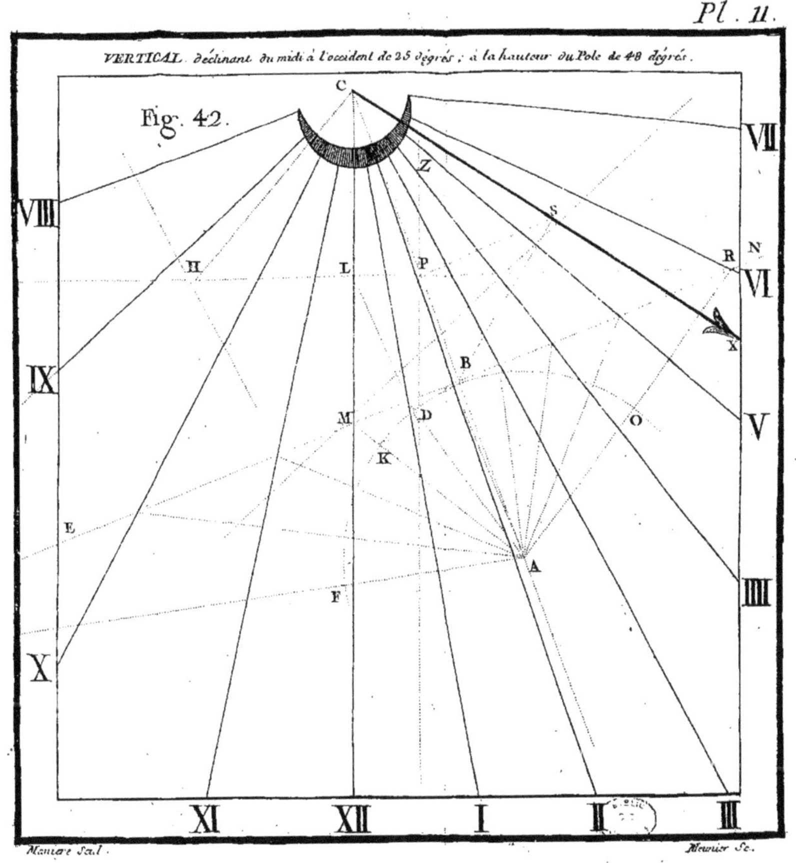
VERTICAL. déclinant du midi à l'occident de 25 dégrés ; à la hauteur du Pole de 48 dégrés.
Fig. 42.
C
Z
S
R
N
X
H
L
P
B
M
D
K
O
E
A
F
VII
VIII
VI
IX
V
IIII
X
XI
XII
I
II
III
Maniere Sculp.
Meunier Sc.

Pl. 12.

CADRAN Vertical declinant du Midi a l'Occident de 15 Deg. 18 Min. a la hauteur du Pole de 44 Deg. 50 M.

Fig. 43.

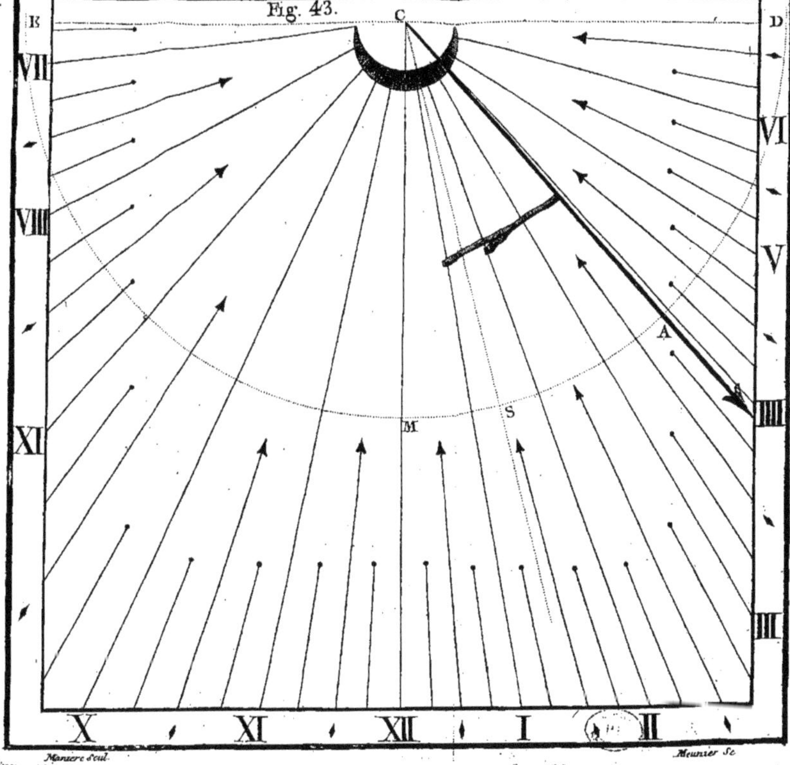

E C D

VII VI VIII V A IIII XI S M III

X XI XII I II

Manzere Sculp. Meunier Sc.

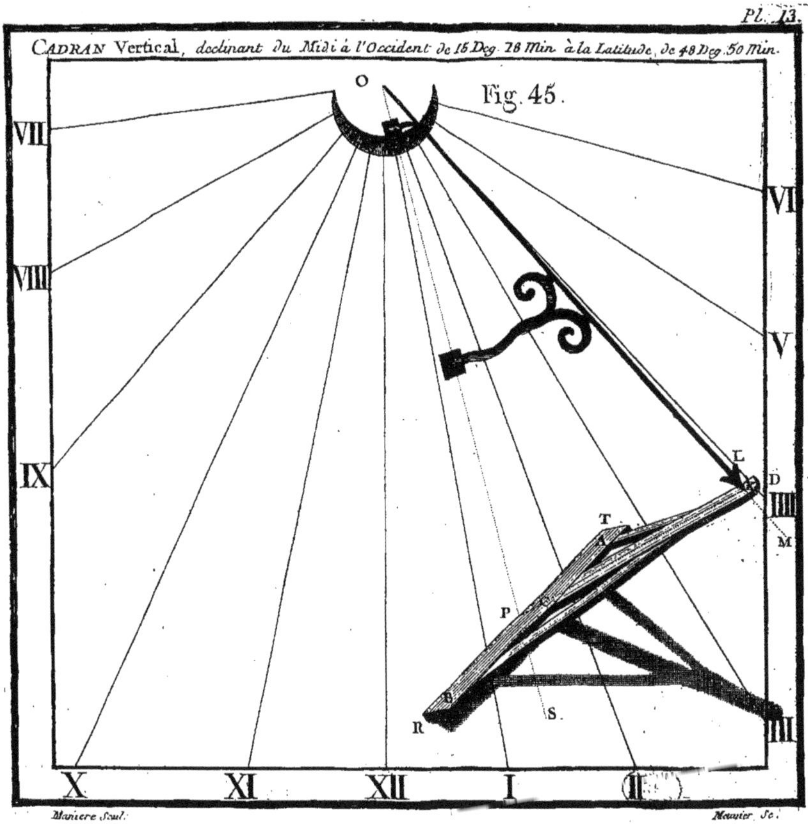
CADRAN Vertical, declinant du Midi à l'Occident de 15 Deg. 28 Min. à la Latitude de 48 Deg. 50 Min.
Fig. 45.
O
VII
VIII
IX
X
XI
XII
I
II
III
IIII
V
VI
L
D
M
T
P
S.
R

Maniere Sculp. Meunier Sc.

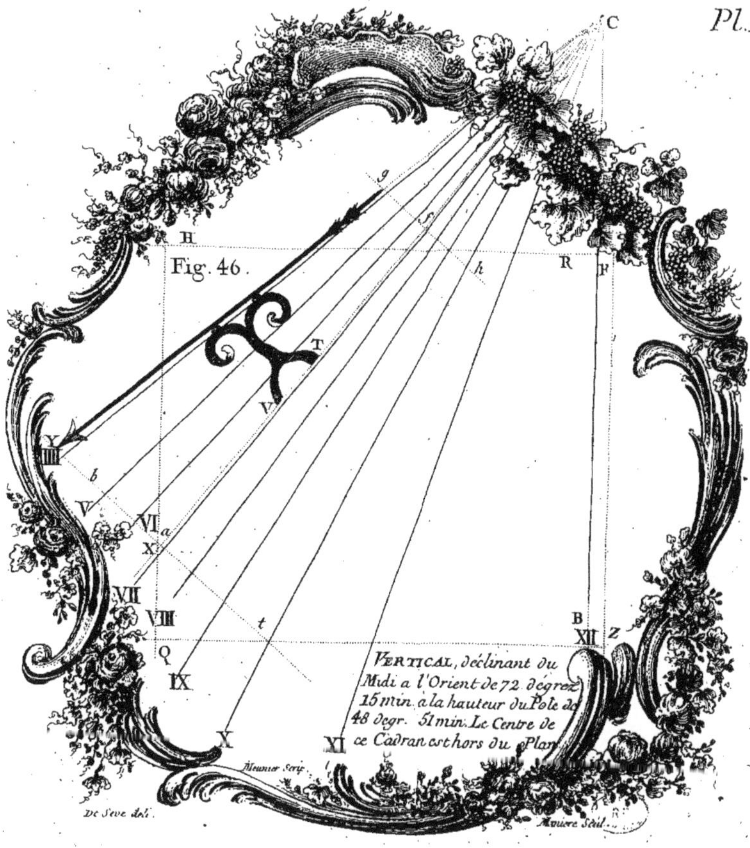

Pl. 14.

Fig. 46.

VERTICAL, déclinant du Midi a l'Orient de 72 dégrez 15 min. a la hauteur du Pole de 48 degr. 51 min. Le Centre de ce Cadran est hors du Plan.

Meunier Scrip.

De Seve del.

Aviore Sculp.

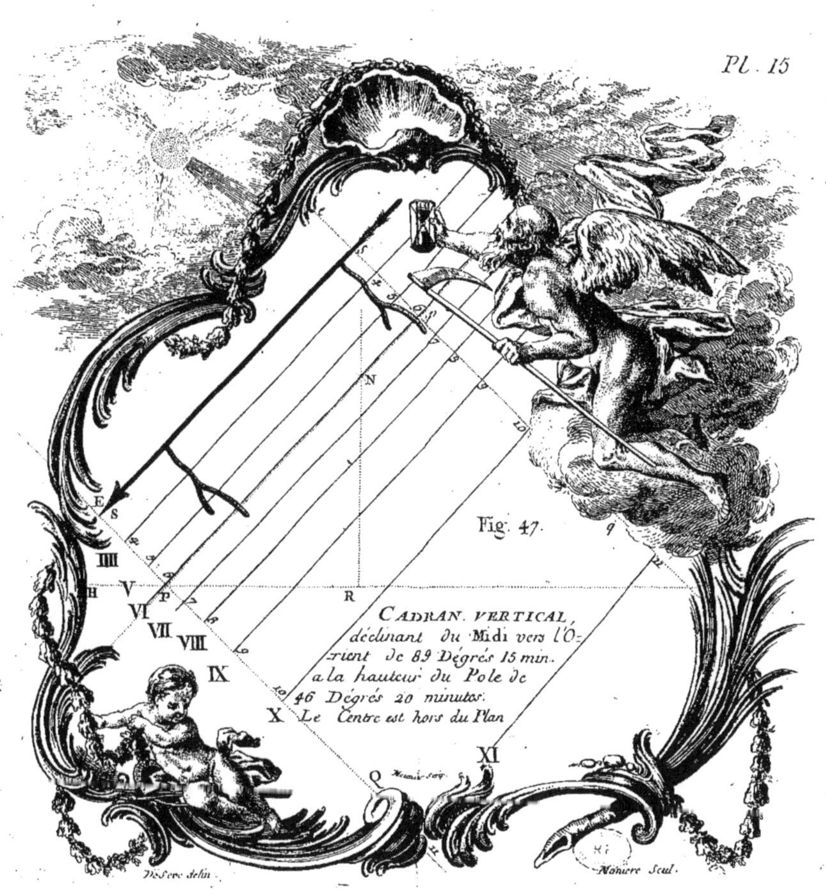

Pl. 15
Fig. 47.
CADRAN. VERTICAL,
déclinant du Midi vers l'O-
rient de 89 Dégrés 15 min.
a la hauteur du Pole de
46 Dégrés 20 minutes.
Le Centre est hors du Plan
E
S
H
P
R
N
Q
IIII
V
VI
VII
VIII
IX
X
XI
De Serre delin.
Haussard Sculp.

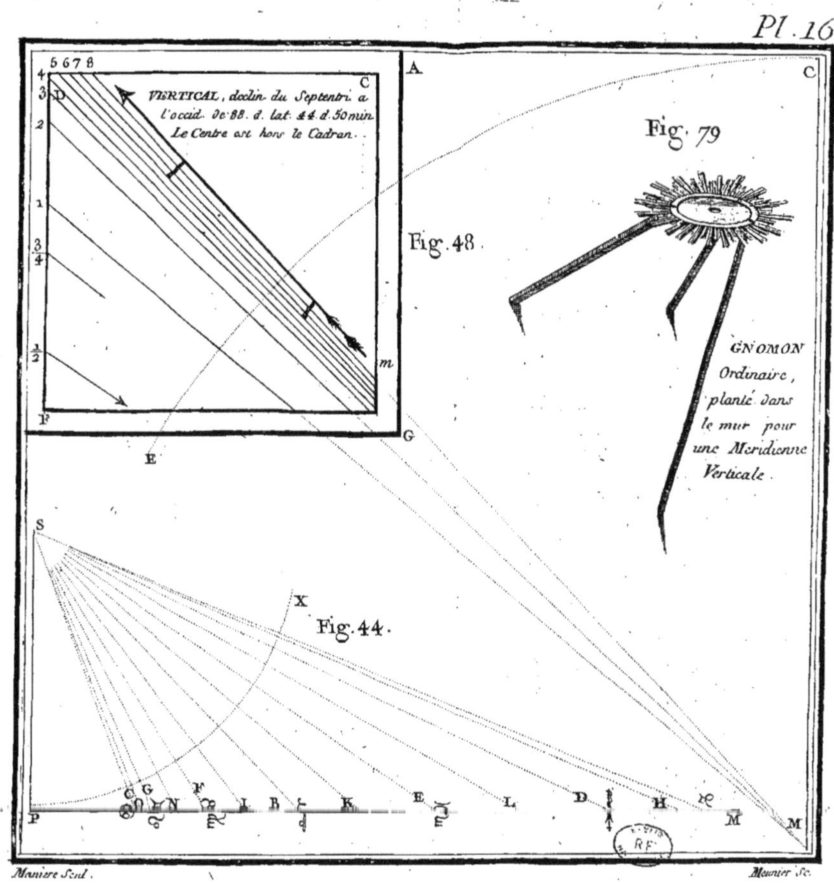
Pl. 16.
VERTICAL, déclin. du Septentri. a l'occid. de 88. d. lat. 44. d. 50 min. Le Centre est hors le Cadran.
Fig. 48.
Fig. 79
GNOMON Ordinaire, planté dans le mur pour une Meridienne Verticale.
Fig. 44.
Maniere Sculp.
Meunier Sc.

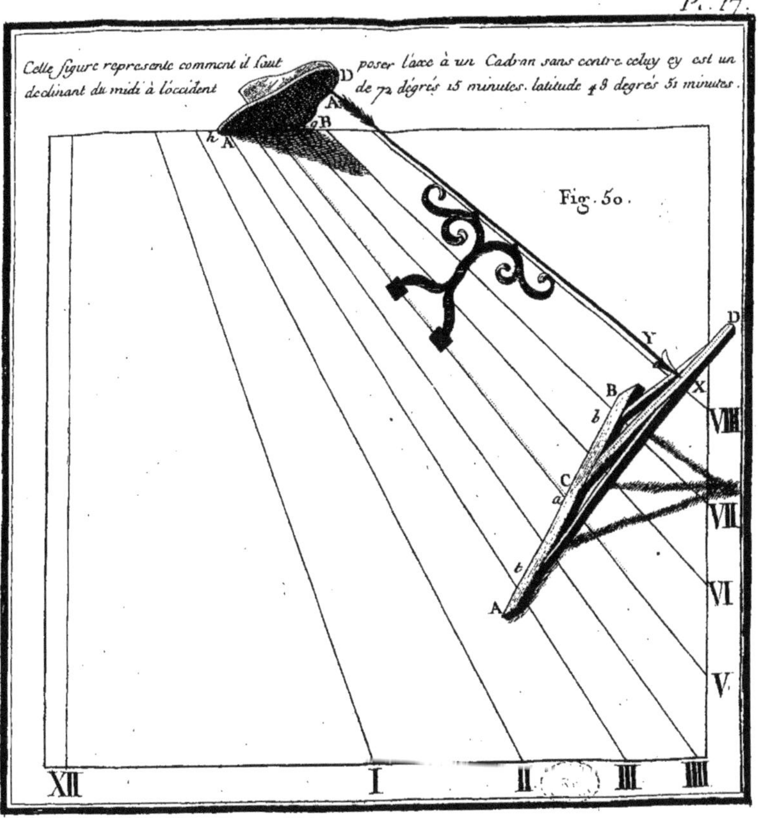
Celle figure represente comment il faut poser l'axe à un Cadran sans centre celuy cy est un declinant du midi à l'occident de 72 degrés 15 minutes. latitude 48 degrés 51 minutes.
Fig. 50.
D
A
B
h
A
Y
D
X
B
b
C
a
t
A
VIII
VII
VI
V
XII
I
II
III
IIII

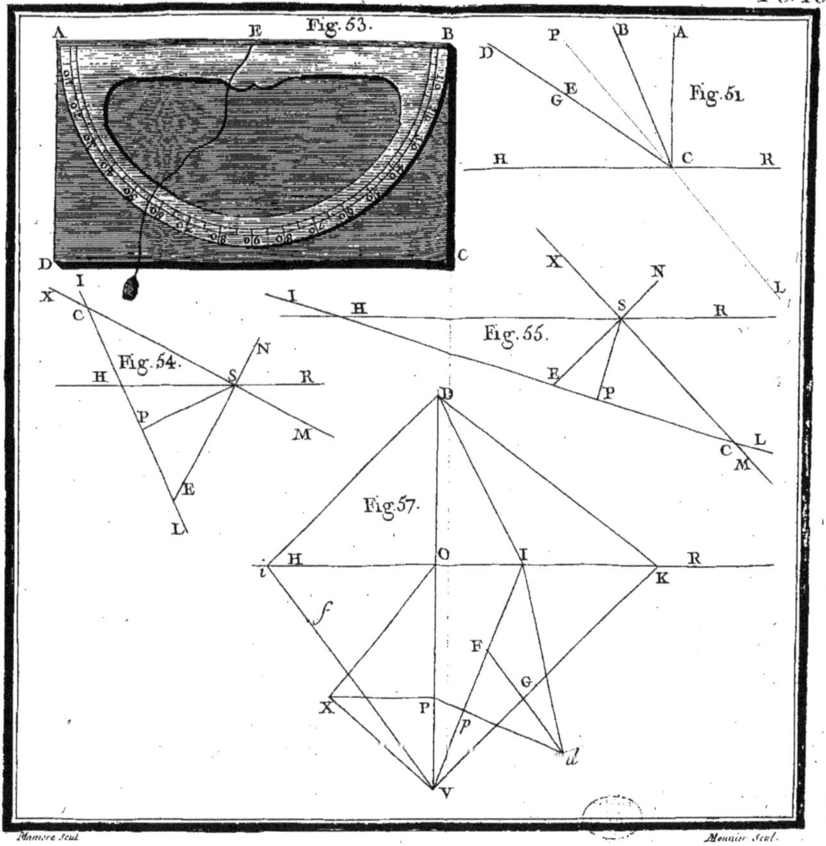

Fig. 53.

Fig. 51

Fig. 54.

Fig. 55.

Fig. 57.

Hamore Sculp. *Meunier Sculp.*

Pl. 19.

CADRAN Superieur, Incliné de 36 dégrés 30 min. declinant du midi a l'orient de 38 dég. 18 min Latit. 34 dég. 50 m.
Fig. 52.
V
VI
VII
VIII
IX
X
XI
XII
I
II
III
C
D
E
H
O
L
R
Q
S
X
P
Y
I
B
F
M
K
G
A
V
N

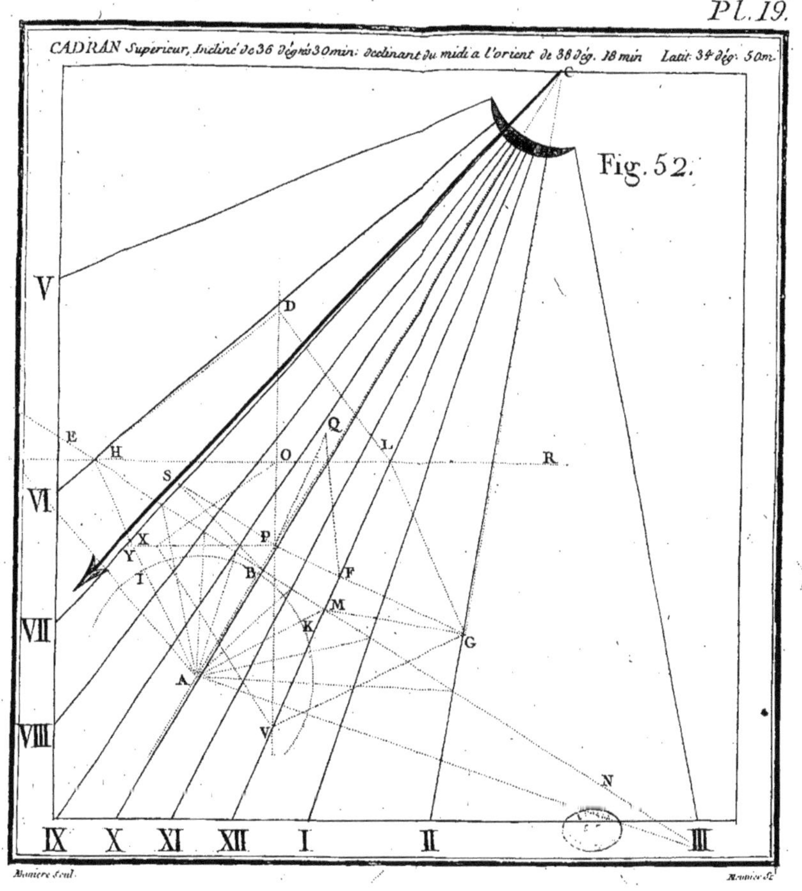

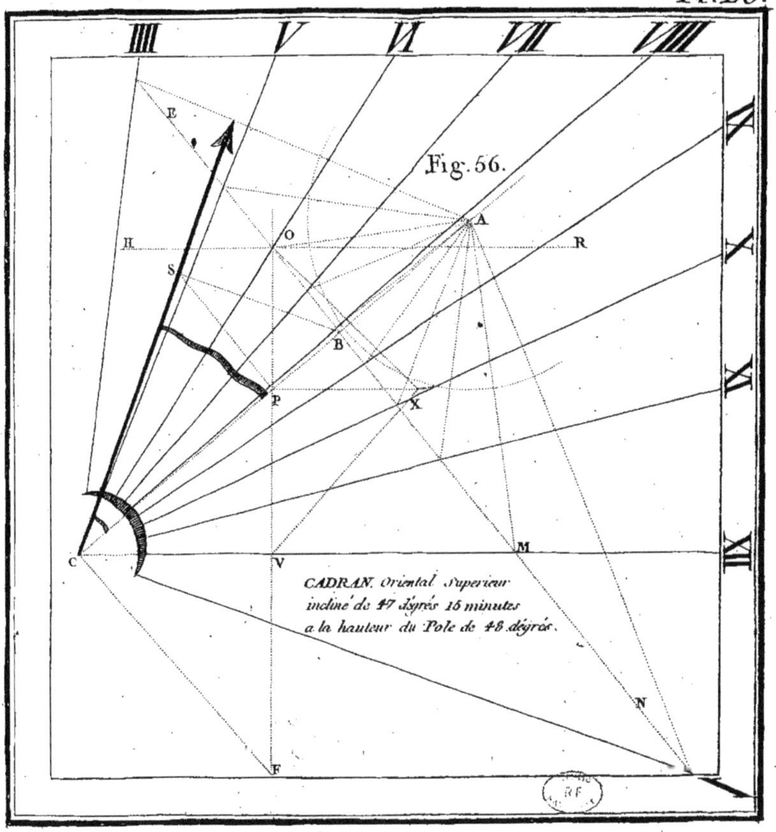

Fig. 56.

CADRAN Oriental Superieur
incliné de 47 dégrés 15 minutes
a la hauteur du Pole de 48 dégrés.

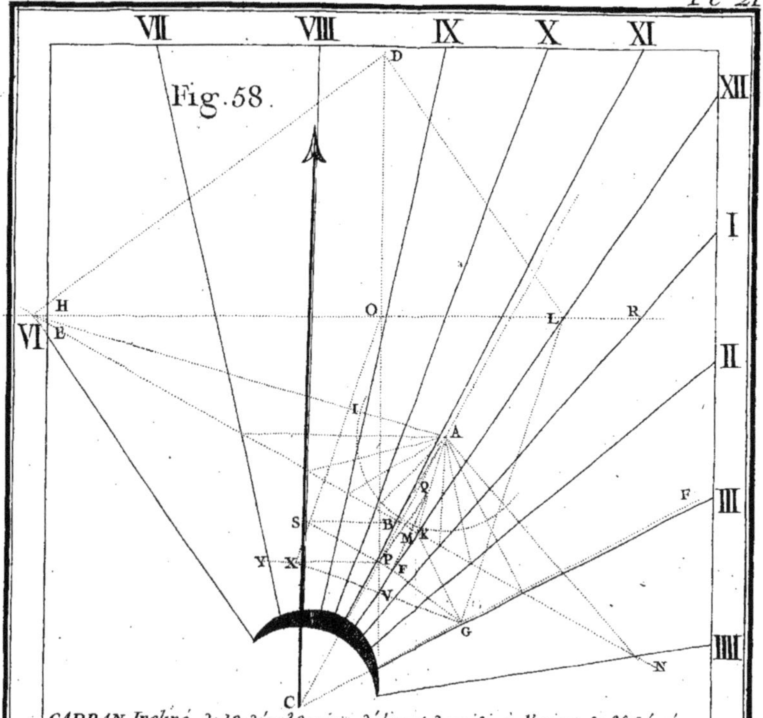

Fig. 58.

CADRAN Incliné de 19 dégr. 30 min. ; déclinant du midi à l'orient de 36 dégrés 26 minu. ; a l'élévation du Pole de 44 dégr. 30 minutes. il est Superieur.

Maniere Sculp. Meunier Sc.

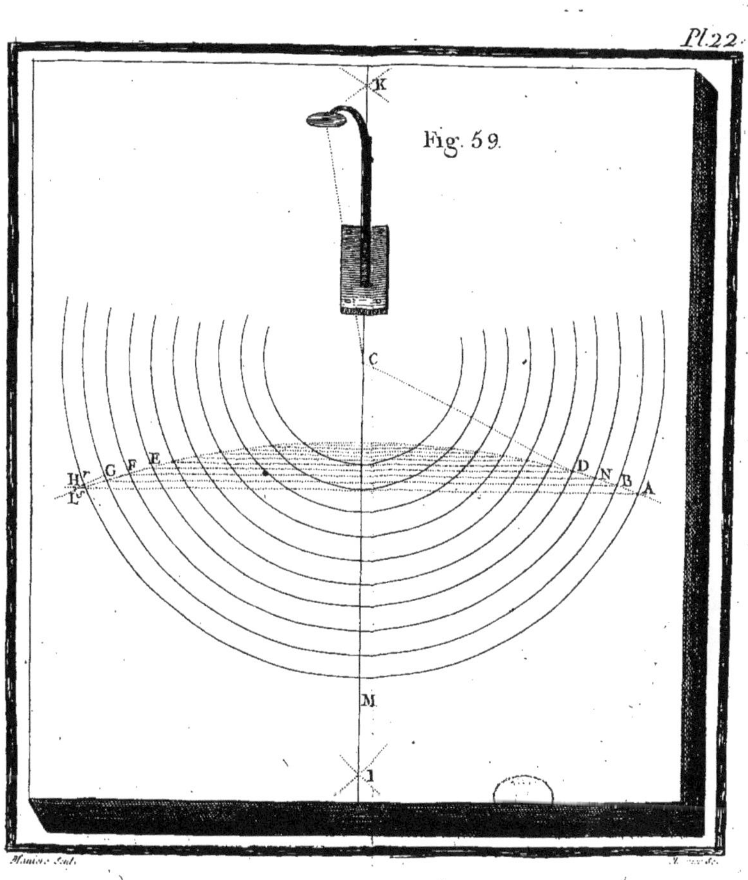
Pl.22
Fig. 59.
K
C
H
G
F
E
D
N
B
A
L
M
I

Pl. 23.

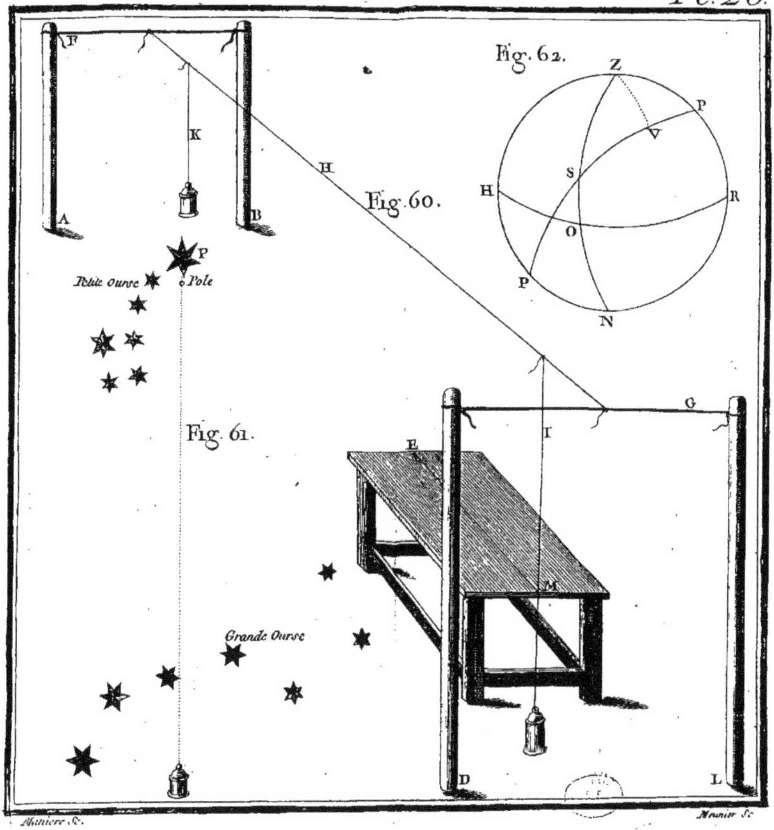

Fig. 60.

Fig. 61.

Fig. 62.

Petite Ourse

Pole

Grande Ourse

Blanière Sc. Meunier Sc.

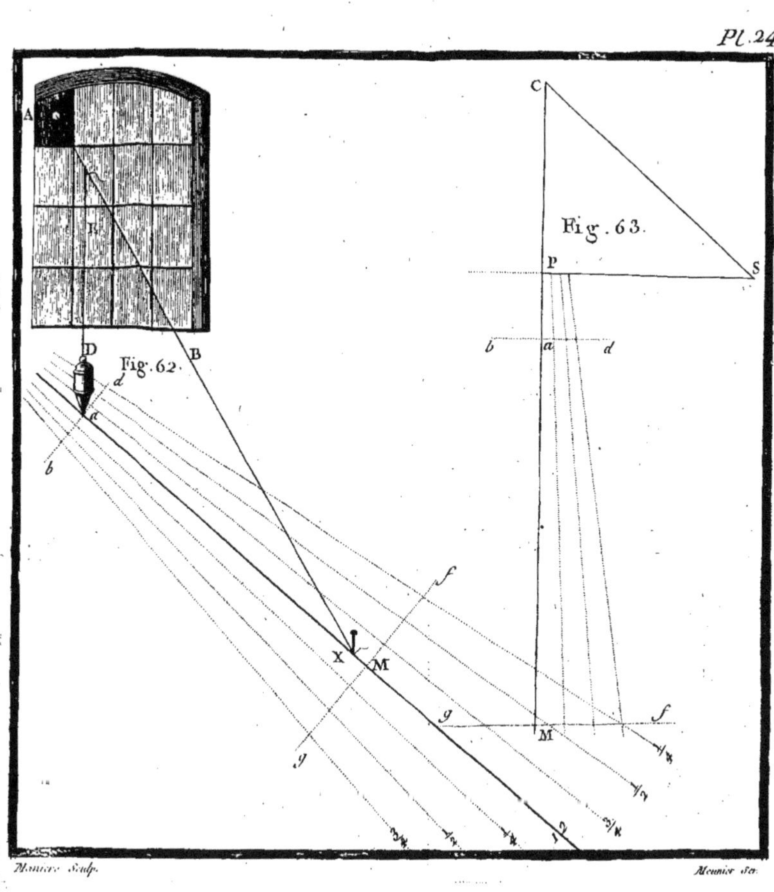
Pl. 24.
Fig. 62.
Fig. 63.
A
B
D
X
M
C
P
S

Pl. 25

MERIDIENNE horizontale du temps moyen à la hauteur du Pole de 44 degrés 50 minutes.

Fig. 64.

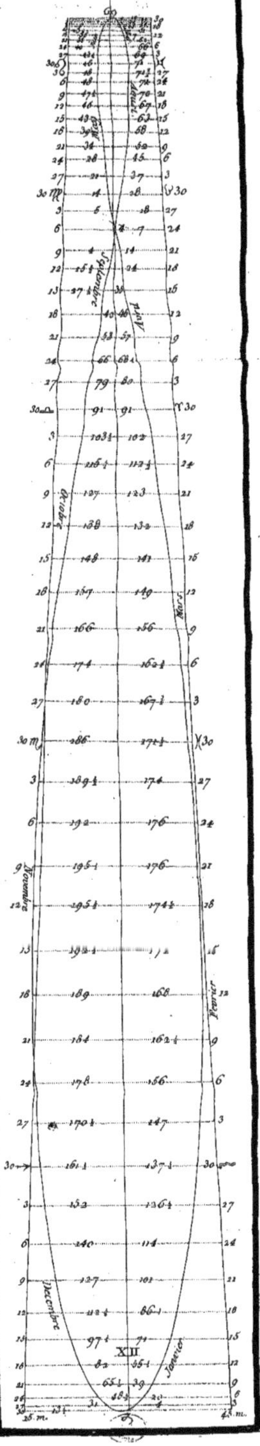

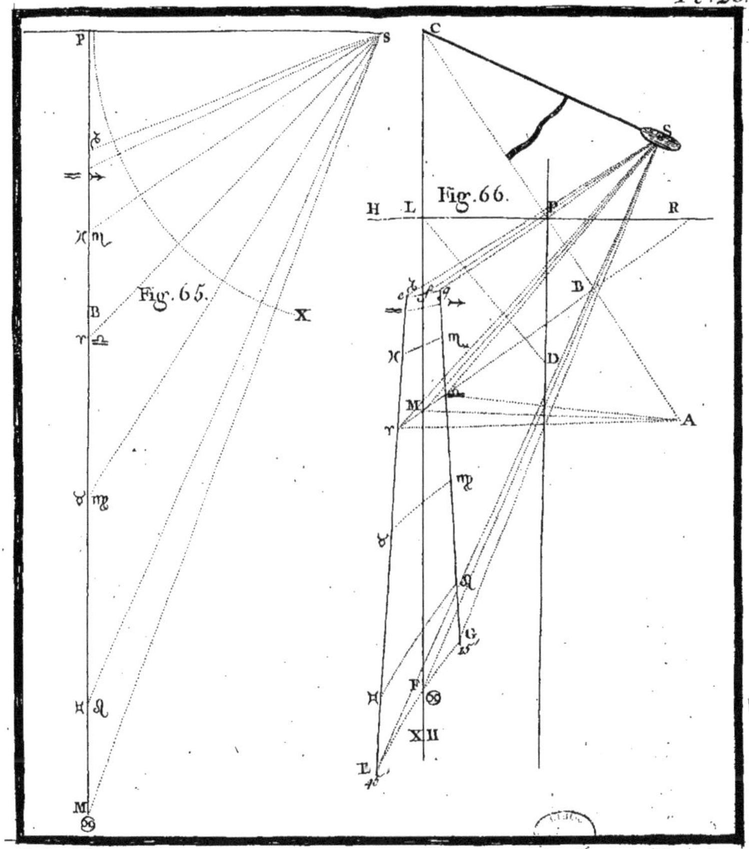

Fig. 65.

Fig. 66.

Maniere Sculp. *Meunier Sc.*

Pl. 27

MERIDIENNE Verticale du tems moyen, le plan declinant du midi vers l'orient de 42 degrés 36 minutes; à la hauteur du Pole de 44 degrés 50 minutes. C M, Meridienne du tems vrai. C S, longueur de l'Axe. C D, Soustilaire.

Fig. 67.

Fig. 69.

Fig. 79.

CADRAN Equinoctial portatif et universel.

Fig. 68.

B Q H R A E H K APARIS BUTTERFIELD C M GUBOUT

Meunier Sc.

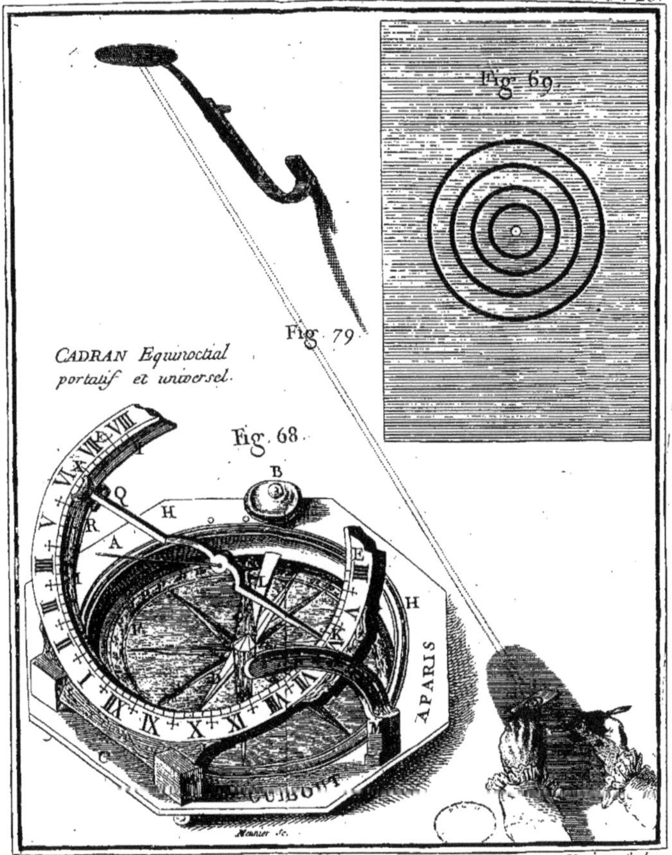

de Seve Del.   Maniere Sculp.

Pl. 29.

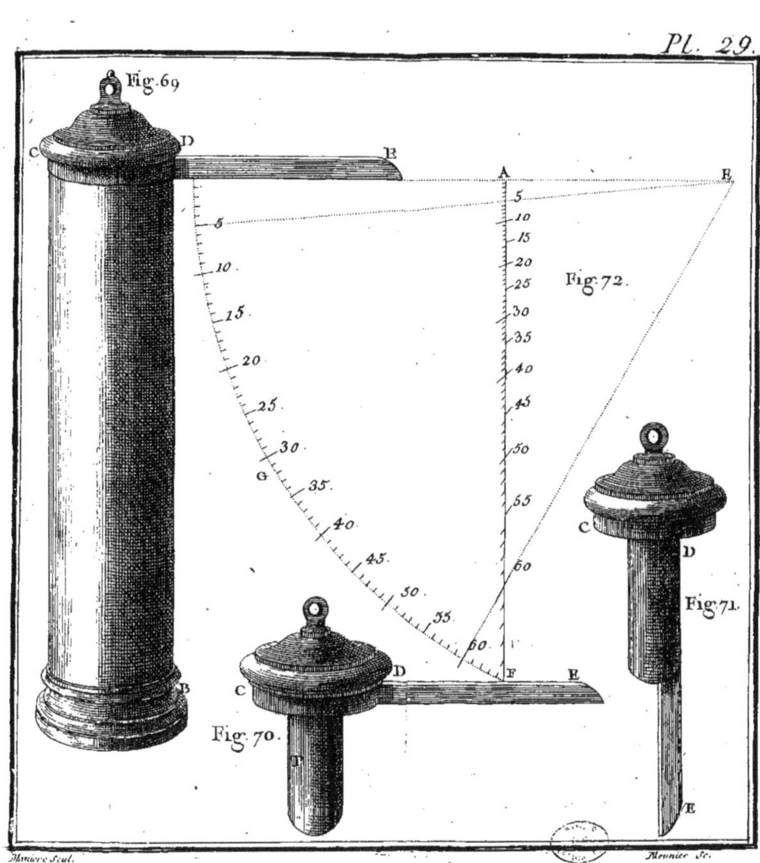

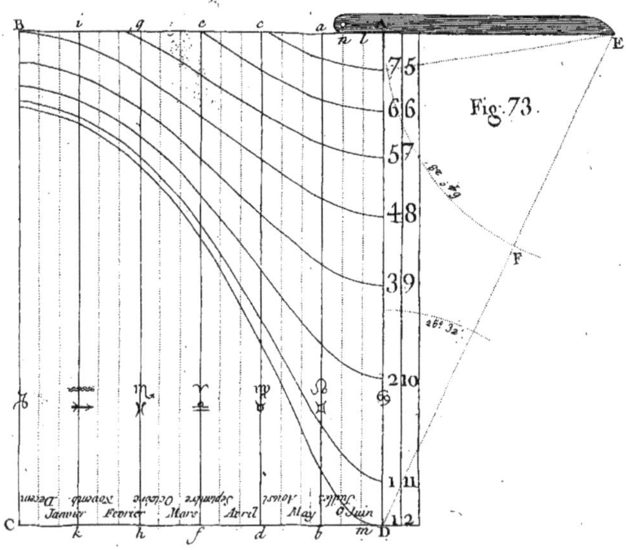

Fig. 73.

CADRAN sur un Cilindre portatif dont le plan est developé.

Pl. 31.

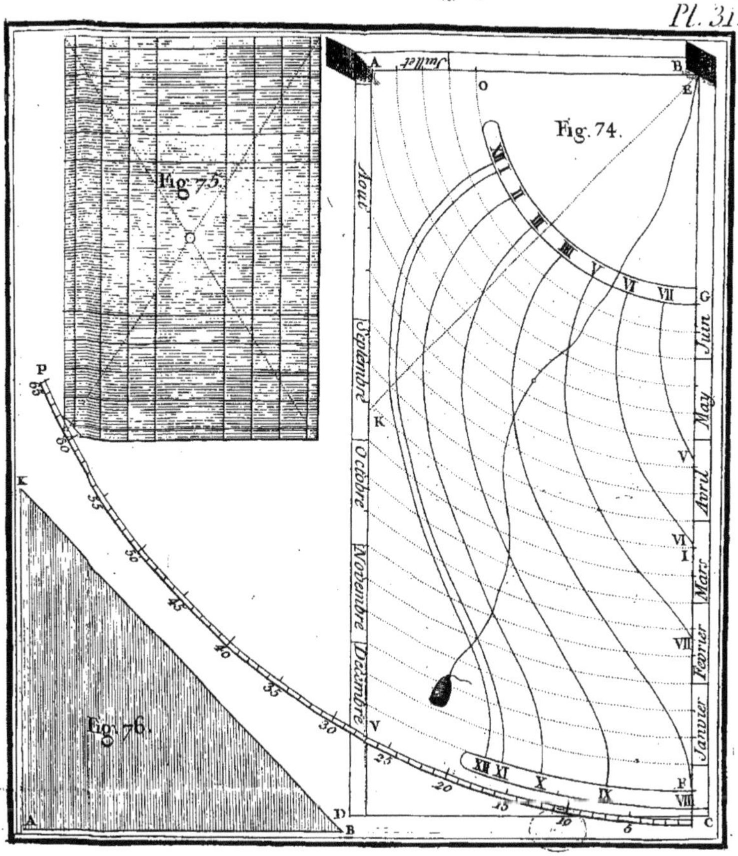

Fig. 74.

Fig. 75.

Fig. 76.

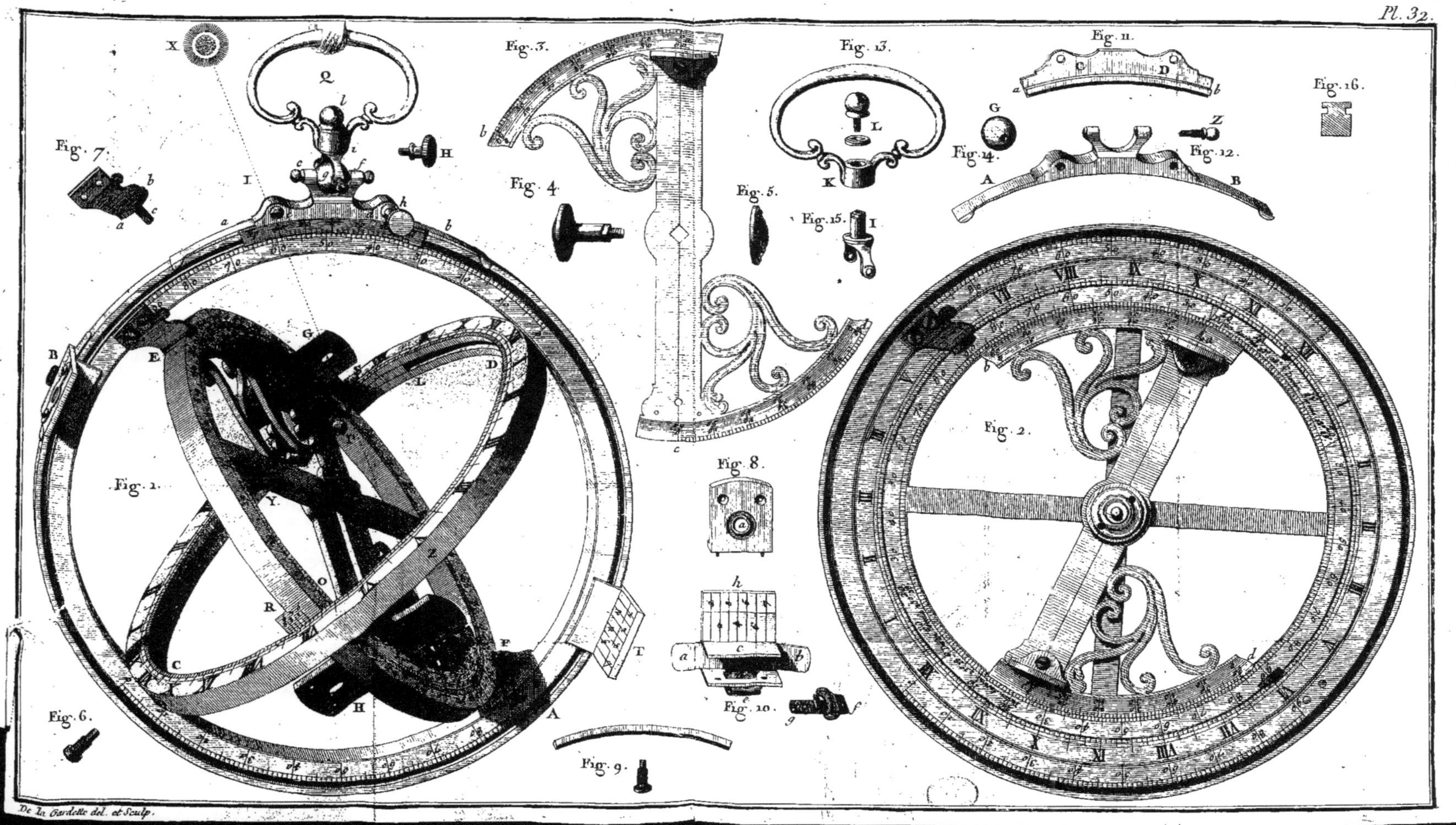
Fig. 1.
Fig. 2.
Fig. 3.
Fig. 4.
Fig. 5.
Fig. 6.
Fig. 7.
Fig. 8.
Fig. 9.
Fig. 10.
Fig. 11.
Fig. 12.
Fig. 13.
Fig. 14.
Fig. 15.
Fig. 16.
De la Gardette del. et Sculp.

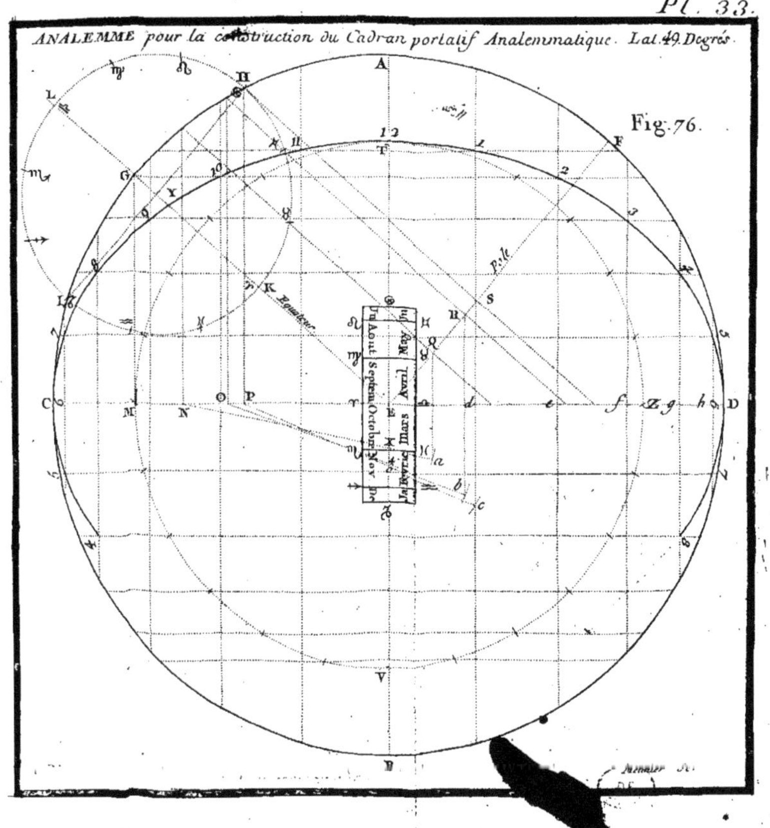
ANALEMME pour la construction du Cadran portatif Analemmatique. Lat. 49. Degrés.
Fig. 76.
Equateur
Pole
Aout
May
Septem
Avril
Octob
Mars
Nov
Fevrie
Janvie

Pl. 34.

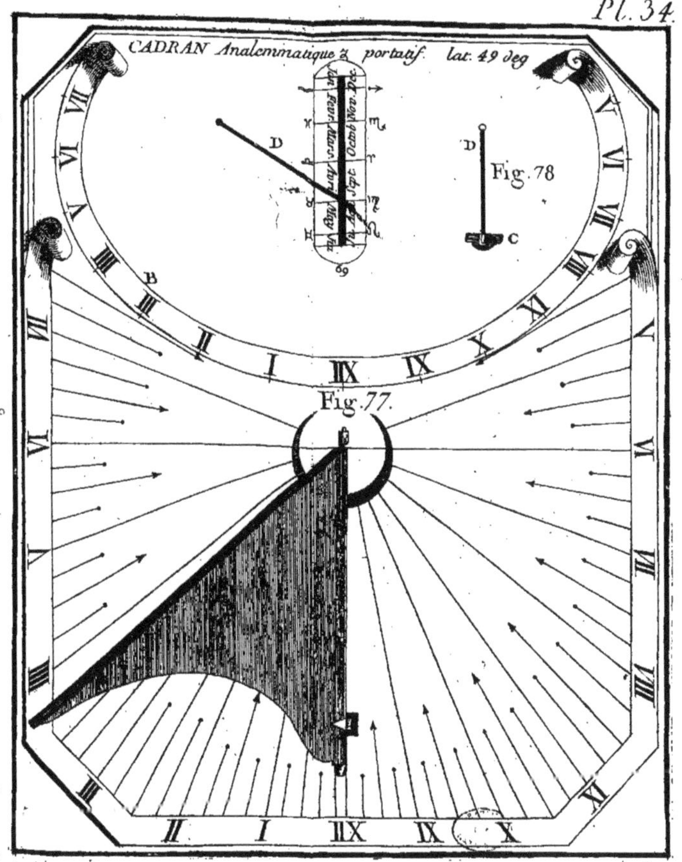

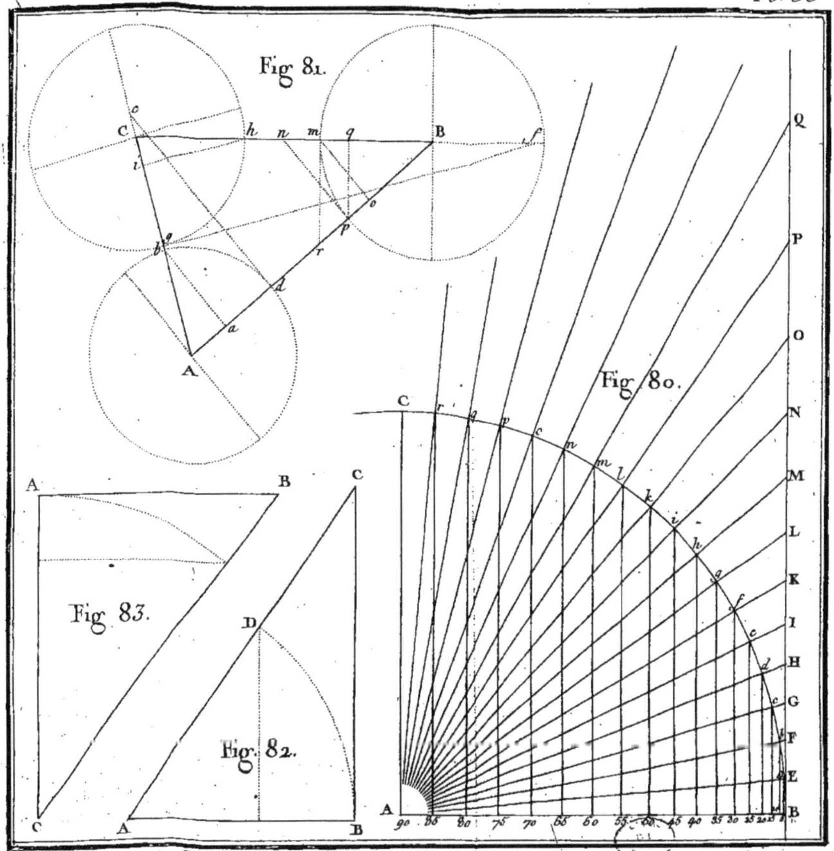

Fig 81.

Fig 80.

Fig 83.

Fig 82.

de la Gardette Sculp.

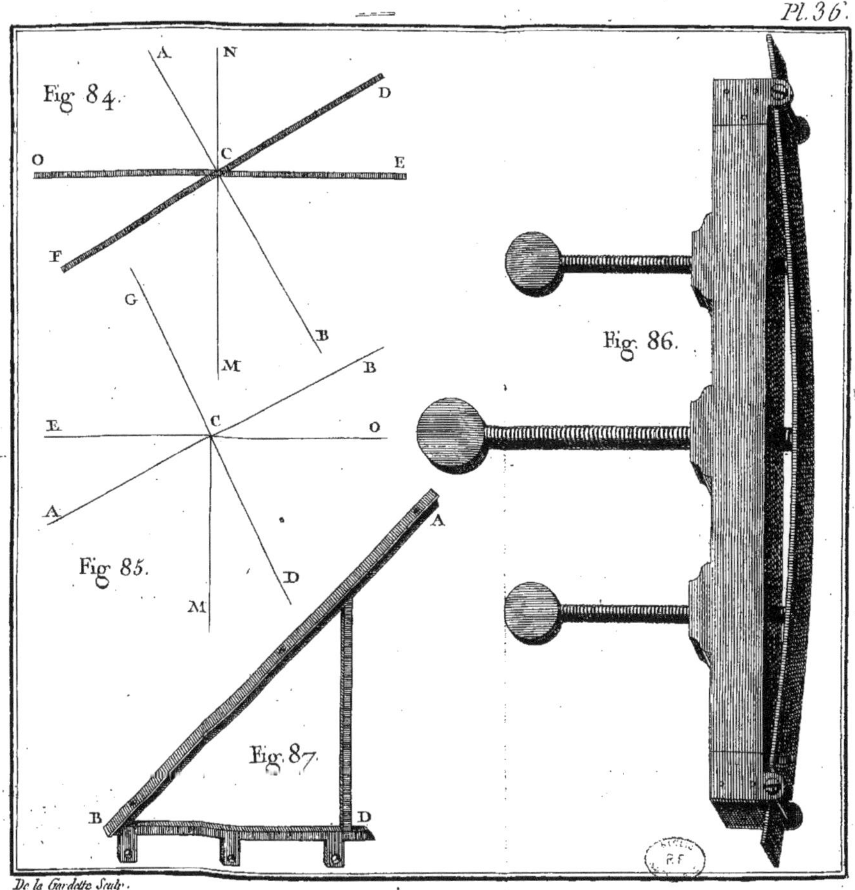
Fig. 84.
A
N
D
O
C
E
F
B
M
G
B
E
C
O
A
Fig. 85.
D
M
Fig. 86.
A
Fig. 87.
B
D
De la Gardette Sculp.

Cadran Vertical de l'Abbaye de St. Denis en France. Lat: 48d. 57m. Déclin. Occid. du Plan 11d. 53m. Pl. 37.

Le Plan a 12. Pieds de hauteur et 10. Pieds 6. pouces de largeur. L'axe a 10. pieds de longueur.

De la Gardette del. et Sc.

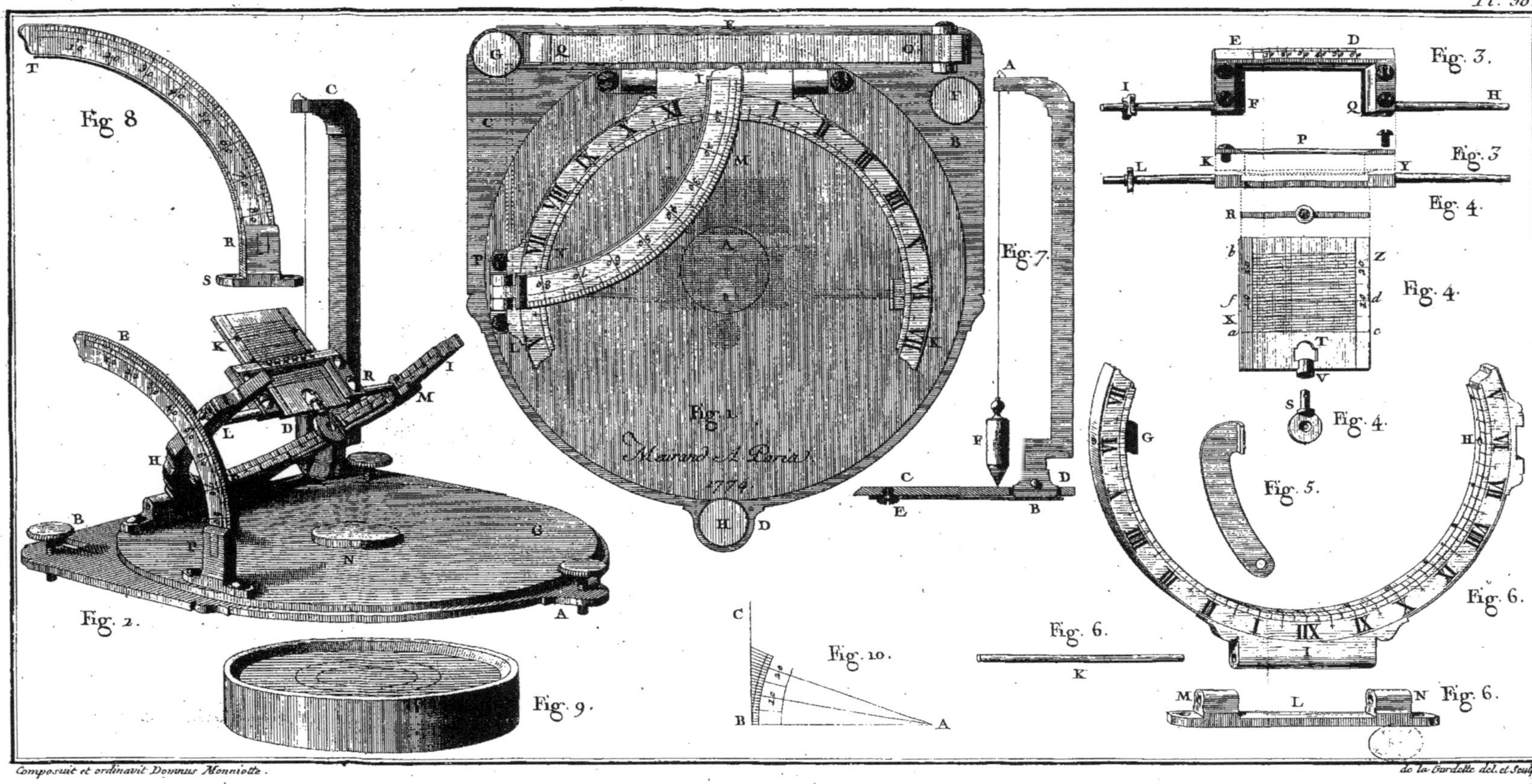

Composuit et ordinavit Domnus Monniotte.

de la Gardette del. et Sculp.

CARTE
DE FRANCE
suivant les Operations
Geometriques de MM. de l'Acad.
Royale des Sciences.
avec
les Pais Limitrophes assujetis aux
Observations Astronomiques combinées
avec les itineraires anciens et modernes.
Par R. Bonne
Ingenieur Géographe, et Maître
de Mathematiques
1760.
Septentrion
Midy
Orient
Occident
LA MANCHE
PAS DE CALAIS
NORMANDIE
LORRAINE
SOUABE
FRANCONIE
LE MAINE
ANJOU
POITOU
LA MARCHE
LIMOSIN
NIVERNOIS
BOURBONNOIS
BRESSE
BUGEY
DAUPHINE
VIVARES
ROUERGUE
LES LANDES
NAVARRE
ARAGON
CATALOGNE
ROUSSILLON
GRISONS
VALAIS
GOLFE DE LYON
GOLFE DE GENES
MER MEDITERRANEE
ZEELANDE
ANGLETERRE
OCEAN
Lieues d'une heure de 20 au Degré
Lieues communes de France de 25 au Degré
Milles d'Italie de 60 au Degré
Milles d'Allemagne de 15 au Degré
Milles communs d'Angleterre
Lieues d'Espagne de 17 et demie au Degré